Lehrbuch

der

Pflanzenkrankheiten.

Für

Botaniker, Forstleute, Landwirthe und Gärtner.

Von

Dr. Robert Hartig,

o. ö. Professor an der Universität München.

Mit 280 Textabbildungen und einer Tafel in Farbendruck.

Dritte, völlig neu bearbeitete Auflage

des

Lehrbuches der Baumkrankheiten.

Berlin.

Verlag von Julius Springer.

1900.

Das Recht der Uebersetzung bleibt vorbehalten.

ISBN-13:978-3-642-89801-3   e-ISBN-13:978-3-642-91658-8
DOI:10.1007/978-3-642-91658-8

Softcover reprint of the hardcover 1st edition 1900

Vorrede zur ersten Auflage.

Es ist nunmehr ein Decennium verflossen, seit ich mich der Erforschung der Krankheiten der Waldbäume zugewendet habe. Überblicke ich das, was mir vergönnt war, mit meinen geringen Kräften zur Förderung der wissenschaftlichen Erkenntniss dieser Erscheinungen beizutragen, so glaube ich, dass es auch einem weiteren Leserkreise nicht uninteressant sein dürfte, in der Kürze die wichtigsten Ergebnisse dieser Untersuchungen kennen zu lernen. Die erste Veröffentlichung der Arbeiten musste in einer allen wissenschaftlichen Anforderungen entsprechenden Ausführlichkeit erfolgen. Daraus erklärt es sich, dass die Resultate derselben noch nicht zum Gemeingut der Forstwirthe geworden sind. Ich glaube nicht zu irren, wenn ich annehme, dass der Wunsch, dieselben kennen zu lernen, ein allgemein verbreiteter sei. Wollen wir bei dem mit Verwaltungsgeschäften reichlich belasteten Forstwirthe Interesse und Verständniss für eine wissenschaftliche Disciplin erwecken, so erreichen wir dies sicherlich nicht dadurch, dass wir ihm dickleibige, vielbändige Werke offeriren. Selbst der junge, noch ganz dem wissenschaftlichen Studium sich widmende Forstmann wird seinen Enthusiasmus für das eine oder andere Wissensgebiet nicht nach dem Umfange der ihm dargebotenen Lehrbücher abstimmen. Die Zahl all der heterogenen Disciplinen, mit denen er sich während seiner Studienzeit vertraut machen muss, ist so gross, dass für den Lehrer die heilige Pflicht daraus erwächst, Haus zu halten mit der Zeit, mit der Lernkraft und — mit den Geldmitteln seiner Zuhörer.

Von diesem Gedanken und von der Überzeugung ausgehend, dass unter Beobachtung der strengsten Wissenschaftlichkeit es doch möglich sei, das Wissenswertheste aus einer Disciplin so zusammenzustellen, dass das volle Verständniss für dieselbe erreicht, das Interesse für selbständige Beobachtung und Forschung erweckt werde, habe ich in diesem Lehrbuche einen Überblick über unsere Kenntniss von den Erkrankungen der Bäume zu geben versucht. Vieles ist darin enthalten, was ich in meinen früheren Werken noch nicht veröffentlicht habe. Von den Ergebnissen anderer Forscher habe ich nur das in das Lehrbuch aufgenommen, was ich auf Grund eigener Untersuchungen und Beobachtungen zu vertreten im Stande bin und mich nur hier und da auf Mittheilung nicht selbst geprüfter Thatsachen eingelassen, wenn mir der Name des Autors volle Garantie für deren Richtigkeit darbot. Das Bestreben nach grösster Vollständigkeit verleitet gar zu leicht zur Aufnahme von oberflächlichen, bei näherer Prüfung sich als unrichtig ergebenden Angaben. Ich glaubte mehr Werth auf Zuverlässigkeit als auf Vollständigkeit legen zu sollen. Die Beigabe zahlreicher Holzschnitte, insbesondere vieler Habitusbilder, wird gewiss allgemein willkommen geheissen werden. Es schien mir zweckmässig zu sein, aus meinen früher veröffentlichten Werken einige Tafeln diesem Lehrbuche beizufügen, um aus jeder grösseren Pilzgruppe einen oder einige Repräsentanten eingehender beschreiben und durch mikroskopische Bilder erläutern zu können. Nur Tafel II und III wurden neu angefertigt. Von den Krankheiten der landwirthschaftlichen Kulturpflanzen wurden nur die bedeutsamsten kurz erwähnt im Interesse derjenigen meiner Leser, die in Ermangelung der einschlägigen Literatur doch den Wunsch haben, das Wichtigere daraus zu erfahren.

Möchte durch dieses Lehrbuch das Interesse und Verständniss für die Krankheitserscheinungen der Bäume, insbesondere der Waldbäume gefördert und allgemeiner verbreitet werden; möchte aber auch dadurch der Anstoss zu neuen Forschungen und zum weiteren Ausbau der in wissenschaftlicher und praktischer Richtung gleich interessanten Pflanzenkrankheitslehre gegeben werden.

München, März 1882.

R. Hartig.

Vorrede zur dritten Auflage.

Seit dem Erscheinen der zweiten Auflage des Lehrbuches der Baumkrankheiten ist ein Zeitraum von zehn Jahren verstrichen. In dieser Zeit ist viel auf dem Gebiete der Pflanzenkrankheitslehre gearbeitet. Auch der Verfasser ist nicht ganz unthätig geblieben und hat sich insbesondere bemüht, über die schädlichen Einwirkungen der Kälte und Hitze, des Blitzes, des Steinkohlenrauches, der Insektenbeschädigungen u. s. w. mehr Klarheit zu schaffen. Es sind auch manche neue Pilzerkrankungen von ihm aufgefunden, bearbeitet und beschrieben worden.

Schon die ersten Auflagen des Lehrbuches berücksichtigten die wichtigeren Erkrankungen der landwirthschaftlichen Kulturgewächse. Nachdem mit dem Übergange des Herrn Dr. v. Tubeuf an das Reichsgesundheitsamt dessen Vorlesungen am hiesigen Polytechnikum für die studirenden Landwirthe aufhörten, habe ich meine pflanzenpathologischen Vorlesungen an der Universität auf Wunsch in dem Sinne erweitert, dass in ihnen auch die Landwirthe ihre besonderen Interessen vertreten finden.

Dieser Umstand, sowie die Meinung, dass für ein alle Krankheitsgruppen umfassendes Lehrbuch ein Bedürfniss vorliegt, haben mich veranlasst, die dritte Auflage zu einem Lehrbuch der Pflanzenkrankheiten zu erweitern. Dass allerdings die Krankheiten der landwirthschaftlichen Kulturpflanzen auch in dieser Bearbeitung nicht mit der gleichen Ausführlichkeit behandelt sind, wie die der Bäume, wird von vornherein anerkannt und erklärt sich aus der wissenschaftlichen Richtung des Verfassers.

Die Zahl der Abbildungen habe ich verdoppelt. Es finden sich darunter mehrere Habitusbilder nach photographischen Aufnahmen meiner Assistenten Dr. v. Tubeuf und Dr. Meinecke. Die Zeichnungen sind fast ausschliesslich von mir selbst angefertigt. In den wenigen Fällen, wo ich Zeichnungen anderer Autoren benützte, habe ich den Namen der letzteren der Figurenerklärung beigefügt.

Es ist meist nicht Brauch, einem Lehrbuch Litteraturangaben beizufügen. Wenn ich in allen Fällen, in denen ich wesentlich Neues zur Erkenntniss einer Krankheit veröffentlichte, die Abhandlung und den Ort, wo sie erschienen ist, unter dem Striche angegeben habe, so geschah dies in der Absicht, meine in der Litteratur ausserordentlich zerstreuten Originalarbeiten leichter auffindbar zu machen.

Dem Herrn Verleger spreche ich meinen Dank für die ausgezeichnete Ausstattung des Werkes aus.

Möge sich das Buch auch in der neuen Gestalt desselben Beifalls erfreuen, wie die ersten Auflagen.

München, Oktober 1899.

R. Hartig.

Inhaltsverzeichniss.

Einleitung.

Das Studium der Pflanzenkrankheiten und ihrer Ursachen, sowie der äusseren und inneren morphologischen und chemischen Veränderungen, die der gesunde Pflanzenkörper durch sie erleidet, endlich der Mittel, die uns zu Gebote stehen, sie zu verhüten oder zu bekämpfen, konnte erst schnellere Fortschritte machen, seitdem man in den Bau und in das Leben der gesunden Pflanze einen tieferen Einblick gewonnen hatte. Dies gilt nicht nur von denjenigen Erkrankungen, die durch Eingriffe niederer pflanzlicher Organismen hervorgerufen werden, sondern auch von denjenigen Krankheiten, welche durch ungünstige Einflüsse der Atmosphäre und des Bodens entstehen. Dagegen erregten die Verwundungen der Pflanzen durch Menschen und Thiere, insbesondere durch Insekten, schon viel früher die Aufmerksamkeit der Forscher und der Praktiker und fanden schon vor Mitte des Jahrhunderts eine mehr oder minder gründliche Bearbeitung. Erst seit der Mitte des Jahrhunderts wandte man sich auch dem Studium der erstgenannten Gebiete der Pflanzenpathologie mit besserem Erfolge zu. Th. Hartig hatte zuerst den Nachweis geliefert, dass bei den Erscheinungen der Roth- und Weissfäule der Kiefer mitten im Holze Pilzgebilde auftreten,[1] hatte aber unter dem Einflusse der damals noch in der Wissenschaft herrschenden Anschauungen die Entstehung der Pilzbildungen (Nachtfasern, Nyctomyces) im Holze auf einen Zerfall der Zellwandungen zurückgeführt. Ähnlichen Anschauungen begegnen wir in den gleichzeitig oder bald

---

[1] Th. Hartig, Abhandlung über die Verwandlung der polycotylen Pflanzenzelle in Pilz- und Schwammgebilde und die daraus hervorgehende sogenannte Fäulniss des Holzes. Berlin 1833.

darauf erscheinenden pathologischen Schriften von Fr. Unger,[1] Wiegmann[2]) und Meyen.[3])

Von der Mitte unseres Jahrhunderts an wurden nicht allein die Männer der Wissenschaft, sondern auch die Praktiker in höherem Grade auf die Krankheiten der Pflanzenwelt aufmerksam, als bisher. Den äusseren Anstoss hierzu gab die ausserordentliche Höhe der Verluste, welche besonders die Landwirthschaft durch parasitäre Erkrankungen der Kulturgewächse erlitt. Brand und Rost der Getreide, Erkrankungen der Kartoffel, des Weinstockes u. s. w. drängten zu einer Erforschung der Ursachen dieser das Volkswohl in so hohem Grade gefährdenden Erscheinungen.

Einer unbefangenen Bearbeitung und Beurtheilung derselben hat interessanterweise lange Zeit hindurch, ja noch bis in die jüngste Vergangenheit die rapide Entwicklung der Agrikulturchemie durch die bahnbrechenden Arbeiten Justus v. Liebig's im Wege gestanden.

Man glaubte nicht nur das bessere oder schlechtere Wachsthum der Kulturpflanzen dem Reichthum oder Mangel an mineralischen Nährstoffen im Boden zuschreiben zu sollen, sondern auch auf gleiche Ursachen die Krankheiten der Pflanzen zurückführen zu müssen. Wie das so oft geschieht, überschätzten die Schüler des grossen Forschers die Bedeutung der gefundenen Thatsachen, bis es erst nach ernsten, exakten Forschungen oft in langwierigem Kampfe mit weitverbreiteten Vorurtheilen gelang, das Wahre in den Forschungen Liebig's von den unbegründeten Schlussfolgerungen seiner Schüler zu sondern. Gewiss kann ein kräftig ernährtes Individuum die Folgen einer Erkrankung leichter überwinden; es sind aber zur Zeit nur wenige Thatsachen bekannt, aus denen wir zu schliessen berechtigt wären, dass die Ernährung einer Pflanze von wesentlichem Einfluss auf die Angriffsfähigkeit oder die Prädisposition einer Pflanze für Erkrankung sei.

Die bei den Erkrankungen auftretenden niederen Organismen sah man mehr als Folge einer durch Ernährungsstörung veranlassten Erkrankung an, als dass man sie für die Ursachen derselben erkannte. Der Umstand, dass zahllose Pilze nur da ihre Lebensbedingungen

---

[1]) Fr. Unger, Die Exantheme der Pflanzen und einige mit diesen verwandte Krankheiten der Gewächse. Wien 1833.

[2]) Wiegmann, Die Krankheiten und krankhaften Missbildungen der Gewächse. Braunschweig 1839.

[3]) Meyen, Pflanzenpathologie. Lehre von dem krankhaften Leben und Bilden der Pflanzen. Berlin 1841.

finden, wo pflanzliche oder thierische Substanzen im Absterben begriffen sind, verleitete zu dem Irrthum, alle Pilze seien als sekundäre Erscheinungen bei Erkrankungen anzusehen. Als Krankheitsursache wurde ein Mangel oder Überschuss an dem einen oder anderen Nährstoff betrachtet.

Selbst die bahnbrechenden Arbeiten von de Bary[1]) und Julius Kühn[2]) haben lange Zeit nicht vermocht, diese irrigen Anschauungen zu beseitigen. Erst seit wenigen Jahrzehnten hat sich auch bei den Praktikern die Überzeugung Bahn gebrochen, dass die Pflanzenwelt in den niederen pflanzlichen Organismen ein Heer der gefährlichsten Feinde besitzt, das wenigstens für den Landwirth weit verderblicher auftritt, als die Feinde aus der Insektenwelt.

Die Bedeutung der Pflanzenkrankheiten für den Praktiker ist seit einer Reihe von Jahrzehnten erheblich gestiegen. Mit dem gewaltigen Aufschwunge der Industrie und mit der Einführung der Steinkohle als Brennmaterial sind Vergiftungen der Vegetation durch schweflige Säure, von denen man früher nichts wusste, in grosser Ausdehnung eingetreten. Aus Amerika haben wir eine Reihe unliebsamer Einwanderungen zu verzeichnen, so den Kartoffelfäulepilz, die Reblaus, die Peronosporeen des Weinstocks u. s. w. Der Koloradokäfer ist durch energische, rechtzeitig ergriffene Massregeln wieder vertrieben. Ob dies bei der St. José-Schildlaus gelingen wird, muss erst die Folgezeit lehren.

Aber auch die einheimischen Feinde der Pflanzenwelt haben in der Neuzeit eine erhöhte Bedeutung bekommen. Mit der Umwandlung der Laubholzbestände und der gemischten Waldungen in reine Nadelholzwälder ist den pflanzlichen und thierischen Parasiten die Gelegenheit in gesteigertem Maasse geboten, sich schnell zu vermehren und grosse Waldgebiete zu schädigen oder zu vernichten; die Ausdehnung des Weinbaues, des Kartoffelbaues und des Getreidebaues über grosse, zusammenhängende Gebiete hat die Gefahr der allgemeinen Verbreitung parasitärer Krankheiten der landwirthschaftlichen Kulturpflanzen ausserordentlich gesteigert. In dem allerdings sehr ungünstigen Jahre 1891 belief sich allein in Preussen der Verlust an Weizen, Hafer und Roggen durch Rostkrankheiten auf 418 Mill. Mark.

---

[1]) De Bary, Untersuchungen über die Brandpilze und die durch sie veranlassten Krankheiten der Pflanzen mit Rücksicht auf das Getreide und andere Nährpflanzen. Berlin 1853.

[2]) Julius Kühn, Die Krankheiten der Kulturgewächse, ihre Ursachen und Verhütung. Berlin 1858.

Die Staatsregierungen haben die Wichtigkeit der Verbreitung pflanzenpathologischer Kenntnisse unter den Land- und Forstwirthen neuerdings dadurch anerkannt, dass sie staatliche Pflanzenschutzstationen begründeten, deren Aufgabe darin besteht, die Ergebnisse der wissenschaftlichen Forschung den Praktikern in möglichst verdaulicher Form zugängig zu machen und sie auf Wunsch mit Rath und That zu unterstützen.

Was die Krankheiten der Waldbäume anbetrifft, so ist es das Verdienst M. Willkomm's,[1] das Studium derselben angeregt zu haben, doch beginnt erst mit de Bary's[2] grundlegendem Pilzwerke ein exaktes Studium derselben. Ich lasse das Verzeichniss meiner eigenen Arbeiten[3] unter dem Strich folgen.

Ein grosses Verdienst haben sich P. Sorauer[4] und Frank[5] dadurch erworben, dass sie in ihren Handbüchern das in der wissenschaftlichen Literatur zerstreute Material übersichtlich geordnet haben.

Es ist nicht wohl möglich, eine scharfe Grenze zwischen dem gesunden und dem kranken Zustande einer Pflanze zu ziehen. Das Gedeihen jeder Pflanze hängt von dem gleichzeitigen Zusammenwirken einer Reihe der mannigfachsten äusseren Verhältnisse, von der Zufuhr von Nährstoffen, der Gegenwart genügender Licht- und Wärmemengen, von dem Gehalt des Bodens an Wasser und Luft und von anderen Faktoren ab. Je günstiger alle diese Faktoren auf die Pflanze einwirken, um so kräftiger ist ihr Wachsthum. Sind die Standortfaktoren weniger günstig, so kann man die dementsprechend langsamer wachsende Pflanze noch nicht krank nennen, wohl aber spricht man dann von

---

Anm. Unter den neueren pathologischen Werken, welche den Landwirthen besonders wichtig sind, ist vor allem Kirchner, Krankheiten der landwirthschaftlichen Nutzpflanzen durch Schmarotzerpflanzen, 1887, zu erwähnen.

[1] M. Willkomm, Die mikroskopischen Feinde des Waldes. Dresden 1866. 68.

[2] De Bary, Morphologie u. Physiologie der Pilze. Leipzig 1866, II. Aufl. 1884.

[3] R. Hartig, Wichtige Krankheiten der Waldbäume. Berlin 1874.

—, Die Zersetzungserscheinungen des Holzes der Nadelholzbäume und der Eiche. Berlin 1878.

—, Untersuchungen aus dem forstbotanischen Institute in München. Berlin 1880. 1883.

—, Lehrbuch der Baumkrankheiten. Berlin, I. Aufl. 1887, II. Aufl. 1888.

—, Der echte Hausschwamm Merulius lacrymans. Berlin 1885.

—, Zahlreiche Arbeiten in der Forstl. naturw. Zeitschrift 1891—1898.

—, „ „ in botanischen u. forstlichen Zeitschriften.

[4] P. Sorauer, Handbuch der Pflanzenkrankheiten. Berlin, I. Aufl. 1874, II. Aufl. 1886.

[5] Frank, Die Krankheiten der Pflanzen. Breslau 1888, II. Aufl. 1895.

einem „Kränkeln" der Pflanzen, wenn Mangel an Nahrung, oder Licht oder Wasser zwar die Entwicklung der Pflanzen in sehr hohem Grade hemmt, ohne deshalb aber das Absterben der Pflanzen oder eines Theiles derselben herbeizuführen.

Solche kränkelnde Pflanzen erholen sich oft auffallend schnell, sobald die Ursache des Kränkelns behoben wird, wenn also z. B. der bisherige Mangel an Licht, Wärme, Nahrung u. s. w. beseitigt wird. In unseren Wohnräumen kränkeln die Pflanzen oft, weil ihnen nicht genug Licht zugeführt wird, oder weil ihre Wurzeln nicht genügenden Wachsthumsraum besitzen; sie erholen sich alsbald, wenn diesen Mängeln abgeholfen worden ist. Im Walde hat die Entnahme der Bodenstreu oft ein Kränkeln der Bäume zur Folge, das sich in Geringwüchsigkeit und Missfärbigkeit der Belaubung äussert. Kommt infolge der Austrocknung des Bodens ein Absterben, d. h. Vertrocknen der Baumgipfel hinzu, so haben wir es mit einer Erkrankung, nämlich der Gipfeldürre oder Zopftrockniss zu thun. Ich möchte vorerst die Grenze zwischen dem Kränkeln und dem Kranksein der Pflanze in dem, wenn auch nur partiellen Absterben einer Pflanze ziehen, gebe aber gern zu, dass diese Abgrenzung weder eine streng wissenschaftliche noch eine solche ist, die nach allen Seiten hin das Gebiet der Krankheitserscheinungen genügend abgrenzt. Ich denke dabei an eine Gruppe der symbiotischen Erscheinungen, z. B. die Hexenbesen der Bäume, die man zweifelsohne zu den pathologischen Erscheinungen zählen muss, während doch ein Absterben derselben oder ihrer Blätter oft erst nach langer Zeit eintritt. Man kann auch zweifelhaft sein, ob man die Mycorrhizen zu den pathologischen Erscheinungen zählen soll oder nicht.

Die sogenannten Missbildungen, insoweit sie nicht auf äussere Ursachen zurückgeführt werden können, sondern als abnorme Erscheinungen der Variation im Pflanzenreiche zu betrachten sind, zählt man nicht zu den Pflanzenkrankheiten. Man hat ihre Kenntniss zu einer besondern Disciplin, der Teratologie, zusammengefasst.

Nach den äusseren Krankheitsursachen lassen sich die Erkrankungen in fünf Gruppen eintheilen, nämlich in solche, die

1. durch Angriffe pflanzlicher Organismen,
2. durch ungünstige Einflüsse der Atmosphärilien,
3. durch Einwirkung schädlicher Stoffe,
4. durch ungünstige Einflüsse des Bodens,
5. durch Verwundungen hervorgerufen werden.

Die Kenntniss der schädlichen Einflüsse der Insekten auf das Pflanzenleben hat sich zu einer selbständigen wissenschaftlichen Disciplin entwickelt, die auf allen Lehranstalten mit vollem Rechte von der Pflanzenpathologie gesondert vorgetragen wird. Die Behandlung der schädlichen Insekten in diesem Lehrbuche würde im Hinblick auf die vortrefflichen Lehrbücher, die wir besitzen, einerseits unnöthig sein, anderseits den Umfang des vorliegenden Buches in unzweckmässiger Weise vergrössern. Ich werde mich deshalb darauf beschränken, nur über das Verhalten der Pflanzen gegenüber den Angriffen der Insekten im allgemeinen meine Erfahrungen mitzutheilen.

In ähnlicher Weise, wie bei den Erkrankungen der Thiere und Menschen, treten die meisten Krankheiten der Pflanzen keineswegs immer dann auf, wenn die Ursachen der Erkrankungen vorhanden sind und auf die Pflanzen einwirken. Wir finden vielmehr, dass zum Auftreten der Krankheiten noch gewisse äussere und innere Zustände in Mitwirkung treten müssen, die wir mit dem allgemeinen Ausdruck der Prädisposition bezeichnen. Insofern dieser Zustand sich auf die Pflanze selbst bezieht, nennt man ihn auch die Krankheitsanlage. Dieser Zustand kann in einer durchaus normalen, gesunden Beschaffenheit des Pflanzenorganismus bestehen, die etwa nur zu gewissen Zeiten vorhanden ist, oder nur gewissen Individuen und Varietäten angeboren oder nur von gewissen Individuen erworben ist; er kann aber auch an sich schon einen abnormen, krankhaften Zustand darstellen, dessen Gegenwart zur Entstehung einer andern Krankheit führt. Wir können die Erscheinungen der Prädisposition dementsprechend in fünf Kategorien eintheilen, nämlich in örtliche, zeitliche, individuelle, erworbene und endlich in krankhafte Disposition.

Ich will hier für jede dieser Kategorien einige Beispiele anführen:

1. Örtliche Disposition. Ich verstehe darunter die mannigfaltigen, ausserhalb des Pflanzenorganismus gelegenen und durch die Örtlichkeit, in der die Pflanze lebt und wächst, bedingten, für das Auftreten einer Erkrankung erforderlichen Eigenthümlichkeiten des Standortes.

Die Gestaltung der Bodenoberfläche, oft verbunden mit gewissen Eigenthümlichkeiten des Bodens selbst, veranlassen die Entstehung sogenannter „Frostlöcher", in denen oft Spätfröste Schaden anrichten. Äussere Verhältnisse begünstigen die Entladung häufiger Gewitter und dadurch die Beschädigung durch Blitz- oder Hagelschlag. Die Thatsache, dass oft bestimmte Bäume, die sich keineswegs durch Grösse und Gestalt von ihren Nachbaren unterscheiden, ausserordentlich häufig vom Blitze betroffen werden, muss mehr auf Eigenthümlichkeit des Standortes, insbesondere des Bodens, als des Baumindividuums zurückgeführt werden.

Parasitäre Erkrankungen sind oft an bestimmte Örtlichkeiten gebunden, die sich durch feuchte, dumpfe Luft auszeichnen oder warm genug sind, um die Entwicklung der Parasiten zu ermöglichen. Die Erkrankung einer Pflanze durch gewisse Rostformen ist oft an solche Örtlichkeiten gebunden, in denen bestimmte andere Pflanzenarten auftreten und gedeihen, auf denen die Rostpilze während eines Abschnitts ihres Lebens sich entwickeln.

2. Zeitliche Disposition. Ich verstehe darunter solche physiologische und anatomische Entwicklungsstadien, die bei jeder gesunden Pflanze zeitenweise auftreten und dieselbe für Erkrankungen empfänglich machen.

Ruhende Gewebe der Wirthspflanze zeigen in vielen Fällen eine geringere Widerstandskraft gegen Angriffe der Parasiten, als aktiv thätige. So gedeiht und verbreitet sich z. B. das Mycel der Peziza Willkommii im lebenden Rindengewebe der Lärche nur dann, wenn letztere ihre vegetative Thätigkeit im Herbste eingestellt hat. Wenn im nächsten Frühjahr die Lärche zu neuer Lebensthätigkeit erwacht ist, hindert die Energie der aktiv thätigen Zellen das Fortschreiten des Pilzwachsthums.

Ruhende Bucheckern im Winterlager werden von dem Mycel des gemeinen Schimmelpilzes Mucor Mucedo getödtet, wogegen dieser Pilz junge Buchenkeimlinge nicht zu schädigen vermag.

Umgekehrt ist aber oft der Ruhezustand ein Schutz gegen äussere schädliche Einflüsse, z. B. gegen die Kälte. Der durch äussere Verhältnisse bedingte Wassergehalt der Pflanzen veranlasst in manchen Fällen ein üppigeres Wachsthum der in ihrem Gewebe wachsenden Pilze. In nassen Jahren werden die neuen Kieferntriebe durch Caeoma pinitorquum grossentheils getödtet, während bei trockenem Wetter das Pilzmycel in deren Innern kaum zur Entwicklung von Spermogonien vorschreitet und die Triebe fast völlig gesund bleiben.

Bei jeder Pflanze kommen aber auch zeitenweise im anatomischen Bau, besonders der Hautgewebe, Zustände vor, in denen sie eine besondere Disposition für Erkrankungen zeigt.

Die junge Keimpflanze sowie die zarten Triebe und Blätter der neuen Triebe sind anfänglich von einer zarten Epidermis bekleidet, deren Aussenwände noch nicht cuticularisirt und deshalb für Infektion durch Keimschläuche ausserordentlich empfänglich sind. Der Zeitraum, in dem solche Pflanzen angriffsfähig sind, währt oft nur wenige Tage oder Wochen, bis die Verkorkung der Epidermis eingetreten und damit das Eindringen von Pilzkeimen unmöglich geworden ist.

3. Individuelle, angeborene Disposition für Erkrankungen kann ebenfalls in physiologischen, wohl auch chemischen, sowie in anatomischen Eigenthümlichkeiten begründet sein. Unter den Individuen desselben Bestandes beginnt das Ergrünen im Frühjahr keineswegs zu gleicher Zeit, vielmehr beobachtet man z. B. in einem Fichtenbestande Mitte Mai noch Exemplare, deren Knospen kaum geschwollen sind, neben solchen, die schon lange Triebe besitzen. Die ersteren, deren Wärmebedürfniss also ein grösseres ist, sind dadurch nicht allein vor Spätfrostschaden, sondern unter Umständen auch vor Pilzinfektion geschützt. Erfolgt z. B. die Reife und Ausstreuung der Sporidien von Chrysomyxa abietis schon Anfang Mai, so werden nur die Fichten, die infolge geringeren Wärmebedürfnisses schon ergrünt sind, von diesem Parasiten inficirt, zeigen also eine individuelle Disposition für Pilzinfektion, wie auch für Spätfrostschäden.

Angeborene anatomische Eigenthümlichkeiten im Bau der Hautgewebe, z. B. Dickwandigkeit der Epidermis, stärkerer Wachsgehalt und Wachsausscheidung (Reif), stärkere Behaarung, kräftige Peridermbildung der Knollen, z. B. der Kartoffel, treten nicht allein individuell auf, sondern sind zu charakteristischen Eigenheiten von Varietäten und Rassen geworden und schützen gegen Angriffe von Parasiten oder auch gegen Trockenheit der Luft u. s. w. Gewisse hierher gehörende Anlagen sind noch nicht auf ihre Ursachen zurückgeführt. So sehen wir mitten im intensiven Rauchgebiete, in dem die meisten Fichten schon abgestorben oder doch stark erkrankt sind, oft einzelne Exemplare fast unempfindlich gegen die Einwirkungen der schwefligen Säure. Unter den Nadeln desselben Triebes erkranken einzelne sehr früh, andere halten sich eine Reihe von Jahren gesund.

4. Erworbene Krankheitsanlagen, insoweit sie nicht an sich schon krankhafter Art sind, entstehen oft durch die äusseren Verhältnisse, unter denen eine Pflanze, insbesondere ein Baum, erwachsen ist. Pflanzen, die in der feuchten Luft des Gewächshauses erzogen sind, besitzen eine nur wenig cuticularisirte Oberhaut der Blätter und verdunsten deshalb, in trockene Luft verbracht, aussergewöhnliche

Mengen von Wasser. Sie besitzen eine erworbene Disposition für Vertrocknen in der Luft von gewöhnlichem oder geringem Feuchtigkeitsgehalte.

Holzarten, welche keine starke Borke oder gar nur eine Rinde mit Korkhaut besitzen, schützen sich im freien Stande oder am Bestandesrande gegen direkte Insolation und dadurch herbeigeführte Überhitzung des Cambiums der Südwestseite dadurch, dass ihre Baumkronen so tief herab reichen, dass ihr Stamm mehr oder weniger von der Belaubung beschattet wird. Ist schon in jüngerem Alter die Beastung verhältnissmässig hoch hinauf verschwunden, so schützt sich der Baum durch starke Entwicklung der Rinde, durch üppigere Korkhautbildung, durch reichlicheres Auftreten von Steinzellennestern auf der Südwestseite gegen die übergrosse Erhitzung durch Besonnung. Im geschlossenen Bestande wird die Baumkrone hoch hinauf gedrängt und die Rinde erhält unter dem Einflusse der Beschattung und der feuchten ruhigen Waldluft eine Prädisposition für Rinden- oder Sonnenbrand, indem nach Freistellung, z. B. bei Wegeanlagen die Sonnenstrahlen die Cambialgewebe der Südwestseite durch Überhitzung tödten.

5. Krankhafte Prädisposition kann man jede Verwundung einer Pflanze nennen, da sie zur Entstehung infektiöser Wundkrankheiten zu führen vermag. Dahin gehören alle Verletzungen durch Menschenhand, durch Hagelschlag, Wild, Insekten u. s. w., die den parasitären Pilzen die Pforte öffnen. Es entstehen dadurch die verschiedenartigen Erkrankungen des Holzkörpers, die meisten krebsartigen Krankheiten der Rinde u. s. w. Im jugendlichen Alter schliessen sich die Wunden durch Überwallung schneller als bei alten Bäumen, die deshalb durch Verwundungen mehr gefährdet werden. In der Jugend schützen sich viele Nadelholzbäume gegen Infektion durch das aus dem Splinte hervortretende Harz, wogegen alle Äste, die bereits Kernholz führen, mehr für Infektion disponirt sind, weil das Kernholz kein Harz mehr austreten lässt.

Eine sehr merkwürdige Disposition für Angriffe von Insekten und parasitären Pilzen zeigen die Bäume, welche aus irgend welchen äusseren Ursachen in der Erzeugung organischer Bildungsstoffe so sehr geschwächt worden sind, dass der Zuwachs, d. h. die Jahrringbildung, wenn auch nur vorübergehend, auf den oberen Baumtheil beschränkt ist. Nach starken, aber nicht vollständigen Entnadelungen der Bäume tritt eine ausserordentlich grosse Prädisposition des unteren Stammtheils für Angriffe von Borkenkäfern, Bockkäfern, dem Hallimasch u. s. w. ein und sterben infolgedessen oft noch ebenso viele Bäume nach Beendigung des Raupenfrasses in den Folgejahren ab, als anfänglich durch Entnadelung zu Grunde gingen. Auch die durch Steinkohlenrauch geschädigten Nadelbäume erliegen massenhaft dem Agaricus melleus und den Käfern, obgleich ihre Kronen noch schön benadelt sind, und zwar deshalb, weil der Zuwachs solcher Bäume in den Wurzeln und unteren Stammtheilen infolge der Blattvergiftung am ersten aufhört. Laubholzbäume, z. B. Eichen, an denen ich Wurzeln abgeschnitten hatte, zeigten sich völlig widerstandsfähig gegen Angriffe des Agaricus melleus, Eichenstöcke dagegen wurden sofort inficirt, wenn die Infektion vor der Entstehung neuer Stockausschläge eintrat. Erfolgte die Infektion durch eine Wurzelwunde einseitig, so hörte die Weiterverbreitung des Parasiten alsbald auf, wenn derselbe eine Gewebspartie des Stockes erreichte, die unter dem Einflusse eines inzwischen entstandenen Ausschlages stand. Eine wiederholt durch Blitzschlag getroffene Tanne, bei welcher nur die äussere Rinde stellenweise verletzt wurde, so dass sich etwas Terpentinöl nach aussen ergoss, wurde so oft von Borkenkäfern angefallen, dass die Rinde Hunderttausende von vernarbten Bohrlöchern zeigte. Da der Baum aber nicht krankhaft disponirt war, so kehrten sämmtliche Käfer alsbald um, wenn sie die Cambialregion erreicht hatten, in der die saftstrotzenden, noch luftleeren jungen Gewebe für den Mutterkäfer und dessen Brut den Erstickungstod herbeigeführt haben würden.

Erkrankung der Wurzeln durch Trametes radiciperda und Agaricus melleus oder Zerreissungen der Wurzeln nach starkem Sturm haben zur Folge, dass Borkenkäfer und Rüsselkäfer die Bäume mit Erfolg anbohren, weil Holz und Rinde wasserarm sind.

Entnadelung der Fichte durch die Nonne führt zunächst ein Aufhören der Zuwachsthätigkeit im Folgejahre herbei. An solchen zuwachslosen Bäumen stirbt durch direkte Besonnung schon bei 48° C. das Cambium der Südwestseite ab, während Bäume, deren Cambium noch ernährt wird, Temperaturen von 53° C. ohne Nachtheil ertragen können.

Die vorstehenden Darlegungen dürften genügen, um zu zeigen, wie mannigfach die Erscheinungen der Krankheitsanlagen sind. Dass es noch vieler sorgfältiger Forschungen bedarf, um eine einigermassen befriedigende Erklärung aller wichtigen hierher gehörenden Erscheinungen bieten zu können, ist selbstverständlich. Es mag schliesslich noch die Bemerkung am Platze sein, dass nur die angeborenen Anlagen einen erblichen Charakter tragen und dass wir unter dem Ausdrucke Krankheitskeim nicht eine Krankheitsanlage, sondern die Krankheit selbst im ersten, äusserlich oft noch nicht wahrnehmbaren Zustande verstehen.

Jeder, der sich mit der Erziehung und Pflege von Pflanzen zu befassen hat, muss auch die Krankheiten der Pflanzen kennen, damit er im Stande ist, seine Pfleglinge vor Erkrankungen zu schützen oder vorkommenden Falls eingetretenen Krankheiten zu begegnen und deren Verbreitung zu verhüten. Um aber die richtige Diagnose stellen zu können, ist es für ihn nicht allein nothwendig, die Krankheitserscheinungen genau zu kennen, sondern auch wenigstens eine Vorstellung von der Methode der Untersuchungen zu besitzen.

Der Pflanzenarzt hat es im allgemeinen viel leichter, eine Krankheit zu erkennen, als der Arzt, der es mit den Erkrankungen der Menschen und Thiere zu thun hat, und zwar deshalb, weil am Pflanzenkörper der Sitz der Krankheit leichter zu erkennen ist, wogegen beim Menschen und Thiere die Erkrankung irgend eines Körpertheiles sehr oft durch sekundäre Erscheinungen an anderen Körpertheilen verhüllt wird. Bei einem Baume kann der grösste Theil des Holzkörpers durch parasitäre Pilze zerstört sein, ohne dass das Allgemeinbefinden der Pflanze im ganzen dadurch gestört wird. Gelingt es, die Erkrankung in ihrem ersten Stadium zu beobachten, so bietet die weitere Untersuchung verhältnissmässig wenig Schwierigkeiten. Schwerer wird es in der Regel, an schon getödteten Pflanzen die wahre Ursache der Erkrankung und des Todes festzustellen, obgleich es dem geübten Pflanzenpathologen nur selten misslingen wird, den wahren Charakter einer Krankheit mit Sicherheit zu erkennen.

Handelt es sich um Beschädigungen durch Thiere oder Pflanzen, so werden wir diese selbst oder doch deren Spuren im Anfangsstadium der Erkrankung am sichersten auffinden und erkennen. Es genügt aber auch bei Thier- resp. Insektenbeschädigungen sehr oft nicht, dass wir den Feind bei der Arbeit ertappen, ihn und seine Lebensweise in der Natur zu beobachten suchen, wie das bisher meist geschah, vielmehr muss man bei Insektenbeschädigungen prüfen, ob die beschädigten Pflanzen nicht schon eine krankhafte Prädisposition besassen, bevor sie von den Insekten angegriffen wurden. Dies gilt insbesondere für die grosse Familie der Borkenkäfer, die vielfach nur im Gefolge anderer nachtheiliger Einwirkungen auftreten. Bei pflanzlichen Parasiten kann man aus der Gegenwart eines Pilzes im abgestorbenen Gewebe nur dann den Schluss ziehen, dass derselbe das Absterben bewirkt habe, wenn es sich um bereits bekannte Pflanzenfeinde handelt. Ist das nicht der Fall, dann muss unser Bestreben zunächst dahin gerichtet sein, durch geeignete Infektionsversuche die Krankheit, die wir zu erforschen suchen, auf künstlichem Wege an gesunden Pflanzen hervorzurufen.

Stehen uns Sporen oder Conidien des verdächtigen Pilzes zu Gebote, so haben wir diese nach vorgängiger Prüfung der Keimfähigkeit zur Ausführung der Versuche zu verwenden. Fehlt es an keimfähigem Material, so ist, wenn möglich, durch künstliche Kultur im feuchten Raume, auch wohl unter Anwendung geeigneter Nährlösungen, das Reifen oder die Entstehung von Fruchtträgern abzuwarten.

Je nach dem Charakter der Krankheit erfolgt die Infektion durch Ausstreuen der Sporen auf die Blätter oder auf eine künstlich hergestellte Wunde der Wirthspflanze. Der inficirte Pflanzentheil muss besonders in der ersten Zeit nach der Sporenaussaat vor trockener Luft sorgfältig geschützt werden. Bei Rindenkrankheiten genügt ein feiner Schnitt mit der Spitze eines Skalpells, an der ein Tropfen Wasser mit darin suspendirten Sporen haftet, bei Erkrankungen des Holzkörpers muss dieser verwundet werden und lässt man dann den sporenhaltigen Wassertropfen von der Wunde aufsaugen.

Bei Erkrankungen des Rinden- und Holzkörpers sind in der Regel Mycelinfektionen weit sicherer. Nachdem man aus einem erkrankten Baume ein Stückchen Rinde von der Stelle entnommen hat, wo das Mycel noch jung und kräftig ist, also von der Grenze des todten und lebenden Gewebes, setzt man dieses an die Stelle eines ebenso grossen und ebenso geformten, der Rinde eines gesunden Baumes entnommenen Rindenstückchens. Man kann dabei ganz ähnlich wie beim Okuliren der Rosen verfahren, doch ist es im allgemeinen besser, wenn die Ränder des pilzhaltigen Rindenstückchens genau mit den Rändern des unmittelbar zuvor angefertigten Rindenausschnittes zusammenpassen.

Man muss dann noch das Vertrocknen durch Verkleben mit Baumwachs oder anderweitem Verband zu verhindern suchen. Will man den Holzstamm durch Mycel inficiren, so entnimmt man mit Hilfe des Pressler'schen Zuwachsbohrers, der zu solchen Zwecken ganz vortrefflich sich eignet, einen Bohrspan von der Grenze des gesunden und kranken Holzes, da nur hier das im Holze enthaltene Mycel noch so wuchskräftig zu sein pflegt, dass es über die Oberfläche des Spanes hinauswächst, fertigt dann mit demselben Bohrer ein Loch in dem gesunden Baume an, ersetzt den aus diesem herausgezogenen Span durch den kranken und schliesst das Loch äusserlich durch Baumwachs. Bei harzhaltigen Nadelholzbäumen wird das Gelingen der Infektion leicht durch Austreten von Harz aus der Wunde des Bohrloches vereitelt. Man muss deshalb womöglich das Bohrloch so tief machen, dass man in das Kernholz gelangt, aus welchem Harz nicht oder doch nur in geringen Mengen austritt.

Handelt es sich um unterirdisch vegetirende Parasiten, dann genügt es in der Regel, wenn man eine erkrankte Pflanze in die nächste Nähe gesunder Exemplare derselben Art pflanzt, wobei man etwa noch in der Weise nachhelfen kann, dass man eine Wurzel des erkrankten Individuums mit ersichtlich noch lebendem, wachsthumsfähigem Mycel in unmittelbare Berührung mit einer Wurzel der zu inficirenden Pflanze bringt.

Am leichtesten gelingt die Infektion bei epiphytischen Pilzen, deren Mycel auf Blättern oder Zweigen wächst, da man hier nur für genügenden Kontakt des erkrankten Pflanzentheils mit dem gesunden zu sorgen braucht, indem man sie durch Fäden aneinander bindet.

Der Erwägung des Forschers ist es natürlich vorbehalten, in jedem Falle den geeigneten Weg zu suchen und zu finden, um zu dem gewünschten Ziele zu gelangen.

Es wäre nun unrichtig, wenn man die Frage, ob ein Pilz wirklich Parasit sei oder nicht, nach dem Misslingen eines oder weniger Infektionsversuche beantworten wollte. Man denke nur daran, von wie zahlreichen Faktoren das Gelingen einer Saat oder Pflanzung bei unseren Waldbäumen abhängt, deren Lebensbedingungen uns doch einigermassen bekannt sind. In der Regel wissen wir von den zu untersuchenden Pilzen aber fast noch nichts; wir kennen nicht die äusseren Bedingungen der Keimung, wissen oft kaum, ob die Sporen schon reif, ob sie zu feucht oder zu trocken gebettet sind, ob ihnen genügender Sauerstoff zugeführt wird, ob die Jahreszeit die richtige zur Aussaat war, da die Sporen ebenso wie die Samen unserer Waldbäume, verschiedene Zeiten der Ruhe nach dem Reifen gebrauchen, ehe sie keimen. Das, was oben über die mannigfaltigen Krankheitsanlagen der Pflanze gesagt ist, wird zur Genüge darthun, wie auch bei dem besten Infektionsmaterial die Versuche oft genug mit negativen Resultaten enden können. Wenn es schon dem geübten Pilzforscher und

Pathologen oft erst nach zahllosen missglückten Versuchen gelingt, die Bedingungen kennen zu lernen, unter denen die Infektion einer Pflanze vor sich geht, so wird es erklärlich werden, wie es geradezu als ein Zufall bezeichnet werden muss, wenn dem Laien einmal ein Infektionsversuch glückt.

Ist die Infektion geglückt, dann handelt es sich nicht allein darum, den Verlauf der Krankheit durch die verschiedenen Stadien zu verfolgen, wobei selbstredend die Beobachtung der Erkrankungen im Walde selbst von grösster Bedeutung ist, sondern es ist noch zu erforschen, welche äusseren Einflüsse hemmend oder fördernd auf die Entwicklung der Krankheit einwirken und welche Anlagen das Entstehen der Krankheit bedingen und fördern.

Dieser Theil der Untersuchung ist der schwierigste, er beansprucht vor allen Dingen eine sehr geschärfte Beobachtungsgabe, die Berücksichtigung der anscheinend unbedeutendsten Nebenumstände und vor allen Dingen einen möglichst häufigen Besuch des Waldes. Die Erforschung der Krankheiten unserer Waldbäume wird selten zum Ziel führen, wenn wir nicht sorgfältige und ausgedehnte Beobachtungen und Untersuchungen im Walde selbst ausführen.

Ergiebt die Untersuchung, dass weder Thiere noch pflanzliche Organismen die erste Ursache der Erkrankung sind, dann kann diese nur in Einflüssen der anorganischen Natur beruhen. Vermuthet man, dass ungünstige Eigenschaften des Bodens die Krankheit veranlassten, dann wird womöglich an der Stelle, wo ein erkrankter Baum steht, nach Rodung derselben ein Bodeneinschlag bis zu der Tiefe vorgenommen werden müssen, bis zu welcher die Wurzeln hinabgedrungen sind. Es ist dabei auf die Festigkeit und den Wassergehalt der Bodenschichten zu achten, insbesondere auf die grössere oder geringere Zugänglichkeit desselben für die atmosphärische Luft. Im Walde wird eine Veränderung im Gehalt an mineralischen Nährstoffen, welche so bedeutend ist, dass dadurch ein bisher gesunder Baum oder Bestand erkrankt, nur unter Verhältnissen eintreten, die dem sachkundigen Beobachter sofort auffallen. So kann z. B. Gipfeldürre nach Streurechen und Blossstellung des Bodens oder nach übertriebenen Entwässerungen eintreten. Erkrankung oder Tod kann durch Zufuhr schädlicher Stoffe aus Fabriken, durch Überfluthung mit Seewasser u. s. w. bedingt sein. Es wird eine chemische Untersuchung des Bodens selten nothwendig werden. Häufiger handelt es sich um Einflüsse der Atmosphärilien, vor allem der Temperatur, der Luftfeuchtigkeit, der Niederschläge, des Blitzes, nachtheiliger Gase u. s. w.

Lässt sich feststellen, wann die Krankheit zuerst auftrat, dann wird durch Einziehung von Erkundigungen und durch Ermittelung der äusseren Verhältnisse oft schneller die Aufgabe zu lösen sein, als durch Untersuchung der erkrankten Pflanze.

Im allgemeinen sind die durch Thiere und Pflanzen erzeugten Krankheiten dadurch charakterisirt, dass diese zunächst an einigen Pflanzen oder Pflanzentheilen auftreten und sich dann successive ausbreiten, während jene in Einflüssen des Bodens oder der Atmosphäre begründeten Krankheiten, gleichmässig und gleichzeitig auf grösseren Flächen aufzutreten pflegen, da selten jene Einflüsse im Walde eng begrenzt und nur auf einzelne Pflanzen beschränkt sind.

Am leichtesten treten Täuschungen ein, wenn einer Erkrankung eine krankhafte Prädisposition vorausgeht, weil dann oft nur diese letztere, nicht aber die dadurch ermöglichte Krankheit ins Auge gefasst wird. Oft genug treffen wir auch an demselben Baume verschiedene Krankheiten an, von denen jede für sich selbständig arbeitet, und darf man deshalb nicht sofort mit der Untersuchung aufhören, wenn man auch eine Krankheitsursache gefunden hat.

I. Abschnitt.

Beschädigungen durch Pflanzen.

Es kann nicht unsere Aufgabe sein, hier auf alle jene mannigfaltigen Beziehungen hinzuweisen, die der Kampf um's Dasein, der Kampf um den Raum, um Nahrung, Wasser und Licht sowohl zwischen ungleichartigen wie gleichartigen Pflanzen hervorruft. Jede Pflanze kann unter Umständen einer anderen nachtheilig werden. Der Sieg zwischen zwei Konkurrenten wird nicht allein entschieden durch die der Art eigenthümliche Schnellwüchsigkeit auf dem vorliegenden Standorte, sondern hängt in hohem Maasse von der individuellen Wuchsgeschwindigkeit der Pflanzen ab, und diese ist es, die im gleichartigen Bestande in erster Linie den Ausschlag giebt. Es ist eine altbekannte Sache, dass schon im jugendlichsten Lebensstadium, ja zuweilen, z. B. bei der Eiche, schon in der Grösse der Früchte die individuelle Wuchskraft zum Vorschein tritt und dass es deshalb von der grössten Bedeutung ist, nicht nur bei der Auswahl der Samen mit Sorgfalt zu verfahren, sondern auch beim Verschulen und Verpflanzen alle Schwächlinge zu entfernen. Im Nachfolgenden sollen nur die direkten Angriffe der Pflanzen auf Leben und Gesundheit einer anderen besprochen werden.

§ 1. I. Phanerogame Parasiten.

Eine scharfe Grenze zwischen solchen Pflanzen, die nur indirekt, d. h. nur durch ihre Nähe und durch ihre Konkurrenz im Genuss der Nährstoffe, des Lichtes u. s. w. anderen Pflanzen schädlich werden, sowie anderseits den Parasiten besteht nicht. Jenen ersteren reihen sich vielmehr solche Pflanzen an, welche, ohne von der Substanz einer anderen zu leben, doch dieselben direkt angreifen und an ihnen pathologische Erscheinungen hervorrufen.

Es sei z. B. auf Lonicera Periclymenum hingewiesen, deren Stämme gelegentlich junge Bäume umschlingen und dann einige Jahre später die Abwärtswanderung der Bildungsstoffe im Bastgewebe in eine begrenzte spiralige Bahn zwingen (Fig. 1). Mit zunehmender Dicke des Baumes tritt bald ein Druck des Schlingstrauches auf denselben ein, und die Wanderung der Bildungsstoffe in senkrechter Richtung wird dadurch verhindert. Der unmittelbar unterhalb des Geisblattstammes befindliche Stammtheil wird oft gar nicht mehr ernährt und kann die dortige Cambialregion infolgedessen allmählich verhungern, während die oberhalb des passiv einschnürenden Geisblattstammes befindliche Baumregion einestheils einen sehr kräftigen Zuwachs zeigt, anderentheils sich in den jüngeren Theilen durch den spiraligen Verlauf aller Organe der Gefässbündel auszeichnet.

Ähnliche Beschädigungen können auch andere Schlingpflanzen, z. B. Hedera Helix, an Bäumen hervorrufen.

Die Rhizome von Triticum repens durchbohren zuweilen die fleischigen Wurzeln anderer Pflanzen, was besonders in Eichensaatbeeten beobachtet worden ist.

Den Übergang zu den ächten, d. h. den ausschliesslich von den Bildungsstoffen anderer Pflanzen lebenden Parasiten bildet eine Gruppe von Pflanzen, denen man es zunächst nicht ansehen kann, dass sie einen parasitären Lebenswandel führen, da sie mit chlorophyllhaltigen Blättern versehen sind und mit ihren Wurzeln aus dem Boden Wasser und anorganische Nährstoffe aufnehmen. Sie bereiten sich Bildungsstoffe durch Assimilation, haften aber mit einzelnen ihrer Wurzeln

Fig. 1. Eichenstamm von Lonicera Periclymenum umwachsen. Der Stamm des Geisblattes ist am unteren freien Ende d, ferner bei c und am oberen Ende bei b sichtbar. Unterhalb desselben ist das Cambium abgestorben e, die Neubildung hat nur in einer Spirale f stattgefunden. Bei g ist der Zuwachs wieder normal. Der ganze Stamm ist von a abwärts entrindet dargestellt.

vermittelst eines Saugapparates, eines Haustoriums, an den Wurzeln anderer phanerogamer Pflanzen und entziehen diesen organische Substanz. Dahin gehören die Rhinanthaceen. Der Feldwachtelweizen (Melampyrum arvense), der Klappertopf (Rhinanthus), die Gattung Läusekraut (Pedicularis) und Augentrost (Euphrasia) sind bekannte Beispiele für diese Lebensweise. Die Gattung Lathraea mit der bei uns sehr häufigen Art Lathraea squamaria, Schuppenwurz, lebt auf den Wurzeln sehr verschiedenartiger Pflanzen, unter denen sich mehrere Waldbäume: Buchen, Hainbuchen, Haseln und Erlen befinden.

Auch die Orobanchen zählen zu den ächten Parasiten, die ihre Nahrung ausschliesslich den Wirthspflanzen entziehen, auf deren Wurzeln sie sich entwickeln. Unter den zahlreichen Arten treten einige auf Kulturpflanzen in so massenhafter Entwicklung auf, dass sie ihnen bemerkbaren Schaden zufügen, so z. B. die Orobanche ramosa auf Tabak und Hanf, Orob. lucorum auf Berberitze und Brombeere, Orob. Hederae auf Epheu, Orob. rubens auf Luzerne und Or. minor auf Rothklee.

Die Loranthaceen sind noch nicht im eigentlichen Sinne als Parasiten zu bezeichnen, da sie den Bäumen und Sträuchern, auf denen sie wohnen, im wesentlichen nur Wasser und anorganische Nährstoffe und nur in sehr beschränktem Maasse auch organische Stoffe entziehen. Sie besitzen chlorophyllhaltige Blätter und verhalten sich zu ihren Wirthen ganz ähnlich wie das Edelreis sich zur Unterlage verhält. Sie geben einen Theil der selbst bereiteten Bildungsstoffe an die Wirthspflanze ab, welche diese zum eigenen Wachsthum verbraucht. Ob dies bei allen Loranthaceen geschieht, ist zweifelhaft, bei Viscum album und Loranthus europaeus findet aber ein solcher Nahrungsaustausch statt.

Die bekannteste und durch ganz Europa, Asien bis nach Japan verbreitete Art ist Viscum album[1]), die gemeine Mistel. Dieselbe bewohnt fast alle Laub- und Nadelholzbäume, bevorzugt aber einige Holzarten, z. B. die Tanne, die Kiefer, die Pappeln und Obstbäume während sie auf anderen Bäumen wieder sehr selten oder gar nicht auftritt, so z. B. auf der Fichte, Buche, Kastanie, Erle und Esche. Auf Quercus ped. ist sie in Frankreich häufig, in Deutschland noch nie gefunden, wogegen sie auf Querc. rubra auch in Deutschland ge-

---

[1]) R. Hartig, Zur Kenntniss von Loranthus europaeus u. Viscum album mit 1 Taf.: Zeitschrift für d. Forst- u. Jagd-Wesen. 1876, Seite 321 ff.

funden ist. Der Umstand, dass in manchen Gegenden nur bestimmte Holzarten von der Mistel bewohnt werden, während daselbst andere Arten völlig verschont bleiben, die wiederum in anderen Örtlichkeiten von der Mistel sehr heimgesucht werden, spricht dafür, dass es verschiedene Rassen der Mistel giebt, die sich bestimmten Wirthspflanzen angepasst haben. Durch Grösse und Gestalt der Blätter zeigen diese auch morphologische Abweichungen. Ihre Verbreitung findet die Mistel besonders durch Verschleppung der Beeren, welche von den Drosseln verzehrt werden, wobei die dem Schnabel anhaftenden klebrigen Samen vom Vogel an die Zweige, auf denen er sitzt, abgestreift und dadurch festgeklebt werden. Die im Frühjahr keimenden Samen entwickeln zuerst eine Art Saugscheibe, aus deren Mitte dann eine feine, das Rindengewebe durchbohrende Wurzel hervortritt. Diese Hauptwurzel dringt bis zum Holzkörper des Zweiges oder Stammes vor, ohne bei ihrer zarten Beschaffenheit im Stande zu sein, in diesen selbst hineinzuwachsen. Ihr Längenwachsthum an der Spitze ist damit beendigt, dagegen ist sie befähigt, durch ein hinter der Spitze gelegenes theilungsfähiges Gewebe, welches in der Cambialregion des Zweiges der Wirthspflanze gelegen ist, sich zu verlängern in demselben Maasse, als der Zweig sich durch einen Holz- und Bastring verdickt. Der Holzring umschliesst die Spitze der Mistelwurzel, die mit jedem Jahre tiefer in den Holzkörper einzudringen scheint, thatsächlich aber nur durch das Dickenwachsthum des Stammes umschlossen wird. Das Längenwachsthum dieser Wurzel hat also die grösste Ähnlichkeit mit dem Längenwachsthum eines Markstrahles, der sein eigenes Cambium im Cambiummantel des ganzen Stammes besitzt und sich dadurch jährlich nach der Holz- und nach der Rindenseite zu verlängern befähigt ist. An dem in der Rinde 'gelegenen Theile der Hauptwurzel entstehen nun mehrere Seitenwurzeln, welche bald in der Längsrichtung des Zweiges und zwar sowohl aufwärts als abwärts fortwachsen und „Rhizoiden" oder „Rindenwurzeln" genannt werden. Sie wachsen mit ihrer pinselförmigen Spitze im jugendlichen Siebtheile, ohne jedoch die Cambiumzone selbst zu berühren oder zu alteriren. Vor der Spitze werden die Organe des Siebtheiles aufgelöst, und jedenfalls darf angenommen werden, dass die Auflösungsprodukte auch von der Rindenwurzel aufgenommen und zu eigenem Wachsthum verbraucht werden. Die Rindenwurzeln, die in vielen Fällen auch ein deutliches Dickenwachsthum besitzen, erzeugen alljährlich einmal, sehr selten zweimal, nahe der Spitze auf der Innenseite einen

„Senker", d. h. einen keilförmigen Auswuchs von der Breite der Rindenwurzel, aber von sehr verschiedener Länge, welcher die Cambialzone durchdringt und genau bis auf den Holzkörper der Wirthspflanze gelangt. Die Senker zeigen dasselbe Wachsthum wie die Hauptwurzel.

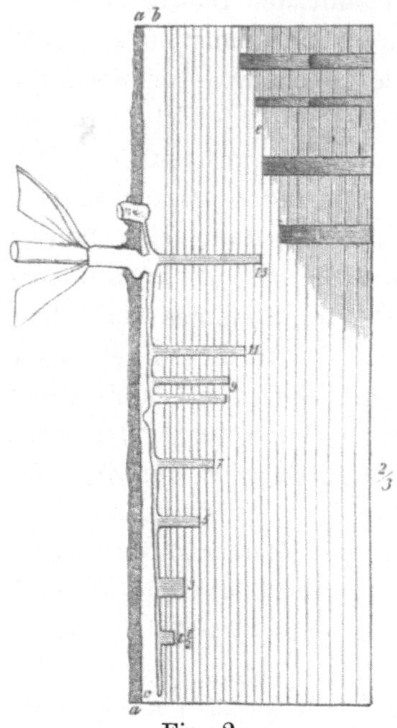

Fig. 2.

Wurzeln von Viscum album in Pinus silvestris. Die Rindenwurzel wächst mit ihrer Spitze *c* im Bastgewebe *b*, zeigt nach innen 8 Senker, nach aussen Wurzelbrutknospen und Ausschläge. Der älteste Theil der Rindenwurzel ist der todten Borkeregion *a a* schon nahe gerückt. Bei *e* sind Senker einer bereits in die Borkeregion eingetretenen Rindenwurzel.

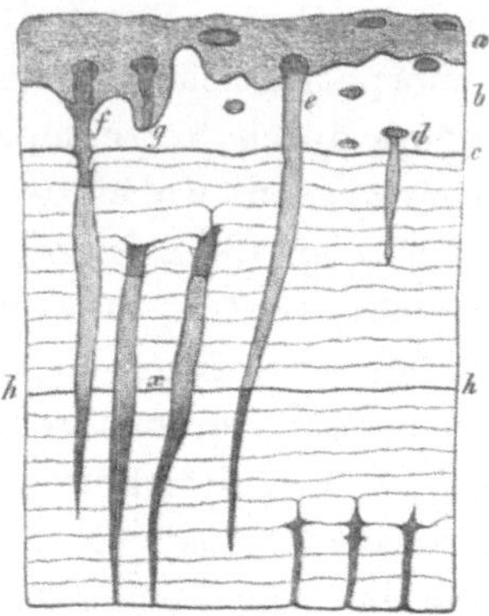

Fig. 3.

Querschnitt durch einen Stamm von Abies pectin. mit Viscum album. *a* Todte Borke mit abgestorbenen Rindenwurzeln. *b* Lebendes Bastgewebe. *c* Cambialregion. *d* Durchschnitt einer Rindenwurzel mit 6 jährigem Senker. *e* Desgl. 18 jährig, die Rindenwurzel soeben in die Borkeregion eintretend, während die Spitze des Senkers im Kernholz vertrocknet. *f* Die Rindenwurzel und der Basttheil des Senkers seit 2 Jahren todt. *g* Rindenwurzel seit 6 Jahren todt. *h h* Grenze zwischen Splint und Kern. *x* Zwei Senker, deren im Splint liegende Region noch lebend ist.

Die ganze Reihe der Senker nimmt nun an ihren Seitenflächen, mit denen sie unmittelbar den wasserleitenden Organen des Holzkörpers anliegen, Wasser und anorganische Nährstoffe auf, die sie zunächst der Rindenwurzel und durch diese den Blättern der Mistelpflanze zuführen. Mit der Neubildung von Bast- oder Siebgeweben rücken die Rindenwurzeln immer mehr vom Cambiummantel nach aussen (Fig. 2).

Bei Bäumen, deren Rinde, wie z. B. die der Weisstanne, viele Jahrzehnte hindurch glatt bleibt, bevor Borkebildung eintritt, können die Senker 40 Jahre alt werden und erlangen eine entsprechende Länge. Bäume dagegen, bei denen frühzeitig Borkebildung eintritt, wie z. B. die Kiefer, zeigen immer nur kurze Senker von 3—4 cm Länge und 12—15 jährigem Alter, weil diese absterben müssen, sobald die ihnen zugehörigen Rindenwurzeln so weit nach aussen gerückt sind, dass sie in die Borkenregion gelangen (Fig. 3). Das Absterben einer Rindenwurzel erfolgt naturgemäss nicht gleichzeitig im ganzen Verlaufe,

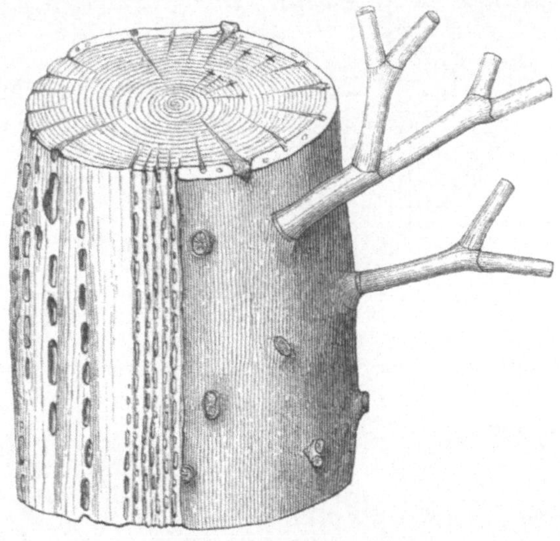

Fig. 4.
Weisstannenstammstück mit Viscum album-Bestand
auf der einen Seite entrindet, um den Verlauf der Rindenwurzeln
und Senker zu zeigen.

sondern zuerst im ältesten, d. h. am weitesten nach aussen liegenden Theile, während die jüngeren Theile, soweit sie noch im lebenden Rindengewebe eingeschlossen sind, lebend bleiben. An ihrer Aussenseite entstehen Wurzelbrutknospen, die sich zu Ausschlägen heranbilden. Diese Ausschläge (Fig. 2 und 4) bilden für sich nun wieder ein neues Wurzelsystem, und so kommt es, dass ein von der Mistel befallener Stammtheil im höheren Alter mit zahllosen jungen und älteren Rindenwurzeln, mit alten und jungen Senkern durchsetzt ist Es bildet sich auf dem Baume gleichsam ein Mistelbestand, der sich durch Wurzelbrut verjüngt und dabei einen immer grösseren Theil des Baumes für sich in Anspruch nimmt. (Fig. 5 und 6.)

Fig. 5.

Querschnitt durch eine Weisstanne mit Senkern von Viscum album.

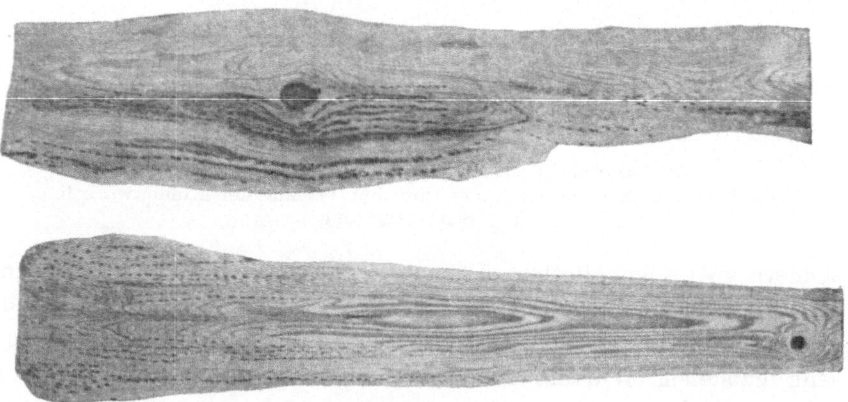

Fig. 6.

Weisstannenbretter mit den Löchern, welche durch die Senker
des Viscum album erzeugt sind.

An älteren Tannen und Kiefern sind Mistelbestände von 2 m
Länge und $^1/_2$ m Breite nicht gerade selten. Die noch lebenden Senker sterben von der Spitze aus ab, sobald sie in die von innen nach
aussen vorrückende Kernholzregion des Baumes kommen.

Der Schaden, welchen die Mistel im Walde, sowie an den Obst-, Park- und Alleebäumen anrichtet, ist keineswegs unerheblich. In der Nähe von Nürnberg, im Reichswalde, sah ich mittelalte Kiefernbestände, in denen kaum ein Baum verschont ist und die Mistelblätter mit der natürlichen Benadelung in Konkurrenz treten. Wo es praktisch ausführbar ist, wie in Obstgärten u. s. w., muss man die befallenen Äste rechtzeitig, noch ehe eine allgemeine Verbreitung der Mistelpflanze stattgefunden hat, ganz abschneiden. Ein Abbrechen der Mistelpflanze allein veranlasst nur kräftige Wurzelausschlagbildung an derselben Stelle.

Arceuthobium Oxycedri kommt in Süd-Europa und zwar schon in Österreich vor und bildet auf Juniperus Oxycedrus dicht gedrängte Büsche, während in Nordamerika eine grössere Anzahl von Arten auf Waldbäumen, besonders Abietineen bekannt ist. Dieselben wachsen ähnlich, wie die europäische Form oder veranlassen die Entstehung von Hexenbesen, indem sie eine erhebliche Streckung der befallenen Zweige, aus deren Rinde zerstreut zahlreiche 1—2 cm lange Sprossen hervorbrechen, veranlassen, wie dies bei Arceuthobium Douglasii der Fall ist. Die Nahrungsaufnahme erfolgt auch bei diesen durch einfache Senker, welche aus einer Zellreihe bestehen oder durch solche, welche Gefässe besitzen. Die Beschädigungen der Waldbäume durch diese Arceuthobien sind sehr erhebliche, doch ist nicht zu befürchten, dass diese Parasiten bei dem Anbau der nordamerikanischen Nadelhölzer nach Europa übersiedeln werden.

Loranthus europaeus[1]) die Riemenblume, ist besonders in Österreich verbreitet, aber auch vereinzelt in Sachsen gefunden.

Sie befällt vorzugsweise die Eichen und wird deshalb auch wohl Eichenmistel genannt, ferner Castanea vesca und hat sich in den Mittelwaldungen Österreichs, insbesondere im Wiener Walde, dadurch sehr nachtheilig erwiesen, dass sie das Höhen-

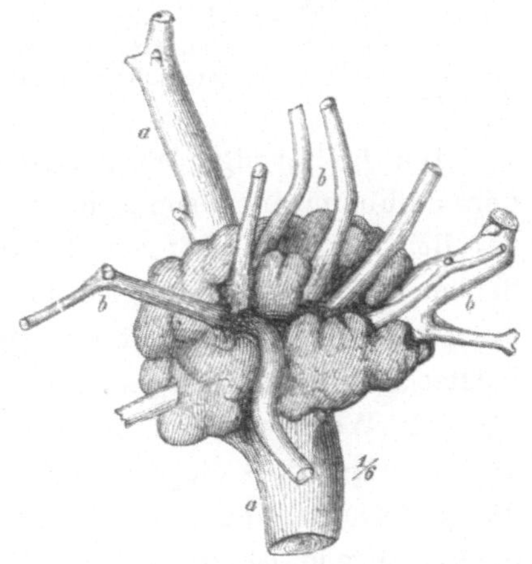

Fig. 7.

Maserkropf einer Quercus Cerris *a*, mit einer alten Lorantuspflanze *bb*.

---

[1]) R. Hartig. Zur Kenntniss des Loranthus europaeus. l. c.

wachsthum der Eichenüberhälter beeinträchtigt. An Stelle des Gipfel-
astes tritt oft eine maserige Anschwellung von der Grösse eines Menschen-
kopfes (Fig. 7). Die Pflanze ist sommergrün, ihre länglichen Samen
(Fig. 8*f*) werden durch Drosseln an die Zweige geklebt, keimen dort,
und wenn die jungen Mistelpflanzen (Fig. 8*a*) wenige Jahre alt geworden
sind, so sieht man schon an deren Basis eine lebhafte Anschwellung
der Eichenpflanze hervortreten, welche den unteren Theil des Schmarotzers ganz einschliesst (Fig. 8*c*).

Die wenigen an der Keimwurzel entstehenden Rhizoiden wachsen
stets nur abwärts, d. h. dem Wasserstrom entgegen, und nehmen Wasser
und Nährstoffe direkt auf.

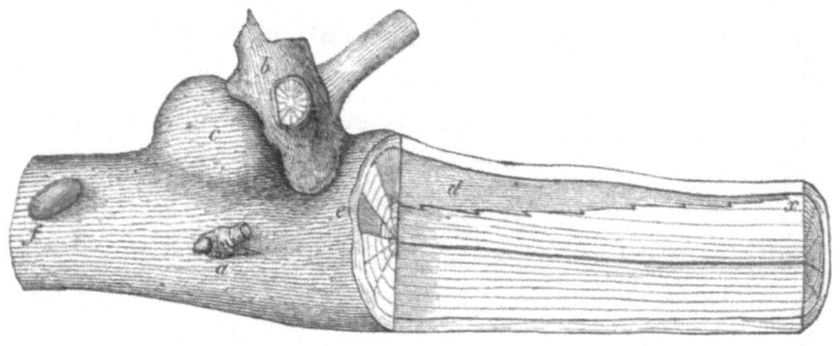

Fig. 8.

Loranthus europ. auf Zweig von Quercus Cerris.
a Junge Pflanze. *b* 5jährige Loranthuspflanze. *c* Wucherung der Eiche.
d Längsschnitt durch eine Wurzel der Loranthuspflanze. *x* Wurzelspitze.
e Querschnitt einer Wurzel. *f* Samenkorn.

Die keilförmige Wurzelspitze (Fig. 9*x*) wächst nicht ausserhalb
der Cambiumzone, sondern im Jungholze, und zwar immer genau
parallel mit dem Längsverlaufe der Organe des Holzes. Mit der
flachen Innenseite gleitet sie so lange in einer bestimmten Region des
Jungholzes vorwärts, mit der gewölbten Aussenseite die noch unver-
holzten Elemente nach aussen drückend, abspaltend und auflösend,
bis dem Weiterwachsen in der bisherigen Richtung dadurch ein Ziel
gesetzt wird, dass die ausserhalb der Spaltungsfläche gelegenen Theile
völlig verholzt sind. Die Wurzelspitze sitzt dann gleichsam in einer
Sackgasse und ist gezwungen, in einer gewissen Entfernung hinter der
Spitze, nämlich da, wo die gewölbte Aussenseite die Cambialzone berührt (Fig. 9*y*), einen neuen Scheitelpunkt zu bilden, in welchem ein
erneutes Längenwachsthum in einer weiter aussen gelegenen Wachs-
thumszone beginnt. Alljährlich tritt in der Regel dreimal die Noth-

wendigkeit hervor, die Wachsthumsrichtung weiter nach aussen zu verlegen, und es entstehen dadurch auf der Innenseite stufenförmige Absätze, die mit entsprechenden Vorsprüngen des Holzes korrespondiren (Fig. 8 u. 9). Da die Wurzeln dem Wasserstrome des Stammes entgegenwachsen, so ergiesst sich das Wasser aus den leitenden Organen des Holzes direkt an den Absätzen in die Mistelwurzel. Letztere zeigt ein lebhaftes Dickenwachsthum, wobei sie eine Reihe von Jahren mit dem Dickenwachsthum des Eichenastes gleichen Schritt hält. Selten schon nach 4, meist erst nach 8 Jahren oder später hört ihr Dickenwachsthum auf und sie wird nun von den begrenzenden Holztheilen durch einen Überwallungsprocess eingeschlossen, während sie an der Spitze weiter wächst.

Sehr auffallend ist die maserige Anschwellung derjenigen Stelle des Eichenastes, auf der eine Loranthuspflanze haftet. Während der höher gelegene Theil des Eichenastes schliesslich ganz abstirbt, verdicken sich die Maserkröpfe, welche den ganzen unteren Theil der Mistelpflanze nebst deren Verästelungen umschliessen; es verdickt sich auch der Theil des Eichenastes, welcher die Maserknollen trägt, ohne eigene Blätter zu besitzen, und es unterliegt keinem Zweifel, dass die Assimilationsprodukte der Schmarotzerpflanze auch zur Ernährung der Wirthspflanze verwendet werden.

Man muss durch Abschneiden der befallenen Äste das Übel zu bekämpfen suchen.

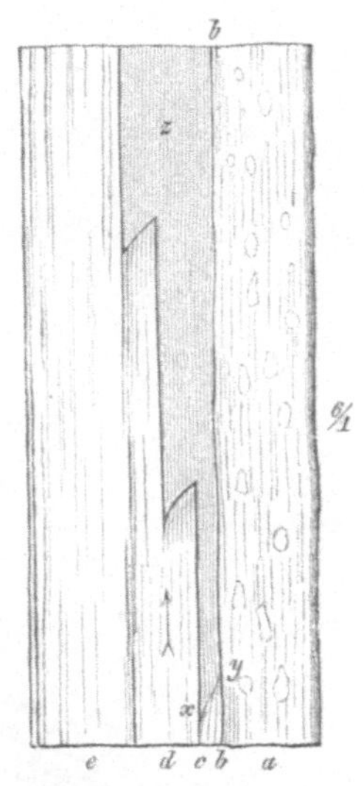

Fig. 9.

Jüngster Theil einer Wurzel von Loranthus europ. *a* Rinde und Bast. *b* Cambialregion. *c b* Jungholz. *d* Fertiges Holz des letzten Jahrringes. *e* Vorjähriger Holzring. *z* Loranthuswurzel. *x* Deren Spitze. *y* Der Ort, wo eine neue Wurzelspitze sich bildet.

Die Cuscuteen, Seidenpflanzen, zeigen zwar noch minimale Spuren von Chlorophyll, gehören aber doch schon zu den ächten Parasiten. Die schon im Samen schlangenartig aufgerollten Keimlinge entwickeln sich im Frühjahre auf dem Erdboden, ohne ihre Würzelchen tiefer in diesen eindringen zu lassen (Fig. 10 *t*). Das junge Pflänzchen streckt sich zu einem dünnen Faden aus, dessen freies Ende sich in weitem Kreise herum bewegt und dadurch eine in seinem Bereich wachsende Nährpflanze aufsucht. Der Keimling vermag eine kurze Strecke weiter zu kriechen, indem er am hinteren Ende abstirbt und auf Kosten der diesem Ende entzogenen Nährstoffe am vorderen Ende sich verlängert. Gelingt es dem Seidenpflänzchen, eine geeignete Wirthspflanze zu umschlingen, so entstehen auf der der letzteren an-

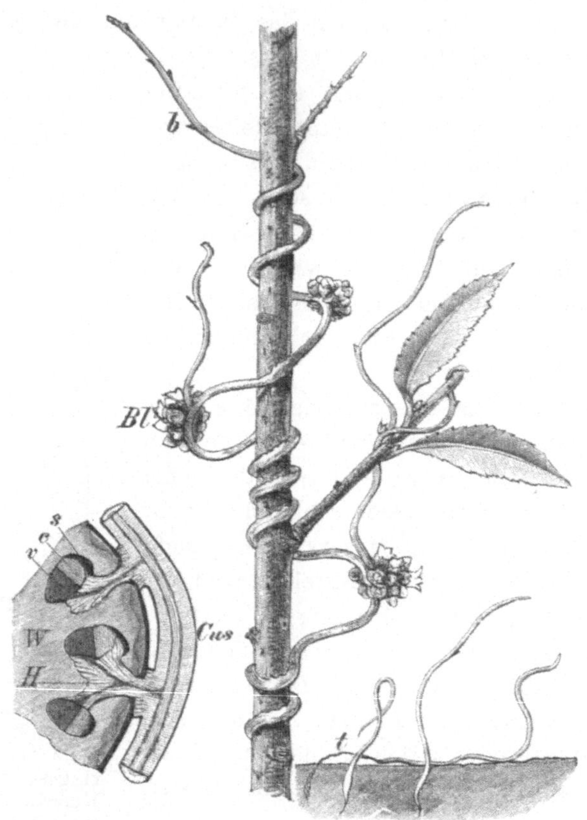

Fig. 10.

In der Mitte ein Weidenzweig, umwunden von der schmarotzenden Cuscuta europaea. An den warzenförmigen Anschwellungen des Cuscuta-Stengels treten Saugwürzelchen in die Weide ein. *b* Reducirte Blättchen, *Bl* Blüthenknäuel. Links: Verbindung des Schmarotzers *(Cus)* mit einer Wirthspflanze *W*. Die Saugwürzelchen (Haustorien) *H* dringen theils in das Rindenparenchym, theils legen sie sich dicht an den Vasaltheil *v* und den Siebtheil *c* der Gefässbündel an, deren Sklerenchymkappe *s* sie zum Theil abheben. Rechts: Keimende Cuscuteen; der längste Keimling auf dem Boden kriechend, indem er vorn auf Kosten des absterbenden Theiles *t* weiterwächst. (Nach Noll.)

geschmiegten Seite zunächst papillöse Wucherungen der Epidermis, welche in die Gewebe der Wirthspflanze eindringen. Aus diesen Prähaustorien dringen dann die eigentlichen Haustorien als Adventivwurzeln in das Innere der Wirthspflanze ein (Fig. 10 links). Sie legen sich sowohl an den Siebtheil als auch an den Holztheil der Gefässbündel an und senden zugleich einzelne aus ihnen sich pinselförmig abzweigende freie Zellreihen zwischen die Parenchymzellen des Rindengewebes.

Der Schmarotzer entzieht auf diese Weise sein Transpirationswasser dem Holztheile, seine plastischen Nährstoffe dem Parenchym der Rinde und dem Siebtheile der Gefässbündel.

Die Cuscuteen verbreiten sich durch die zahllosen Samen, welche in den reichblüthigen kugelförmigen Blüthenständen, die in geringen Abständen übereinander stehen, erzeugt werden; doch vermag die Pflanze auch zu überwintern. Die einzigen praktisch anwendbaren Mittel gegen den Parasiten bestehen in Verwendung seidefreien Saatgutes. Sodann sind aber auch die so vielfach in Hecken und an Zäunen wuchernden Seidenpflanzen zu vertilgen. Cuscuta europaea, die gemeine Seide, schmarotzt auf fast allen Holzgewächsen, so z. B. auf Corylus, Salix, Populus, Prunus spinosa, dann insbesondere auf Humulus, Urtica, Galium. Die Kleeseide, Cuscuta Epithymum, wird vorzugsweise auf Klee und Luzerne schädlich. Neben zahlreichen anderen Wirthspflanzen, z. B. Thymus, Genista, Calluna u. s. w., ist sie selbst auf Vitis gefunden worden. Cuscuta Epilinum ist vorzugsweise auf Linum usitatissimum angewiesen, andere Species treten seltener auf.

II. Pilze.

§ 2. A. Unechte Parasiten.

Auch unter den kryptogamen Pflanzen giebt es solche, die, ohne Parasiten im engeren Sinne zu sein, durch ihre Angriffe direkt nachtheilig für andere Pflanzen werden können. Dahin gehört Thelephora laciniata, der zerschlitzte Warzenpilz,[1]) dessen vegetativer Pilzkörper in den oberen Bodenschichten von humosen Bestandtheilen lebt, dessen Fruchtträger an den jungen Pflanzen emporwachsen (Fig. 11). Sie schliessen Blätter, Nadeln und Zweige von unten auf so vollständig ein, dass diese ersticken und absterben. Die rostbraunen, ungestielten, mehr oder weniger zusammenfliessenden, am Hutrande zerschlitzten Fruchtträger fand ich besonders oft an jungen Fichten, Tannen und Weymouthskiefern, seltener an Rothbuchen, bis zu einer Höhe von

---

[1]) R. Hartig, Der zerschlitzte Warzenpilz. Thelephora laciniata Pers. in Unters. aus d. forstbot. Inst. 1880.

20 cm vom Boden emporwachsend. Auf Sandböden findet er sich am häufigsten vor.

In weit geringerem Grade, aber doch aus ähnlichen Ursachen kann ein übermässiger Flechtenwuchs den Bäumen nachtheilig werden. Wo sich im Walde reichlicher Flechtenwuchs an den Stämmen und Zweigen findet, ist dies ein Symptom anhaltend feuchter Luft. Er steht aber auch in Beziehung zu der Bodengüte und Schnellwüchsigkeit der Bäume. Es ist ja bekannt, wie Buchen auf den besten, zumal kalkreichen Böden glatte, flechtenarme Rinde, auf minderen, insbesondere auf sandigen Böden flechtenreiche Rinde zeigen.

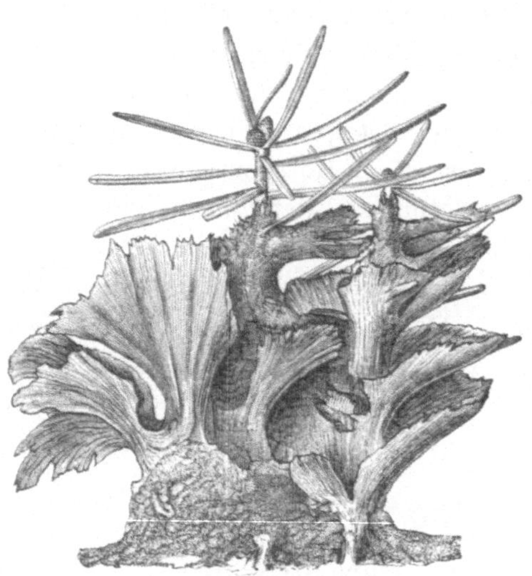

Fig. 11.

Thelephora laciniata.

Ist das Dickenwachsthum einer Buche sehr schnell, dann muss auch das Periderm einer schnellen Neubildung unterworfen sein, und die todten Korkzellen auf der Aussenseite der Rinde werden bald abgeschülfert und abgestossen. Eine belangreiche Flechtenentwicklung ist unmöglich. Bei sehr langsamem Dickenwachsthum verbleiben die todten Korkzellen viel länger auf der Rinde, es können sich somit zwischen ihnen die Flechten länger und kräftiger entwickeln, zumal selbstredend auch die Feuchtigkeit länger erhalten wird. Ähnliches gilt für solche Bäume, welche, wie die Fichte, die äusseren Peridermschichten als Schüppchen abstossen oder in späterem Alter die absterbenden Rindenschichten als Borkeplatten abwerfen. Je träger der Baumwuchs, um so langsamer ergänzen sich die äusseren todten Hautschichten, um so günstiger sind diese dem Flechtenwuchse. Ist somit der Flechtenwuchs mehr ein Symptom anhaltend feuchter Luft oder trägen Baumwuchses, so soll damit nicht behauptet werden, dass derselbe nicht in geringem Maasse dem Leben des Baumes nachtheilig werden kann. Im Sommer athmet der Baum auch an seinen älteren Stammtheilen durch Vermittelung zahlloser Lenticellen Sauerstoff ein, der zu den Processen des Stoffwechsels im Innern unbedingt nothwendig ist. Wird nun durch einen dichten, üppigen Flechten- oder Mooswuchs der Zutritt des Sauerstoffes zu den Lenticellen der Rinde erschwert, so darf man annehmen, dass dies nicht ohne Nachtheil für den Baum ist. Es lässt sich darin wohl eine Erklärung finden für die Erscheinung, dass mit einem sehr üppigen Flechtenwuchs, z. B. an Fichten und Lärchen, das Absterben vieler Zweige der innern Krone verbunden zu sein pflegt.

§ 3. B. Echte Parasiten.

Allgemeines über Bau und Leben der Pilze.

An jeder Pilzpflanze unterscheidet man das Mycelium und den Fruchtträger. Ersteres nimmt die Nährstoffe auf, verarbeitet dieselben und dient allen vegetativen Verrichtungen, während die Fruchtträger die Fortpflanzungszellen erzeugen. Die Entwicklung des Myceliums beginnt durch Auswachsen, d. h. durch Keimen einer Pilzzelle, die unter Aufnahme von Wasser und in der Regel auch gleichzeitiger Nährstoffaufnahme sich zu einem Pilzfaden, Pilzschlauch, „Hyphe" genannt, ausbildet. Das Wachsthum des Pilzschlauches ist ein Spitzen- wachsthum, verbunden mit dem Hervortreten seitlicher Äste, wodurch ein sich immer reichlicher verästelndes System von Pilzschläuchen entsteht, das man irrthümlich bildlich so dargestellt hat, wie einen Strom mit seinen Nebenflüssen und Quellen. Dieser Vergleich ist des- halb nicht ganz zutreffend, weil die Pilzhyphen nur selten mit zu- nehmendem Alter dicker werden.

Die Pilzfäden oder Hyphen bleiben bei manchen Arten völlig ungetheilt, in der Regel bilden sich aber in einiger Entfernung von der Spitze Querwände, durch welche der Innenraum in Kammern ein- getheilt wird. Eine solche Hyphe nennt man dann „septirt". Ihr Inhalt besteht in der Jugend aus meist farblosem Plasma, erst in einer gewissen Entfernung von der Spitze treten Körnelungen ein, die vorwiegend der Bildung von Fetttröpfchen zuzuschreiben sind. Oft füllen sich die Mycelzellen mit grossen Fetttropfen, und zwar vor- zugsweise dann, wenn das Mycel Ruhezustände annimmt, in denen es bis zu späteren Vegetationsperioden verharrt, ähnlich wie die Kar- toffelknolle sich mit Reservestoffen anfüllt, die erst im nächsten Jahre zu Neubildungen verwendet werden sollen. Nicht selten ist das Öl gefärbt, insbesondere giebt die goldgelbe Farbe des Öls vieler Rostpilze den Blatt- oder Rindengeweben, in denen das Mycel wuchert, eine gelbe Färbung. Im Plasma tritt auch meist sehr bald Zellsaft auf, welcher dem Plasma ein schaumiges Ansehen giebt. Mit dem völligen Verschwinden des Plasmas stirbt naturgemäss der betreffende Theil der Hyphe ab.

Wenn reiche Stickstoffnahrung vorhanden ist, also in Mycelien, welche zwischen oder in dem vorwiegend aus parenchymatischen Zellen bestehenden Rinden-Bast- oder Blattgewebe der Pflanzen vegetiren, erhält sich der Inhalt der Hyphen lange Zeit; er verschwindet frühzeitig, wenn das Mycel in sehr nahrungsarmem Gewebe, also insbesondere im Holzkörper der Bäume vegetirt. Verbreitet sich ein Pilzmycel im Inneren eines Baumes, dann findet dasselbe im Inhalte der Markstrahlzellen, sowie der Zellen des Holz- oder Strangparenchyms reichliche Stickstoffnahrung, es entwickelt kräftige Hyphen, auch dann, wenn es im inhaltlosen Lumen der Tracheiden, Holzfasern oder Gefässe fortwächst. Die Spitzen der Hyphen werden gleichsam von rückwärts mit Plasma versehen, während sie proteinfreie Gewebstheile zu passiren haben. Das Plasma wandert hinter der Spitze her und zwar auf Kosten der älteren Hyphentheile, die sich bald entleeren und mit Luft füllen. Die leeren Mycelhyphen erhalten sich zwar noch eine Zeit lang, werden aber unter dem zersetzenden Einflusse des Pilzes selbst wieder aufgelöst, und findet man deshalb oft keine Pilzfäden mehr, während doch zahlreiche Bohrlöcher in den Wandungen der Zellen zweifellos darthun, dass solche früher in dem Gewebstheile vorhanden waren. In demselben Maasse, als in einem Holzkörper das Mycel sich vermehrt, vermindert sich der Proteingehalt desselben, und dies giebt sich in der abnehmenden Dicke der neu entstehenden Pilzhyphen in auffallendster Weise zu erkennen.

Die Wandung der Pilzhyphen besteht aus Pilzcellulose und ist anfänglich sehr zart, erreicht aber mitunter nachträglich eine solche Dicke, dass das Lumen fast völlig verschwindet. In anderen Fällen verwandelt sich die Wandung ganz oder nur in ihrem äusseren oder inneren Theile in eine Gallerte, und gewisse Wandungszustände z. B. des Mycels von Hysterium, der Askenspitzen von Rosellinia quercina, färben sich dann durch Jod so blau, wie das Stärkekorn.

Anfänglich sind die Pilzhyphen fast immer farblos, in späterem Alter nimmt die Wandung oft eine heller oder dunkler braune Färbung an, seltener sind andere Farben, z. B. die blaugrüne der Peziza aeruginosa, welche die sogenannte Grünfäule todten Eichen-, Buchen-

oder Fichtenholzes veranlasst. Zuweilen beschränkt sich die Färbung auf die äusseren oder inneren Wandungsschichten.

Das durch seitliche Aussprossung sich verästelnde, durch Spitzenwachsthum vergrössernde Mycel bleibt in der Regel ein einfach fädiges, d. h. die Mycelfäden bleiben isolirt und verwachsen höchstens hier und da, wo sie sich gerade kreuzen. Vegetirt dasselbe äusserlich auf Blättern, Früchten u. s. w., wie z. B. bei den Mehlthaupilzen (Erysiphe), dann nennt man es epiphytisch; vegetirt es im Inneren der Pflanzen, ist es also endophytisch, dann wächst es entweder, die Wandungen durchbohrend, von Zelle zu Zelle, ist somit intracellular, oder es wächst zwischen den Zellen, ist intercellular und sendet dann in der Regel, ähnlich den meisten Epiphyten, kurze Zweige, Saugwarzen (Haustorien), in das Innere der Zellen, um aus diesem die Nahrung zu entnehmen.

Wenn das fädige Mycel Gelegenheit hat, sich ausserhalb des Nährsubstrates kräftig zu entwickeln, wie das insbesondere häufig der Fall ist bei holzbewohnenden Hymenomyceten, dann bildet es häutige Lager von oft mächtiger Entwicklung, oder es füllt Spalten oder andere Hohlräume im Holzstamme aus. Am bekanntesten sind solche Häute, Krusten und Pilzmassen von Polyporus sulphureus, vaporarius, borealis, Hydnum diversidens, Trametes Pini u. A.

Oftmals nimmt das Mycel auch die Form von sich verästelnden Strängen an, die dann geeignet sind, den Pilz zur Wanderung durch nahrungsarme Substrate zu befähigen. Es handelt sich dabei entweder nur um lockere Vereinigung gleichartiger Pilzhyphen, Rhizoctonien genannt, oder die Stränge zeigen einen eigenartigen Bau mit Organen verschiedener Natur. Die Stränge des ächten Hausschwammes z. B. führen gefässartige Organe mit weitem Lumen und aufgelösten Querwänden, daneben sklerenchymatische, dünne Fäden und drittens zarte, plasmareiche Hyphen mit Schnallenzellen. Die sogenannten Rhizomorphen haben grosse Ähnlichkeit mit Wurzelfasern höherer Gewächse und zeigen je nach der zugehörigen Pilzart einen ganz eigenartigen inneren Bau. Am bekanntesten sind die Rhizomorphen des Agaricus melleus, welche bei freier Entwicklung eine rundliche Gestalt annehmen, im Rindengewebe der lebenden Bäume sich fächerförmig verbreiten. Ihr innerer Bau zeigt charakteristische Merkmale, durch welche sie sich von den Rhizomorphen anderer Pilze, z. B. der Dematophora necatrix unterscheiden.

Ähnliche Bedeutung wie die Knollen und andere Rhizome höherer

Pflanzen haben die sogen. Sklerotien. Diese sind eigenartig gebaute Mycelmassen, in denen reiche Vorräthe an Nährstoffen, besonders an Plasma und Öl niedergelegt sind, und die, oft lange Zeit ruhend, beim Eintritt günstiger Bedingungen keimen und dann entweder neues fädiges Mycel oder Fruchtträger des betreffenden Pilzes hervorbringen.

Die einfachste Form solcher Dauermycelkörper wird durch die Zellnester der Cercospora acerina dargestellt; es schliessen sich daran die Sklerotien der Rosellinia quercina und die allgemein bekannten Sklerotien der Claviceps purpurea.

Die Fruchtträger entspringen dem Mycelium und dienen zur Erzeugung der Fortpflanzungszellen oder Sporen. Dieselbe Pilzart erzeugt oft verschiedene Arten von Fortpflanzungszellen, die auf oder in verschiedenartig gestalteten Fruchtträgern sich entwickeln. Die Gestalt der Fruchtträger ist für die Pilzart viel charakteristischer, als das Mycelium, und da dieselben fast stets ausserhalb des Nährsubstrates, das Mycelium dagegen in der Regel in diesem verborgen sich entwickelt, so wird vielfach von dem Laien der Fruchtträger als der ganze Pilz angesehen, dem Mycelium wenig oder gar keine Beachtung geschenkt.

Bestehen die Fruchtträger nur aus einzelnen, dem Mycel entspringenden Pilzfäden, so bezeichnet man sie als Fruchthyphen oder Fruchtfäden im Gegensatze zu den zusammengesetzten Fruchtkörpern. Bei der grossen Mannigfaltigkeit in Gestalt und Bau der Fruchtträger kann es nicht unsere Aufgabe sein, hier näher auf deren Betrachtung einzugehen. An oder in ihnen werden in der einen oder anderen Weise Zellen abgegliedert, welche Sporen genannt werden und durch Keimung zu neuen Individuen sich fortentwickeln. Diejenigen Zellen, aus denen die Sporen zunächst hervorgehen, werden Sporenmutterzellen genannt. Sie erzeugen die Sporen entweder in ihrem Inneren (in den Sporangien der Phycomyceten, in den Schläuchen oder Asken der Ascomyceten) oder durch Abschnürung an der Spitze, in welchem Falle die Mutterzelle als Basidie bezeichnet wird.

Neben den theils sexuell, theils ohne Befruchtungsvorgang entstandenen Sporen, die im Laufe einer Vegetationsperiode meist nur einmal gebildet werden, entstehen bei derselben Pilzart eine oder mehrere Formen von Brutzellen (Conidien), die in schneller Folge sich bilden und die massenhafte Verbreitung einer Pilzart während einer Vegetationsperiode vermitteln.

Die Keimfähigkeit der Sporen und Conidien beginnt entweder

sofort nach dem Eintritt der Reife, oder sie tritt erst nach längerer Sporenruhe ein. Sie erhält sich oft nur wenige Tage, kann aber auch bei anderen Pilzsporen viele Jahre lang erhalten bleiben.

Die Pilze gedeihen noch bei niederen Temperaturen, bei denen die Vegetationsthätigkeit höherer Pflanzen bereits eingeschlafen ist, doch wird ihr Wachsthum, genügende Feuchtigkeit vorausgesetzt, durch höhere Wärmegrade bedeutend gefördert. So z. B. wächst Herpotrichia nigra in der Regel nur unter einer Schneedecke, da nach deren Verschwinden der freie Luftzutritt bald das Vertrocknen des Pilzmycels herbeiführt. In der feuchtwarmen Luft eines künstlichen Kulturraumes im Laboratorium wuchert der Pilz dagegen noch viel kräftiger als in der Natur. Nasse Witterung, feuchte, dumpfe Luft fördern das Pilzwachsthum nicht allein dadurch, dass die Pilzhyphen ausserhalb der Wirthspflanzen, sondern auch in dem Inneren derselben üppiger gedeihen, dass ihre Früchte, zumal wenn sie ausserhalb des Nährsubstrates sich entwickeln, voll ausreifen, dass ferner die Sporen, wenn sie auf geeignete Nährpflanzen gelangt sind, leichter keimen. In feuchter Luft bleiben auch die Blätter länger für Pilzinfektionen empfänglich, weil ihre Oberhaut später und unvollständiger verkorkt.

Alle Pilze bedürfen zur Ernährung vorgebildeter organischer Substanz, wenn manche von ihnen auch im Stande sind, anorganische Stoffe zu ihrer Ernährung zu verwenden, falls ihnen daneben organische Nahrung, z. B. Zucker, zur Verfügung steht.

Solche Pilze, die nicht im Stande sind, in lebende Pflanzen oder Thiere einzudringen, sondern nur von todten Substanzen leben, werden Saprophyten oder Fäulnissbewohner genannt, im Gegensatze zu den Parasiten, die in das Innere lebender Pflanzen einzudringen und von deren Substanz zu leben vermögen.

Ein scharfe Trennung der Pilze in Parasiten und Saprophyten ist aber nicht möglich. Als parasitär kann und muss man jeden Pilz bezeichnen, der einem chemotropischen Reize lebender Zellen folgend in diese einzudringen vermag, wenn er auch vor dem Eindringen durch Ausscheidung von Fermenten die Zelle erst tödtet. Wir bezeichnen demnach auch solche Pilze als Parasiten, die während eines grossen Theiles ihres Lebens oder selbst für gewöhnlich immer als Saprophyten leben, aber unter gewissen Umständen auch in lebende Gewebe eindringen und diese tödten. So z. B. lebt Agaricus melleus meist als Saprophyt an abgestorbenen Baumstöcken, an Brunnenröhren u. s. w. Gelangt sein Mycel an Wurzeln gesunder Nadelholzbäume, so bekommt es parasitären Charakter. Der gemeine Kopfschimmel Mucor Mucedo zählt zu den verbreitetsten Saprophyten, an im Winterlager ruhenden Bucheckern wird er parasitär, da die ruhenden Gewebe nicht im Stande sind, der Angriffe des Pilzes sich zu erwehren.

Man unterscheidet deshalb vier Gruppen von Pilzen nach ihrer Ernährungsweise:

1. **Reine Saprophyten** sind solche Pilze, die niemals in lebende Pflanzengewebe eindringen, vielmehr ihre ganze Entwicklung ausschliesslich in todten Substanzen durchmachen.

2. **Halb-Saprophyten** (fakultative Parasiten nach De Bary) sind solche Pilze, die in der Regel rein saprophytisch leben, aber wie z. B. Agaricus melleus, Mucor etc. unter gewissen Verhältnissen als Parasiten auftreten.

3. **Halb-Parasiten** (fakultative Saprophyten nach De Bary) sind solche Pilze, die wenigstens einen Theil ihrer Entwicklung als Parasiten durchmachen, einen anderen Theil aber als Saprophyten verleben können. Dahin gehören z. B. die Ustilagineen, deren Conidien lange Zeit saprophytisch leben und sich vermehren können.

4. **Reine Parasiten** sind solche Pilze, die ihre Entwicklung nur auf lebenden Pflanzen finden und selbst künstlich nicht auf oder in todter Substanz kultivirt werden können, wie z. B. die Rostpilze, die Peronosporeen, die Mehlthaupilze u. s. w.

Die **Verbreitung einer infektiösen Krankheit** kann in zweifach verschiedener Weise vor sich gehen, nämlich entweder durch Mycelinfektion oder durch Sporen resp. Conidieninfektion.

Die **Mycelinfektion** kommt besonders bei unterirdisch wachsenden Parasiten vor, da die wechselnde Luftfeuchtigkeit eine oberirdische Mycelentwicklung ausserhalb der Pflanze nur ausnahmsweise zu Stande kommen lässt, wie bei Herpotrichia und Trichosphaeria.

Bei der Mycelinfektion ist es gewissermassen ein und dasselbe Pilzindividuum, welches sich von Wurzel zu Wurzel, von Zweig zu Zweig weiter verbreitet und ausdehnt. Es entstehen dadurch mehr oder weniger grosse Lücken im Pflanzenbestande.

Bei Trametes radiciperda ist Kontakt der kranken, pilzhaltigen Wurzel mit der gesunden Wurzel eines Nachbarbaumes nöthig. Bei Agaricus melleus entspringen den kranken Wurzeln Mycelstränge in Gestalt der Rhizomorphen, die dann nach verschiedenen Richtungen unter der Oberfläche der Erde fortwachsend die ihnen auf ihrem Wege begegnenden Wurzeln gesunder Nadelholzbäume inficiren.

In ähnlicher Weise verbreitet sich Dematophora necatrix in den Weinbergen, Rosellinia quercina in Eichenkulturen.

Die Verbreitung eines Parasiten durch Sporen und Conidien ist nicht, wie die Mycelinfektion auf die nächsten Nachbarn beschränkt, wenn diese auch der Ansteckungsgefahr am meisten ausgesetzt sind, es können vielmehr durch sie weit entfernt stehende Pflanzen inficirt werden, während nahe benachbarte Individuen gesund bleiben.

Während die Epiphyten, deren Mycel äusserlich auf der Epidermis der Blätter, Früchte und Stengel vegetirt, nur zarte Saugorgane in das Innere der Oberhaut senden, müssen die Endophyten die Keimschläuche ihrer ausserhalb keimenden Sporen oder ihre entwickelten Mycelien in das Innere der Pflanzen einbohren.

Man kann nach der Angriffsart zwei grosse Gruppen von Parasiten bilden. Entweder greifen sie unverletzte Pflanzen an, oder sie dringen an schon vorhandenen Wundstellen ein. Die ersteren sind meist auf sehr jugendliche Entwicklungsstadien der Pflanze angewiesen. Nur sehr kräftige Mycelbildungen, wie die des Agaricus melleus und der Trametes radiciperda bohren sich auch in verkorkte Hautschichten, indem sie zwischen die Borkeschuppen der Wurzel eindringend diese auseinander drängen.

Verwundungen, welche dem Parasiten Eintritt in das Bauminnere gewähren, entstehen in mannigfacher Weise durch Thiere und Menschen, durch Hagelschlag, Windbruch, Schneedruck u. s. w.

Die Einwirkung der parasitären Pilze auf die Wirthspflanzen ist ausserordentlich verschiedener Natur, wie auch umgekehrt die Natur der letzteren auf die Entwicklung des Pilzes grossen Einfluss ausübt.

Selten nur kann man von einer mechanischen Einwirkung sprechen, da die zarten Hyphenspitzen die Zellwände nur nach vorheriger Auflösung der Substanz der Zellwand durchbohren können. Alle Wirkungen sind entweder als Reize, oder als chemische bez. Fermentwirkungen zu bezeichnen.

Naturgemäss können Reize nur auf lebende Gewebe eine Wirkung ausüben. Diese äussern sich oft in einer für die Wirthspflanze wenigstens scheinbar günstigen Form, d. h. durch lebhafteres Wachsthum der unter dem Reiz stehenden Gewebe.

Stammanschwellungen infolge beschleunigter Zelltheilung der von Pilzmycel durchwachsenen Cambialregion sind bekannt bei verschiedenen Rostpilzen (Gymnosporangium, Peridermium elatinum etc.). Wucherungen infolge der Vergrösserung der unter Reiz stehenden Gewebezellen treten sehr häufig auf. Schon in der ersten Auflage dieses Lehrbuches habe ich auf die interessante Thatsache hingewiesen, dass bei Calyptospora Goeppertiana nur die ganz jugendlichen, unfertigen Zellen der Rinde durch den Parasiten gereizt werden können, wogegen die in den Dauerzustand übergetretenen Rindezellen ganz unempfindlich für den Pilzreiz geworden sind. Die mannigfachst gestalteten morphologischen Veränderungen der von Parasiten bewohnten Pflanzen zeigen die sogenannten Hexenbesen, wie alle durch Exoasceen befallenen Pflanzentheile.

Besonders bemerkenswerth ist der Reiz, den manche Pilze auf die Entwicklung der Knospe ausüben. Bei der von Calyptospora Goeppertiana bewohnten Preisselbeerpflanze entwickeln sich die Knospen zu kräftigen Johannistrieben. Schlafende Augen der Weisstanne, die schon viele Jahre lang ruhten, entwickeln sich alsbald zu Hexenbesentrieben, sobald sie unter die Einwirkung des Pilzmycels von Peridermium elatinum kommen. In Fig. 12[1]) sieht man am Grunde der Krebsstelle im Winkel zwischen dem Krebs und dem Hauptstamme zweijährige Hexenbesen, welche aus schlafenden Knospen des Astquirles entstanden sind. Offenbare Folge eines von Parasiten ausgehenden Reizes ist auch die Entwicklung einer Knospe des Seitenzweiges zu dem negativ geotropen, eine selbständige Tannenpflanze, aber keinen Hexenbesen darstellenden Zweige, die sich am oberen Ende der Krebsstelle erhebt.

Auf lebende Gewebe wirken selbstverständlich auch chemische Einflüsse der Parasiten direkt ein. So entziehen viele Pilze durch Haustorien den lebenden Zellen ihren Inhalt entweder ohne sie zuvor zu tödten oder unter gleichzeitigem tödtlichen Einfluss. Mycelfäden lösen infolge der Einwirkung ihres Plasmas selbst Zellwände direkt auf, so z. B. da, wo sie mit der Spitze die Zellwände durchbohren oder wo sie denselben eng anliegen. Wo ein Pilzfaden an einer Holzzellwand dicht angelegen hat, da ist in der Regel nicht nur die organische Substanz der Wand theilweise verschwunden, sondern es sind auch die Aschenbestandtheile d. h. die oxalsauren Kalkkörnchen aufgelöst.[2])

---

[1]) Dieses interessante Objekt fand ich im Revier Herrenalb (Schwarzwald) in einer jungen Tannenschonung.

[2]) R. Hartig, Der ächte Hausschwamm. Taf. II. (Berlin 1885 Springer.)

Während man bei der direkten chemischen Einwirkung der lebenden Pilzzelle auf Zellwand und Zellinhalt auch eine Berührung beider annehmen muss, giebt es eine grosse Zahl von Einwirkungen der Pilze, die auf relativ grosse Entfernungen noch wahrzunehmen sind. Insoweit es sich um lebende Gewebe handelt, kann man dabei immer an Reize denken; sie treten aber auch in todten Gewebskörpern, z. B.

Fig. 12.

Zweig einer Tanne mit Krebs. Am unteren Ende desselben junge Hexenbüsen. Am oberen Ende ein normal entwickelter, negativ geotroper Zweig.

im Holze der Bäume, auf, wo eine Pilzhyphe ihre Einwirkung auf einen ganzen Komplex von Holzorganen auszuüben vermag. Ich bin schon bei meinen Untersuchungen über die Zersetzungserscheinungen des Holzes zu der Überzeugung gekommen, dass diese Holzpilze je nach ihrer Art verschiedene charakteristische Fermente ausscheiden, und dass diese die Wandungen durchdringend die Auflösung und Veränderung der Holzsubstanz sowie auch des Stärkemehlgehaltes der

Holzparenchymzellen veranlassen. In der That können wir die mit der Art des Pilzes verbundene chemische Veränderung der Holzwandungen gar nicht anders erklären. Ich habe mich damals, als ich die verschiedenen Parasiten des Holzes bearbeitete, darauf beschränken müssen, diese Veränderungen gewissermassen nur morphologisch zu untersuchen. Erst in jüngster Zeit ist es Czapek geglückt, wenigstens zwei Fermente holzbewohnender Pilze nachzuweisen. Als Hadromase bezeichnet er dasjenige, welches den Hadromal-Celluloseäther der verholzten Wände spaltet, während die Cytase die frei gemachte Cellulose auflöst.

Die grossen Verluste, welche der Forst- und Landwirthschaft sowie dem Gartenbau durch Erkrankung der Pflanzen drohen, nöthigen uns, unsere Aufmerksamkeit der Frage zuzulenken, ob und in welcher Weise wir im Stande sind, die Krankheiten der Pflanzen zu verhüten und bei deren Auftreten sie zu bekämpfen und zu beseitigen.

Was zunächst die Prophylaxis betrifft, so ist Sauberkeit und Vermeidung oder rechtzeitige Beseitigung aller die Erkrankung bedingenden oder fördernden Faktoren unbedingte Nothwendigkeit. Allerdings sind wir nicht immer hierzu im Stande. In manchen Fällen werden wir die Anlage solcher Etablissements, welche Steinkohlen oder Braunkohlen verbrennen, in der Nähe des Waldes verhindern können, doch tritt hier ein Kampf der Interessen zwischen Industrie und Wald auf, bei dem der Wald bei berechtigter Entschädigung seines Besitzers der Industrie geopfert werden muss. Durch angemessene Bearbeitung des Bodens, durch Entwässerungs- oder Bewässerungs-Anlagen, durch Anlage von Schutzbeständen u. s. w. können wir uns oft vor Krankheiten der Pflanzen schützen, welche durch ungünstige Eigenschaften des Bodens oder durch Frost und Hitze erzeugt werden.

Bei fast allen solchen Erkrankungen aber, die durch thierische und pflanzliche Parasiten veranlasst werden, ist der einzelne Grundbesitzer oft nicht im Stande, sich zu schützen, wenn er allein die oft recht kostspieligen Schutzmassregeln ergreift und seine Nachbarn nichts thun. Ob es in der Folge gelingen wird, theils durch allgemeine Verbreitung naturwissenschaftlicher Kenntnisse, theils durch Organisation der Pflanzenschutzstationen, theils durch staatliche Massregeln Besserung im Schutze der Pflanzenwelt zu erreichen, das muss erst die Zukunft lehren. Bezüglich einzelner Pflanzenkrankheiten ist ja ein Anfang gemacht, so z. B. bei Bekämpfung einiger Forstinsekten, ferner der Reblaus, des Coloradokäfers, der Mistel, der Gnomonia erythrostoma, der Ausrottung der Berberitze zur Bekämpfung des Getreiderostes u. s. w.

Die Verhütung und Bekämpfung der parasitären Pilze kann in sehr verschiedener Weise stattfinden und sollen hier nur einige allgemeine Massregeln angeführt werden.

1. Erziehung gemischter Bestände, da sowohl die unterirdische, als auch die oberirdische Ansteckung durch Isolirung jedes Individuums derselben Pflanzenart am besten verhindert wird. Erziehung einer Pflanzenart in kleineren Feldern und Quartieren u. s. w.

2. Wechsel der Pflanzenart auf solchen Böden, in denen sich Dauersporen eines Parasiten angesammelt oder Dauermycelien verbreitet haben.

3. Vermeidung disponirender Örtlichkeiten, Frostlagen u. s. w.

4. Vermeidung der Nachbarschaft von Pflanzen, auf denen die Parasiten ihre Zwischenformen zeigen, z. B. Aspen und Kiefern, Getreide und Berberitze.

5. Vermeidung aller Verwundungen, welche infektiöse Wundkrankheiten veranlassen z. B. von Ästungen ohne antiseptischen Verband im Frühjahr und Sommer.

6. Beseitigung aller pilzkranken Pflanzen und Pflanzentheile.

7. Beseitigung solcher Pflanzen, auf denen ein heteröcischer Pilz wohnt.

8. Ziehung von Isolirgräben bei unterirdisch wachsenden Pilzen.

9. Vernichtung aller sporenerzeugenden Pilzfrüchte, z. B. der Polyporeen und Agaricinen, der Nectriafrüchte u. s. w.

10. Sterilisirung der dem Saatgut anhaftenden Pilzsporen durch heisses Wasser oder Kupferlösungen.[1]

11. Reinigung des Saatgutes von Unkrautsamen.

---

[1] Nach Kühn wird Kupfervitriol in heissem Wasser aufgelöst, dann mit kaltem Wasser so verdünnt, dass auf 1 Kilo Kupfervitriol 2 hl Wasser kommen. Darin bleibt das Saatgut 12—16 Stunden, darauf werden die Körner zum Trocknen aufgeschüttet und können nach wenig Stunden mit der Hand ausgesät werden. Besser noch werden die eingebeizten Körner nach Ablauf der Beize mit Kalkmilch begossen und in derselben 5 Minuten umgerührt, dann getrocknet und gesät.

Kalkmilch bereitet man, indem man 6 Kilo gut gebrannten Kalk pro 1 hl Wasser nimmt.

Jenson's Heisswasserbehandlung besteht darin, dass man das Saatgut 5 bis 15 Minuten in Wasser von 55° C. legt. Das Getreide kommt in durchlochte, mit Segeltuch ausgeschlagene flache Holzschachteln, die in das heisse Wasser eingetaucht werden. Sodann wird das Getreide schnell in kaltem Wasser abgekühlt.

12. Bestäuben und Bespritzen der Pflanzen mit Schwefel[1]) oder Kupfermitteln[2]). Weinstock, Kartoffeln, Kiefernschütte.

13. Auswahl zur Kultur von Varietäten unserer Kulturpflanzen, die gegen gewisse parasitäre Pilze geschützt sind. Kartoffelsorten, Weinstock hybride.

Ich werde nachstehend die Pilzkrankheiten nach der systematischen Stellung der Pilze besprechen und zwar unter ausschliesslicher Berücksichtigung derjenigen Arten, welche an den Kulturpflanzen schädlich geworden sind.

Im Anhange gebe ich dann ein Verzeichniss aller Krankheiten, nach den Pflanzenarten geordnet.

Man unterscheidet zwei grössere Gruppen von Pilzen, nämlich die Niederen Pilze (Phycomyceten) und die Höheren Pilze (Mycomyceten).

---

[1]) Das Bestäuben mit trockenem Schwefelpulver (Schwefelblume) geschieht durch eine mit Blasebalg versehene Spritze oder durch die Schwefelquaste, einen Pinsel, in dessen hohlem Stiel das Schwefelpulver sich befindet und durch feine Poren am Pinselboden zwischen den Borsten heraussickert. Das Schwefeln geschieht fast ausschliesslich gegen die epiphyten Erysipheen und muss öfters wiederholt werden.

[2]) Die Kupfermittel werden besonders gegen die Peronosporeen und neuerdings auch gegen den Schüttepilz Lophodermium Pinastri angewendet. Sie müssen frühzeitig begonnen und oft wiederholt werden, damit die Conidienträger getödtet und die anfliegenden Conidien an der Keimung gehindert werden.

Bordelaiser Brühe (Bordeaux Mischung) besteht aus Mischung gleicher Theile von Kupfervitriol und gebranntem Kalk in 2—4 % Lösung.

Kupfersodamischung. Anstatt Kalk wird Soda genommen und zwar auf 100 l Wasser nur 1 Kilo Kupfersoda.

Kupferzuckerkalkpulver. $3-3^1/_2$ Kilo zu 100 l. Man nimmt einen Bottich mit ca. 40 l kaltem Wasser, schüttet das Pulver unter beständigem kräftigen Umrühren mit einem Reisigbesen langsam ein, setzt nach und nach weitere 60 l Wasser hinzu, rührt nochmals gut um und füllt alsdann die Flüssigkeit in die Spritze. Beim Einschütten des Pulvers lässt man es zur Vermeidung von Klümpchen durch ein kleines Haarsieb langsam unter Umrühren einsieben. 100 Kilo Kupferzuckerkalkpulver kosten 42 Mk. (Bender und Hobein in München). Eine Kupferspritze kostet komplett 25—28 Mk. und fasst ca. 17 l. Zur Bespritzung von $^1/_4$ h (1 Tagwerk) Reben, Kartoffeln sind 150—200 l Brühe nöthig).

Die Bordelaiser Brühe hat sich seit langer Zeit als vortrefflich wirkend in der Praxis bewährt. Zwar hilft nach einem Urtheile des Direktors Göthe in Geisenheim die Kupfersodalösung (von Heufeld) auch, doch hat diese, wie auch die eigenen Spritzversuche zeigten, den Nachtheil, dass der Arbeiter nur schwer kontrolliren kann, wo er schon gespritzt hat, wo nicht. Zusätze von Zucker und dergl. zu Kupferkalk helfen und schaden nach Göthe nichts.

§ 4. **1. Niedere Pilze. (Phycomycetes.)**

Die Niederen Pilze sind durch ein wenigstens anfänglich meist einzelliges Mycel, das sich aber reich verästeln kann, charakterisirt. Doch kommen davon Ausnahmen vor (z. B. Phytophthora omnivora). Ihre Fortpflanzung ist entweder geschlechtlich durch Oosporen oder Zygosporen, oder ungeschlechtlich durch Conidien oder Schwärmsporen in Sporangien. Von den drei Ordnungen Chytridiaceae, Zygomycetes und Oomycetes enthält nur die letzte eine Reihe sehr wichtiger Krankheitserzeuger unserer Kulturpflanzen.

Die Chytridiaceen sind einzellige Parasiten an Wasserpflanzen und Kräutern (z. B. Synchytrium Succisae), die wir hier nicht besprechen wollen.

Die Zygomyceten sind meist saprophytisch. Sie vermehren sich geschlechtlich durch Konjugation, ungeschlechtlich durch Conidien. Einzelne Arten können auch einen parasitären Charakter annehmen, wenn sie ruhende Gewebe anzugreifen vermögen.

Mucor Mucedo[1]) hat wiederholt Bucheckern im Winterlager getödtet, wenn das Winterlager nicht genügend trocken war. Die braune Samenhaut bekleidet sich mit einer weissen Mycelhaut, das Mycel dringt auch nach aussen hervor, überzieht die harten Fruchtschalen und verbreitet sich von Ecker zu Ecker, zuweilen den ganzen Wintervorrath tödtend.

Derselbe Pilz dringt auch oft in Wundstellen verschiedener Obstfrüchte ein und veranlasst deren Fäulniss.

Unter den Oomyceten ist nur die Familie der Peronosporeen von Bedeutung für die Kulturpflanzen.

Die Peronosporeen sind ächte Pflanzenparasiten, deren Mycelium meist intercellular, seltener auch intracellular die Gewebe höherer Pflanzen bewohnt, durch besondere Saugorgane, Haustorien, aus den lebenden Zellen die Nahrung entnimmt und dieselben hierdurch sofort oder erst nach längerer Zeit tödtet. Dem Mycelium entspringen Fruchthyphen, welche entweder durch die Spaltöffnungen herauswachsen, oder, die Oberhaut von innen durchbrechend, hervorkommen und in verschiedener Weise Schwärmsporen erzeugende Sporangien bilden.

Die letzteren entwickeln ihren Keimschlauch, nachdem sie zuvor in einen Wassertropfen gelangt einige Zeit umhergeschwärmt sind

---

[1]) R. Hartig, Tödtung der Bucheckern im Winterlager durch Mucor Mucedo, cf. Forstl.-naturw. Zeitschrift, VI, Heft 9.

(Schwärmsporen), doch können die Sporangien auch direkt keimen, ohne zuvor Schwärmzellen im Innern erzeugt zu haben.

Im Gewebe der Wirthspflanze, selten auch ausserhalb derselben, entstehen an dem Mycelium weibliche Sexualapparate, Oogonien, an die sich bei der Befruchtung die männlichen Sexualapparate, Antheridien genannt, anlegen. Letztere entsenden einen kleinen Fortsatz, Befruchtungsschlauch, in das Innere des Oogoniums, durch welchen ein kleiner Theil des Inhaltes des Antheridiums in den Protoplasmakörper des Oogoniums übertritt und letzteres befruchtet. Es entsteht hierdurch die sich mit einer dicken Zellhaut umgebende Eispore, Oospore.

Während die Schwärmsporen im Laufe des Sommers die schnelle Weiterverbreitung der Parasiten vermitteln, da sie leicht abfallen und durch Wind oder Thiere verschleppt werden, gelangen die Eisporen mit den abgestorbenen und verfaulenden Pflanzentheilen in die Erde, überwintern dort, können auch eine Reihe von Jahren (Phytoph. omnivora) sich hier keimfähig erhalten, und keimen entweder direkt aus oder entwickeln zunächst Sporangien mit Schwärmsporen.

Phytophthora omnivora De Bary (Fagi R. Hartig[1]*).*

Dieser Keimlingspilz tritt zumal in regenreichen Frühjahren an Buchen und anderen Laubholzpflanzen, besonders aber auch an Nadelholzpflänzchen in Saatbeeten und in natürlichen Verjüngungen oft verheerend auf. Die keimenden Pflänzchen werden entweder schon im Boden oder in der Regel in der ersten Jugend an dem Stengel unterhalb oder oberhalb der Samenlappen, sowie an letzteren selbst, von der Krankheit befallen. Die hellgrüne Färbung ändert in Dunkelgrün um. Bei Regenwetter verfaulen die Pflanzen bald ganz, bei trockener Witterung werden sie rothbraun und vertrocknen.

Die Krankheit verbreitet sich von den zuerst befallenen Exemplaren schnell in centrifugaler Richtung; führt durch einen Buchensamenschlag ein Weg, so erkranken alle Pflanzen auf diesem, da an den Kleidern der Passanten die Schwärmzellen haften bleiben und weiterhin von diesen abgestreift werden. Das im Gewebe der erkrankten Pflanze vorwiegend intercellular wachsende und durch kleine

---

[1] R. H., Peronospora Fagi in Zeitschrift für Forst- und Jagdwesen, 1875. R. H., Der Buchenkeimlingspilz Phytophthora Fagi m. Untersuchungen a. d. forstbot. Inst. M. I, 1880.

Saugwarzen mit den Zellen verwachsene Mycel (Fig. 14) erzeugt nach vorgängiger Bildung von Oogonien und Antheridien zahllose Eisporen, die mit den verfaulenden Pflanzentheilen in den Erdboden gelangen und dort mehrere Jahre sich keimfähig erhalten. An den erkrankten Pflanzentheilen entstehen äusserlich die Sporangienträger, deren Sporan-

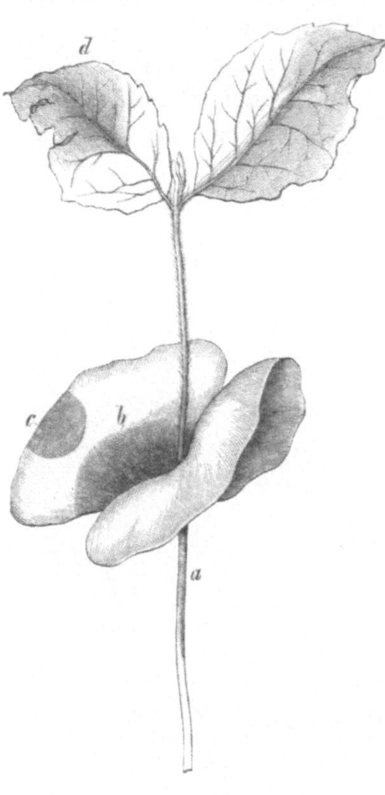

Fig. 13.

Erkrankter Buchenkeimling.
Stengel unter den Samenlappen schwarzgrün *a*, Samenlappen am Grunde *b* oder fleckenweise *c* krank. Erste Laubblätter fleckig *d*.

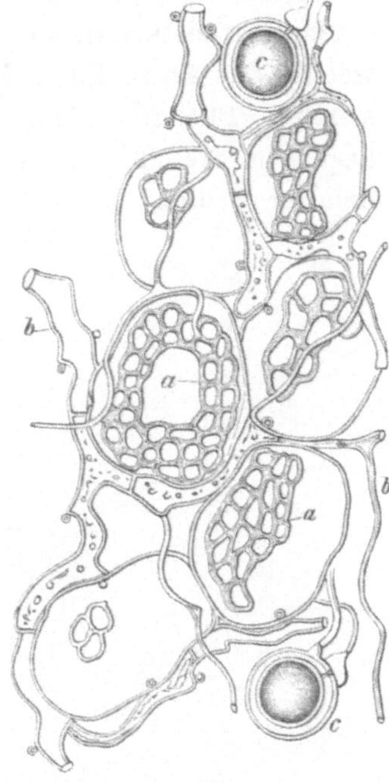

Fig. 14.

Zellgewebe aus einem erkrankten Buchensamenlappen. Das Protoplasma der Zellen hat die Stärkekörner verloren und sich von der Zellwand zurückgezogen *a*. Die theils dicken, theils feinen Pilzfäden *b b* sind intercellular und mit sehr kleinen Saugwarzen versehen. Befruchtete Oogonien mit je einer Oospore *c c*.

gien leicht abfallen oder abgestreift werden. Gelangen diese in einen Regentropfen, so entwickeln sich in ihnen zahlreiche Schwärmsporen, die aus der zuvor aufgelösten Spitze der Sporangien ausschwärmen, oder schon im Innern derselben keimen. Die Keimschläuche wachsen auf der Oberfläche der jungen Pflänzchen und dringen in der Regel nur da in die noch nicht cuticularisirte Epidermis ein, wo zwei Epidermiszellen zusammenstossen.

Um sich vor der Erkrankung zu schützen, vermeide man solche Saatkämpe, in denen sich die Krankheit schon einmal gezeigt hat, mit Saaten, benutze sie vielmehr zur Verpflanzung, da die Krankheit ausschliesslich an jungen Keimpflanzen auftritt. Tritt die Krankheit in einem Saatbeete auf, so beseitige man alle Schutzvorrichtungen, durch welche das Abtrocknen der Pflanzen nach Regen erschwert wird. Die kranken Pflanzen ziehe man vorsichtig aus, oder übererde die erkrankten Stellen. Vielleicht hilft auch die Bekämpfung durch Bordelaiser Brühe.

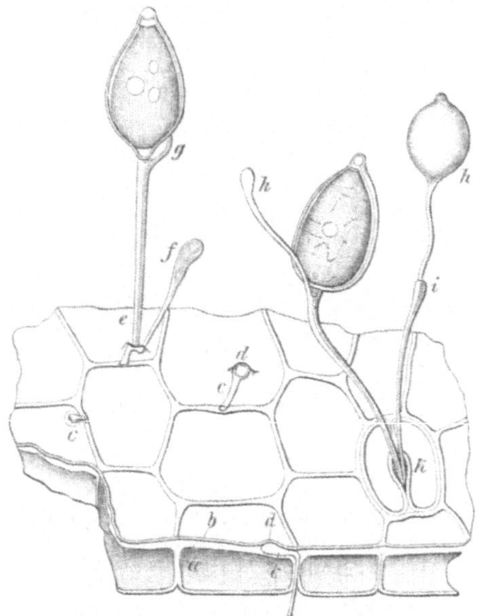

Fig. 15.

Oberhaut eines erkrankten Buchensamenlappens. *a* Aussenwand der Epidermiszelle. *b* Cuticula. *c* Pilzhyphe, welche zwischen Wand und Cuticula wachsend, letztere durch Anschwellung abhebt *d*, dann durchbricht *e*, und als Sporangienträger hervorwächst *f*. Nach Ausbildung des ersten Sporangiums bildet sich durch Auskeimung *g* ein zweites *h*, während das erste abgestossen wird *i*. Bei *k* eine Spaltöffnung, aus welcher Sporangienträger hervorgewachsen sind.

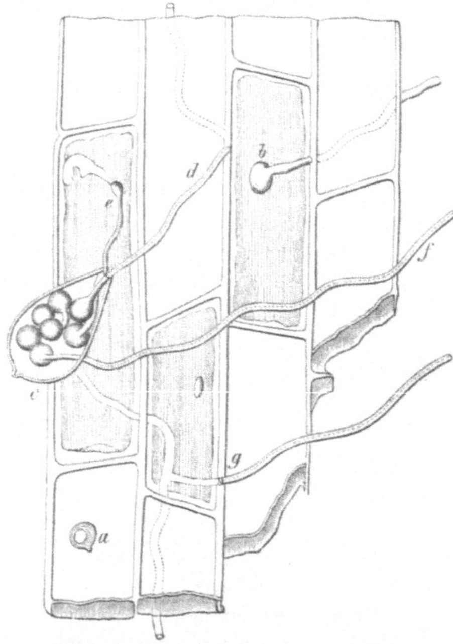

Fig. 16.

Oberfläche eines Buchenkeimlings mit Schwärmzellen *a b*, welche keimen und ihren Keimschlauch da einbohren, wo im Innern zwei Epidermiszellen ihre gemeinsame Wand haben. Ein Sporangium *c* mit Schwärmzellen, welche schon im Inneren ausgekeimt sind *d f*. Ein Keimschlauch *e* ist direkt in eine Epidermiszelle gewachsen. Bei *g* ist ein Keimschlauch wieder nach aussen hervorgewachsen.

Phytophthora infestans de Bary.   Der Kartoffelfäulepilz.

Dieser Pilz ist der Erzeuger der Kartoffelkrankheit, die zwar wohl schon früher aus Nordamerika nach Europa verschleppt, doch vorzugsweise erst seit 1845 hier verheerend aufgetreten ist und seitdem in nassen Jahren immer wieder grosse Verluste herbeiführt. In der Art ihrer Verbreitung und Abhängigkeit von nasser Witterung ist sie der Buchenkeimlingskrankheit sehr ähnlich; sie äussert sich durch das Auftreten schwarzer Flecken auf dem Kraute, die, an Umfang zunehmend und auch den Stengel ergreifend, das frühzeitige Absterben der oberirdischen Pflanze zur Folge haben können. In der Regel zeigen sich die Knollen der befallenen Pflanzen ebenfalls mehr oder weniger erkrankt, zuweilen nur in geringem Maasse, indem beim Durchschneiden einzelne braune Flecken zu erkennen sind.

In nassen Jahren verfaulen die Knollen oft schon grösstentheils auf dem Felde, die von der Krankheit weniger befallenen Knollen verfaulen im Keller oder in Gruben während des Winters. Diese Nassfäule ist eine Form der Wurzelfäule, welche durch mangelhafte Zufuhr von Sauerstoff zu den Knollen entsteht. Es tritt dabei ein Verschluss der Korkwarzen ein.

Endlich kommt auch noch eine Bakterienkrankheit der Kartoffel vor.

Das Mycel der Phytophthora infestans überwintert in den Knollen und wächst nach Auspflanzung derselben in die sich entwickelnden Triebe, das Gewebe der Stengel und Blätter durchziehend. Untersucht man die Umgebung der schwarzen Flecken, so erkennt man schon mit unbewaffnetem Auge eine Zone, welche durch schimmelartigen Anflug ausgezeichnet ist. Hier wachsen die zahlreichen Sporangienträger besonders aus den Spaltöffnungen hervor, ähnlich gestaltet und mit ähnlichen aber zahlreicheren Sporangien ausgestattet, wie die der Phyt. omnivora. Die Sporangien verbreiten die Krankheit auf gesunde Pflanzen, werden durch den Wind selbst auf Nachbarfelder geführt und zweifelsohne auch durch Thiere, z. B. Hasen verschleppt. Ihre Keimung resp. Schwärmsporenbildung gleicht der der verwandten Art. Die Sporangien gelangen aber auch in grosser Zahl in den Erdboden und mit dem Regenwasser tiefer geführt auf die Knollen, die sie bei anhaltender Bodennässe nach Entwicklung der Keimschläuche inficiren. Man glaubt die Thatsache, dass dickschalige Kartoffelsorten der Krankheit weniger erliegen als dünnschalige, dem

Umstande zuschreiben zu dürfen, dass letztere leichter von den Keimschläuchen der Pilze durchbohrt werden.

Die Eisporenbildung, wie ich sie für Ph. omnivora nachgewiesen
habe, ist für den Kartoffelpilz noch nicht aufgefunden worden und
vielleicht überhaupt fehlend. Durch das Perenniren des Mycels in
den Knollen ist sie für die Existenz des Pilzes nicht nothwendig.
Den grössten Einfluss auf die Entstehung und Verbreitung der Krankheit übt die Feuchtigkeit der Luft und des Bodens aus, insofern bei
feuchter Umgebung reichliche Sporangienbildung auf den Blättern
folgt und die Keimung derselben oberirdisch und unterirdisch sehr
begünstigt wird.

Bei feuchter Aufbewahrung im Winter entstehen, zumal an
etwaigen Wundstellen der Knollen, oder an den Knospen reichliche
Sporangienträger, und es kann durch die daran sich bildenden Sporangien die Krankheit im Winterlager auf bisher gesunde Knollen
übertragen werden. Die Bekämpfung der Krankheit geschieht wie
bei den Krankheiten des Weinlaubes durch Bespritzen mit Kupferlösungen.

Plasmopara viticola. Berk. Falscher Mehlthau des Weinstockes.

Seit zwei Jahrzehnten etwa ist der vorstehend benannte Parasit
des Weinstockes aus Amerika zu uns eingewandert und hat sich in
dieser Zeit durch die Weinbaudistrikte Europas schnell verbreitet.

Die Bezeichnung der Krankheit in Amerika als Mildew oder grape
vine Mildew ist in Frankreich zu Mildiou umgestaltet. In Deutschland
hat man sie als falschen Mehlthau der Reben bezeichnet.

Die Erkrankung äussert sich durch das Auftreten grosser Schimmelflecke auf der Unterseite der Blätter, während auf der Oberseite diese
Pilzstellen gelbe oder rothe Färbung bekommen. Die kranken Stellen
vertrocknen und die Blätter fallen vorzeitig ab. Bei regnerischer
Witterung breitet sich die Krankheit rapid aus, durch trockene Witterung wird die Weiterverbreitung sofort beeinträchtigt. Der Pilz überwintert in Form von Oosporen, welche in den erkrankten Blättern
sich bilden. Die Verbreitung im Sommer erfolgt in ähnlicher Weise,
wie bei Phytophthora durch Sporangien und Schwärmsporen. Die Infektion erfolgt vorwiegend nur an den jungen Trieben und Blättern,
deren Oberhaut noch wenig cuticularisirt ist. Je frühzeitiger im Jahre
die Erkrankung, durch nasse Witterung begünstigt, auftritt, um so

nachtheiliger wird sie für den Stock und für die Entwicklung der Trauben. Die Bekämpfung geschieht durch häufiges Bespritzen mit Kupfermitteln, wohl auch durch Schwefeln.

Da die Eisporen im trockenen Laube überwintern, ist das Verbrennen des letzteren zu empfehlen.

Fig. 17.

Cystopus candidus an Capsella Bursa pastoris. Der Pilz hat Verkrümmungen und Verdickungen veranlasst. (Die porcellanartig weissen Conidienlager treten auf dem Hintergrunde deutlich hervor.)

Es ist nicht unwahrscheinlich, dass noch andere Arten der Gattungen Peronospora und Pythium auch an jungen Pflanzen der Waldbäume schädlich werden, und wäre insbesondere zu prüfen, ob Pythium de Baryanum, welches das Umfallen engstehender Sämlinge vieler landwirthschaftlicher Kulturpflanzen veranlasst, auch in Saatbeeten der Laub- und Nadelholzpflanzen schädlich wird.

Cystopus candidus Lév. Der weisse Rost ist ein Parasit der

Cruciferen, deren Blätter, Blüthen und Triebe durch den Pilz deformirt werden. Wie in Fig. 17 (Seite 47) zu erkennen ist, treten die Conidienlager als weisse, porcellanartige Streifen an den befallenen Pflanzentheilen auf.

Die Conidien werden reihenweise an den basidienartigen Trägern abgeschnürt und sprengen endlich die Oberhaut. Im Innern der Gewebe werden Eisporen gebildet.

Am häufigsten ist die Krankheit am Hirtentäschel, dann aber auch an Rettig, Meerrettig, Gartenkresse, verschiedenen Kohlarten u. s. w. zu beobachten.

2. Höhere Pilze. (Mycomycetes.)

Die höheren Pilze zeigen stets ein septirtes Mycel. Es fehlen ihnen Organe, die mit Sicherheit als Geschlechtsorgane aufgefasst werden können.

Zu ihnen gehören die Ascomycetes, Ustilagineae, Uredineae und die Basidiomycetes.

a. Ascomycetes. (Schlauchpilze.)

Die Sporen dieser Pilze werden im Innern von Schläuchen, Mutterzellen (Asken) nach vorgängiger Zellkerntheilung gebildet und nach der Reife entweder durch Auflösung der Askuswandungen frei oder meist aus der Spitze der Asken ausgespritzt. Die Asken entstehen entweder direkt am Mycel, z. B. bei den Saccharomyceten, oder an einem bestimmten, vom vegetativen Mycel abgesonderten Theile, den man als Schlauchträger, Ascogon, bezeichnet. Das Ascogon kann ganz frei sein, oder es wird von einem Gehäuse eingeschlossen, welches entweder mit einer Öffnung zum Ausschlüpfen der Sporen versehen oder ganz geschlossen ist, in welchem Falle die Sporen nur durch Zerplatzen oder Verwittern der Hülle frei werden können. Neben den Askensporen kommen vielfach noch Conidien verschiedener Grösse und Form vor, die oft in besonderen Gehäusen (Pycniden) gebildet werden.

§ 5. α. Gehäuselose Ascomycetes. (Gymnoasci.)

Bei ihnen entstehen die Asken am vegetativen Mycel oder an einem als Ascogon bezeichneten Theile des Mycels, sind aber immer nackt, d. h. ohne Umhüllungen. Unter den zahllosen Gattungen und

Arten sollen hier nur die wichtigeren, zweifellosen Parasiten unserer Kulturpflanzen hervorgehoben werden.

Die Schläuche der parasitischen Exoasceen werden meist ausserhalb der Oberhaut, aber unter der Cuticula ausgebildet, oder sie entstehen zwischen oder unterhalb der Epidermiszellen. Selten entstehen sie in den Epidermiszellen selbst.

Bei manchen Arten ist das Mycel perennirend und veranlasst die Entstehung sogenannter Hexenbesen oder Donnerbesen. Es sind dies Symbiosen zwischen Wirthspflanze und Parasit, dadurch ausgezeichnet, dass sie in der Gestalt der Zweige und Blätter, besonders auch in der Wachsthumsrichtung von den Zweigen der Wirthspflanze abweichen und wie selbständige Individuen negativ geotrop wachsen. Die Asken- und Sporenbildung erfolgt bei den Hexenbesen auf den Blättern, die nach der Reife der Sporen dann meist alsbald absterben. In den Asken selbst findet oft durch Aussprossung der Sporen reiche Conidienbildung statt.

Nach der Art der Krankheitserscheinungen kann man die Exoasceen in mehrere Gruppen eintheilen:

1. Arten, welche Fruchtknoten oder andere Theile der Frucht deformiren.
2. Arten, welche förmliche Hexenbesen bilden oder doch Sprosse deformiren.
3. Arten, welche nur blasige Auswüchse oder Blattflecken oder glatte Askenüberzüge erzeugen.

Exoascus Pruni. Ein allgemein verbreiteter und durch die Erzeugung der sogen. „Narren, Taschen, Hungerzwetschen u. s. w." hinlänglich bekannter Parasit. Das Mycelium desselben perennirt in den Zweigen von Prunus domestica, Pr. spinosa und Padus, und zwar im Weichbaste derselben intercellular vegetirend. Es gelangt in die neuen Triebe, sowie in die Blüthen, in denen schon Anfang Mai eine Missbildung der Fruchtknoten erkennbar wird. Das Mycel verbreitet sich durch das Parenchym des Fruchtfleisches und hat einestheils das Unterbleiben der Steinkern- und Samenbildung, anderntheils die Längsstreckung und bekannte Umgestaltung der Frucht zur Folge. Zahlreiche Mycelzweige drängen sich zwischen Oberhautzellen und Cuticula, woselbst sie durch Queräste in kurze Kammern sich theilen. Es entsteht dadurch eine fast geschlossene Schicht von Pilzmycel unter der Cuticula. Jede Pilzzelle wächst nun nach aussen zu einem kurzen, cylindrischen

Askus aus, und die anfangs abgehobene Cuticula wird hierbei zer-
rissen, so dass die Askenschicht völlig frei wird.

Fig. 18.

Fruchtzapfen von Alnus incana durch
Exoascus Alni incanae verunstaltet.

Exoascus Alni incanae Kühn, (syn. amentorum). Dieser Parasit veranlasst die in Fig. 18 dargestellte Wucherung der Zapfenschüppchen der Weisserle. Dieselben sind anfangs und bis zum Vertrocknen lebhaft rosenroth und treten z. B. bei Tegernsee und Schliersee an der Weisserle alljährlich in ungemein grosser Menge auf.

Exoascus epiphyllus Sad. (syn. borealis Sch.) erzeugt die sehr häufig auftretenden, aber meist nicht sehr reich verästelten Hexenbesen der Weisserlen.

Exoascus Carpini erzeugt die meist sehr dicht verästelten Hexenbesen der Hainbuche.

Exoascus turgidus Sad., erzeugt die ziemlich häufig auftretenden, dicht verästelten Hexenbesen der Betula verrucosa.

Fig. 19.

Hexenbesen von Carpinus Betulus, durch Exoascus Carpini hervorgerufen. $^1/_3$ nat. Gr.

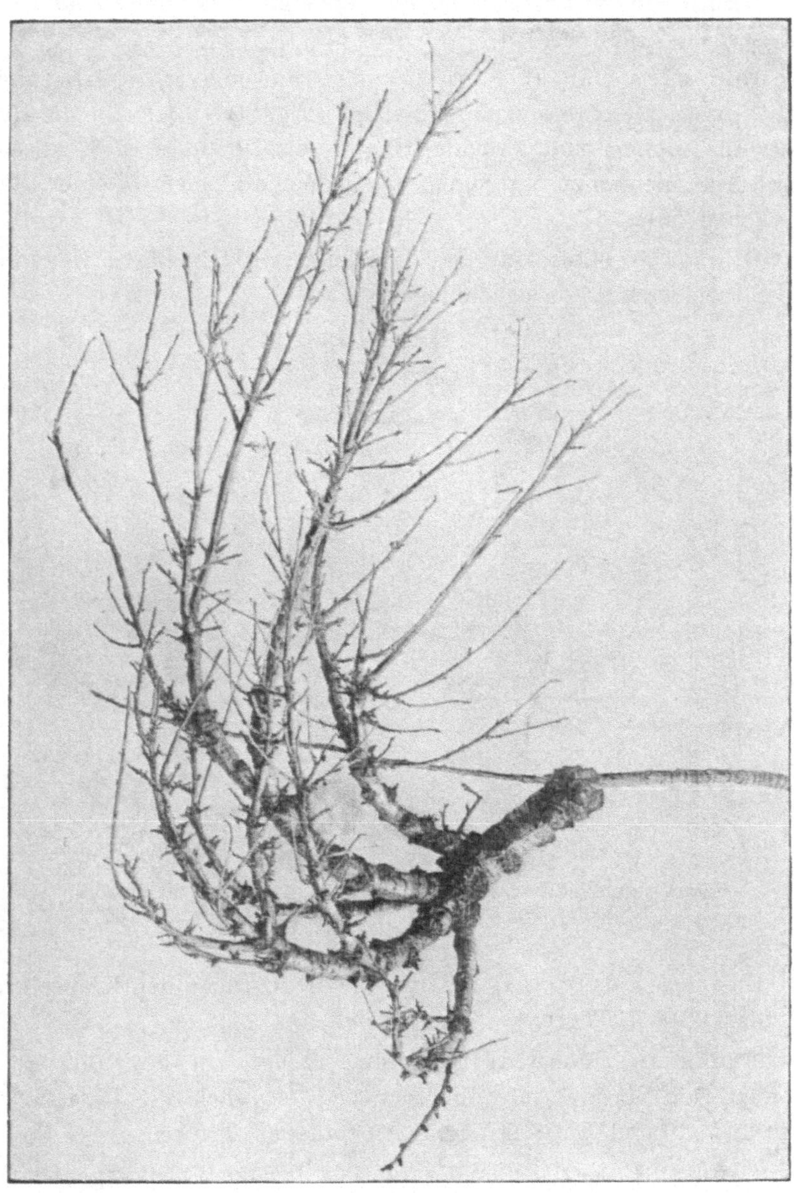

Fig. 20.

Hexenbesen der Kirsche (Exoascus Cerasi).

Der Hauptast, an welchem sich eine Seitenknospe zu dem verdickten Aste des Hexenbesens entwickelte, ist von diesem an bis zur Spitze abgestorben. $^1/_8$ nat. Gr.

4*

Exoascus betulinus Rostr. erzeugt Hexenbesen an Betula pubescens.

Exoascus Cerasi Fuck., erzeugt die vielverbreiteten und oft sehr grossen Hexenbesen der Kirsche. (Fig. 20 S. 51.) Da die Hexenbesen nie blühen und Früchte tragen, empfiehlt es sich, dieselben durch Abschneiden zu beseitigen, was jedoch allgemein in einer Gegend geschehen muss.

Exoascus Insititiae Sad., veranlasst die häufigen Hexenbesen der Pflaumen- und Zwetschenbäume.

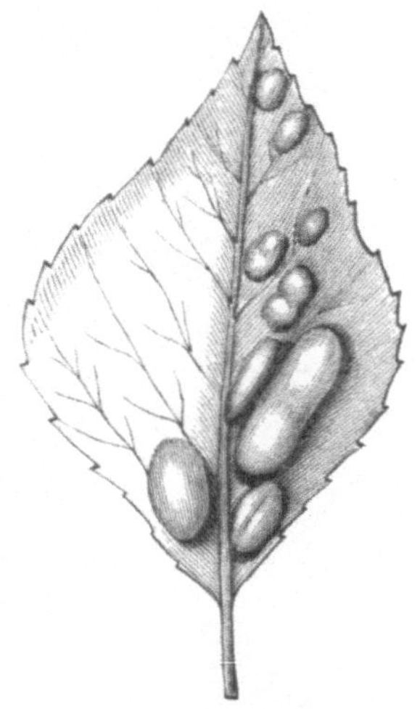

Fig. 21.

Blatt von Populus nigra mit
Taphrina aurea.

Fig. 22.

Früchte von Populus
tremula durch Ta-
phrina Johannsonii
verunstaltet.

Exoascus deformans Berk., ist die Ursache der Kräuselkrankheit der Pfirsichblätter.

Exoascus Tosquinetii West., erzeugt auf den Blättern der Schwarzerlen blasige Auftreibungen und ist auch die Ursache einer abnorm kräftigen Entwicklung der befallenen Triebe.

Taphrina aurea Pers., veranlasst blasige Erhöhungen auf den Blättern der Schwarzpappeln. (Fig. 21.)

Taphrina Johannsonii Sad., kommt auf den weiblichen Kätzchen der Zitterpappel vor. (Fig. 22.)

β. Gehäusebesitzende Ascomycetes.　(Carpoasci.)

§ 6. Perisporiaceen.　(Erysipheen.)

Sie sind charakterisirt durch ein geschlossenes Gehäuse und umfassen nur drei Familien, die Erysipheen, Perisporieen und Tuberaceen. Nur die erste Familie umschliesst zahlreiche echte Parasiten. Zur zweiten dagegen gehören viele allgemein verbreitete Schimmelpilze, die fast ausschliesslich saprophytisch leben, gelegentlich aber auch in verletzte Früchte dringen und deren Fäulniss befördern.

Unter der Bezeichnung als Russthau kommen viele hierher gehörige epiphytisch lebende Saprophyten vor, die besonders da als schwarze Überzüge auf Pflanzen vorkommen, wo Blattläuse Zuckersäfte (Honigthau) ausgespritzt haben. Diese schwarzen Mycelüberzüge dürften kaum schädlich auf die betreffenden Pflanzentheile einwirken.

An älteren, scheinbar völlig gesunden Fichtennadeln sah ich das Mycel reichlich durch die Spaltöffnungen in das Innere eindringen, ohne ersichtlichen Nachtheil zu beobachten.

Am bekanntesten ist Capnodium salicinum, Mont., auf Hopfen, ferner auf Weiden und Pappeln. Ferner Apiosporium pinophilum Fuck., besonders auf Weisstannen oft schwarze Überzüge bildend.

Die dritte Familie, die Tuberaceen, dürften bezüglich ihres biologischen Charakters noch eingehender zu untersuchen sein, da ihr Mycel an den Wurzeln der Waldbäume wenigstens theilweise die Erscheinungen der Mycorrhiza hervorrufen. Elaphomyces granulatus, die Hirschtrüffel, parasitirt nachgewiesenermassen auf den Kiefernwurzeln.

Die erste Familie ist die wichtigste.

Die Erysipheen. Mehlthaupilze.

Alle Mehlthaupilze sind echte Parasiten, deren Mycel auf der Oberfläche der Pflanzen, nämlich auf der Epidermis der Blätter, Früchte und Stengel vegetirt, durch Saugwarzen (Haustorien) den Nahrungsbedarf aus dem Innern der Oberhautzellen bezieht, welche dadurch gebräunt und getödtet werden. Auf dem Mycelium entwickeln sich die meist kugelförmigen, mit unbewaffnetem Auge als kleine dunkle Punkte erkennbaren, völlig geschlossenen, also mündungslosen Perithecien, die überwintern und den Pilz auf das nächste Jahr verpflanzen, während im Laufe des Sommers an zahlreichen einfachen, aufrechtstehenden Hyphen die Conidien durch Abschnürung sich bilden, die

sofort keimfähig sind und die Krankheit während der Vegetationsperiode weiter verbreiten. Da das Mycelgespinnst und die Conidienträger bei reichlicher Entwicklung einen feinen grauen, mehlartigen
Überzug auf der Blattoberfläche darstellen, heisst die Krankheit
„Mehlthau" (Fig. 23).

Man hat als Verhütungsmassregel das Verbrennen der von den
Mehlthauperithecien besetzten Blätter im Herbste empfohlen, dagegen

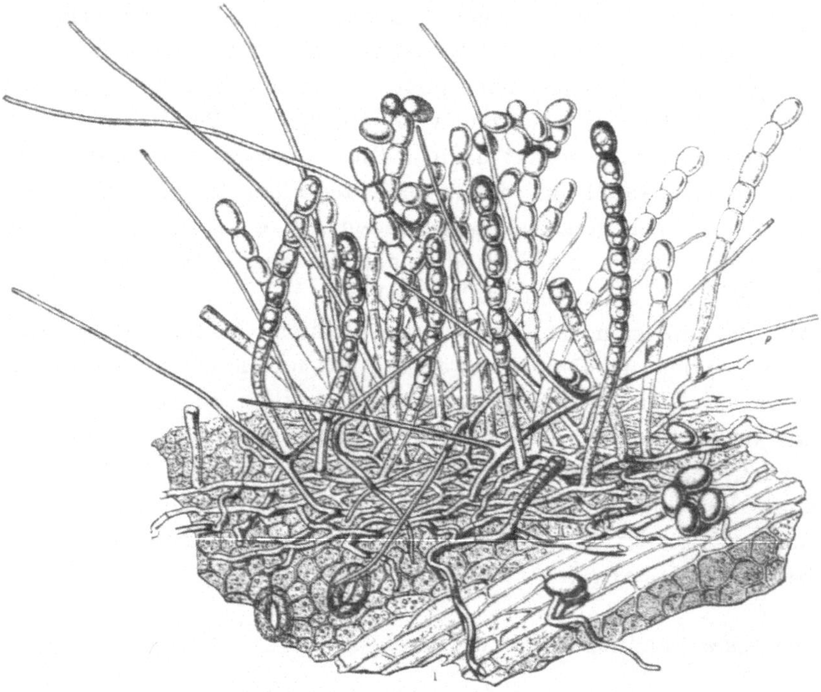

Nach Tulasne, Select. fung. c.   Fig. 23.

Sphaerotheca pannosa am Pfirsich.

nach dem Auftreten des Mehlthaus im Sommer das oft zu wieder-
holende Bestreuen der erkrankten Pflanzentheile mit Schwefel als
wirksam erkannt. Es wird aber auch mit bestem Erfolge das Begiessen
mit Kupfervitriollösung angewandt.

Die zahlreichen Arten der Mehlthaupilze sind neuerdings in mehrere Gattungen vertheilt, welche einestheils nach der Zahl der Asken
im Perithecium, anderentheils nach der Zahl der Sporen im Ascus,
sowie endlich nach dem Bau der sogenannten Stützfäden, das heisst

eigenartiger fadenförmiger Auswüchse einzelner Wandungszellen des Peritheciums nach aussen (cf. Fig. 25, S. 56) gebildet worden sind. Wir haben nur wenige Arten hier hervorzuheben.

Sphaerotheca pannosa Lév. Der Rosenschimmel oder Rosenmehlthau ist allgemein bekannt als lästiger Feind der Rosenkultur, die er besonders in nassen Jahren durch Deformirung und Tödtung der neuen Triebe und Blätter schädigt. Er kommt auch auf Pfirsich und Aprikose vor. Die bekannte Abbildung 23, S. 54, von Tulasne

Fig. 24.

Sphaerotheca Castagnei an Spiraea Ulmaria.
Der weisse Überzug von Mycel und Conidienträgern geht bis in die feinsten Verzweigungen der Blüthen- und Fruchtstände.

mag die Entwicklung des Mycels und der Conidienträger des Parasiten verdeutlichen.

Sphaerotheca Castagnei Lév., Hopfenmehlthau, ist ein gefürchteter Feind der Hopfenanlagen, kommt aber auch häufig auf anderen Pflanzen vor. (Fig. 24.)

Erysiphe (Oidium) Tuckeri Berk., Traubenschimmel, Mehlthau des Weinstockes. Der Traubenschimmel hat sich seit dem Jahre 1845, in welchem er zum ersten Male in England beobachtet wurde,

über alle weinbauenden Länder Europas verbreitet. Das Mycel entwickelt sich auf Blättern, Stengeln und Trauben. Soweit letztere befallen werden, stirbt die Oberhaut ab und verliert ihr Ausdehnungs-
vermögen, so dass mit dem Wachsthum der Beere ein Aufplatzen der
Oberhaut und damit das Verderben der Weinbeere eintritt. Bisher
sind nur die Conidien dieses Pilzes aufgefunden worden, und ist noch
die Frage zu beantworten, wie der Pilz überwintert.

Erysiphe Graminis D. C., Gras- und Getreide-Schimmel, ist
oft, besonders in Getreidefeldern verderblich aufgetreten. Die Perithecien reifen ihre Sporen erst im Frühjahr auf den abgestorbenen
Blättern am Boden.

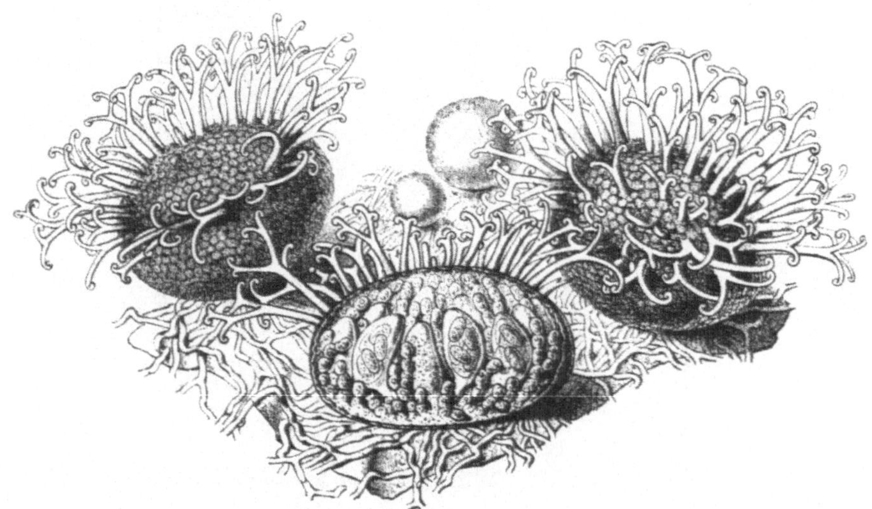

Nach Tulasne.   Fig. 25.   Uncinula Aceris.

Erysiphe Salicis veranlasst weisse Flecken und Überzüge auf
den Blättern von Weiden, Pappeln und Birken.

Uncinula Aceris D. C. (bicornis) schädigt recht oft die Blätter und
jungen Triebe von Acer. Sie bildet grauweisse grosse Flecke oder ganze
Überzüge auf einer Seite oder auf beiden Seiten der Blätter. Die
Perithecien besitzen mehrere achtsporige Schläuche, und die Stützfäden
sind an der Spitze einmal gabelig getheilt (Fig. 25). Schon im August
sind oft die Blätter des Ahorn völlig von weissen Flecken bedeckt.

Phyllactinia suffulta Rebent. (guttata Wallr.) bildet den
Mehlthau auf Fagus, Carpinus, Corylus, Quercus, Betula, Alnus, Fraxi-

nus, Lonicera, Pirus communis und Crataegus. Die Perithecien besitzen unverzweigte, gerade, am Grunde zwiebelförmig verdickte Stützfäden und im Innern mehrere zweisporige Schläuche. In Rothbuchenbeständen veranlasst dieser Parasit zuweilen ein frühzeitiges Vertrocknen der Blätter.

Für alle Mehlthaupilze gilt gemeinsam die Bekämpfung durch häufig wiederholtes Schwefeln oder durch Bespritzen mit Kupferlösungen.

§ 7. Pyrenomycetes. (Kernpilze.)

Bei den Kernpilzen kleidet das die Asken tragende Hymenium die Innenfläche kugliger oder flaschenförmiger Behälter aus, welche Perithecien genannt werden und durch eine die Sporen entlassende

Fig. 26.
Trichosphaeria parasitica an der Weisstanne.

Öffnung an der Spitze ausgezeichnet sind. Die zahlreichen hierher gehörenden Gattungen kann man in zwei Gruppen theilen, in solche, deren Perithecien einzeln stehen (simplices), und in solche, deren Perithecien in grösserer Anzahl auf einem gemeinsamen Polster vereinigt, oder in einem Stroma vertieft stehen (compositi).

Als beachtenswerthe Parasiten sind folgende Arten näher zu besprechen.

Trichosphaeria parasitica R. H.[1]).

Dieser Parasit bewohnt vorzugsweise die Tanne, seltener auch die Fichte und Hemlockstanne. Er ist überall verbreitet, wo die

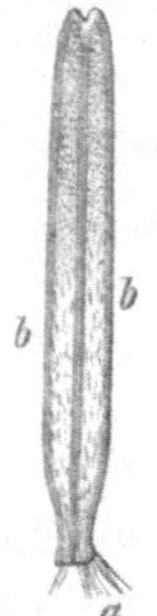

Fig. 28.

Unterseite einer Tannennadel mit Trichosphaeria parasitica. Das farblose Mycel wächst bei *a* von der Zweigaxe auf die Nadelunterseite und bildet auf dieser weisse Pilzpolster *b b*.

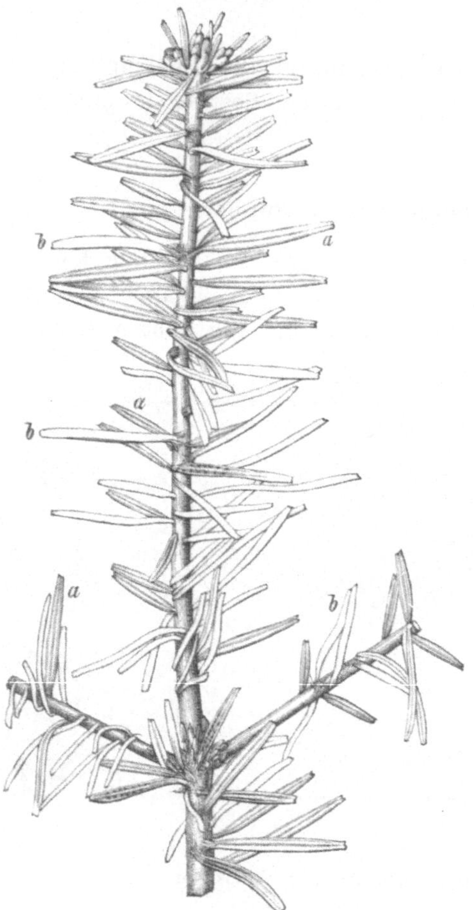

Fig. 27.

Weisstannenzweig mit Trichosphaeria parasitica. *a* Die gesunden Nadeln. *b* Die getödteten braunen Nadeln, welche am Grunde durch Pilzfäden an dem Zweig befestigt sind. Im untersten Theile jedes Triebes sind die vom Pilz getödteten Nadeln zusammengeschrumpft, da sie zur Zeit des Pilzangriffes noch nicht ausgebildet waren.

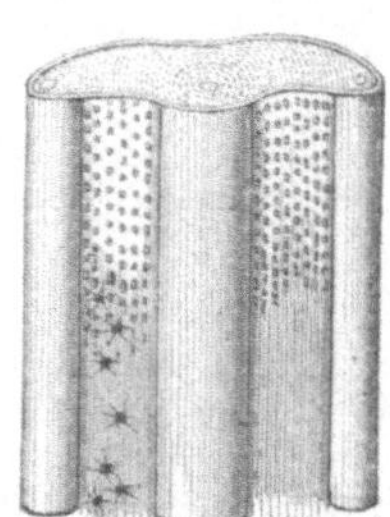

Fig. 29.

Theil einer Tannennadel, auf welcher das Pilzpolster der linken Seite zahlreiche kleine Perithecien trägt.

---

[1]) R. H., Ein neuer Parasit der Weisstanne, Trichosphaeria parasitica. Allgem. Forst- u. Jagd-Zeitg. Januar 1884.

Weisstanne zu Hause ist; sein farbloses Mycel perennirt auf der Unterseite der Zweige, von wo aus es auf die Unterseite der Tannennadeln wächst, diese an den Zweig gleichsam festspinnend. Die später absterbenden Nadeln fallen deshalb nicht ab, sondern bleiben an den Zweigen hängen. Fig. 26, S. 57.

Die an der Oberseite der Zweige entspringenden Nadeln bleiben wenigstens im ersten Jahre meist lebend, weil das Mycel auf die Unterseite der Zweigaxe beschränkt ist. Mit der Entwicklung der

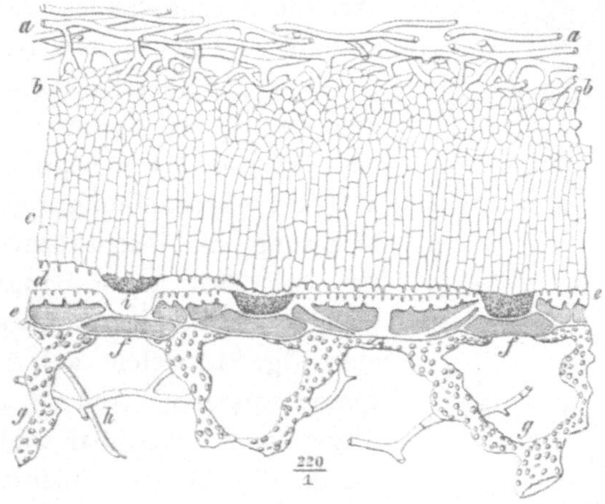

Fig. 30.

Mycelpolster der Trichosphaeria par. auf der Unterseite der Tannennadel.

a Das fädige Mycel, das bei *b* sehr reich sich verästelnde Zweige nach unten aussendet, die ein aus parallel verlaufenden Hyphen bestehendes Polster *c* entwickeln. Wo diese die Blattoberfläche treffen, entsenden sie je ein stabförmiges Saugwärzchen *d* in die Aussenwand der Epidermiszellen *e e*. Bei *d* ist das Polster ein wenig von dem Blatt abgehoben, wobei ein Theil der Stäbchen aus der Epidermis herausgezogen worden ist. Die Epidermiszellen *f f* werden gebräunt. Die chlorophyllhaltigen Blattparenchymzellen *g g* färben sich erst später braun, wenn auch fädiges Mycel *h* eingedrungen ist. In den Vorhof der Spaltöffnungen *i* wächst das Mycelpolster, ohne Stäbchen zu bilden, ist dagegen mit den dort angehäuften Wachskörnchen bekleidet.

neuen Triebe wächst das Mycel auf diese und tödtet die jungen noch nicht völlig ausgebildeten Nadeln der Triebbasis sofort, die dann zusammenschrumpfen. Die erst später vom langsam nachwachsenden Mycel erreichten Nadeln der Mitte und Spitze des Triebes bewahren ihre Schwertform.

Das Pilzmycel bildet auf der Nadelunterseite anfänglich weisse, später bräunlich werdende Polster, Fig. 28*bb*, welche die blauen Streifen der Tannennadelunterseite nur theilweise überziehen. Auf diesen Polstern entstehen in der Folge die sehr kleinen Perithecien. Fig. 29.

Das Pilzpolster entsteht dadurch, dass von den die Nadeln überziehenden Hyphen Fig. 30 *a* S. 59 nach der Blattoberfläche zu zahlreiche Verästelungen *b* ausgehen, welche ein aus parallelen unter einander verwachsenden Pilzhyphen bestehendes fleischiges Polster *c* bilden. Jede Hyphe entsendet da, wo sie die Oberhaut der Nadel berührt *d*, ein feines stabförmiges Saugwärzchen in die Aussenwand *e* der Oberhautzellen, durch welches die Oberhautzellen und Spaltdrüsen *f* getödtet und gebräunt werden. Die chlorophyllhaltigen Zellen des Blattinnern *g* werden erst später durch das hier und da eindringende Mycel *h* getödtet. Der Vorhof der Spaltöffnungsapparate, dessen Wandung mit Wachskörnchen ausgekleidet ist, lässt keine Saugwärzchen eindringen *i*. Die schwarzbraunen Perithecien Fig. 31, welche auf dem Pilzpolster später entstehen, sind mit unbewaffnetem Auge kaum erkennbar und zeichnen sich durch die in der oberen Hälfte entspringenden borstenförmig abstehenden Haare aus. Im Innern der Perithecien finden sich oft kleine stabförmige Organe *a*, neben den Asken *b*, die je 8 meist vierkammerige rauchgraue Sporen enthalten. Diese Sporen sind es, die, leicht keimend, die Krankheit hervorrufen, wenn sie in geeigneter Weise auf Tannenzweige gelangen. Das Mycel verbreitet sich schmarotzend von der Infektionsstelle aus nach allen Richtungen und kann schliesslich grosse Tannenzweige völlig entnadeln;

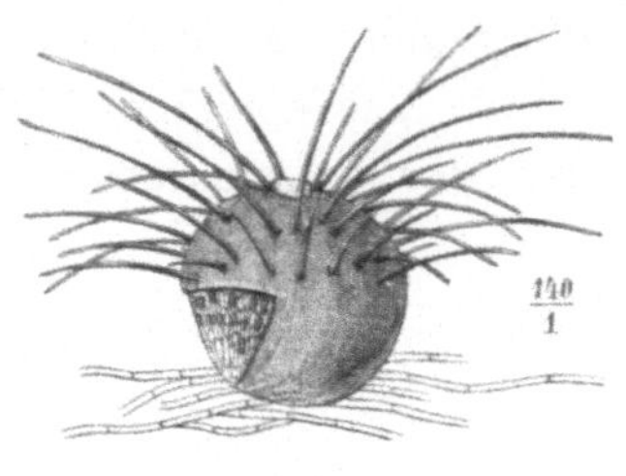

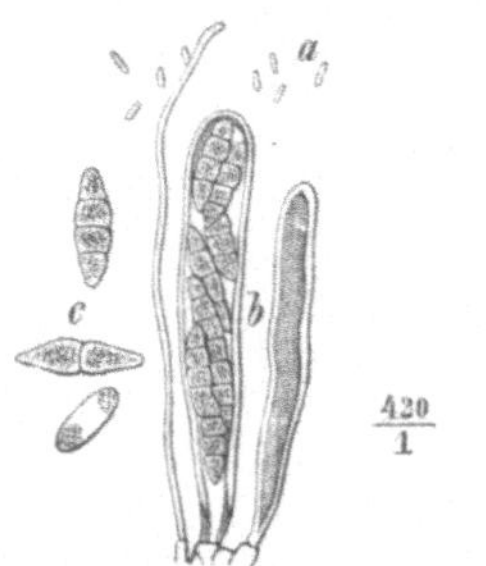

Fig. 31.

Perithecium der Trichosphaeria parasitica. Die schwarzbraune Kugel zeigt an der Spitze eine runde Öffnung und in der oberen Hälfte abstehende Borstenhaare. Links unten ist ein Theil der Wandung weggeschnitten, um den aus Asken und Paraphysen gebildeten hellen Kern zu zeigen. Diese sind stärker vergrössert darunterstehend gezeichnet, und zwar bei *a* oft vorkommende stäbchenartige Gebilde, bei *b* Asken mit Sporen, bei *c* isolirte Sporen.

in dichten Verjüngungen wächst es auch von Zweig zu Zweig, daneben durch Sporeninfektion neue Heerde erzeugend.

Da natürliche Verjüngungen, zumal solche unter Mutterbestand, in hohem Grade erkranken können, ist Abschneiden der erkrankten Zweige zu empfehlen und hat sich diese Massregel im grossen schon bewährt.

Herpotrichia nigra R. H.[1]

Dieser Parasit bewohnt vorzugsweise die Fichte, Krummholzkiefer und den Wachholder in den höheren Gebirgslagen. In den Knieholzbeständen entstehen grosse Fehlstellen, die auf den ersten flüchtigen Anblick den Eindruck hervorrufen, als habe ein Feuer alles verkohlt. In Fichtensaat- und Fichtenpflanzkämpen der höheren Lagen werden oft sämmtliche Pflanzen im Winter und Frühjahr unter Schnee und unmittelbar nach Abgang des-

Fig. 32.

Fichte mit Herpotrichia nigra.
$^1/_2$ der natürl. Grösse.

Fig. 33.

Herpotrichia nigra auf einem Zweig von Pinus montana.

selben zumal wenn sie auf die Erde niedergedrückt waren, von dem schwarzbraunen Mycel überwuchert und getödtet.

In den Fichtenbeständen des Bayerischen Waldes findet man auf grossen Gebieten den jungen Fichtennachwuchs ganz oder bis zur Kniehöhe hinauf durch den Pilz getödtet.

---

[1] R. H., Herpotrichia nigra n. sp. Allgem. Forst· u. Jagd-Zeitg. Januar 1888.

Das schwarzbraune Mycel überwuchert die ganzen Zweige und Pflanzen, deren Nadeln völlig eingesponnen werden. Fig. 32, 33, S. 61.

Das Mycel bildet keine anliegenden Polster, sondern überspinnt regellos die Nadeln, Fig. 34 *b*, auf denen auch die Perithecien entstehen *a*. Es bildet über den Spaltöffnungen schwarzbraune Knöllchen, Fig. 35, überzieht aber in gekörnelter Form auch die Nadeloberfläche und entsendet stabförmige Saugwarzen in die Aussenwand der Epidermiszellen, die dadurch getödtet und gebräunt werden.

Auch die tiefer liegenden Parenchymzellen werden durch den Pilz getödtet, schon bevor fädiges Mycel an anderen Stellen der Nadel durch die Spaltöffnungen in das Innere eingedrungen ist.

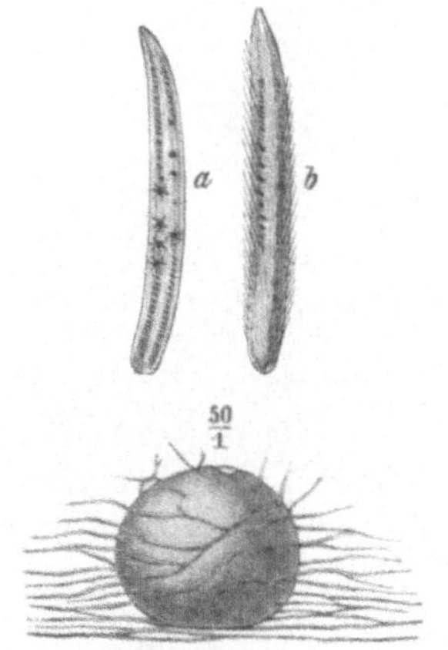

Fig. 34.

a b Fichtennadeln mit Herpotrichia nigra, zweimal vergrössert. Das braune Mycel bildet in den Spaltöffnungen schwarze Knöllchen, die aber viel kleiner sind als die schwarzen Perithecien, von denen eins unten 50 fach vergrössert dargestellt ist.

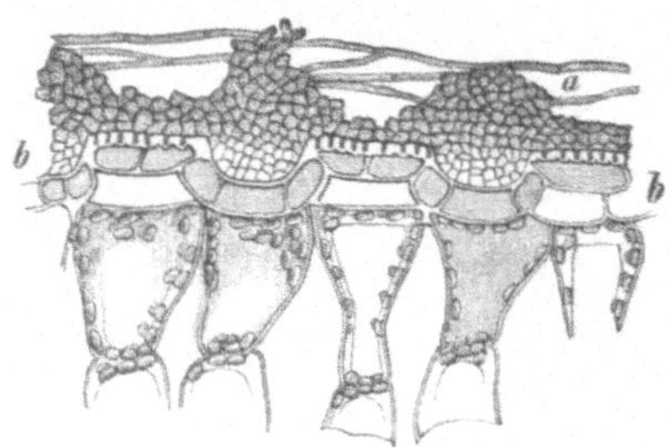

Fig. 35.

Mycelbildung von Herpotrichia nigra. *a* Das fädige Mycel entwickelt auf der Nadeloberfläche gekörneltes Mycel, welches knollenförmig die Spaltöffnungsapparate bedeckt. Stäbchenförmige Haustorien werden in die Aussenwand der Epidermiszelle eingebohrt.

Die schwarzbraunen, verhältnissmässig grossen Perithecien Fig. 34 zeigen an ihrer Oberfläche zahlreiche, sich vorzugsweise nach unten an das Mycel anlegende, verästelte Hyphen. Oft sind die schwarzen Kugeln vom Mycel grösstentheils verdeckt. Die Asken enthalten zweizeilig stehende, anfänglich und scheinbar noch zur Reifezeit zweikammerige, endlich aber grösstentheils vierkammerige Sporen, die sehr leicht keimen.

Biologisch interessant ist, dass der Pilz vorzugsweise bei niederer Temperatur noch unter dem Schnee oder beim Abgange des Schnees

wächst, da dann die Luft mit
Feuchtigkeit völlig gesättigt
ist. Sein allgemeines Auftreten
in den höheren Gebirgslagen
hat bereits zu der allgemeinen
Massregel geführt, die Fich-
tenkämpe in tieferen Lagen
anzulegen. Es hat sich ferner
als nützlich erwiesen, sofort
nach Abgang des Schnees die
Pflanzkämpe u. s. w. zu be-
sichtigen und alle zu Boden
gedrückten Pflanzen aufzurich-
ten, damit sie dem Winde exponirt werden. Man wird auch
gut thun, bei Fichtenkulturen
die jungen Pflanzen nicht in
Mulden und Vertiefungen, sondern auf Hügel und sonstige
Erhebungen zu setzen oder im
Schutze der Stöcke der gefällten Bäume zu pflanzen.

Rosellinia quercina R. H.[1])

Der Eichenwurzeltödter,
Rosellinia quercina, gehört
zu den interessantesten Parasiten insbesondere deswegen,
weil sein Mycel dieselbe Mannigfaltigkeit der Formen zeigt,
wie das Mycel des Agaricus
melleus. Dasselbe gehört zu
jenen parasitisch lebenden Mycelbildungen, die früher in
eine besondere Gattung Rhizoctonia zusammengestellt
wurden.

---

[1]) R. H., Der Eichenwurzeltödter
Rosellinia quercina n. sp. m. 2 Tafeln.
Unters. aus d. forstbot. Institut 1880.

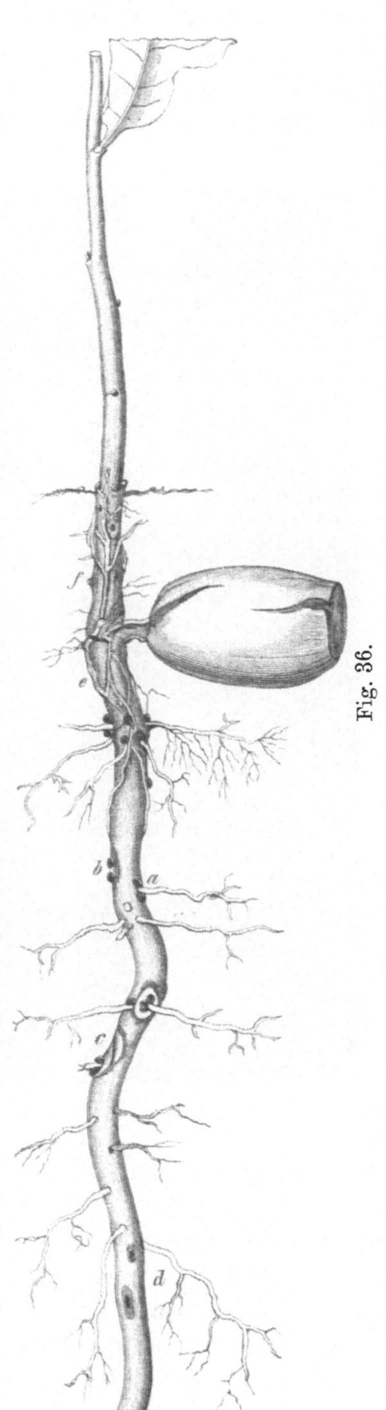

Fig. 36.

Eichensämling mit Rosellinia quercina. Die Seitenwurzeln sind zum Theil noch gesund, meist aber durch das fädige Mycel getödtet und an der Stelle, wo sie das Gewebe der Pfahlwurzel durchbrochen haben, mit Infektionsknöllchen besetzt *a b.* In der Nähe ist das Rindengewebe gebräunt, die Korkschicht oft schon vertrocknet *c.* Selten zeigen sich Infektionsknöllchen an anderen Stellen der Wurzel *d f.* Oberhalb und unterhalb der Eichel ist das Rindengewebe gebräunt und Rhizoctonienstränge *e* umspinnen die Pflanze.

Die durch Rosellinia quercina erzeugte Krankheit befällt nicht allein die Wurzeln junger 1—3jähriger Eichen, sondern auch ältere bis 10jährige Eichenschonungen und ist zumal im Nordwesten Deutschlands sehr verbreitet. Sie äussert sich durch Verbleichen und Ver-

Fig. 37.

Rosellinia quercina.   Mycelbildung an einer älteren Eiche.

trocknen der Pflanzen zumal in nassen, regenreichen Jahren. Es vertrocknen zuerst die Blätter nahe der Triebspitze, später auch die unteren, und zieht man solche Pflanzen, welche die ersten Symptome der Erkrankung zeigen, aus dem Boden, so erkennt man bei jungen

Pflanzen an der Hauptwurzel hie und da schwarze Kugeln von Stecknadelknopfgrösse, Fig. 36 S. 63, besonders an solchen Stellen, wo feine Seitenwurzeln der Hauptwurzel entsprungen sind. Auch erkennt man äusserlich der Wurzel anhaftend und diese gleichsam umspinnend hier

und da zarte, den Zwirnfäden ähnliche sich verästelnde Stränge, die Rhizoctonien, die auch zwischen die umgebenden Erdschichten dringen und die Krankheit unterirdisch von Wurzel zu Wurzel verbreiten. In einer ca. 10jährigen Schonung von Q. pedunculata und cerris fand ich grössere Bestandeslücken. Die erkrankten oder todten Stämmchen am Rande der Lücken waren am Wurzelstock von einem weissen lockeren Mycel umhüllt, das sich theils in die obere Humusschicht, theils zwischen dem Grase auf 0,5 m Entfernung ausgebreitet hatte (Fig. 37.)

In der Umgebung jener schwarzen Knollen (Fig. 36) und soweit die Rhizoctonien der Wurzeloberfläche eng anliegen, ist das Rindengewebe der Wurzel gebräunt. Die Spitze der Pfahlwurzel ist oft vollständig verfault, doch zeigen auch Pflanzen, deren Wurzeln bis zur Spitze lebend sind, die zuvor beschriebenen Krankheitssymptome.

Der ältere Theil der Hauptwurzel ist durch den in ihrer Rinde zur Ausbildung gelangten Korkmantel gegen die direkten Angriffe des Parasiten geschützt, und es bleibt

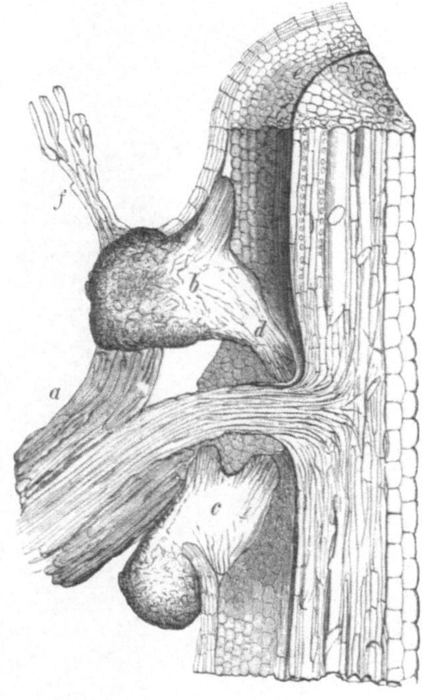

Fig. 38.

Infektionsstelle der Rosellinia quercina, 20 mal vergrössert. Die vom fädigen Mycel getödtete feine Seitenwurzel *a* zeigt da, wo sie den Korkmantel der Pfahlwurzel durchbricht, fleischige Infektionsstellen *b c*, welche Zapfen (*d*) in das Gewebe-Innere senden. Die angrenzenden Zellgewebe *e* sind gebräunt, aber frei vom Mycel. An den oberen Knollen hat sich ein Rhizoctonienstrang *f* entwickelt, durch dessen Keimung und Ernährung ein Theil des Knollengewebes verzehrt ist.

dem Mycel nur ein Weg, in das Innere der Wurzel zu gelangen. Da, wo die feinen Seitenwurzeln den Korkmantel durchsetzen, wird, nachdem erstere durch den Parasiten getödtet sind, gleichsam eine Lücke, eine Bresche gebildet, woselbst der Parasit einzudringen

vermag. An solcher Stelle bilden sich zunächst feine weisse Mycel-
knäuel oberhalb und unterhalb der Basis der getödteten Seitenwurzel; dieselben werden zu fleischigen, aussen sich mit einer schwarz-

Fig. 39.

Rosellinia quercina mit reifen Perithecien an älteren Eichen.

braunen Rinde bekleidenden Knollen, die nach innen in das Gewebe
der Eichenwurzel mehrere fleischige Zapfen senden, Fig. 38 *c d*, S. 65.

Das benachbarte Rindengewebe wird getödtet und gebräunt Fig. 38 *e*.
Tritt nunmehr trockenes oder kaltes Wetter ein, dann gewinnt die

Wirthspflanze Zeit zur Bildung einer neuen Wundkorkschicht auf
der Grenze des lebenden Gewebes in der Umgebung jener Infektionsknöllchen, und die Pflanze ist für diesmal gerettet. Bleiben die Vege-
tationsbedingungen für den Pilz günstig, so entsprosst dem Zapfen
ein feinfädiges Mycel, das nunmehr sich durch alle Gewebe der Wurzel
verbreitet und diese tödtet.

Der Parasit besitzt in den Sklerotien ein Mittel, sich von einem
Jahr aufs andere zu verpflanzen und während des Sommers Trocken-
perioden zu überstehen, die alles fädige Mycel mit den daran etwa
in der Entwicklung begriffenen Fruchtträgern tödten.

Das oberflächlich vegetirende Mycelium entwickelt im Sommer
Conidien auf quirlförmig verästelten Trägern und diese können, durch
Mäuse u. dgl. verschleppt, neue Infektionsheerde erzeugen. Es entstehen aber ausserdem schwarze, kugelförmige Perithecien von Stecknadelknopfgrösse entweder an der Oberfläche der kranken Eichen-
pflanzen selbst, Fig. 39, oder in der Nähe derselben auf den Rhizocto-
tien, welche an der Bodenoberfläche sich entwickelt haben.

Die in den Perithecien entstehenden Sporen dürften in der Regel
wohl erst im nächsten Jahre durch Keimung die Krankheit neu erzeugen.

Grösseren Schaden veranlasst der Parasit meist nur in nassen
Jahren. Er ist zu bekämpfen durch Isolirgräben, welche um die erkrankten Stellen in den Saatkämpen und Schonungen anzulegen sind.
Die Verwendung kranker Pflanzen zur Verschulung in Pflanzkämpe
ist zu vermeiden.

Die Rhizoctonia violacea, welche den sog. Safrantod und
Luzernetod veranlasst, ist noch nicht wissenschaftlich in ihren verschiedenen Entwicklungsstufen untersucht, und es bleibt der Folgezeit
vorbehalten, festzustellen, ob diese parasitischen Mycelbildungen einer
dem vorigen Pilze verwandten Pflanzenform angehören. Neuerdings
ist es mir geglückt, diesen Parasiten auch an Laub- und Nadelholzpflanzen in Kulturen als Schädling zu beobachten.

Dematophora necatrix R. H.[1]) Der Wurzelpilz des Weinstockes.

Unter den zahlreichen Feinden des Weinstockes nimmt der Wurzelpilz, Dematophora necatrix, eine hervorragende Stelle ein.

---

[1]) R. H., Dematophora necatrix n. sp. Unters. a. d. fb. Institut. III 1883.

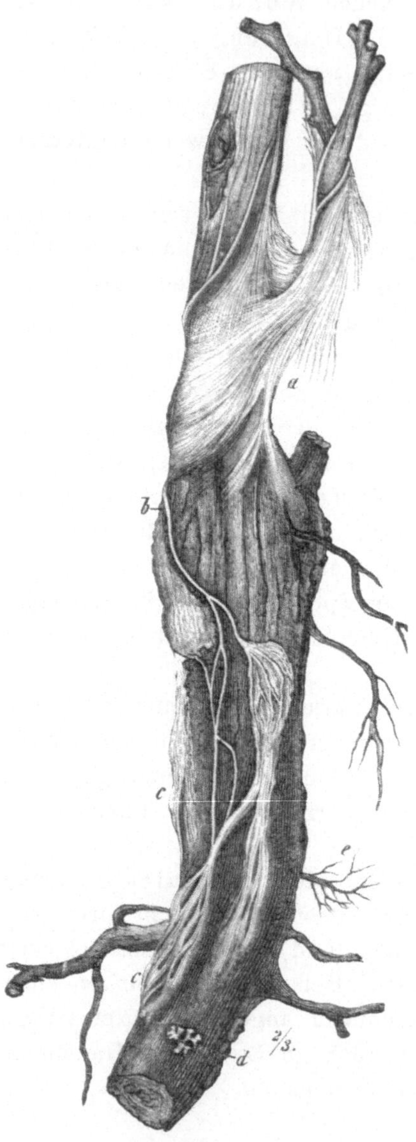

Fig. 40.

Durch Dematophora necatrix getödteter Weinstock nach längerem Aufent-
halt im Feuchtraum. Das fädige Mycel *a*
geht in weisse Rhizoctoniensträge *b*
über, die sich verästeln *c c*. Bei *d*
und *e* wachsen Rhizomorphen aus dem
Innern hervor.

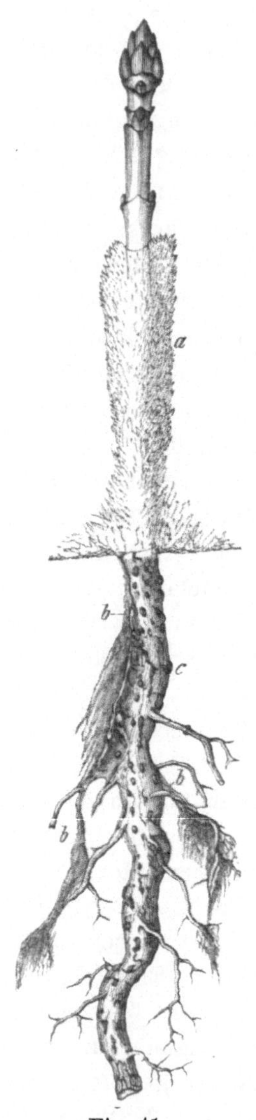

Fig. 41.

Ahornpflanze, durch Dematophora necatrix inficirt. Der oberirdische Theil ist um 14 Tage
früher gezeichnet als der unterirdische.   Das weisse wollige
Mycel (*a*)   überwuchert   die
Pflanze. Unterirdisch zeigen sich
Rhizoctonien *b b* aus dunklerem
Mycel. Aus der Rinde brechen
zahlreiche Sklerotien (*c*) hervor.

Da die oberirdischen Pflanzentheile fast dieselben Krankheitserscheinungen zeigen, wie bei der Erkrankung durch die Reblaus,
so treten oft Verwechslungen beider Krankheiten ein.

Der Parasit verbreitet sich durch sein Mycel unterirdisch in den
Weinbergen von Stock zu Stock. Dabei werden auch andere Pflanzen,

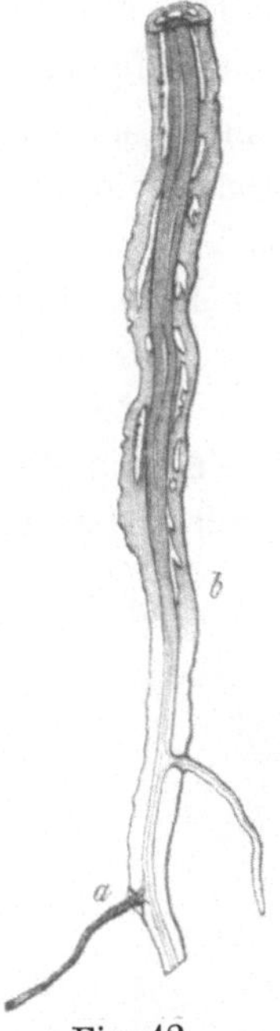

Fig. 42.

Längsschnitt
durch die Wur-
zel eines Wein-
stockes, der im
oberen Theile bis
b durch die Rhizo-
morphen der De-
matophora neca-
trix getödtet ist,
im unteren Theile
eine Infektions-
stelle bei *a* zeigt.

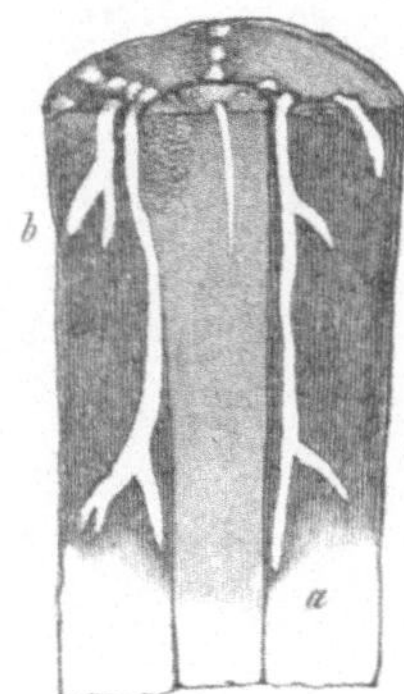

Fig. 43.

Grenze des ge-
sunden und kran-
ken Wurzelthei-
les *a*. Die Rhizo-
morphen ver-
ästeln sich seit-
lich und nach
aussen, so dass
einzelne Zweige *b*
bis zur Oberhaut
reichen. $^5/_1$.

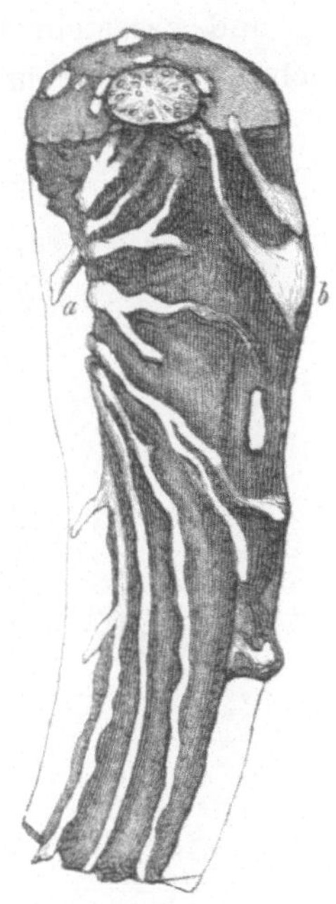

Fig. 44.

Kräftige Weinstockwur-
zel, durch Dematophora
inficirt. Das Rindenge-
webe ist zum Theil sorg-
fältig wegpräparirt, so
dass die Rhizomorphen,
welche von *a* aus sich entwickelt haben, zu erken-
nen sind. Bei *b* bilden sich
die sklerotienartigen My-
celknollen, auf denen
später die Conidienträger
entstehen. $^5/_1$.

die in den Weinbergen kultivirt werden, Obstbäume, Kartoffeln, Bohnen,
Runkeln u. dgl. von dem Pilz getödtet. Bei meinen Versuchen tödtete
das Mycel auch junge Ahorne, Eichen, Buchen, Kiefern, Fichten u. s. w.

Bei üppiger Entwicklung bildet das Mycel schneeweisse Massen und Stränge von ähnlicher Art, wie sie Rosellinia erzeugt. Wo das Mycel feine Faserwurzeln anderer Pflanzen erreicht, tödtet es diese und dringt an deren Basis in das Innere der stärkeren Wurzeln ein, Fig. 42 a, und verbreitet sich nun in deren Innerem in Form eigenartiger Rhizomorphen, Fig. 43, alle benachbarten Gewebe tödtend. Im weichen Rindengewebe der Weinstockwurzel bleiben sie strangartig und verästeln sich seitlich und nach aussen, so dass die Wurzel gleichsam von einem Netz von Strängen umsponnen ist, Fig. 44.

Diese Rhizomorphen sind völlig verschiedenartig gebaut von denen des Agaricus melleus.

Die nach aussen abzweigenden Rhizomorphenäste durchbrechen die Rinde von innen und bilden neues fädiges Mycel, das sich im Boden verbreitet, oder sie schwellen unter

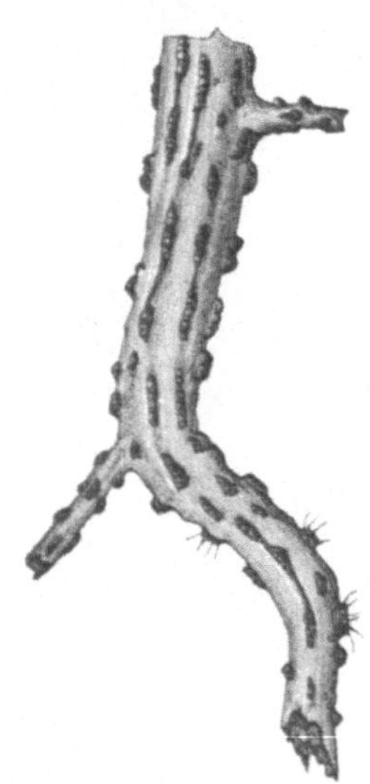

Fig. 45.

Wurzel eines Weinstocks mit zahlreichen sklerotienartigen Knollen, auf denen hier und da borstenförmige Conidienträger sich entwickeln.

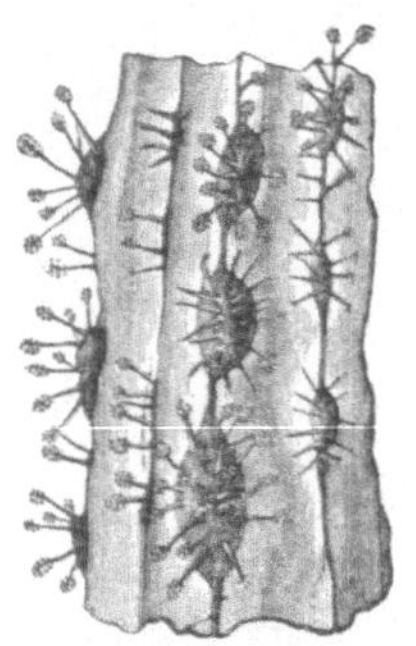

Fig. 46.

Ein Theil von Fig. 45, nach Ausbildung der Conidienträger. $^5/_1$.

der Wurzelrinde zu knolligen Sklerotien an, Fig. 44 b, die zuweilen in Reihen angeordnet aus der Rinde hervorbrechen, Fig. 45.

Auf diesen Knollen entstehen nun die Conidienträger in grosser Anzahl in Form von Borsten, an deren Spitze die Conidien abgeschnürt werden, Fig. 46.

Sehr häufig entstehen diese Fruchtträger auf dem fädigen Mycel, welches in Form von Rhizoctonien und Überzügen die kranken Pflanzen oder fremde Gegenstände bekleidet.

Perithecienbildung tritt erst nach mehreren Jahren an den faulen Weinstöcken ein.

Es ist zu prüfen, ob in den Weinbergen durch Imprägniren der Rebpfähle mit Kreosotöl dem Weiterschreiten der Erkrankung begegnet werden kann, da das anfänglich von mir in Vorschlag gebrachte Aushungern durch Isolirgräben u. s. w. doch zu langwierig sein dürfte.

Cucurbitaria Laburni Pers.

An Wundstellen des Cytisus Laburnum dringt häufig der vorgenannte Parasit ein und veranlasst das Absterben der Rinde und Zweige auf grösserer Ausdehnung oder selbst das Absterben der ganzen Pflanze. Neben den schwarzbraunen kugligen Perithecien, welche heerdenweis zusammenstehen, kommen sehr verschiedenartige Conidienformen vor, die entweder frei auf dem Stroma oder im Innern von Höhlungen des Stromas oder in Pycniden sich entwickeln. Bei der leichten Keimfähigkeit aller dieser Vermehrungsorgane kann der Parasit häufig grosse Ausbreitung erlangen.

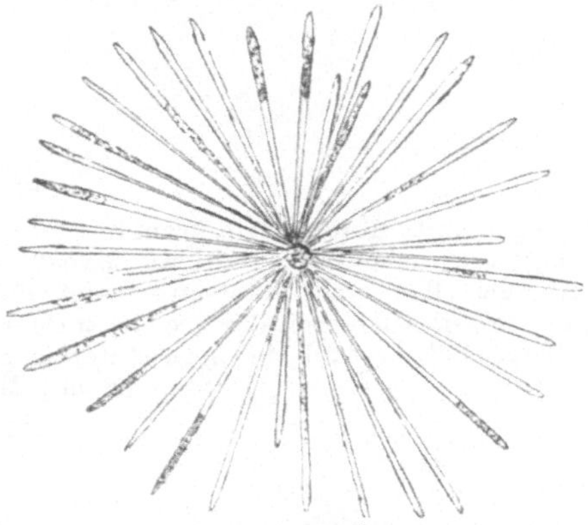

In ähnlicher Weise scheint Cucurb. Sorbi die Rinde von Sorbus Aucuparia zu befallen.

Fig. 47.

Ein Lärchennadelbüschel, an dem etwa die Hälfte der Nadeln theils ganz, theils stellenweise erkrankt ist.

Sphaerella laricina R. H.[1]).

Der Nadelschüttepilz der Lärche ist einer der gefährlichsten Parasiten dieser Holzart und grossentheils die Ursache des Zurückdrängens derselben in die Hochlagen der Gebirge.

Die Krankheit äussert sich frühestens Ende Juni, meist erst im Juli, durch Braunfleckigwerden vieler Nadeln, die dann bald nachher abfallen. In nassen Jahren ist oft schon Anfang August der grösste Theil der Nadeln abgeworfen und nur noch der oberste Gipfel der Bäume begrünt. In trockenen Jahren tritt die Erkrankung nur in dumpfen Lagen und besonders da auf, wo Lärchen in andere Nadel-

---

[1]) R. H., Der Nadelschüttenpilz der Lärche, Sphaerella laricina n. sp. Sitzungsberichte der k. bayer. Akademie d. Wissenschaften 1895 und Forstl.-naturw. Zeitschrift 1895, Heft 12.

holzbestände eingesprengt sind. Die häufige vorzeitige Entnadelung schädigt selbstverständlich den Wuchs der Lärche, so dass die Bäume einestheils überhaupt schlecht wachsen, besonders aber in der Unter-

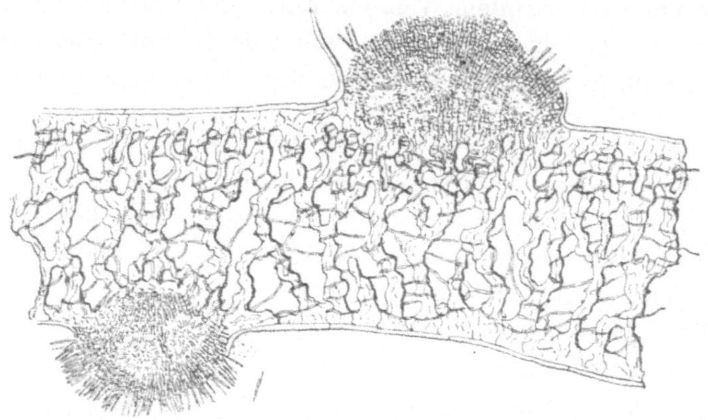

Fig. 48.

Längsschnitt durch die erkrankte Stelle einer Lärchennadel. Das Blattzellgewebe zeigt reichliches intercellulares Mycel, welches grossentheils den Zellen anliegt. Auf der Ober- und Unterseite findet sich je ein schwarzbraunes Conidienpolster, auf dessen Aussenseite zahlreiche stabförmige Conidien gebildet werden. Auf dem oberen Polster sind sie meist durch Regen abgewaschen. Im Innern finden sich Höhlungen mit Mikroconidien. $^{100}/_1$.

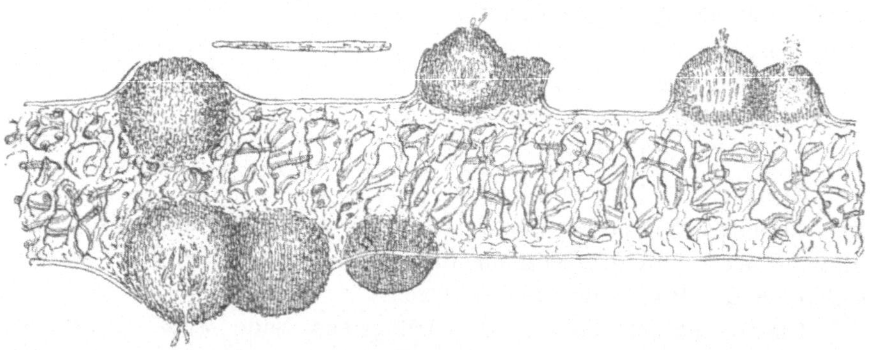

Fig. 49.

Längsschnitt durch eine vorjährige Lärchennadel, die bis Anfang Juni am Boden gelegen hatte. Das Mycel ist sehr dick, dickwandig und hellbraun geworden. Einzelne und untereinander verwachsene Perithecien enthalten im Innern farblose Schläuche mit je 8 Sporen. Rechts oben findet sich neben den Perithecien eine Pycnide mit kleinen Mikroconidien. $^{100}/_1$.

mischung mit anderen Holzarten Gefahr laufen, von diesen unterdrückt zu werden. Auf den kranken Nadeln zeigen sich ausserordentlich kleine schwarze Pünktchen (Fig. 47, 48), die Conidienpolster des

Parasiten. Durch Regen werden die stabförmigen Conidien leicht abgewaschen, gelangen auf andere Nadeln, keimen und veranlassen in kurzer Zeit neue Erkrankungen und Conidien. Bei feuchter Witterung verbreitet sich dadurch die Krankheit mit rapider Geschwindigkeit. Auf den abgefallenen Nadeln entstehen im nächsten Frühjahre zahlreiche Perithecien und einzelne Pycniden. (Fig. 49.)

Bei München waren die Sporen am 1. Juni reif (Fig. 50 *b*), so dass sie ausgestreut wurden und auf den neuen Nadeln die Krankheit wieder erzeugen konnten. Bei künstlichen Kulturen entstanden aus den Ascosporen bald Pilzrasen, die zahlreiche stabförmige Conidien entwickelten (siehe Fig. 51, S. 74.)

Eine Mehrzahl merkwürdiger Eigenthümlichkeiten in der Biologie der Lärche ist nunmehr leicht zu erklären. In reinem Bestande oder in der Untermischung mit der Fichte erkrankt die Lärche sehr leicht, weil die auf den Erdboden oder auf die Fichtenzweige gefallenen erkrankten Nadeln leicht die Ascosporen im nächsten Frühjahre auf die neuen Nadeln der Lärche gelangen lassen können.

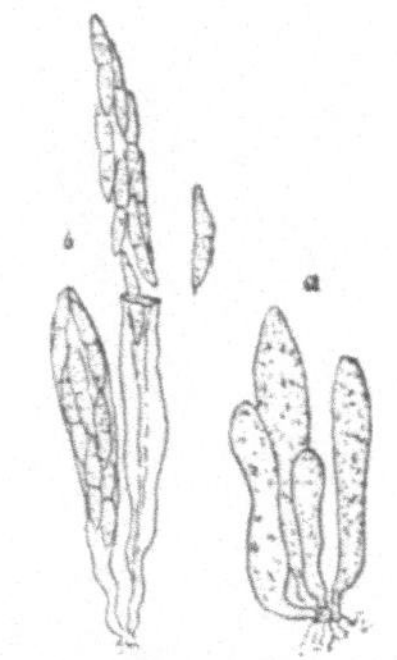

Fig. 50.

a Unreife Schläuche ohne Paraphysen. Am 30. Apr. *b* Reife Schläuche, von denen der eine die Sporen aus dem geöffneten Scheitel eben entlassen hat. $^{410}/_{1}$.

Mit Rothbuche unterbaut oder in der Mischung mit dieser Hochart gedeiht sie vortrefflich, weil die im August und September abgefallenen kranken Nadeln im Oktober und November von Buchenlaub bedeckt werden, so dass die reifen Sporen im nächsten Frühjahr nicht in die Luft entweichen können. Sollten Sporen dennoch emporsteigen, so werden diese von der neuen Belaubung der Buchen zurückgehalten. Der ungünstige Einfluss dumpfer Luft und nasser Jahre auf die Gesundheit der Lärche wird ebenfalls nun leicht begreiflich.

Es wird leicht verständlich, dass die Lärchen im Hochgebirge gesund bleiben, da in einer gewissen Höhe der Parasit nicht mehr die erforderliche Zeit zur eigenen Entwicklung findet, die Lärche also nicht mehr von ihm befallen werden kann. Wenn bei München erst Anfang Juni die Ascosporen reif werden, so wird bei 1500 m Hochlage die Sporenreife etwa Mitte August eintreten. Bis dann an den inficirten Nadeln neue Conidien entstanden sind, ist Mitte September, und damit der Herbst eingetreten.

Untermischung oder Unterbau mit Buche ist das beste Be-

kämpfungsmittel. In Fichten gedeiht die Lärche als Mischholz nur
dann, wenn sie so vorwüchsig ist, dass ihr Gipfel über die gefähr-
liche Pilzregion hinauswächst. In feuchten und nebligen Regionen
sollte man wegen der Pilzgefahr überhaupt den Anbau der Lärche
vermeiden.

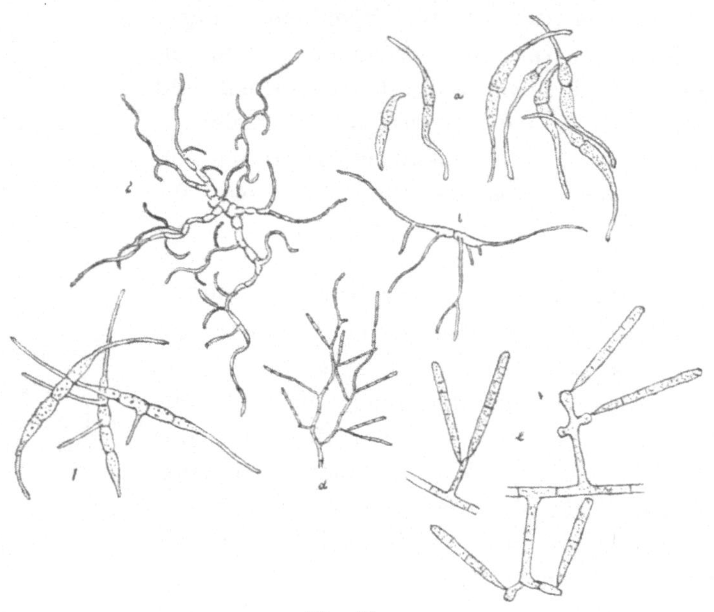

Fig. 51.

Kultur der Ascosporen von Sphaerella laricina.

a Ascosporen, in Wasser ausgekeimt. 24 Stunden nach der Aussaat. $^{410}/_1$. *b* In
Nährgelatine entwickelte Ascosporen nach 2 Tagen. $^{230}/_1$. *c* Pilzrasen aus einer
Ascospore in Nährgelatine nach 5 Tagen. $^{100}/_1$. *d* Einzelne Hyphen der Pilzkultur
3 Wochen nach der Aussaat, mit stabförmigen Conidien. $^{145}/_1$. *e* Stabförmige
Conidien, theils auf kurzen Ästen, theils auf kugelförmig verdickten Trägern ent-
standen. $^{410}/_1$. *f* Conidien in Wasser ausgesät, nach 10 Stunden. $^{410}/_1$.

In nassen Jahre tritt oft schon im Mai und Juni ein Erkranken
der Lärchennadeln in Saat- und Pflanzbeeten auf, das von einem anderen Parasiten (Allescheria Laricis) herrührt.

Sphaerella Fragariae Tul. erzeugt die Fleckenkrankheit der
Erdbeerblätter.

Laestadia Bidwellii Ellis. Black-Rot-Krankheit des Weinstockes.
Der Pilz befällt alle jugendlichen Theile des Weinstockes und erzeugt Flecke auf den Blättern mit scharfem, dunklem Rande. Auf
den Flecken treten schwarze Pycniden auf. Die grünen Beeren
erkranken schon bei Erbsengrösse, schrumpfen, so dass die Haut faltig

um die Kerne antrocknet. Endlich fallen sie oder auch die ganzen
Traubenzweige ab. Die Krankheit ist besonders in Amerika verbreitet
und gefürchtet, kommt aber auch in Frankreich vor. Die Bekämpfung
geschieht durch Bordelaiser Brühe.

Gnomonia erythrostoma Auersw. ist der Erzeuger der Blatt-
bräune der Süsskirschen. Die inficirten Blätter sterben schon frühzeitig ab, ohne abzufallen. Auf denselben entwickeln sich die Perithecien mit den zweizelligen Schlauchsporen. Entfernung alles an den
Bäumen hängenden Laubes während des Winters ist anzurathen.

Ceratostoma piliferum veranlasst das sogen. „Blauwerden“
des Nadelholzes, das besonders in den Kiefernbeständen an abstän-
digen Bäumen, nach Raupenfrass oder auch erst in feuchten Holz-
gelassen am Brennholz auftritt. Das Mycelium ist braun gefärbt und
dringt durch die Markstrahlen sehr schnell von aussen in die todten
Stämme vor. Das Kernholz wird mehr von ihm gemieden, wahrscheinlich des geringen Wassergehaltes wegen, während das Splintholz
oft schnell von dem Pilzmycel durchzogen und zersetzt wird.

Aglaospora Taleola Tul.[1]) Die Krebskrankheit der Eiche,
welche durch diesen Parasiten hervorgerufen wird, ist mir aus der
Nähe von Stettin zugesandt, wo sie in ca. 35jährigen Beständen unter
ganz verschiedenen Bestandesverhältnissen verderblich aufgetreten ist.

Die Erkrankung ist noch nicht an Zweigen, sondern nur am
Hauptstamme der Eichen da beobachtet, wo noch keine Borkebildung
eingetreten war. Kleinere oder grössere unregelmässig geformte Rinden-
partien sterben ab und werden in der Folge allmählich wieder überwallt, während die getödtete Rinde zersetzt und abgestossen wird.
(Fig. 52, S. 76). Auf der erkrankten Rinde treten die Fruchtlager
des Parasiten äusserlich zum Vorschein. Sie sind in der Rinde ver-
senkt (Fig. 53 c, S. 77) und von der Korkhaut bekleidet, die an
einer oder mehreren Stellen von den Perithecienmündungen durchbrochen werden.

Mehrere Perithecien vereinigen sich zu einem gemeinsamen Halse,
aus dessen Öffnung die Ascosporen hervortreten (Fig. 54, S. 77). Nahe
der Öffnung entwickeln sich zahlreiche farblose sichelförmige Conidien.
Die Ascosporen zeigen auffallende Anhängsel, die eine Rolle beim
Ausschlüpfen der Sporen spielen. (Fig. 55, S. 77.)

---

[1]) R. H., Eine krebsartige Rindenkrankheit der Eiche, erzeugt durch Aglaospora
Taleola. Mit 4 Fig. in Forstl.-naturw. Zeitschr. II, p. 1, 1893.

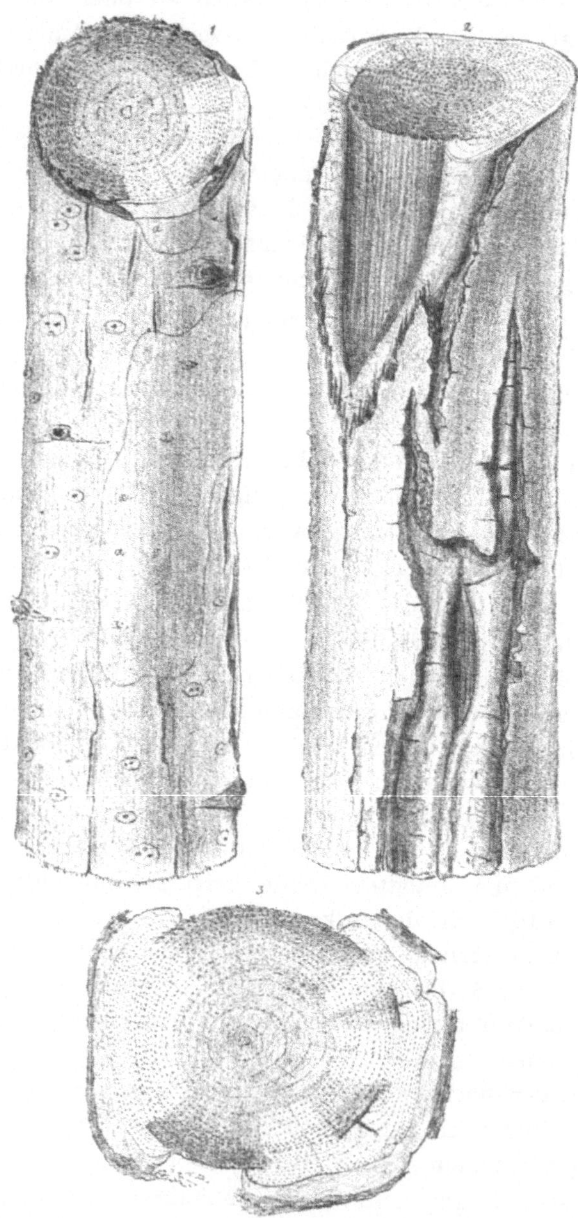

Fig. 52.

Erkrankte Eichenstammstücke. *1* Seit 2 Jahren erkranktes Stammstück, *a* noch gesunde Rindenstellen. $^1/_1$. *2* Seit 4 Jahren erkranktes Stammstück. $^1/_2$. *3* Querschnitt mit Erkrankungsstellen von 4-, 7-, und 10 jähr. Alter. $^1/_1$.

An Aprikosen, Pfirsich und Schlehe tritt ein Parasit, Valsa Prunastri, häufig schädlich auf, indem derselbe das Absterben von

Fig. 53.

Ein Stück Rinde mit Fruchtpolstern der Aglaospora Taleola. *a* Mit der Korkhaut. *b* Nach Entfernung der Korkhaut. *c* Durchschnittenes Fruchtpolster.

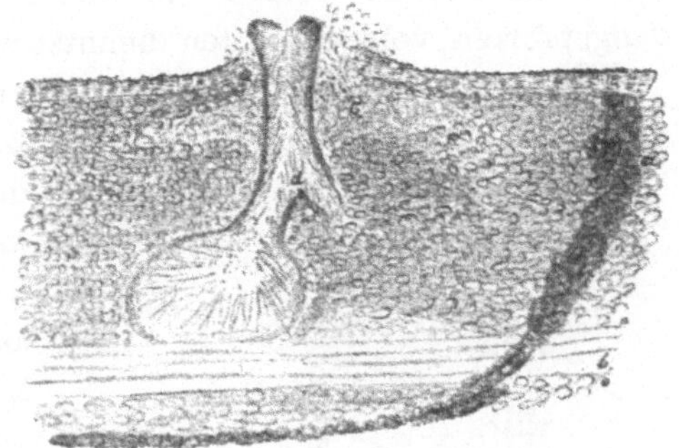

Fig. 54.

Durchschnitt durch ein Fruchtpolster. *a* Die von Pilzmycel gebildete schwarze Grenzschicht. *b* Sklerenchymfaserstrang der Rinde. *c* Conidienpolster. *d* Vereinigungspunkt des Halses zweier Perithecien.

Zweigen veranlasst, deren Rinde von dem Pilz bewohnt wird. Die Spermatienform tritt zuerst auf und entsendet in Ranken die Spermatien, während sich später, d. h. erst im nächsten Frühjahr, die Perithecien in der abgestorbenen Rinde entwickeln.

Valsa oxystoma Rehm. veranlasst ein Absterben der Zweige der Alpenerle. Die Krankheit tritt hier und da in den Alpen geradezu epidemisch auf. An den getödteten Zweigen treten aus der Rinde die gruppenweise vereinigten Perithecienhälse in grosser Zahl hervor.

Fig. 55.

a Conidie. *b* Ascospora von Aglaospora Taleola. $^{360}/_1$.

Nectria Cucurbitula Fr.[1])

Die Nectria Cucurbitula gehört, wie alle Nectrien, zu denjenigen Parasiten, die in der Regel nur an vorgebildeten Wundstellen in das Innere der Wirthspflanzen einzudringen vermögen, und als solche ist vorzugsweise die Fichte, seltener die Tanne, Kiefer u. s. w. zu bezeichnen. Im Walde sind es meist die Frassstellen der Gra-

---

[1]) R. H., Der Fichtenrindenpilz, Nectria Cucurbitula Fr., mit Taf. V, Unters. I, Seite 88. 1880.

pholitha pactolana, Fig. 56, seltener Hagelschlagstellen oder die Basis eines durch Schneeanhang herabgebogenen Zweiges, dessen Rinde im oberen Winkel ein wenig eingerissen ist, welche als Eingangspforten vom Parasiten benutzt werden.

Die keimenden Ascosporen oder Conidien senden ihre Mycelschläuche in das Rindengewebe. Es sind besonders die Siebröhren des Weichbastes (Fig. 57 *b*) oder die Intercellularräume zwischen diesen (Fig. 57 *c*), in welchen das ästige Mycel schnell vorschreitet. Man trifft das Mycel in dem anscheinend noch vollständig gesunden, frischen Bastgewebe; die Bräunung der Gewebe erfolgt erst einige Zeit darauf. Das Wachsthum des Pilzes scheint meistens nur im ruhenden Rindengewebe

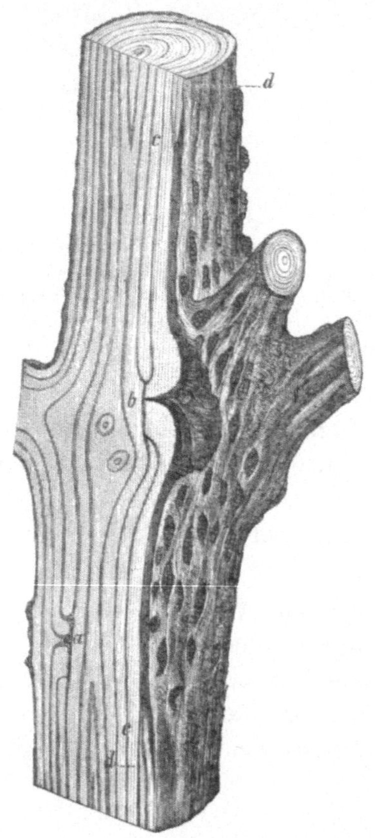

Fig. 56.

Fichte mit Nectria Cucurbitula.
a Eine überwallte Hagelschlagstelle ohne Infektion. *b* Frassstelle einer Larve der Grapholitha pactolana, welche überwallt, aber nach 2 Jahren inficirt ist. Das Mycel hat sich von *c* bis *c* im Cambium, bis *d d* in der Rinde verbreitet. Auf der getödteten Rinde sind zahlreiche Gruppen von Perithecien erschienen.

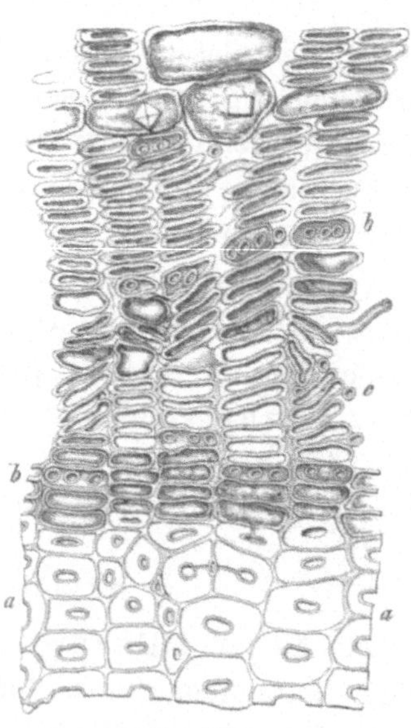

Fig. 57.

Querschnitt durch Rinde und Holz einer vor kurzem inficirten Fichte. *a* Holz. *bb* Siebröhren mit einem oder mehreren Mycelfäden im Innern. *c* Mycel in den Intercellularräumen. $^{420}/_1$.

stattzufinden. Wie Fig. 56 zeigt, kann das Wachsthum in der Längsrichtung in einer Vegetationsperiode 10 cm überschreiten. In seitlicher Erstreckung entwickelt sich der Pilz selten über 3—4 cm.
Das von demselben getödtete Gewebe wird von den lebenden Pflanzentheilen durch eine Korkhaut abgesondert, und in der Regel verhindert
diese Korkschicht das Weiterwachsen des Parasiten im nächsten Jahre.

Ist der getödtete Rindentheil dem Winde und der Sonne exponirt,
dann trocknet er schon im Anfange des Sommers aus, ist der befallene Pflanzentheil noch nicht stark, so vertrocknet auch der Holzkörper, und der Gipfel der Pflanze stirbt ab, wird gelb und dürr.
Recht oft findet man in den jungen Fichtenbeständen solche dürre
Gipfel, ohne eine Spur von den Schlauchfrüchten zu bemerken, die
nur zur Reife gelangen können, wenn der Rindenkörper, in welchem
das Mycel verborgen ist, stets feucht erhalten bleibt. Ist dies der
Fall, wie wir es oft an unteren, durch den Schatten und Schutz der
Zweige gedeckten und feucht erhaltenen Rindentheilen beobachten,
dann entwickelt sich aus der getödteten Rinde eine grosse Anzahl
von weissen und gelblichen Conidienpolstern, welche etwa in Stecknadelknopfgrösse die äusseren Rinden- und Korkschichten durchbrechen, oder auch zwischen den lockeren Rindenschüppchen verborgen bleiben. Diese Polster erzeugen zuerst zahllose Conidien,
später dagegen bilden sich auf ihnen rothe Perithecien von rundlicher
Kürbisform, deren Ascosporen meist im Winter oder Frühjahr aus-
gestossen werden und dann an die Frassstellen des Fichtenrinden-
wicklers oder an andere Wunden gelangen können.

Mit dem Verschwinden des Wicklers, wie z. B. im Gefolge des
strengen Winters 1879/80, in welchem die Räupchen zum grössten
Theile erfroren, vermindert sich selbstredend auch die Beschädigung
durch die Nectria, weil dieser die Gelegenheit zur Infektion entzogen
wird. Fichten, welche nur von der Motte, nicht aber vom Pilz befallen werden, gehen fast niemals zu Grunde, sondern erholen sich
nach einigen Jahren des Kümmerns vollständig. Solche Fichten,
welche von der Nectria nur einseitig befallen sind, können sich ebenfalls wieder erholen, da die getödtete Rindenstelle im Laufe der Jahre
wieder überwallt. Der Schaden, welcher durch das Absterben der
Gipfel in den Fichtenschonungen veranlasst wird, ist aber ein ungemein grosser, und erscheint es deshalb rathsam, durch Aushieb und
Verbrennen der vom Pilz befallenen, getödteten Gipfel den Parasiten
in Schranken zu halten.

Nectria ditissima Tul.[1]). Erzeuger des Laubholzkrebses.

Die Laubholzbäume werden vorzugsweise durch die **Nectria ditissima** heimgesucht, und sind es mancherlei gestaltete, meist als **Krebs** bezeichnete Erkrankungsformen, die durch diesen Pilz hervorgerufen werden. Der Pilzkrebs tritt am häufigsten auf an Rothbuchen. Doch findet man ihn auch an Eichen, Haseln, Eschen, Hainbuchen, Ellern, Ahorn, Linden, Apfel, Faulbaum und Traubenkirschen.

Dieser Parasit gelangt zwar in der Regel nur durch Wundstellen in das Rindengewebe der Bäume, doch konnte ich auch junge Blätter

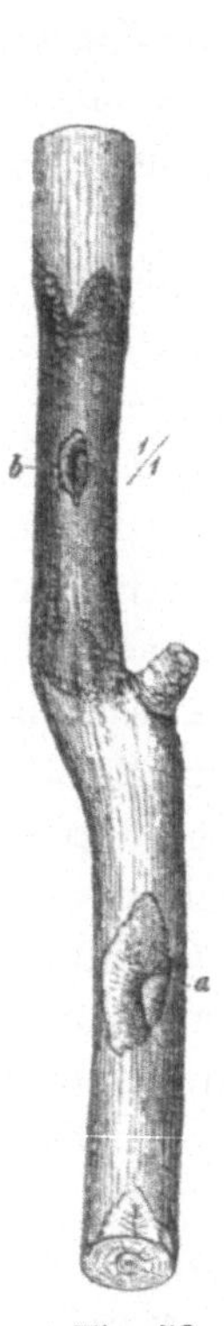

Fig. 58.

Rothbuchenzweig mit zwei Hagelschlagwunden, von denen die obere *b* durch Nectria inficirt, die untere *a* dagegen ohne Infektion durch Überwallung geschlossen ist.

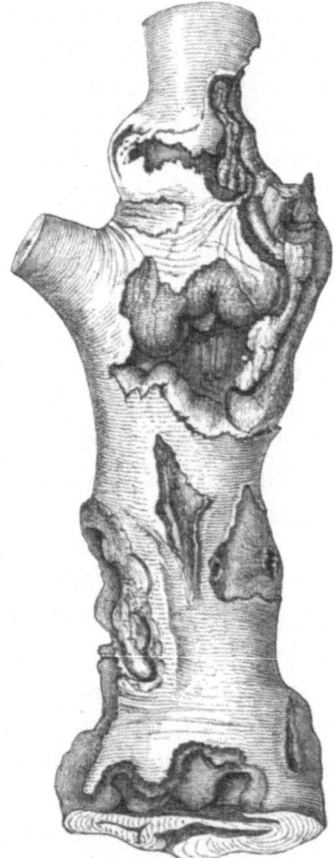

Fig. 59.

Rothbuchenkrebsstamm mit zahlreichen Krebsstellen, die sich aber nur an wenigen Stellen vergrössern, woselbst dann auch die rothen Perithecien der Nectria ditissima allein zu finden sind. $^{1}/_{2}$ n. Gr.

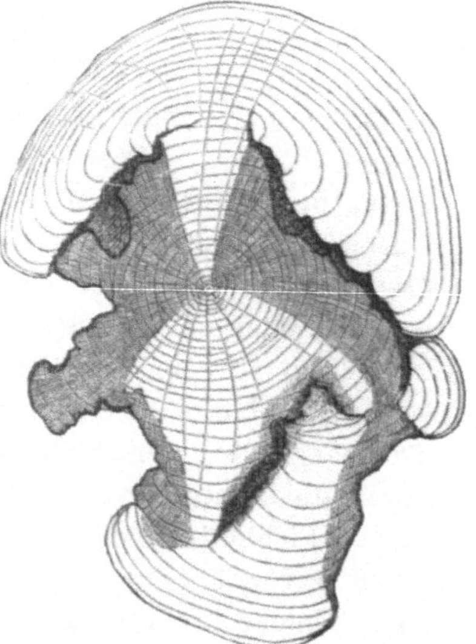

Fig. 60.

Querschnitt desselben Stückes am unteren Ende entnommen. Natürl. Gr.

---

[1]) R. H., Die krebsartigen Krankheiten der Rothbuche 1877. Z. f. F. u. Jagdw. R. H., Der Krebspilz der Laubholzbäume, Nectria ditissima Tul., m. Taf. VI, Unters. I, Seite 269 Taf. VI.

durch Conidien und Ascosporen inficiren. Die häufigste Art der Verwundung ist wohl die durch Hagelschlag (Fig. 58). Erfolgt keine Infektion einer Hagelstelle, so überwallt diese in kurzer Zeit (Fig. 58 a), wird sie inficirt, so verbreitet sich das Absterben und die Bräunung

Fig. 61.

Hainbuche mit Nectria ditissima, welche im Zweiggelenke eingedrungen ist. Zahlreiche Perithecien am Rande der Krebsstelle.

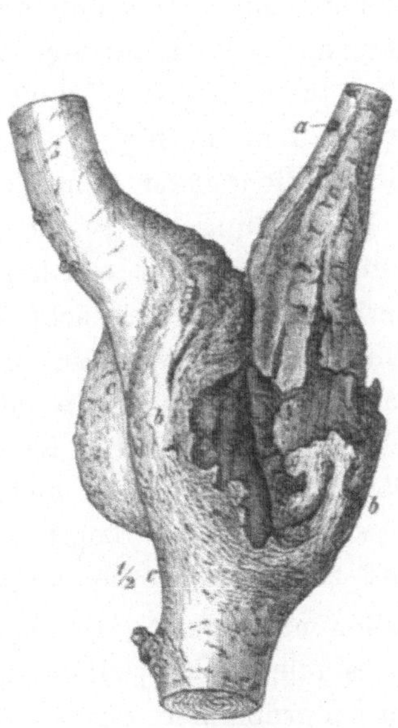

Fig. 62.

Haselstrauch mit Infektion und Krebs der Nectria ditissima, deren Sporen an einer eingerissenen Zweiggabel gekeimt haben. *a, b, b* Grenze der Krebsstelle mit rothen Perithecien besetzt. *cc* Gesunde Seite des Astes. ¹/₂ Natürl. Gr.

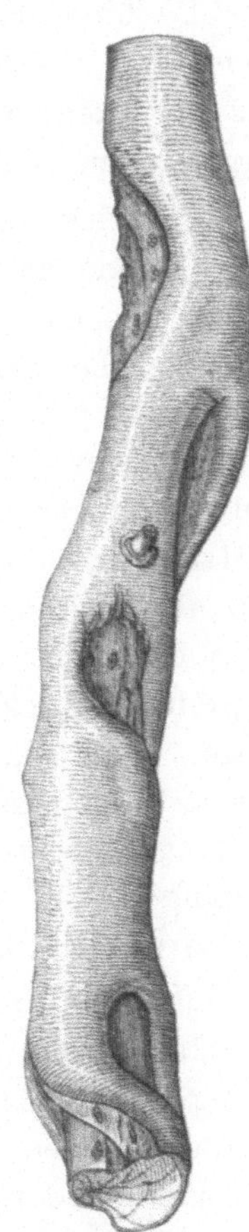

Fig. 63.

Rothbuchenzweig mit zahlreichen Krebsstellen ohne erkennbare Wundstellen in der Rinde.

von der Infektionsstelle aus allseitig, am schnellsten in der Längsrichtung des Stammtheils. Dass die erkrankte Stelle im Laufe der Jahre vertieft erscheint (Fig. 59, 60), erklärt sich daraus, dass die gesunde Umgebung nicht allein ungestört sich verdickt, sondern sogar eine Zuwachssteigerung erkennen lässt. Diese erklärt sich schon daraus, dass die Wanderung der Bildungsstoffe auf der gesunden Seite des Stammtheils erfolgt. Sehr oft erfolgt die Infektion da, wo Zweige oder Gabeläste am Grunde eingerissen sind.

Da öfter dasselbe Baumindividuum zahlreiche Krebsstellen zeigt, ohne erkennbare Wunden, so ist es wahrscheinlich, dass das Mycel des Parasiten im Holze wandert und stellenweise nach aussen tretend Krebsstellen erzeugt.

Das Pilzmycel verbreitet sich im Rindengewebe der Bäume unter Entwicklung zahlloser äusserst kleiner, den Spaltpilzen ähnlicher Conidien, die dem Anscheine nach wesentlich dazu beitragen, dass sich das Gewebe der Rinde mit Ausschluss der äusseren Korkschichten fast ganz auflöst. Nur in denjenigen Rindentheilen, die seit dem letzten Jahre getödtet wurden, mithin in der Peripherie der Krebsstelle, kommen weisse Conidienpolster zum Vorscheine, die auch von Willkomm in dessen Bearbeitung des Buchenkrebses bereits gesehen und als Fusidium candidum bestimmt wurden. Auf ihnen entstehen dann die tiefrothen Perithecien, welche sehr klein sind und nur bei sorgfältiger Nachforschung erkannt werden. Sie sitzen theils gruppenweise, theils einzeln auf der todten Rinde oder mit Vorliebe in den feinen Rindenrissen (Fig. 61). An älteren Krebsstellen sucht man sie oft lange Zeit vergeblich, da diese nicht mehr an allen Theilen des Umfanges sich vergrössern. Fig. 59 zeigt nur oben links eine Zunahme des Krebses und zahlreiche rothe Kügelchen.

Obgleich der Schaden nicht gering ist, der durch diesen Parasiten veranlasst wird, so ist es mir doch zweifelhaft, ob in der Praxis mit Erfolg etwas gegen ihn unternommen werden kann. Die beschädigten Stämme bleiben in der Regel doch am Leben und geben Brennholz. Ein Aushieb derselben bei den Durchforstungen ist allerdings anzurathen, soweit nicht eine schädliche Blosslegung des Bodens dadurch herbeigeführt wird. In Eichenbeständen wird man ebenfalls, sobald es sich um Durchforstungen und um Lichtungen behufs Unterbaues handelt, in erster Linie die Krebsstämme weghauen.

Sehr oft kommt die Nectria ditissima in Gemeinschaft mit Baumläusen[1]) vor. Lachnus exsiccator erzeugt grosse Cambialgallen an Rothbuche, welche später aufplatzen und zur Infektion durch den

---

[1]) R. H., Die Buchenbaumlaus, Lachnus exsiccator. 1 Tafel. Die Buchenwolllaus, Coccus (Chermes) Fagi. 1 Tafel. Unters. a. d. fb. Inst. I 1880.

Pilz Gelegenheit darbieten. Im Zellengewebe verbreitet sich das Mycel mit rapider Geschwindigkeit. Auch die Buchenwolllaus, Coccus Fagi, welche weisse wollige Überzüge auf der Buchenrinde bildet,

Fig. 64.

Nectria cinnabarina auf einem Ulmenstämmchen. Die Conidienpolster erscheinen als helle Punkte.

verbindet sich oft mit dem Pilz, der dann das schnelle Absterben der Rinde herbeiführt, ohne Krebsstellen zu erzeugen.

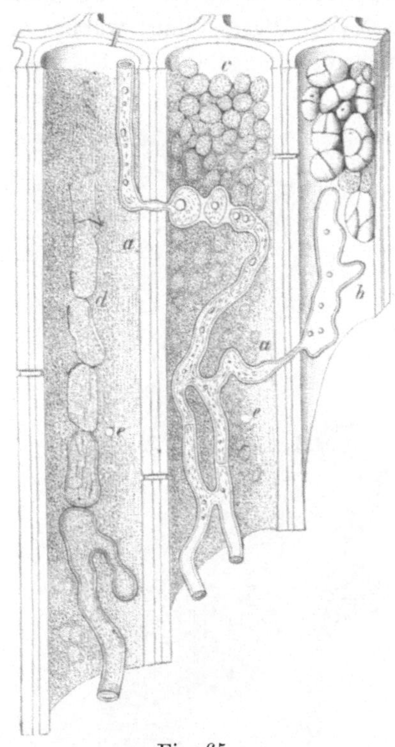

Fig. 65.

Ahornholz mit Mycel von Nectria cinnabarina. Das kräftige Mycel *a a* durchbohrt die Wandungen der Holzfasern, löst die Stärkekörner *b*, *c* auf, indem es zunächst die Granulose extrahirt. Mit der zerfallenden Cellulose und den sich ebenfalls wieder auflösenden Mycelfäden *d* entsteht eine grün gefärbte Flüssigkeit im Innern der Organe. Bohrlöcher in den Wandungen *e e* zahlreich vorhanden. $^{1200}/_1$.. (Nach H. Mayr.)

Nectria cinnabarina Tode.

Diese Nectria ist wohl einer der verbreitetsten Pilze, der sich auf fast allen Laubholz-Bäumen und Sträuchern ansiedelt, wenn diese durch Frost getödtet sind. Neben seiner saprophytischen Lebensweise tritt er auch als Parasit auf, und zwar am häufigsten an Ahorn, Linde, Rosskastanie, Ulme und Hainbuche (Fig. 64). Die Infektion erfolgt an Astwunden, sehr oft auch von Wurzelwunden aus, welche bei dem Verpflanzen in Gärten und Baumschulen nicht zu vermeiden sind. Das Mycel dieses Pilzes wächst in den Gefässen des Holzkörpers schnell aufwärts, dringt in alle Organe des Holzes ein, zersetzt das Stärke-mehl und lässt im Innern der Organe eine grüngefärbte Substanz zurück (Fig. 65). Hierdurch wird der Holzkörper geschwärzt, während Cambium und Rindengewebe sich gesund erhalten. Der Holzkörper verliert seine Saftleitungsfähigkeit, die Blätter vertrocknen vorzeitig im

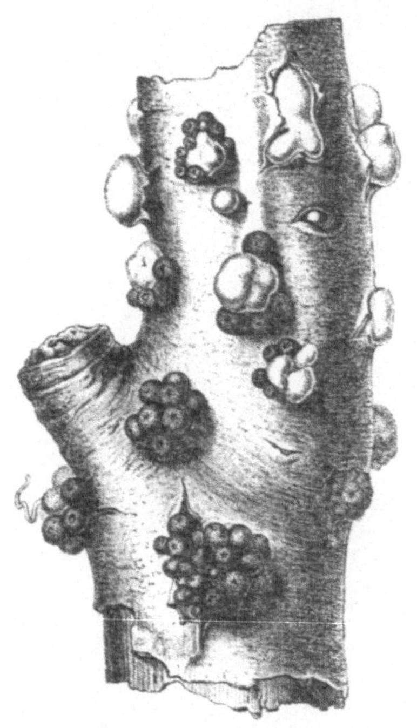

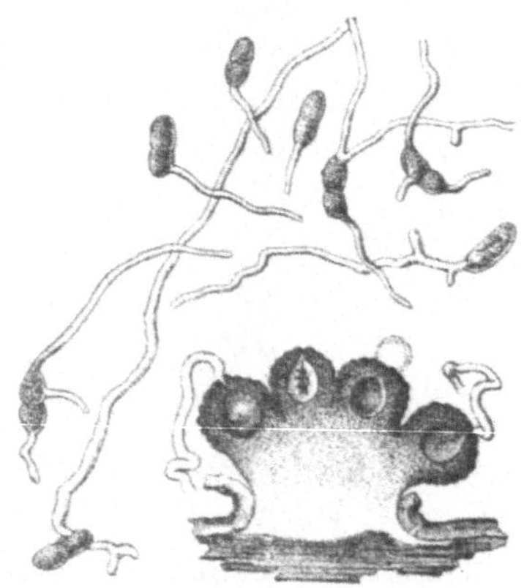

Nach Tulasne.   Fig. 66.

Nectria cinnabarina. Die hellen Polster werden von den zinnoberfarbigen Conidien-trägern mit Conidien gebildet. Die warzigen Perithecien von rother Farbe brechen darunter hervor und treten in dichten Kolonien auf. Rechts ist eine solche Kolonie von Perithecien, welche die Ascosporen in Ranken austreten lässt, durchschnitten. Daneben sind keimende Ascosporen gezeichnet.

Sommer oder fallen ab, und die Rinde der jüngsten Triebe vertrocknet, wenn deren Holzkörper vollständig abgestorben ist. Im Herbste oder erst im nächsten Frühjahre treten aus der Rinde der abgestorbenen Theile die zinnoberfarbigen Conidienpolster in grosser Zahl neben-einander zum Vorschein und machen sich durch ihre Grösse und Färbung schon von weitem bemerkbar (Fig. 66). Die später entstehenden Perithecien sind viel dunkler roth gefärbt, gross und mit rauher Aussenseite versehen.

Es ist interessant, dass dieser Pilz dem lebenden Cambium und Rindengewebe nichts anzuhaben vermag, vielmehr erst dann sich in diesem entwickelt, wenn dasselbe entweder durch Frost oder dadurch getödtet wurde, dass der Holzkörper von innen aus durch das Mycel des Parasiten zum Abtrocken gebracht wurde.

Abschneiden und Verbrennen der mit den Conidienpolstern und Perithecien besetzten Zweige und Äste ist das einfachste Mittel gegen die Verbreitung desselben. Sofortiges Theeren oder Beschmieren mit Baumwachs bei allen Verwundungen der Bäume ist das beste Schutzmittel gegen Infektion.

Polystigma.

Die Arten der Gattung Polystigma veranlassen die Entstehung rother, fleischiger Flecken auf Blättern der Gattung Prunus.

Polystigma rubrum Pers. kommt auf Pflaumen- und Schlehdornblättern vor. Die im Sommer entstehenden grossen tiefrothen fleischigen Flecken zeigen auf der Unterseite der Blätter zahlreiche kleine Punkte, die Mündungen der in der Blattsubstanz verborgenen Spermogonien, aus denen hakenförmig gebogene farblose Spermatien hervortreten. Die Perithecien entstehen auf den Flecken erst nach dem Abfallen der Blätter bis zum nächsten Frühjahre. Durch Aussaat der Ascosporen auf junge Pflaumenblätter erhält man nach 6 Wochen neue Spermogonien. Beseitigung des inficirten Laubes durch Zusammenrechen und Verbrennen oder durch Umgraben ist das beste Vorbeugungsmittel.

Polystigma ochraceum Wahlenb. (**fulvum** D. C.) veranlasst gleiche Flecken auf Prunus Padus.

Claviceps purpurea Fries. Mutterkorn.

Die bekannten, auf zahlreichen Gramineenarten beobachteten schwarzen Mutterkornbildungen fallen bei der Ernte zur Erde, überwintern daselbst und keimen auf feuchtem Boden im nächsten Frühjahre in der Weise, dass aus jedem Sclerotium in der Regel eine Mehrzahl von langgestielten, kugelförmigen Fruchtträgern zur Entwicklung gelangt (Fig. 67 *A*, S. 86). Die röthlichen, kugelförmigen Köpfchen zeigen in der ganzen Oberfläche eingesenkt zahlreiche flaschenförmige Perithecien *B*, deren Mündungen etwas nach aussen hervortreten *C*. Die Asken zeigen je 8 fadenförmige Schlauchsporen, welche durch die Mündung hinausgestossen in die Luft gelangen. Wenn diese fadenförmigen Sporen zufällig an Getreideblüthen kommen und daselbst keimen, so dringt der Keimschlauch in den Fruchtknoten ein, und das Mycel entwickelt sich nun im Gewebe desselben, welches fast vollständig verzehrt wird. Auf der Oberfläche zeigt der ganz in Pilzmycel umgewandelte Fruchtknoten gehirnförmige Vertiefungen und Erhebungen, die das Conidienpolster darstellen. Die Conidien sind sehr klein, oval, einzellig und farblos und in eine von dem Conidienpolster ausgesonderte klebrige, süssschmeckende Flüssigkeit von charakteristischem

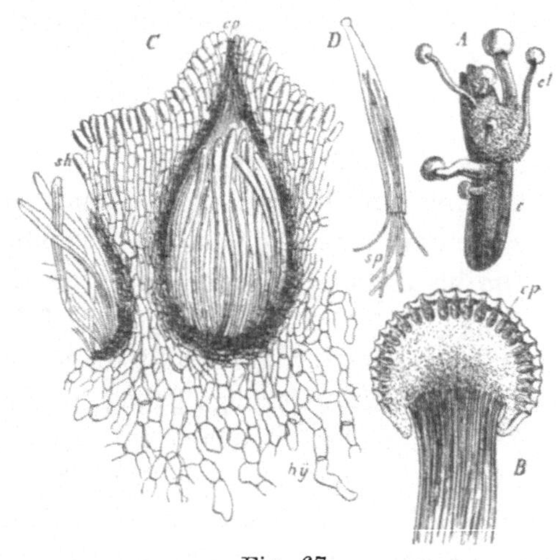

Nach Tulasne. Fig. 67.

Claviceps purpurea. *A* Sclerotium mit 7 Fruchtkörpern (*cl*). *B* Medianer Längsschnitt durch den oberen Theil eines solchen Fruchtkörpers. In dem Köpfchen sind die flaschenförmigen Perithecien eingesenkt. *C* Perithecium, median durchschnitten, *hy* Hyphengewebe, *sh* Rindengewebe, *cp* Mündung des Peritheciums. *D* Ein einzelner, zerrissener Schlauch, aus dem die fadenfömigen Sporen (*sp*) treten.

Geruche gebettet, die zwischen den Blüthentheilen tropfenweise hervortritt und als Honigthau bezeichnet wird. Jene Conidienform des Parasiten wurde früher Sphacelia segetum benannt. Erst nach Beendigung der Conidienbildung entsteht das eigentliche Mutterkorn, und zwar im Grunde des Fruchtknotens völlig unabhängig von diesem und morphologisch wesentlich verschieden von der Sphacelia segetum durch die eigenartige pseudo-parenchymatische Gewebebildung. Das ursprüngliche Gewebe der Sphacelia segetum mit den etwaigen Überresten des Fruchtknotens stirbt völlig ab und findet sich noch kurze Zeit auf der Spitze des Mutterkornes sitzend.

Die Verbreitung der Krankheit geschieht demnach einmal durch das überwinternde Sclerotium von Jahr zu Jahr und ferner durch die Conidien, die, in der Flüssigkeit des Honigthaues in zahlloser Menge suspendirt, durch Insekten mancherlei Art verschleppt werden und, an gesunde Grasblüthen gelangend, keimen und diese inficiren.

Zur Verhütung der Krankheit sucht man reines Saatgut zu verwenden, da auch die mit der Saat auf den Acker gelangenden Sklerotien noch im Frühjahre keimen. Ferner lässt man vor der Ernte das Mutterkorn einsammeln.

Fig. 68. Plowrightia morbosa.

Plowrightia morbosa Sch. (Cucurbitaria morbosa).
Schwarzer Krebs der Steinobstgehölze.

Obgleich die vorgenannte Krankheit bisher nur in Nord-Amerika unter dem Namen Black-Knot verheerend aufgetreten ist, möge sie hier Erwähnung finden, da die Erfahrung gelehrt hat, dass die Krankheiten der Kulturpflanzen so leicht von einem anderen Erdtheil zu uns übertragen werden. Sie äussert sich in dem Hervortreten halbkugliger, etwa 1 cm hoher, meist gruppenweis gehäufter Anschwellungen der Zweige an Pflaumen- und Kirschbäumen (Fig. 68, S. 87).

Die Oberfläche der Geschwülste ist von den Conidien des Parasiten bedeckt. Die Schlauchfrüchte reifen im Januar und sind kuglig hervorragende schwarze Kapseln. Die mit Knoten versehenen Zweige sind möglichst vollständig abzuschneiden und zu verbrennen.

§ 8. Hysteriaceen.

Die Hysteriaceen unterscheiden sich von den Pyrenomyceten und Erysipheen dadurch, dass die Schläuche nicht im Innern einer geschlossenen oder einer mit einem Porus versehenen Kugel, sondern in

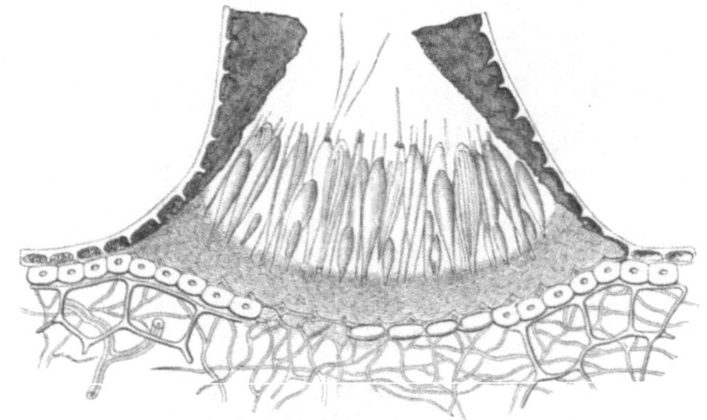

Fig. 69.

Lophodermium macrosporum, Querschnitt durch ein reifes aufgeplatztes Fruchtlager.

oder unter der Epidermis in einer Hymnialschicht entstehen, welche durch das Aufplatzen der Epidermis völlig frei gelegt wird (Fig. 69). Die Früchte werden nicht Perithecien, sondern Apothecien genannt und entstehen immer erst in dem schon einige Zeit abgestorbenen, beziehungsweise durch den Pilz getödteten Pflanzentheilen. Ausser den Apothecien entstehen auch kleine einzellige Conidien in Pycniden (Fig. 70 b).

Die Gattung Lophodermium besitzt fadenförmige, einzellige Sporen mit aufquellbarer Gallertmembran (Fig. 71). Ihre Apothecien treten als längliche, schwarze, glänzende Wülste über die Blattsubstanz hervor.

Gleichzeitig oder in der Regel schon vor der Ausbildung der Apothecien entstehen kleine schwarze Pycniden mit sehr kleinen Conidien.

Die Entwicklung des Mycels im Innern der Pflanze und das Reifen der Früchte hängt in hohem Grade von der Witterung ab. In feuchten Lagen und bei regenreicher Witterung erfolgt eine schnelle Entwicklung des Parasiten, und insbesondere platzen die Apothecien nur dann auf, wenn nach mehrtägigem Regen die ganze Nadel durchnässt ist und dem Apothecium reichlich Wasser zugeführt wird, so dass alle Theile zum Quellen kommen. (Fig. 69). In der trockenen Nadel kann naturgemäss der Pilz sich nicht entwickeln und können die Apothecien weder reifen noch zum Aufplatzen gelangen.

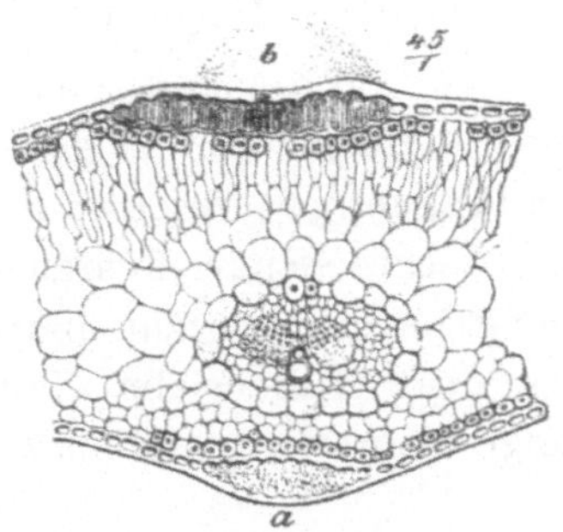

Fig. 70.

Querschnitt durch eine Nadel der Weisstanne. Auf der Oberseite eine Pycnide mit Conidien *b*, auf der Unterseite ein unreifes Apothecium *a*.

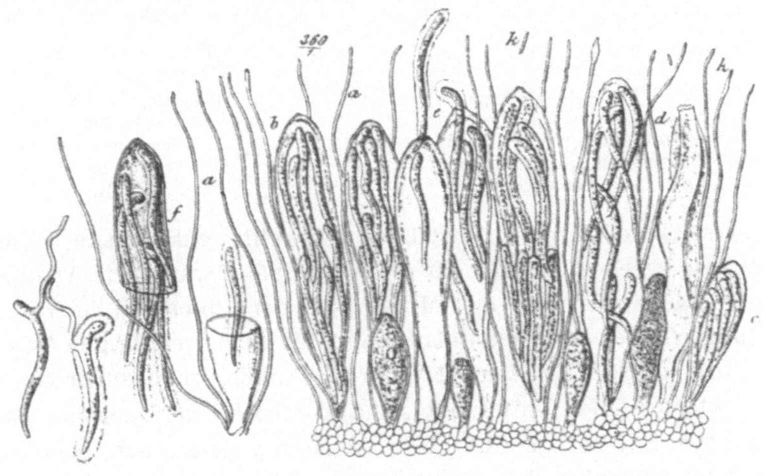

Fig. 71.

Lophodermium nervisequium an der Weisstanne.

Ein Theil eines reifen Apotheciums. Die Paraphysen sind fadenförmig, an der Spitze nicht verdickt. Einzelne schnüren an der Spitze Zellen ab. Die Asken enthalten Sporen, die kaum die halbe Länge des Ascus erreichen und von denen 4 im oberen, 4 im unteren Theile liegen (*b*). Die reifen Sporen besitzen theils eine Gallerthülle, theils nicht. Sie entschlüpfen dem Ascus durch eine Öffnung in der Spitze oder durch Zerreissen derselben (*f*). Links sind keimende Sporen mit und ohne Gallerthülle dargestellt.

Lophodermium nervisequium D. C.[1]

Der Weisstannenritzenschorf ist soweit verbreitet, als die Tanne vorkommt; in entschieden schädlicher Form sah ich ihn nur im Erzgebirge, woselbst grössere Tannenbestände auch höheren Alters die überwiegende Mehrzahl ihrer Nadeln verloren hatten. Die Bräunung beobachtet man immer erst im Mai bis Juli an den zweijährigen, ins dritte Lebensjahr eintretenden Nadeln. Nach der Bräunung erfolgt dann wenige Monate darauf die Entwicklung der Pycniden auf

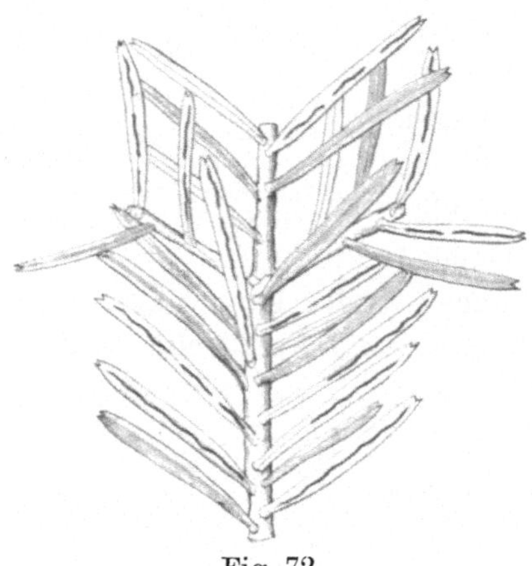

Fig. 72.

Weisstannenzweig von unten gesehen, die Perithecien in schwarzem Längswulst vereint.

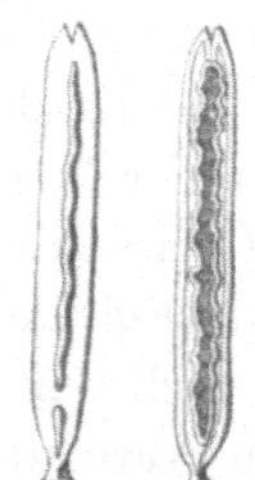

Fig. 73.

Tannennadel mit Hysterium nervisequium. Links die Unterseite mit dem Apothecium, rechts Oberseite mit Pycniden.

der Oberseite der Nadeln, woselbst zwei wellig gekräuselte schwarze Längswülste erscheinen (Fig. 72 rechts). Später treten die Apothecien in einem Längswulst auf der Mittelrippe der Unterseite hervor, die dann im April des nächsten Jahres, also an den dreijährigen Trieben, reifen. Ein grosser Theil der Nadeln fällt aber schon zuvor ab, und nur ein kleiner Theil entwickelt seine Apothecien auf den am Baume festsitzenden Nadeln. Es sei noch bemerkt, dass auch noch ältere Nadeln neu erkranken können.

Lophodermium macrosporum R. H.[2]

Der Fichtenritzenschorf erzeugt die Fichtennadelröthe,

---

[1] R. H., Hysterium nervisequium. Der Weisstannenritzenschorf m. 8 Abb. Wicht. Krankheiten. S. 114 ff. 1874.

[2] R. H., Hysterium macrosporum. R. H., Der Fichtenritzenschorf, m. 17 Figuren. Wicht. Krankheiten, S. 101. 1874.

die in 10—40jährigen Beständen in manchen Jahren ungemein intensiv auftritt.

Sie äussert sich darin, dass die Nadeln der vorjährigen Triebe schon im Mai oder erst im Herbste sich bräunen, dass vor der Bräunung schon immer ein reiches Mycel in ihnen nachzuweisen ist. Nadeln, die schon im Frühjahr sich färben, zeigen im Juli desselben Jahres die Anfänge der Apothecienbildung, und diese reifen dann im nächsten Frühjahre im April und Mai. Sie befinden sich alsdann an den zweijährigen Trieben (Fig. 74). Diesen schnellen Entwicklungsgang

Fig. 74.

Fichtenzweig mit gebräunten Nadeln
an den oberen zweijährigen Trieben,
mit Apothecien an den dreijährigen
Trieben.

Fig. 75.

Apothecien
auf einer
Fichtennadel.

beobachtete ich im feuchten Klima des Erzgebirges, während bei Eberswalde die Bräunung erst im Oktober an den Nadeln der zweijährigen Triebe auftritt, die erste Anlage der Früchte im Juni des nächsten Jahres an den dreijährigen Nadeln erfolgt, wonach dann die Sporenreife im März und April des folgenden Jahres eintritt. Die Apothecien erscheinen meist nur auf den beiden unteren Seiten der Nadeln als lange, gerade, glänzend schwarze Wülste (Fig. 75). Die Sporen sind um das Doppelte länger als die des Weisstannenritzenschorfes.

Lophodermium Abietis Rostr. unterscheidet sich von der vorigen Art dadurch, dass die Apothecien auf der Fichtennadel nicht in längeren Wülsten, sondern in der Mehrzahl als kleine, fast rundliche schwarze Wülste auftreten.

Lophodermium gilvum Rostr. befällt die gesunden Nadeln der Schwarzkiefer.

Lophodermium juniperinum Fries kommt auf den Nadeln des gemeinen Wachholders vor.

Lophodernium laricinum Duby tritt auf Lärchennadeln auf und ist der vorigen Art sehr ähnlich. Ich habe diesen Pilz bisher nur selten gefunden.

Lophodermium Pinastri Schrader. **Kiefernschüttepilz.**

Der **Kiefernschüttepilz** ist eine überall in Kiefernbeständen auftretende Pilzart, die bereits von Göppert als die Ursache der **Kiefernnadelschütte** bezeichnet worden ist. Unter dem Namen Kiefernschütte versteht man sehr verschiedenartige Krankheiten, denen jüngere und ältere Kiefern unterliegen und die sich durch eine Bräunung der Nadeln, in der Regel auch durch ein vorzeitiges Abfallen derselben auszeichnen. Die Ursachen dieser Erkrankungen sind sehr verschieden.

Was zunächst den **Frost** betrifft, so können junge Kieferntriebe in der That durch ihn getödtet werden.[1])

Starke Fröste gegen Ende Mai tödten die jungen Triebe ganz oder erzeugen Doppelringe. Darüber wird später bei den Frosterscheinungen zu sprechen sein.

Bräunung und Absterben älterer Nadeln desselben Jahres oder älterer Triebe wird im allgemeinen nicht häufig nach starken Abkühlungen im ersten Frühjahre oder auch im Sommer beobachtet. In der Regel bleibt dann aber der von der Nadelscheide geschützte unterste Theil der Nadel am Leben und die Nadeln fallen nicht sofort ab.

In vielen Fällen ist Bräunung, Tod und Abfallen der Nadeln Folge des **Vertrocknens**. Wenn im Winter die Kiefernsaatbeete mit Schnee bedeckt waren und nach einigen sonnigen warmen Tagen der Schnee verschwindet, ohne dass der Boden aufthaut, so tritt bald darauf Bräunung der Nadeln ein. Untersucht man solche sich bräunende Nadeln unmittelbar nach dem Auftreten der Krankheit, so findet man oftmals keine Spur von Pilzmycel. Es ist auch charakteristisch, dass die Bräunung gleichmässig über die ganze Nadel sich verbreitet oder von der Spitze aus mehr oder weniger weit herab gleichmässig vorschreitet. Wir haben es in solchen Fällen mit einem Vertrocknen der Nadeln zu thun, die aus dem gefrorenen Boden nicht genügende

---

[1]) R. H., Doppelringe als Folge von Spätfrost. M. 6 Abbildungen u. 1 Figurentafel. Forstl.-naturw. Zeitschr. IV. Jahrg. I. Heft.

Wassermengen zugeführt erhielten, um den Verlust durch Verdunstung bei klarem, trockenem Winterwetter zu ersetzen. Es ist dieselbe Ursache, die auch an anderen Nadelhölzern und an immergrünen Laubhölzern ein Vertrocknen der Blätter oder Nadeln auf der dem Winde oder der Sonne ausgesetzten Pflanzenseite zur Folge hat.

Nach einem heftigen Frühfroste im Oktober war der Boden der Kiefernsaatbeete des Eberswalder Forstgartens noch um die Mittagszeit da festgefroren, wohin die Sonne nicht geschienen hatte, dagegen war schon vor Mittag der Boden völlig aufgethaut und durchwärmt, soweit die Sonne ihn hatte treffen können. Die Saatbeete waren durchweg sehr schön grün und gesund.

Wenige Tage nachher waren sämmtliche Kiefernsaatbeete, soweit sie im Schatten gelegen hatten, roth, während die von der Sonne betroffenen Flächen völlig gesund geblieben waren. Soweit der Boden nicht aufgethaut war, hatten die Kiefernsämlinge kein Wasser aufnehmen können, um den Transpirationsverlust zu ersetzen, und waren deshalb abgestorben.

Nach dem langen, trockenen Winter 1890/91 vertrockneten in vielen Gegenden Deutschlands Nadeln und junge Zweige infolge der grossen Wasserverluste während des Winters.[1])

In den weitaus häufigsten Fällen trägt die Kiefernnadelschütte einen parasitären, epidemischen Charakter und wird durch das Lophodermium Pinastri hervorgerufen.

Wo die Schüttekrankheit eine Kalamität geworden ist, die alljährlich in Saatbeeten und Verjüngungen Verheerungen anstellt, da darf man schon von vornherein annehmen, dass es sich um diese schlimmste Form der Krankheit handelt.

Sie giebt sich an jungen Kiefernkeimlingen oft schon im Herbste des ersten Jahres dadurch zu erkennen, dass die einfachen Blätter braunfleckig werden, wobei der übrige Theil oft purpurrothe Färbung annimmt.

In den braunen Flecken findet man stets schon das charakteristische Mycel des Parasiten. Auf den erkrankten Nadeln tritt ebenfalls oft schon im ersten Herbste eine grosse Zahl sehr kleiner schwarzer Pycniden auf (Fig. 76 *d, e*), deren Conidien nicht keimfähig zu sein scheinen. Nach nassen Sommern fand ich im Herbste sogar

---

[1]) R. H., Vertrocknen und Erfrieren der Kiefernzweige. Forstl.-naturw. Zeitschr. 1892. S. 85.

schon reife Apothecien an den Nadeln eines jungen Kiefernsämlings.
In der Regel entwickeln sich die schwarzen Apothecien, welche weit
grösser als die Spermogonien sind (Fig. 77 x), erst im nächsten Jahre.
Es hängt dies alles sehr von der Witterung ab. Trockene Sommer

Fig. 76.

Einjährige Kiefer im Frühjahre, durch Lophodermium Pinastri befallen. *a* Gesunde
grüne Nadel, *b* Nadel, deren Spitze braun,
deren Basis noch grün ist. *c* Grüne Nadel
mit vielen braunen Flecken. *d* Nadel,
deren obere Hälfte schon im Winter sich
bräunte und nun Pycniden des Lophod.
Pin. trägt, während die Basis erst kürz-
lich gebräunt ist. *e* Völlig getödtete und
mit Pycniden besetzte Nadel.

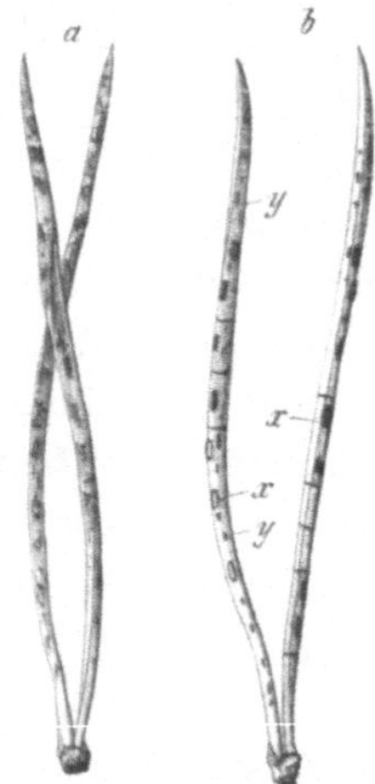

Fig. 77.

a Einjährige Kiefern-
nadeln im April mit
braunen Infektions-
flecken, die Basis noch
grün. *b* Zweijährige
Kiefernnadeln, abge-
storben, mit reifen Apo-
thecien *x* und entleerten
Pycniden *y* im April.

und kalte Winter hemmen die Entwicklung und Ausbreitung des
Pilzes in hohem Grade. Regnerische Sommer und feuchtwarme Winter
fördern sie in höchstem Grade. In milden Wintern entwickelt sich
die Schüttekrankheit in den Kämpen und Schlägen oft in rapider
Weise. An den Nadeln zweijähriger und älterer Kiefern sah ich die
Apothecien nie im ersten, meist erst im dritten Jahre zum Vorschein

kommen, nachdem die Nadeln in der Regel bereits abgefallen sind, doch reifen die Apothecien oftmals auch an der noch an der Pflanze haftenden Nadel. Für die Art der Verbreitung des Schüttepilzes ist noch bemerkenswerth, dass ein Aufplatzen der reifen Apothecien nur nach längerem Regen erfolgt, nachdem das Gewebe der Nadel durchweicht ist und von innen eine reichliche Wasserzufuhr zum Apothecium hat stattfinden können, durch welche eine Aufquellung der Asken und Sporen und damit eine gewaltsame Sprengung der Apotheciumdecke herbeigeführt wird. Länger dauernde Regen pflegen aber nur bei Westwind einzutreten, seltener bei Nord- oder Südwind. Dies ist zu berücksichtigen bei den gegen die Schütte zu ergreifenden Vorsichtsmassregeln. Die erkrankten Nadeln an Kiefernsämlingen sterben im Frühjahr in der Regel ganz ab, ohne jedoch abzufallen. Dagegen beobachtet man an den Nadelbüscheln zweijähriger Kiefern im März oder April nach dem Eintritt wärmerer Witterung ein plötzliches Braunwerden aller erkrankten Nadeln, dem dann ein „Schütten“, d. h. Abfallen der Kurztriebe folgt. Dieses oft in wenigen Tagen eintretende Schütten ist nicht als die Folge einer unmittelbar vorausgegangenen ungünstigen Witterung anzusehen, sondern eine Folge davon, dass mit dem Erwachen neuer Vegetationsthätigkeit zunächst die kranken Kurztriebe durch Korkbildung am Grunde derselben abgestossen werden. Schüttekranke Sämlinge gehen meist zu Grunde und nur dann, wenn etwa die Hälfte der Nadeln grün geblieben war, können sie sich erholen, falls nicht neue Infektionen hinzukommen. Erkrankte Sämlinge zur Ausführung der Kulturen zu benutzen, ist durchaus nicht anzurathen. Zweijährige und ältere Kiefern im schüttekranken Zustande zu verwenden, ist ebenfalls nicht anzurathen, da sie durch die Verpflanzung meist noch so sehr geschwächt werden, dass sie nach kurzer Zeit zu Grunde gehen. Auf Schlägen erkrankte Pflanzen können sich unter günstigen Umständen von der Krankheit erholen. Dies erfolgt übrigens nie, wenn das Pilzmycel aus den Nadeln in die Gewebe der Axe selbst eingedrungen ist. Erscheint insbesondere die Markröhre der Pflanze vom Pilzmycel gebräunt, so geht die Pflanze zu Grunde, wenn auch die Knospen im Frühjahre ganz gesund aussehen.

Infektion erfolgt oftmals durch abfallende Nadeln, wenn in der Krone älterer Kiefern pilzkranke Nadeln sich finden. Entweder inficiren die auf die jungen Pflanzen fallenden kranken Nadeln, wenn deren Apothecien sich öffnen, oder es können auch Sporen durch die von den kranken Nadeln abfallenden Regentropfen auf die Pflanzen gelangen. Es ist deshalb im allgemeinen nicht rathsam, Kiefernsaatbeete unter der Traufe eines älteren Kiefernbestandes anzulegen.

Vorzugsweise erfolgt die Infektion durch den Regenwind, wenn dieser über erkrankte Kulturflächen hingestrichen ist, zahlreiche Pilzsporen aufgenommen hat und diese nun auf gesunde Pflanzen führt. Die Erfahrung, dass die Pilzschütte in höherem Maasse nur ganz junge Pflanzen und ältere nur bis zu einer Höhe von etwa $^1/_2$ m über dem Boden befällt, findet ihre Erklärung darin, dass eben nur die dicht über dem Erdboden hinströmende Luftschicht Gelegenheit hat, Pilzsporen aufzunehmen und auf die Pflanzen abzulagern.

Zur Erziehung gesunden Pflanzenmaterials ist anzurathen, Saatbeete von Kiefern in Laubholzbeständen oder doch möglichst weit entfernt von schüttekranken Kulturflächen anzulegen. Ältere Saat- und Pflanzgärten, in denen einmal schüttekranke Kiefern sich gezeigt haben, sind für neue Saaten nur dann zu benutzen, wenn alles erkrankte Pflanzenmaterial im Kampe selbst und in dessen Nähe vernichtet worden ist.

Ist man gezwungen, Saatbeete in Schütterevieren anzulegen, so wähle man solche Lagen aus, die wenigstens nach der Westseite hin nicht an junge schüttekranke Kulturen grenzen. Kann man die Kämpe so an den Waldrand verlegen, dass der sie treffende Westwind zuvor über eine grössere Feldmark wehen musste, so ist dies empfehlenswerth. Man fasse die nicht zu grossen Saatbeete nach den Waldseiten zu mit 2 m hohen, völlig dichten Bretterwänden ein. Stehen ältere Fichtenpflanzkämpe zur Verfügung mit dichten und hohen, von Norden nach Süden verlaufenden Pflanzbeeten, so lege man die Kiefernsaatbeete zwischen die Fichtenpflanzbeete, so dass letztere einen Schutz gegen das Anfliegen der Sporen mit dem Westwinde bilden. Das Einkellern der Pflanzen in tiefe Gruben während des Winters hat durch Abschluss des Sauerstoffs der Luft oft ein völliges Ersticken der Kiefern zur Folge. Eine leichte Decke von Laub bildet dagegen einen guten Schutz gegen das Anfliegen der Sporen im Winter.

Um die Schläge gegen Pilzschütte zu schützen, ist unter Umständen horstweise Verjüngung von bestem Erfolge. Lücken in geschlossenen Kiefernbeständen verjüngen sich ausgezeichnet auch da, wo die Schütte auf grösseren Schlägen alles vernichtet. Hierbei ist wohl zunächst der Schutz gegen den Sporen führenden Wind wirksam. Bei der Hiebsrichtung wird man möglichst vermeiden müssen, dass der Westwind über grosse Schütteflächen wehen kann, ehe er den

Schlag, trifft. Sehr grosse, sich an einander reihende Schlagflächen fördern überhaupt die epidemische Verbreitung der Krankheit. Wo Streifensaaten oder -pflanzungen ausgeführt werden, ist es anzurathen, die Streifen mit dem Pfluge von Norden nach Süden zu ziehen, den Auswurf auf die Westseite zu bringen. Letzterer schützt die Pflänzchen in der Furche gegen den direkten Westwind. Verlaufen die Furchen von Westen nach Osten, so führt der Westwind die Sporen der kranken Pflanzen die Furche entlang mit Sicherheit auf die gesunden Pflanzen. Wo Fichten und Douglastannen gedeihen, dürften Streifen dieser Holzarten, von Nord nach Süd laufend und mindestens 10 Jahre vor dem Anhiebe der Kiefernbestände theils am Waldrande, theils in bestimmten Entfernungen coulissenartig im Bestande angebaut, die Verbreitung der Pilzschütte hemmen.

Völlig verschüttete Schläge sind mit Weymouthskiefern oder anderen schüttefreien Holzarten je nach der Bodenart anzubauen.

Neuerdings hat man, und zwar zuerst in der Pfalz, mit Erfolg das Bespritzen der Kiefernsaaten und Pflanzungen durch Bordelaiser Brühe ausgeführt.

Wie schon in der Einleitung bemerkt wurde, eignet sich die Bordelaiser Brühe (Kupferkalklösung) besser hierzu, als die Kupfersodalösung, weil der Arbeiter besser erkennen kann, wo er schon gespritzt hat. Die in Bayern, und wohl auch anderswo in grösserem Umfange durchgeführten Versuche werden in kürzester Frist zeigen, wann und wie oft das Bespritzen ausgeführt werden muss, und welche äusseren Umstände dabei berücksichtigt werden müssen.

Die Gattung Hypoderma unterscheidet sich von der vorigen Gattung wesentlich dadurch, dass die Ascosporen nicht lang fadenförmig, sondern verhältnissmässig kurz und zur Reifezeit zweizellig sind.

Hypoderma brachysporum Rostr. Nadelschüttepilz der Weymouthskiefer. Er erzeugt eine Erkrankung der Nadeln von Pinus Strobus, deren junge Triebe sogar absterben können, und ist in ganz Deutschland und Dänemark viel verbreitet.

Hypodermella Laricis v. Tub. ist ein Parasit der Lärche, der zuweilen in den Alpen in grosser Verbreitung auftritt und dadurch charakterisirt wird, dass sämmtliche Nadeln eines Kurztriebes erkranken, absterben und zahlreiche kleine schwarze Apothecienpolster tragen.

§ 9. Discomycetes. (Scheibenpilze.)

Die Scheibenpilze unterscheiden sich von den Hysteriaceen dadurch, dass das Apothecium selbst eine, wenn auch oft nur dünne Wandung bildet. Mit dem Öffnen des meist schüsselförmigen Apotheciums wird die ganze Hymenialschicht mit den Asken freigelegt.

Rhytisma acerinum Pers.

Eine der bekanntesten Blattfleckenkrankheiten des Ahorn wird durch den Runzelschorf hervorgerufen. Es leiden vorzugsweise Acer platanoides, in geringerem Maasse auch Acer pseudoplatanus und campestre durch diesen Parasiten. Auf den Blättern beobachtet man im Juli zuerst gelbe, rundliche Flecken von 1—2 cm Grösse. Im August schwärzen sich dieselben (Fig. 78) und die Blätter fallen meist etwas vorzeitig ab, so dass Ende September die Bäume grösstentheils entlaubt sind.

Erst im Laufe des Winters und des nächsten Frühjahres entstehen auf den schwarzen Flecken des verfaulenden Laubes zahlreiche, etwas hervortretende, wurmartig gekrümmte Apothecien, die sich durch einen Längsspalt bei feuchtwarmer Witterung öffnen. Die fadenförmigen Sporen fallen aus, keimen und erzeugen neue Flecken auf den Ahornblättern.

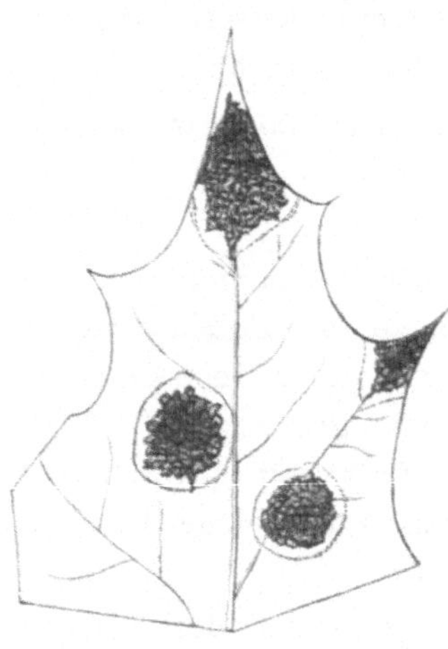

Fig. 78.

Rhytisma acerinum auf einem Stück Spitzahornblatt. Die schwarzen Flecken sind von einer todten, hellbraunen Zone umgeben.

Der Schaden besteht in Verminderung der Assimilationsthätigkeit der Blätter, doch ist derselbe nicht so gross, dass die Kosten von Gegenmassregeln sich verlohnen würden. Diese würden darin bestehen, dass man das Laub im Herbste zusammenkehren und entfernen liesse.

In Gärten und Parkanlagen, wo dies aus anderen Gründen geschieht, z. B. im Englischen Garten bei München, trifft man nie ein Rhytisma, während in der nächsten Umgebung Münchens an den Landstrassen und Waldwegen, wo das Laub in Gräben und Vertiefungen liegen bleibt, die Krankheit in sehr hohem Grade auftritt.

Rhytisma punctatum Pers. unterscheidet sich von der vorhergehenden Art dadurch, dass die befallenen Stellen nur aus mehr oder weniger zahlreichen kleinen schwarzen Punkten bestehen. Ich fand diese Krankheit besonders verbreitet an den Ahornbäumen der Berchtesgadener Gegend.

Rhytisma salicinum Pers. Weidenrunzelschorf. Diese Art erzeugt schwarze Flecken auf Salix purpurea, nigricans, Caprea, aurita u. s. w., die aber von relativ geringer Bedeutung sind.

Cryptomyces maximus Fries

schmarotzt auf den Zweigen verschiedener Weidenarten. Die krustenartigen Apothecienlager sind schwarz und sprengen die Epidermis der Weidenzweige auf. Die Zweige sterben oberhalb der Apothecienlager ab.

Scleroderris fuliginosa kommt ebenfalls als Parasit auf verschiedenen Weidenarten vor. In der Rinde entsteht ein schwarzes Stroma, auf dem die Apothecien als gestielte, erst kuglich geschlossene, dann offene Krüge hervortreten.

Sclerotinia.

Diese Gattung entwickelt ihre meist langgestielten Becher oder schüsselförmigen Apothecien aus Sklerotien.

Einige Arten dieser Gattung verursachen die Sklerotienkrankheit der Vaccinienbeeren. An den Blättern und jungen Trieben der Vacciniumpflanzen sieht man nicht selten im Frühjahre Bräunung und schimmelartigen Anflug mit intensivem Mandelgeruch auftreten. Es ist die Conidienfruktifikation. Durch den Geruch angelockte Insekten verschleppen die Conidien auf die Narben der Vacciniumblüthen, wo sie keimen und im Innern der Beeren ein Sklerotium erzeugen. Die Beeren werden braun, trocken

Fig. 79.

Sclerotinia baccarum an Vaccinium Myrtillus. Links oben junger Trieb der Heidelbeere, dessen einer Zweig gekrümmt ist und unterseits das weisse Conidienlager zeigt, und ein gebräuntes Blatt. Rechts Conidienketten. In der Mitte ein Trieb mit einer gesunden reifen Beere (oben) und einer mumificirten Beere darunter. Links unten eine Beerenfrucht, die sich aus einer mumificirten Beere entwickelt hat. Daneben nicht gekeimte und gekeimte Ascosporen. (Nach Woronin.)

und fest, fallen ab, überwintern am Boden und erzeugen im nächsten Frühjahre je eine oder zwei Becherfrüchte. Die ejakulirten Ascosporen inficiren die jungen Triebe und erzeugen die Conidienform (Fig. 79).

Sclerotinia baccarum Schröter veranlasst die Sklerotienkrankheit der Heidelbeere (Vacc. Myrtillus).

Scler. Vaccinii Wor. Die Sklerotienkrankheit der Preisselbeere (Vacc. Vitia Idaea).

Scler. Oxycocci Wor. Die Sklerotienkrankheit der Moosbeere (Oxycoccus palustris).

Scler. megalospora Wor. Die Sklerotienkrankheit der Trunkelbeere (Vaccinium uliginosum).

Andere Sklerotienkrankheiten entstehen auf den Früchten verschiedener Bäume und Sträucher.

Sclerotinia Aucupariae Ludw. mumificirt die Früchte von Sorbus Aucuparia.

Sclerotinia Padi Wor. kommt in den Früchten von Prunus Padus vor.

Sclerotinia Betulae Wor. veranlasst eine Krankheit der Birkenkätzchen, wobei in der Regel fast alle Früchte eines Kätzchens Sklerotien zeigen. Die Infektion der Kätzchen erfolgt Anfang Mai, und schon im Juni findet man die reifen, sklerotienhaltigen Früchte. An den auf dem Boden überwinterten Sklerotien entstehen im Frühjahre die gestielten Becherfrüchte.

Sclerotinia Alni Naw. kommt auf den Früchten der Alnus incana vor.

Sclerotinia Rhododendri Fischer und Scl. Ledi Naw mumificiren die Früchte der Alpenrosen und des Sumpfporst.

An verschiedenen Theilen besonders landwirthschaftlicher Kulturpflanzen kommen noch einige Arten dieser Gattung parasitär vor.

Sclerotinia Sclerotiorum Lib. schmarotzt auf Bohnen, Gartenpetunien, Kartoffeln, Mohrrüben, verschiedenen Kohlarten, Cichorien und anderen mehr.

An den erkrankten Pflanzentheilen bilden sich kleine Sklerotien, welche abfallen und am Boden überwintern. Aus diesen entstehen dann im Frühjahr die gestielten Becherfrüchte.

Sclerotinia Trifoliorum Ericks. erzeugt die Krebskrankheit des Klees (Roth- und Weissklee und Medicago). Die erkrankten Blätter verfaulen, und aus ihnen tritt bei feuchter Witterung Mycel, welches die benachbarten Pflanzen inficirt, wenn es mit ihnen in Berührung tritt. Dadurch tritt eine krebsartige Verbreitung von den zunächst erkrankten Pflanzen aus ein. Die Sklerotienbildung ist der vorigen gleich.

Sclerotinia bulborum tritt besonders auf Hyacinthen, Speisezwiebeln, Kro-
kus u. s. w. auf.

Sclerotinia Fuckeliana de Bary mit
ihrer Conidienform Botrytis cinerea ist ein
Pilz, der sehr häufig als Saprophyt auf absterbenden Pflanzen vegetirt, jedoch zweifellos auch einen parasitären Charakter
annehmen kann. Am verderblichsten tritt
er bei der Edelfäule des Weinstockes auf.
Man findet die Sklerotien nicht allein
in der Beere, sondern auch in den Blättern
des Weines. In feuchten Gewächshäusern,
sowie bei nassen Jahren auch im Walde
und Garten erzeugt der Parasit mannigfache
Krankheitserscheinungen zumal an den
jüngsten Trieben. So tödtete der Pilz im
Jahre 1898 im Frühjahr und Vorsommer
vielfach die jungen Triebe der Weisstanne. Die Botrytis Douglasii v. Tubeuf
(Fig. 80) ist wahrscheinlich nichts anderes
als die zu Scl. Fuckeliana gehörige Botrytis
cinerea. In München erkrankten Blüthen
und Zweige von Prunus triloba bei nasser
Maiwitterung in auffallendem Maasse. An
den getödteten Blättern, Nadeln und Trieben findet man leicht die kleinen schwarzen Sklerotien des Parasiten.

Fig. 80.

Zweig der Douglastanne, deren junge Triebe durch Botrytis Douglasii getödtet sind. Auch die Spitze des vorjährigen Zweiges ist getödtet.

Peziza (Dasyscypha) Willkommii R. H.[1]).

Der Lärchenkrebspilz ist die Ursache einer der verderblichsten und weit verbreitetsten Lärchenkrankheiten. Er wurde zuerst von

---

[1]) R. H., Die Lärchenkrankheiten, insbesondere der Lärchenkrebspilz Peziza Willkommii mit 11 Figuren. Unters. a. d. forstb. Inst. I, 1880.

Willkomm[1]) beschrieben, jedoch verkannt und als Corticium amorphum bestimmt.

Die Lärche ist ein Waldbaum, der überall in Deutschland herrlich gedeiht, dessen Verbreitung aber von Haus aus auf die höheren Gebirgslagen der Alpen beschränkt blieb, weil er nur dort seinen Feinden erfolgreichen Widerstand zu leisten vermag. Zu den gefährlichsten pflanzlichen Parasiten der Lärche gehört der Lärchenkrebspilz. Dieser Parasit ist in den Hochlagen der Alpen einheimisch und

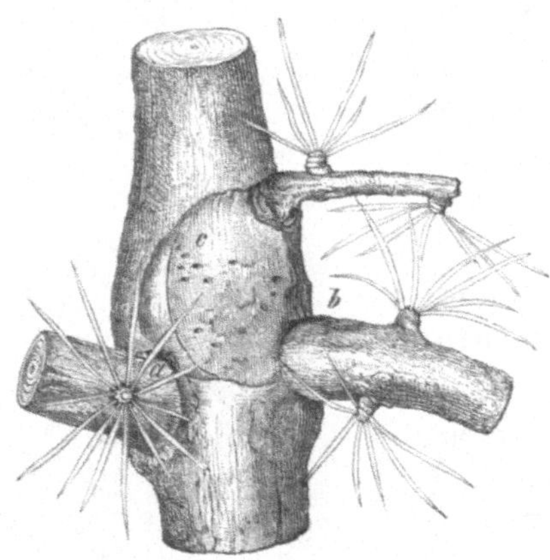

Fig. 81.

Junge Krebsstelle einer 8 jährigen Lärche aus Tyrol aus dem oberen Stammtheile. Die Infektion hat oberhalb des Zweiges bei *b* stattgefunden, wo durch Schneeanhang ein Herabziehen und Einreissen des Gewebes im Gelenke stattgefunden hat. Auf der getödteten Rinde sind schon zahlreiche unreife Fruchtträger *c* zur Entwicklung gekommen.

Fig. 82.

Durchschnitt durch einen von Peziza Willkommii befallenen älteren Lärchenast. Die Infektion erfolgte vor 10 Jahren von dem Kurztriebe (*a*) aus. Das Mycel rückte jährlich beiderseits weiter vor, obgleich sich jedesmal mit Beginn der Sommerthätigkeit eine Korkschicht *bb* auf der Grenze des lebenden Gewebes bildete. Im letzten Jahre ist nur noch ein sehr kleiner Holzkörper gebildet.

erzeugt dort dieselbe Krankheit, welche den Untergang zahlloser Bestände in Deutschland, Dänemark und Schottland zur Folge gehabt hat, falls den Pilzfrüchten durch die Feuchtigkeit der Luft Zeit gegeben wird, sich bis zur Reife zu entwickeln.

Die Sporen keimen bei genügender Feuchtigkeit bald, aber nicht an der unverletzten Pflanze, sondern nur an irgend einer Wundstelle derselben. Solche Wundstellen entstehen sehr oft durch das Herunter-

---

[1]) R. H., Peziza Willkommii R. H. Der Lärchenrindenpilz, m. 6 Fig. Wichtige Krankheiten d. Waldb. 1874.

beugen der Zweige bei Schnee oder Duftanhang im oberen Winkel an der Basis des Zweiges (Fig. 81 *b*), durch Hagelschlag, oder durch das Ausfressen der Kurztriebe durch die Lärchenmotte. Von solchen Wundstellen aus entwickelt sich das kräftige, reich verästelte, septirte Mycel im Weichbaste theils intercellular, theils intracellular in den Siebröhren fortwachsend, die Gewebe tödtend und bräunend. Das Mycel wächst auch in den Holzkörper hinein, und zwar bis zur Markröhre vordringend.

Soweit im ersten Jahre das Rindengewebe getödtet wird, vertrocknet es und erscheint zumal nach dem Eintritt des neuen Dickenwachsthums des gesunden Pflanzentheiles vertieft (Fig. 81).

Im Sommer hört das Wachsthum des Pilzmycels auf, und es entsteht auf der Grenze des gesunden und kranken Gewebes eine ungemein breite Korkschicht zum Schutze der Pflanze. Diese Korkschichten (Fig. 82 *b b*), welche sich zwischen todter und lebender Rinde bilden, veranlassen, dass äusserlich die Rinde auf der Grenze der Krebsstelle hier und da aufplatzt (Fig. 83) und dadurch das Ausfliessen von Terpentin aus dem Innern des Baumes ermöglicht wird. Alljährlich vergrössert sich die Krebsstelle in der ganzen Peripherie, und zwar in der Längsrichtung des Stammes etwas schneller, als in horizontaler Richtung und ist es wahrscheinlich die Lebensthätigkeit des Rindengewebes, welche im Sommer eine periodische Unterbrechung im Fortschreiten des Parasiten

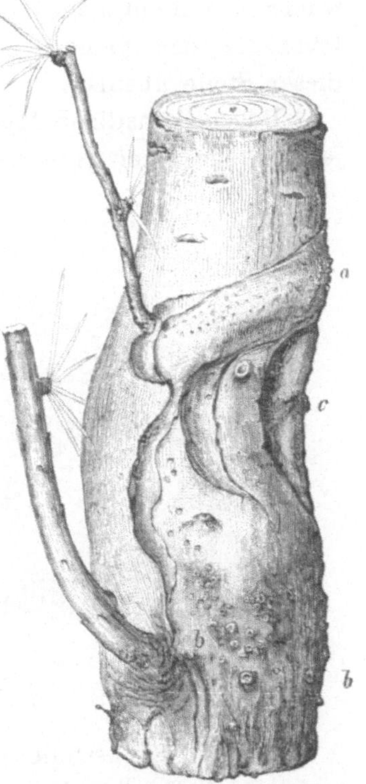

Fig. 83.

Zweijährige Krebsstelle, nahe über dem Wurzelstocke, im Grase versteckt. Die Fruchtpolster im oberen, dem Luftzuge exponirten Theile *a* unversehrt, im unteren, feucht gehaltenen Theile *b* zu kräftigen Schüsseln entwickelt.

veranlasst. Das Pilzmycel gelangt entweder durch die Cambialregion oder durch Vermittelung des Holzkörpers im Herbste wieder in die lebende Bastschicht, so dass die Korkschicht in der That nur geringen Nutzen gewährt. In demselben Maasse, als die Wanderung der Bildungsstoffe auf die eine Seite des Stammtheiles gedrängt wird, steigert sich dort auch der Zuwachs einerseits des Holzkörpers, anderseits des Basttheiles. Es kann dadurch der Kampf zwischen Parasit und Wirthspflanze lange Zeit unentschieden bleiben. Ich fand in Tyrol lebende Lärchenstämme mit Krebsstellen von 100jährigem Alter (Fig. 84).

Rückt der Parasit relativ schnell vor und ist anderseits der Zuwachs des Baumtheiles ein langsamer, dann umfasst die Krebsstelle frühzeitig den ganzen Stamm oder Zweig (Fig. 82), der oberhalb dieser Stelle abstirbt.

Durch künstliche Mycelinfektion kann man fast ausnahmslos an jeder Stelle einer gesunden Lärche eine Krebsstelle erzeugen.

Fig. 84.
Ältere Lärchenstämme mit durchschnittenen Krebsstellen.

Auf der Krebsstelle entstehen bald nach dem Tode des Rindengewebes die Fruchtpolster des Parasiten in Gestalt kleiner gelbweisser Pusteln von Stecknadelkopfgrösse (Fig. 81 c, Fig. 83 a). Im Innern dieser Polster, theilweise auch auf deren Oberfläche, entstehen wurmförmige Gänge oder rundliche Höhlungen, deren Oberfläche mit zahllosen pfriemenförmigen Basidien besetzt ist. An deren Spitzen entstehen äusserst kleine Conidien, die aber nicht keimfähig zu sein scheinen.

Die kleinen Fruchtpolster sind sehr empfindlich gegen Lufttrockniss und Luftzug, sie vertrocknen leicht und sterben ab. Nur dann entwickeln sie sich, wenn sie von anhaltend feuchter Luft umgeben sind. Es erscheinen dann auf ihnen die bekannten Schüsselfrüchte (Fig. 83 bb), deren Hymenialschicht eine schöne rothe Farbe besitzt. Der Umstand, dass das Mycelium auch in den Holzkörper eindringt und diesen tödtet, erklärt, wesshalb eine oder wenige kleine Krebsstellen den Wuchs des ganzen Stammes in hohem Grade zu beeinträchtigen vermögen. An abgestorbenen Baumtheilen treten dann zahlreiche Schüsselfrüchte auch ohne Krebsbildung aus der Rinde hervor.

Die Krebskrankheit ist in den Hochalpen von jeher zu Hause gewesen. Sie tritt dort in auffälliger Intensität nur in feuchten, dumpfen Thälern, in der nächsten Umgebung der Seen (z. B. Achensee in Tyrol u. s. w.) auf, tödtet aber auch in Freilagen hier und da einzelne Stämmchen. In den Freilagen und Thalgehängen gelangen infolge des ständigen Luftzuges die Früchte des Pilzes nicht zur Reife. Nur an solchen Krebsstellen, welche dicht über der Erde am Fusse der Stämme sich finden oder an krebsigen Aesten, wenn solche am Erdboden liegen, reifen die Schüsselfrüchte, weil der umgebende hohe Graswuchs den Luftzug abhält, so dass die jungen Früchte feucht bleiben.

Als in den ersten Decennien dieses Jahrhunderts die Lärche versuchsweise hier und da in Deutschland angebaut wurde, gedieh sie vortrefflich. Die glücklichen Resultate hatten einen allgemeinen Anbau dieser Holzart durch ganz Deutschland zur Folge.

Nachdem aber kleinere und grössere Bestände vom Fusse der Alpen bis zu den Küsten der Nord- und Ostsee entstanden waren, folgten ihnen ihre parasitären Feinde und fanden die günstigsten Bedingungen zu ihrer Entwicklung.

Diese waren junge, reine Bestände bei dichtem Pflanzenstand, Nachbesserungshorste in vorwüchsigen Buchenbeständen, feuchte, stagnirende Luft, Verwundungen durch Mottenfrass u. s. w. Dazu trat der Handel mit kranken Lärchen von Seiten der Baumschulen und Versendung kranker Lärchen von Revier zu Revier.

Am ehesten erhielten sich die Lärchen noch in solchen Beständen, in denen sie vorwüchsig eingesprengt wurden und der Luftzug in den frei entwickelten Kronen die Entwicklung ihrer Feinde verhinderte. Dass Mischung mit Laubholz die Erkrankung durch Sphaerella laricina unmöglich macht, habe ich auf Seite 71 nachgewiesen.

Was den zukünftigen Anbau der an sich so werthvollen Holzart im Flachlande und Hügellande betrifft, so ergiebt sich aus dem Mitgetheilten, dass sie nur in einzelnem Stande, womöglich etwas vorwüchsig, in andere Holzarten einzusprengen, nur in freien Lagen und nie in reinen Beständen zu erziehen sein dürfte, dass da, wo kranke Bestände in nächster Nähe sich befinden, besser auf den Anbau Verzicht geleistet wird, dass grösste Vorsicht anzuwenden ist beim Bezug fremder Pflanzen, dass in Saat- oder Pflanzbeeten etwa erkrankende Pflanzen sofort beseitigt und verbrannt werden müssen, und dass Mischung oder Unterbau mit Buche das Entstehen der Nadelschütte verhütet.

Peziza aeruginosa erzeugt die sogen. Grünfäule des Holzes. Insbesondere Eichen- und Rothbuchenholz, seltener auch Fichten- und Birkenholz, welches in stark zersetztem Zustande und anhaltend durchfeuchtet auf dem Waldboden längere Zeit gelegen hat, erhält oftmals eine intensiv spangrüne Färbung dadurch, dass das Mycel des genannten Pilzes, welches nebst den schüsselförmigen Fruchtträgern intensiv grün gefärbt ist, den Holzkörper durchzieht und in den Wandungen der Holzelemente ebenfalls jenen grünen, extrahirbaren Farbstoff erzeugt. Der Pilz scheint nie parasitär aufzutreten.

Rhizina undulata Fr.[1]) Wurzelschwamm, Ringsäuche, Maladie du ronde. Der Pilz ist weit verbreitet und tritt vielfach als Saprophyt besonders an Brandstellen und alten Meilerstellen auf. Er wurde mir schon vor längerer Zeit aus Schlesien und später aus Mecklenburg als Parasit in Nadelholzkulturen zugesandt, wurde aber schon früher von Prillieux als einer der Veranlasser der Maladie du ronde erkannt. In Deutschland ist er bisher auf Kulturflächen der Kiefer und einer Mehrzahl anderer in- und ausländischer Nadelholzbäume parasitär aufgetreten, in Frankreich besonders an der Seestrandskiefer als Parasit verderblich geworden.

Die Krankheit verbreitet sich unterirdisch peripherisch durch das im Boden von Wurzel zu Wurzel wuchernde fädige und Rhizoctonien bildende Mycel (Fig. 85).

An den Rhizoctonien bilden sich Haare mit Drüsen (Fig. 86).

Die Fruchtkörper kommen in der Nähe der getödteten Pflanzen über dem Boden hervor und haben einige Aehnlichkeit mit Morcheln (Fig. 87). Sie sind 1—5 cm gross, flach ausgebreitet, auf der welligen Oberseite kastanienbraun, sammetglänzend, bei Regenwetter klebrig, auf der Unterseite ungestielt, hellgelb, oft durch zahlreiche lockere Mycelstränge mit dem im Erdboden verbreiteten Mycel in Verbindung stehend (Fig. 88).

Die Asken in der Hymenialschicht der Oberseite sind schmal und enthalten je 8 einzellige, kahnförmige Sporen (Fig. 89). Ausserdem entstehen an dem inneren Mycel ausserordentlich kleine Conidien (Fig. 90).

---

[1]) R. H., Rhizina undulata, der Wurzelschwamm, 10 Fig. d. F. N. Z. 1892. S. 591.

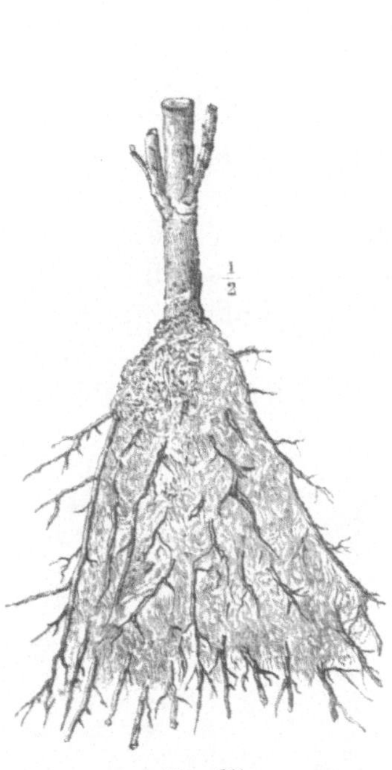

Fig. 85.

Rhizina undulata an Weisstanne. Das ganze Wurzelsystem ist von Pilzfäden umsponnen.

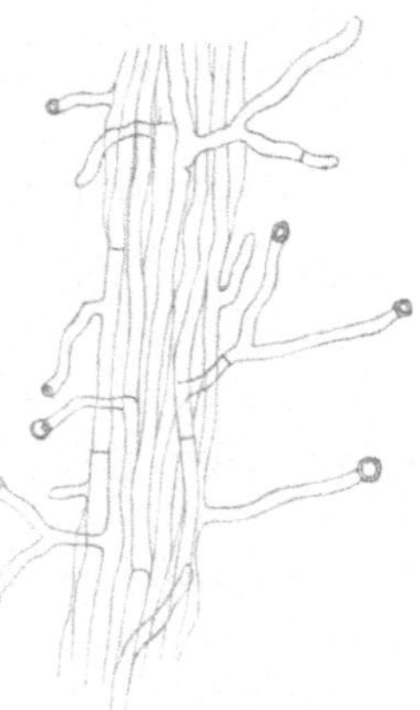

Fig. 86.

Rhizina undulata. Mycelstrang mit Drüsenhaaren.

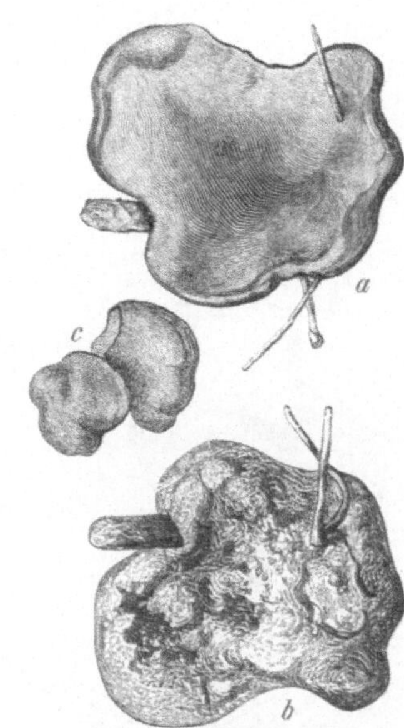

Fig. 87.

Fruchtkörper von Rhizina undulata. *a* u. *c* Oberseite. *b* Unterseite.

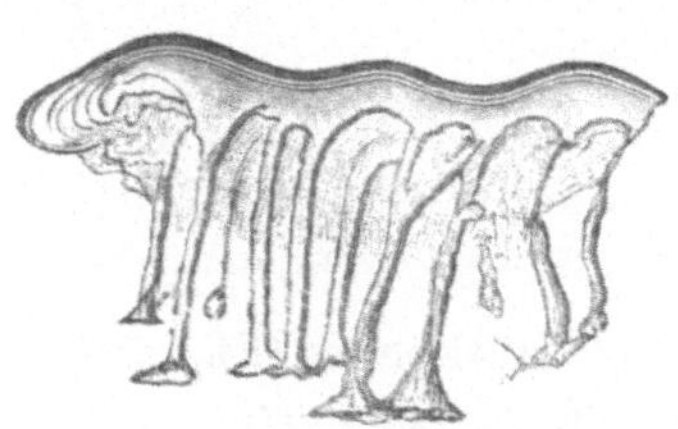

Fig. 88.

Fruchtkörper von Rhizina undulata, senkrecht durchschnitten.

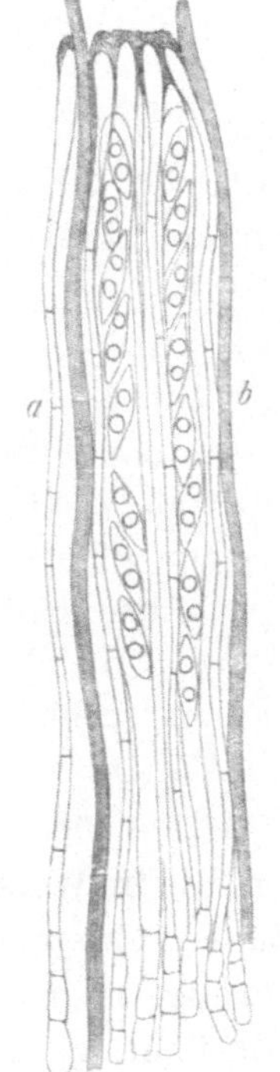

Fig. 89.

Rhizina undulata. Ein Theil der Hymenialschicht. *a* Paraphysen. *b* Sekretschläuche. *c* Asken mit je 8 Sporen.

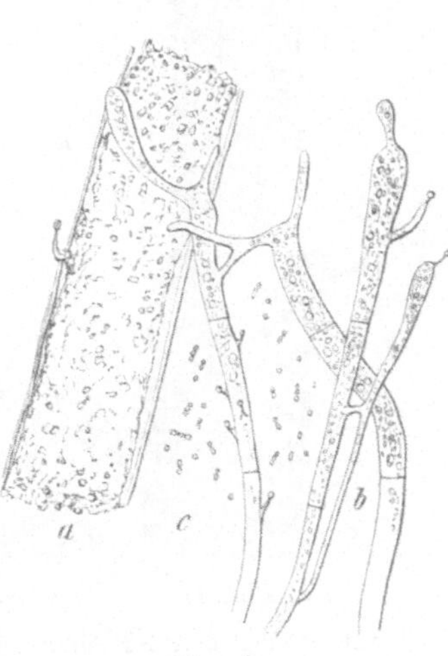

Fig. 90.

Mycel der Rhizina undulata in der Rinde der Tanne. *a* Mycelhyphe mittlerer Dicke. *b* Sehr dünner Faden. *c* Mikrokokken ähnliche Conidien.

§ 10. Fungi imperfecti.

Es giebt viele Pilze, die entweder den Ascomyceten oder den Uredineen angehören, von denen wir aber nur die eine oder andere Sporenform kennen, so dass wir noch nicht im Stande sind, ihre Stellung im System beziehungsweise die Zugehörigkeit derselben zu bekannten Pilzen zu erkennen. Insoweit sie höchst wahrscheinlich zu den Ascomyceten gehören, sollen nachfolgend einige der bekannteren beschrieben werden. Eine vollstän-

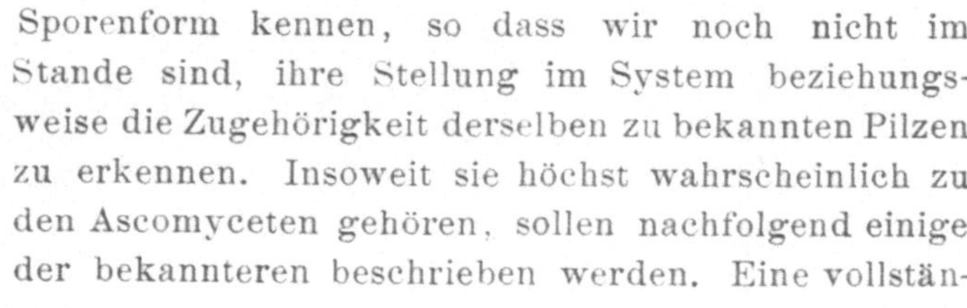
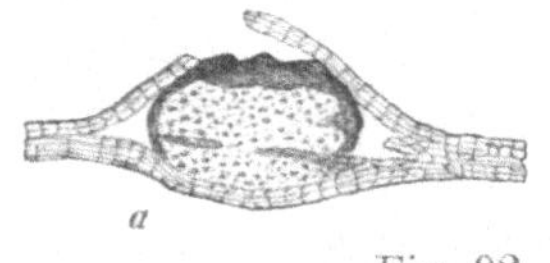

Fig. 92.

a Eine Pycnide von Phoma abietina, welche die Korkhaut durchbrochen hat $^{20}/_1$. *b* Conidien $^{420}/_1$.

digere Zusammenstellung der hierher gehörenden Parasiten findet sich in D. v. Tubeufs „Pflanzenkrankheiten durch kryptogame Parasiten veranlasst."

Phoma abietina R. H.[1]), Einschnürungskrankheit der Tannenzweige. An jüngeren und alten Weisstannen bemerkt man oft ein Absterben kleinerer Zweige und stärkerer Äste und bei näherer Untersuchung eine Einschnürung, entstanden durch Tödtung der Rinde, auf der zahlreiche kleine schwarze Pycniden hervortreten, Fig. 91. Die einzelnen Pycniden sind ein- oder vielkammerig und enthalten zahlreiche Conidien, die im Wasser leicht auskeimen (Fig. 92). An dünnen Zweigen kommt es nicht zu einer Einschnürung, da nach dem Absterben der Rinde der darüber gelegene Zweigtheil alsbald vertrocknet. Bei älteren kräftigen Zweigen und Ästen bleibt aber der Holzkörper an den erkrankten Stellen noch einige Jahre leitungsfähig, so dass der Zweig noch zuwächst und seine Bil-

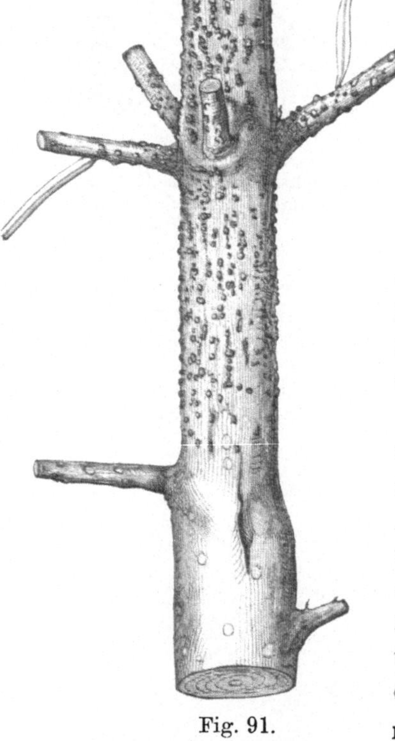

Fig. 91.

Tannenzweig, durch Phoma abietina inficirt. Auf der getödteten Rinde treten zahlreiche schwarze Knöllchen hervor.

---

[1]) R. H., 2. Auflage des Lehrbuches der Baumkrankheiten, 1889. S. 124.

dungsstoffe besonders oberhalb der kranken Stelle zu gesteigertem Dickenwachsthum verwendet. Erst dann, wenn an der erkrankten Stelle auch der Holzkörper vertrocknet ist, stirbt der darüber gelegene Zweigtheil ab. Neuerdings habe ich den Pilz imSchwarzwalde als Schädling in den natürlichen Verjüngungen beobachtet, wo er vielfach das

Absterben der Gipfel der Unterwüchse zur Folge hat (Fig. 93).

Phoma pithya erzeugt eine ähnliche Krankheit an der Douglastanne.

Phoma sordida Sacc.[1]), Hainbuchentriebkrankheit. Der Parasit veranlasst das Absterben und Vertrocknen junger Hainbuchentriebe in nassen Jahren (Fig. 94).

An den absterbenden Zweigen bleiben die todten und gebräunten Blätter noch den ganzen Sommer hindurch hängen und erregen, zumal wenn die Krankheit häufig auftritt, die Aufmerksamkeit des Beobachters. Im Sommer 1898 trat die Krankheit sowohl im Schwarzwalde als auch in der Pfalz in ausgedehntem Maasse auf. An den Zweigen in Fig. 94 sind

Fig. 93.

Gipfel und Zweige der Weisstanne, welche durch Phoma abietina getödtet sind.

die todten Blätter grossentheils abgefallen. Am Grunde der abgestorbenen Zweigtheile treten unter der Haut zahlreiche anfänglich kuglige, etwa stecknadelknopfgrosse Pycniden auf, die dann

---

[1]) R. H., Phoma sordida Sacc., Hainbuchentriebpilz. In Centralbl. f. d. ges. Forstwesen, 1899.

die Korkhaut durchbrechen und die kleinen einzelligen, sehr leicht im Wasser keimenden Conidien ausstreuen (Fig. 95).

Phoma ampelinum. Der schwarze Brenner oder die Anthrakose des Weinstocks. Der Pilz veranlasst die Entstehung schwarzer,

Fig. 94.

Hainbuchenzweige, welche durch Phoma sordida getödtet sind.

scharf begrenzter Flecken an Blättern, Beeren und der Rinde des Weinstockes.

Septoria parasitica R. H.[1]) Die Fichtentriebkrankheit zeigt sich

---

[1]) R. H., Zeitschrift für Forst- u. Jagdwesen, 1890. November.

R. H., Septoria parasitica in älteren Fichtenbeständen. Forstl.-naturw. Zeitschr. II. September.

oft verderblich schon in Saat und Pflanzenbeeten, in denen der Gipfel aller Pflanzen röthlich wird und abstirbt, ferner in Fichtenjungorten

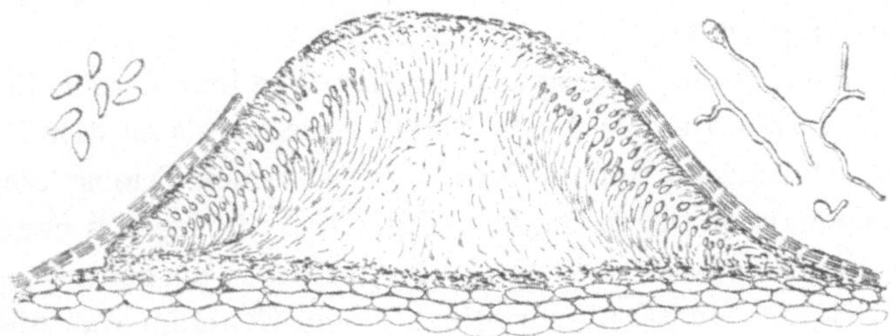

Fig. 95.

Pycnide von Phoma sordida. Links ungekeimte, rechts gekeimte Conidien.

und selbst in grosser Ausdehnung in Stangenorten von 30jährigem Alter an. In letzteren stirbt der Gipfel der Bäume ab und wird durch neue Gipfeltriebe ersetzt. Werden diese eine Reihe von Jahren hinter einander wieder getödtet, so gehen die Bäume wohl ganz ein. Ein Aushieb der kranken Bäume verbietet sich in der Regel in Rücksicht auf die Schneebruchgefahr.

Die Krankheit äussert sich Ende Mai oder Anfang Juni durch ein Herabhängen der jungen, noch saftigen Triebe, die dann in kurzer Zeit absterben und vertrocknen (Fig. 96). Die Erkrankung beginnt entweder in der Mitte der Triebe und pflanzt sich von da nach oben und unten fort, so dass die Spitze des noch wenig verholzten Triebes zusammenschrumpft und die Nadeln verliert, während die Basis oftmals mehr oder weniger weit am Leben bleibt, oder die Erkrankung beginnt am Grunde der Triebe da, wo diese von den Knospenschuppen der vorjährigen Triebspitze umhüllt sind. In diesem Falle hängt der

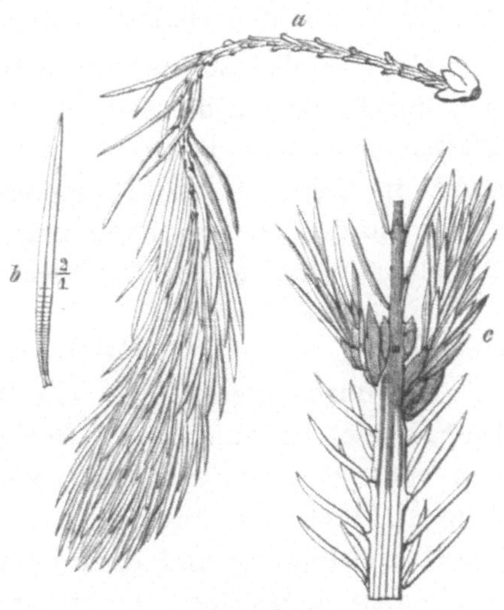

Fig. 96.

Septoria parasitica an Fichtenzweigen. a Künstlich inficirter junger Fichtentrieb, dessen Spitze noch grün ist. b Eine von der Basis aus erkrankte Nadel in doppelter Vergrösserung. c Spitze eines vorjährigen Triebes, welcher von dem jungen Triebe aus nach rückwärts inficirt ist.

ganze Trieb herab und steht nach dem Tode in spitzem Winkel nach abwärts. Oft setzt sich das Absterben des Triebes nach abwärts in die Spitze des vorjährigen Triebes fort, der dann mehr oder weniger tief abstirbt (Fig. 96 c).

An den getödteten Fichtenzweigen entstehen im Sommer die kleinen schwarzen Pycniden theils auf den Nadelkissen, theils an den Triebaxen selbst, theils endlich an den Nadeln der äussersten Triebspitze, die oft nach dem Tode noch sitzen bleiben (Fig. 97 a). Besonders häufig findet man sie an der Triebbasis da, wo diese von den Knospenschuppen umhüllt ist. Sät man im Frühjahr die kleinen Conidien auf die jungen zarten Triebaxen aus, so sterben diese schon nach 1—2 Wochen ab.

Brunchorstia Pini Allescher. Triebkrankheit der Schwarzkiefer. In Deutschland und Norwegen ist seit einigen Jahrzehnten eine verderbliche Krankheit der einjährigen Triebe der Schwarzkiefern beobachtet, welche in der Rinde der Triebe beginnt und von da in die Basis der Nadeln sich verbreitet. Die kleinen Pycniden entwickeln sich hier, von den Nadelscheiden verdeckt.

Gloeosporium nervisequium Fuck., erzeugt die Blattkrankheit der Platanen, die sich darin äussert, dass von Mitte Mai an die Blätter besonders längs der Blattnerven braunfleckig werden und zumal im regenreichen Frühsommer viele Blätter ganz absterben. Besonders in den Rippenwinkeln zeigen sich auf den todten Stellen braune Pusteln mit zahlreichen Conidien.

Pestalozzia Hartigii[1]) v. Tub.

Die durch diesen Pilz veranlasste, in ganz Deutschland vielfach beobachtete Krankheit tritt besonders in Fichten- und Tannensaat- und -pflanzkämpen auf und wurde von mir schon 1883 in der Allgem. Forst- und Jagd-Zeitung beschrieben, damals als eine Folge von Glatteisbildung und dadurch herbeigeführte Quetschung des Cambialmantels angesehen. Ich stellte damals jene Hypothese auf, deren Bestätigung, wie ich ausdrücklich hervorhob, noch zu erfolgen habe. Auf meinen Wunsch untersuchte mein Assistent D. v. Tubeuf die Krankheit noch einmal und fand, dass diese Krankheit Folge eines Parasiten sei.

In Fichten- und Tannenkämpen bemerkt man im Sommer eine mehr oder weniger grosse Anzahl Pflanzen zunächst bleich werden

---

[1]) R. H., Allgem. Forst- u. Jagd-Zeitung 1883.

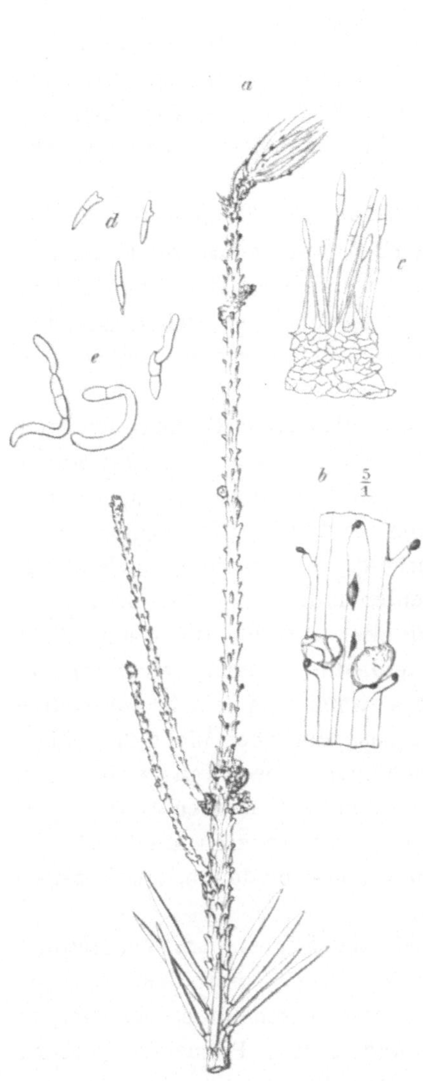

Fig. 97.

a Durch Septoria parasitica getödteter
Fichtentrieb, von dem aus auch die
Spitze des vorjährigen Triebes mit den
beiden Seitentrieben getödtet wurde.
b Pycniden in fünffacher Vergrösserung
aus der Rinde und den Blattstielnarben
hervorbrechend. *c* Conidienbildung aus
dem Innern einer Pycnide $^{240}/_1$. *d* Conidien im Wasser keimend. *e* Conidien
in Nährgelatine keimend.

Hartig, Pflanzenkrankheiten. 3. Aufl.

Fig. 98.

Junge Fichte durch
Pestalozzia Hartigii
dicht über dem Boden
inficirt.

(Nach v. Tubeuf.)

8

und dann absterben. Zieht man die Pflanzen heraus, so sieht man, dass an dem unmittelbar über dem Erdboden gelegenen Theile die Rinde vertrocknet ist, weiter oben der Stamm dagegen eine Anschwellung besitzt, welche eine natürliche Folge fortgesetzten Wachsthums ist (Fig. 98, S. 113).

Mit dem Vertrocknen oder Absterben des Holzkörpers an der Stelle, wo die Rinde zunächst abgestorben war, muss die Pflanze zu Grunde gehen. An der Rinde der Einschnürungsstelle findet man das Mycel des Pilzes und zahlreiche Conidienpolster, welche theils in kugligen Pycniden, theils auf flach ausgebreitetem Stroma im Gewebe der Rinde zur Entwicklung gelangen.

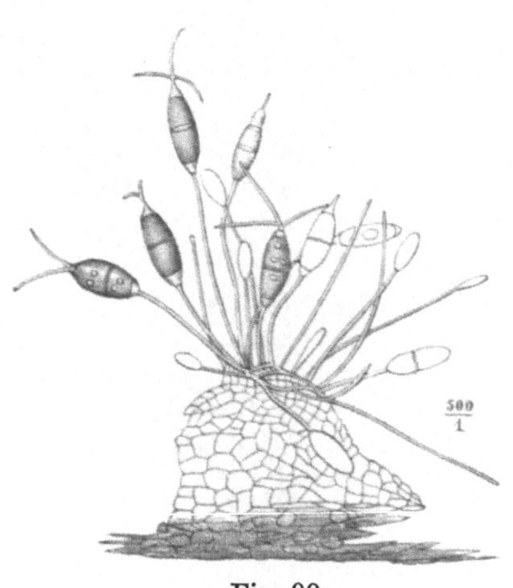

Fig. 99.
Conidienpolster von Pestalozzia Hartigii (nach v. Tubeuf).

Die charakteristischen Conidien (Fig. 99) stehen auf kurzen oder langen Stielen, sind anfangs hyalin, schmal, eiförmig und einzellig, später durch wiederholte Quertheilung vierzellig. Die beiden mittleren Zellen sind gross und dunkel gefärbt, die kleine Stielzelle und die Endzelle sind farblos. Letztere wächst in einen verästelten Faden aus, der aber nicht mit einem Keimschlauch verwechselt werden darf. Nur von den drei unteren Zellen keimt die eine oder andere, am häufigsten die untere der beiden braunen Mittelzellen.

Bei der allgemeinen Verbreitung dieser Krankheit und dem dadurch herbeigeführten Verluste an Pflanzenmaterial erscheint es rathsam, in den Kämpen sorgfältig alle kranken und todten Pflanzen ausziehen und verbrennen zu lassen. Derselbe Parasit erzeugt eine ähnliche Krankheit mit Einschnürung an den Rothbuchen und veranlasst zuweilen grosse Verluste in den Verjüngungen.

Pestalozzia funerea Desm. erzeugt an den Stämmchen und Aesten der Thuja Menziezii Einschnürungen, die das Absterben der darüber gelegenen Pflanzentheile zur Folge haben.

Septogloeum Hartigianum[1]) Sacc., Zweigdürre des Feldahorns.

---

[1]) R. H., Ein neuer Parasit des Feldahorns. Forstl.-naturw. Zeitschr., 1892. S. 289.

Diese Krankheit, die ich zuerst an einem stärkeren Feldahorne meines Gartens in München beobachtete, veranlasst ein Absterben der einjährigen Zweige im Frühjahre vor Laubausbruch, wobei in der Regel die Basis der Zweige am Leben bleibt und die Neubelaubung herbeiführt (Fig. 100).

Fig. 100.

Septogloeum Hartigianum an Feldahorn.

Die Conidienlager erscheinen im Frühjahre meist in grosser Zahl nahe beisammenstehend als längliche, nach der Sprengung der Krankheit graugrüne Linien (Fig. 101). Die leicht keimenden Conidien inficiren die neuen Maitriebe, die sich aber trotzdem kräftig entwickeln und erst im nächsten Frühjahre erkranken und die Conidienlager entwickeln.

Da im Laufe der Jahre der zuerst erkrankte Feldahorn so sehr unter den Parasiten litt, dass ich befürchten musste, ihn ganz zu verlieren, so liess ich ihn vor einigen Jahren im Frühjahr so stark

8*

entästen, dass gar keine jungen Zweige daran blieben. Seitdem ist er wieder völlig gesund und hat sich sehr kräftig weiter entwickelt. Von diesem Baume waren inzwischen alle Feldahorne der benachbarten, östlich gelegenen Garten- und Parkanlagen inficirt.

Fusoma Pini R. H.[1]) In Kiefern- und Fichten-Saatbeeten tritt oft eine Erkrankung auf, die in ihren äusseren Erscheinungen kaum

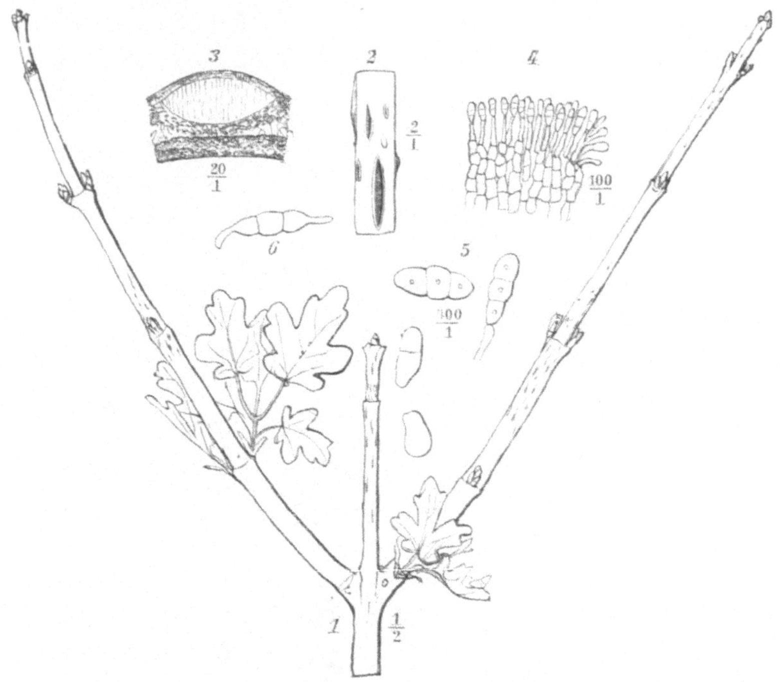

Fig. 101.

Septogloeum Hartigianum. *1* Zweig vom Feldahorn im Mai. Die getödteten Theile tragen an mehreren Stellen zahlreiche strichförmige Conidienpolster. *2* Ein Zweigstück mit Conidienpolstern. *3* Ein Conidienpolster vor dem Aufplatzen durchschnitten. *4* Hymenialschicht mit Conidienträgern und Conidien. *5* Conidien. *6* Conidien mit Keimschläuchen.

von der durch Phytophthora omnivora erzeugten Krankheit sich unterscheidet. Besonders bei nassem Wetter verfaulen die Keimlinge unterirdisch oder an der Bodenoberfläche.

Die erkrankten Pflanzen zeigen im Innern ein üppiges Mycel, das bei feuchter Umgebung auch nach aussen hervorwächst und dann in den

---

[1]) R. H., Ein neuer Keimlingsprocess. Forstl.-naturw. Zeitschr. 1892. S. 432, mit 4 Figuren.

Saatrillen fortwachsend die Krankheit von Pflanze zu Pflanze überträgt. Legt man kranke Pflanzen im Feuchtraum auf gesunde Keimlinge, so dringt das Mycel theils durch die Spaltöffnungen, theils dadurch ins Innere, dass an den Berührungsstellen die Oberhaut der gesunden Pflanze aufgelöst wird (Fig. 103).

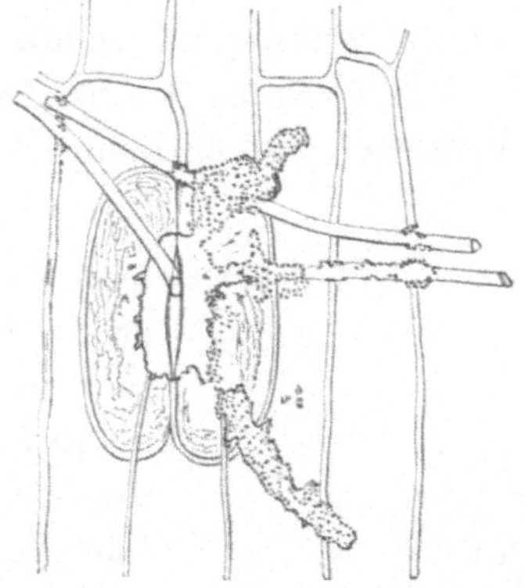

Fig. 103.

Oberhaut eines Kiefernkeimlings mit Spaltöffnung. In Berührung mit den Pilzfäden hat eine Auflösung stattgefunden.

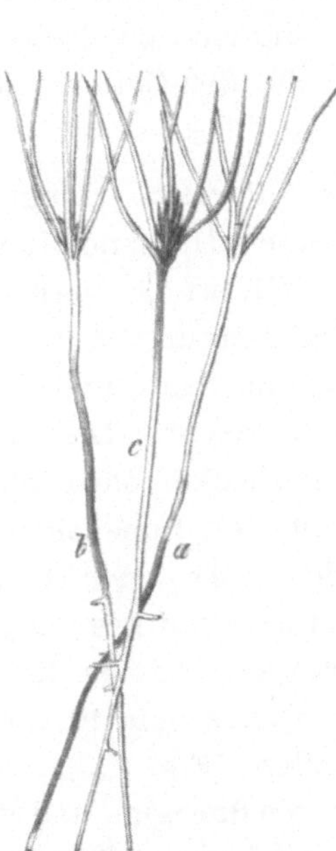

Fig. 102.

Fusoma Pini.

Erkrankte Kiefernkeimlinge; *a* an der Wurzel erkrankt; *b* am Stengel erkrankt; *c* an den Blättern erkrankt.

Fig. 104.

Fusoma Pini.

Conidien im entwickelten, reifen und gekeimten Zustande.

An dem in feuchter Luft sehr üppig wuchernden Mycel, das auch saprophytisch zu leben vermag, entstehen in reicher Menge sichelförmig gebogene vielkammerige Conidien, die denen der Nectriaarten sehr ähnlich sind (Fig. 104).

Zur Bekämpfung des Parasiten dient die Beseitigung aller äusseren Verhältnisse, durch welche die Saatbeete feucht erhalten werden, z. B. Schutzgitter, Schattenreisig u. s. w. Beete, auf denen die Krankheit einmal sich gezeigt hat, sollten immer im Frühjahre nur zur Verschulung benutzt werden.

Cycloconium oleaginum Cast. erzeugt eine Blattkrankheit der Ölbäume, die ich jüngst in Santa Margherita Ligure in ausgedehntem Maasse beobachtete, da die spärliche Belaubung aller Oelbäume sehr auffallend war. Die Blätter bekommen anfänglich dunkelgrüne, später braune, dunkel umrandete runde Flecke, sie sterben und fallen ab. Das Mycel des Parasiten wächst subcuticular, die ein- bis dreizelligen Conidien entstehen auf einzelnen Hyphen, welche die Cuticula durchbrechen.

Allescheria Laricis R. H.[1]) Dieser Parasit erzeugt eine schon in den Monaten Mai und Juni zumal bei feuchter Witterung verderblich auftretende Nadelerkrankung der Lärche, die sich besonders in Saat- und Pflanzkämpen bemerklich macht. Die Nadeln bekommen braune Flecke oder sterben ganz ab. Auch mit der Lupe sieht man keinerlei Pilzfrüchte. Aus den Spaltöffnungen treten Häufchen von Fruchthyphen hervor, die sich grossentheils vor der Conidienbildung durch Querwände in drei bis vier Segmente theilen (Fig. 105). Jedes Segment entwickelt ein Sterigma und dieses eine einzellige bisquitförmige Conidie, die sehr bald auskeimt. Beseitigung der abgefallenen kranken Nadeln dürfte zweckmässig sein.

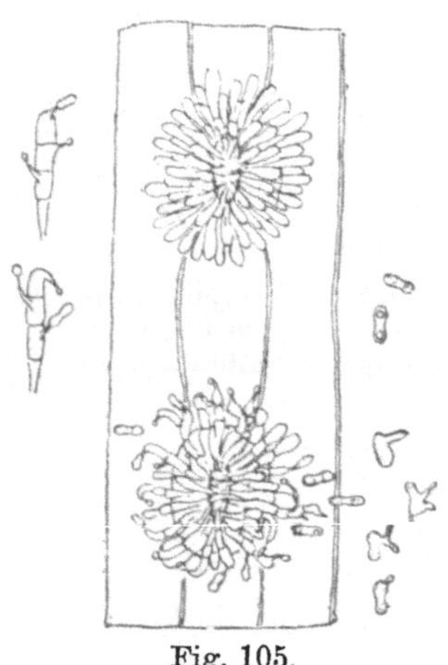

Fig. 105.

Spaltöffnungen der Lärchennadel mit Fruchtpolstern der Allescheria Laricis. Links Fruchthyphen mit Conidienbildung, rechts ungekeimte und gekeimte Conidien.

Fusicladium dendriticum Wallr., veranlasst auf den Blättern und Früchten der Äpfel die Entstehung brauner Flecken mit stachligem Rande. Fusicladium pirinum Lub. erzeugt solche Flecken auf Blättern und Früchten der Birne. Man bekämpft diese Krankheit durch Bespritzen mit Kupfermitteln.

---

[1]) R. H., Die Nadelbräune der Lärche erzeugt durch Allescheria Laricis R. H. Centralblatt für d. ges. Forstwesen 1899.

Die Gattung habe ich dem verdienten Bearbeiter der Fungi imperfecti in Rabenhorst's Kryptogamenwerk, Herrn H. Allescher zu Ehren benannt.

Cercospora acerina[1]) G. H. Ahornkeimlingspilz.

An Ahornkeimlingen sowohl der Saatbeete als auch des natürlichen Anfluges tritt in regnerischen Jahren hier und da in auffallendem Maasse eine Erkrankung ein, die sich durch Schwarzwerden und Verfaulen der Samenlappen und ersten Laubblätter, sowie der Triebaxen, bei geringerer Intensität nur durch Schwarzfleckigwerden der Blätter zu erkennen giebt. Schon mit unbewaffnetem Auge erkennt man oft einen grauen Ueberzug an den kranken Blättern.

Fig. 106.

Cercospora acerina. Rechts oben (*2*) ein erkrankter Ahornkeimling. Die Hauptfigur (*4*) stellt einen Durchschnitt durch ein Keimblatt dar. Aus der Epidermis treten die Conidienträger *d* mit den langgeschwänzten, septirten Conidien. Im Innern der Gewebe bilden sich Dauermycelien (Sklerotien *e*) aus, die überwintern. Bei *5* sind keimende Conidien *a* und *b* dargestellt.

Bei genauerer Untersuchung bemerkt man eine üppige Mycelbildung im Gewebe der erkrankten Theile, von der aus zahllose kurze Conidienträger nach aussen hervorwachsen (Fig. 106). Diese erzeugen Büschel von langen, geschweiften, mehrzelligen Conidien. Dieselben keimen in feuchter Luft schon nach wenigen Stunden, bohren ihren Keimschlauch direkt in die Oberhaut der Ahornblätter und bräunen dieselbe. Das intercellular wachsende Mycel schwillt zu kräftigen mit Oel-

---

[1]) R. H., Unters. I, S. 58. 1880.
R. H., Der Ahornkeimlingspilz Cercospora acerina, mit 9 Figuren.

tropfen versehenen braunen Dauermycelzellen und Zellkomplexen an, welche überwintern und die Krankheit aufs nächste Jahr übertragen. Der Pilz vermag auch saprophytisch von humosen Substanzen im Erdboden zu leben.

Cercospora microsora Sacc., erzeugt kleine schwarze Flecke auf Blättern, Blattstielen und Blüthenständen der Linde und veranlasst oft ein massenhaftes vorzeitiges Abfallen der Blätter.

§ 11. b. Ustilagineae. (Brandpilze.)

Die Conidien entstehen lange Zeit hindurch und in grosser Menge an den Promycelien, sprossen in künstlichen Nährlösungen hefeartig aus und erzeugen neue Conidien, bis die Nahrung erschöpft ist. Erst dann keimen sie, und ihre Keimschläuche dringen in die Wirthspflanzen ein, wenn solche in der nächsten Nähe sich befinden.

Als **Brand** hat der Sprachgebrauch der Praktiker eine Reihe der verschiedenartigsten Krankheitserscheinungen der Pflanzen benannt, im engern Sinne verstehen wir aber unter Brand nur solche Krankheiten, bei denen gewisse Pflanzentheile und zwar vorzugsweise Blüthen und Früchte, seltener Blätter, Stengel oder gar Wurzeltheile, zu einer schwarzbraunen Sporenmasse sich umwandeln. Dieses Sporenpulver entsteht im Gewebe der betreffenden Pflanzentheile, welche von reichlichem Mycel der Brandpilze durchsetzt sind, durch Abschnürung oder Zergliederung massenhaft entwickelter Pilzfäden, während das Gewebe der Pflanzentheile selbst fast vollständig zerstört wird.

Die Sporenmassen treten entweder frei zu Tage, oder bleiben von der äusseren Haut der Pflanzentheile umschlossen und erscheinen als schwarz durchschimmernde Anschwellungen.

Die überwinternden **Brandsporen**, Chlamydosporen, deren Keimfähigkeit sich mehrere Jahre hindurch erhält, entwickeln beim Eintritt günstiger Keimbedingungen in der Regel einen kräftigen Schlauch, der oft schon nach Erreichung der doppelten oder dreifachen Länge des Sporendurchmessers an seiner Spitze oder seitlich kleine Conidien erzeugt und als Vorkeim, Promycelium, bezeichnet, oder direkt zum inficirenden Mycel wird.

Der Pilzschlauch bohrt sich durch die Oberhaut in das Gewebe der Wirthspflanze ein und gelangt so in den Stengel, in welchem das Mycelium vorherrschend intercellular aufwärts wächst, ohne erkennbare Nachtheile hervorzurufen. Erst in demjenigen Pflanzentheile, in welchem die Sporenbildung vor sich geht, tritt eine Zerstörung der Gewebe ein.

Die Brandsporen, welche schon vor oder während der Ernte aus-
fallen und in den Ackerboden gelangen, werden in der Regel alsbald
keimen und in Ermangelung geeigneter
junger Wirthspflanzen zu Grunde gehen.
Die Übertragung von Jahr zu Jahr erfolgt deshalb meist durch Verwendung
solchen Saatgutes, dem äusserlich Brandsporen anhaften. Schon beim Dreschen
des Getreides bietet das Verstäuben der
Sporen aus brandigen Pflanzen reichliche
Gelegenheit zur Verunreinigung der Saat-
körner mit solchen Brandsporen. Es wird
aber oftmals auch durch Verwendung brandigen Strohes als Stalldünger der Transport
der Brandsporen auf das Feld herbeigeführt.

Die Keimung der Brandsporen ist in
hohem Grade abhängig von Luft und Bodenfeuchtigkeit, und ein Boden, der seiner
physikalischen Beschaffenheit nach von
Natur oder durch Beimengung reichen Mist-
düngers eine hohe wasserhaltende Kraft
besitzt, fördert nicht allein die reiche Vermehrung der Conidien, sondern auch die
Keimung der Brandsporen und somit das
Auftreten der Krankheit.

Aus dem Gesagten ergiebt sich, dass
vor allen Dingen der Transport der Brandsporen auf das Feld vermieden werden
muss, dass mithin möglichst reines Saatgut zu verwenden ist. Wo solches nicht
zu haben ist, da muss das Saatgut zuvor
sterilisirt werden (cf. S. 39). Es ist ferner die Verwendung brandigen
Strohes im Dünger zu vermeiden.

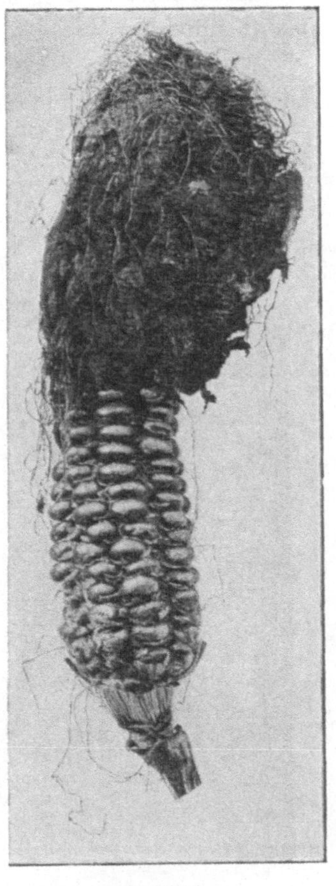

Fig. 107.
Ustilago Maydis. Die Beulen
an der Spitze des Kolbens sind
geplatzt, vertrocknet und stäuben jetzt aus.

Ustilago. (Staubbrand.)

Das Mycel dieser Brandpilzgattung durchwuchert die Gewebe
der Wirthspflanze, ohne dieselbe zu schädigen oder zu verändern.
Erst an bestimmten Stellen der Pflanze, und zwar meist in den

Geweben der Blüthe, häuft sich das Mycel und erzeugt die Sporen im Innern der Mycelverzweigungen. Die reifen Sporen fliegen als trockenes Pulver aus, sobald die Umhüllungen der Wirthspflanze geplatzt sind.

Ustilago Maydis D. C., der Beulenbrand des Mais, veranlasst an allen Theilen der Maispflanze, zuweilen sogar an den Wurzeln

Fig. 108.
Ustilago Avenae an Hafer.

grosse weissliche Beulen und Blasen, in deren Innern das massenhaft angehäufte gallertige Mycel die olivenschwarze Sporenmasse bildet. Nach dem Zerreissen der Hülle stäuben dieselben aus. (Fig. 107.)

Der Maisbrand ist durch frühzeitiges Abschneiden und Vernichten der Brandkolben zu bekämpfen. Das Saatgut ist in Kupfervitriollösung zu beizen. Frischer Dünger, in welchem noch keimfähige Conidien sich finden können, ist zu vermeiden.

Ustilago Avenae Pers. Staubbrand des Hafers. Es werden alle Blüthentheile des Hafers befallen, und die Brandsporen verfliegen, sobald die zarten Häute der zerstörten Blüthentheile zerplatzt sind (Fig. 108).

Ustilago perennans Rostr. findet sich ausserordentlich häufig in Wiesen auf Arrhenatrum elatius.

Ustilago Hordei Pers., Gerstenbrand.

Ustilago Tritici Pers., Weizenstaubbrand.

Ustilago Panici miliacei Pers. (U. destruens) Staubbrand der Hirse.

Tilletia (Steinbrand, Schmier- oder Stinkbrand).

Die Gattung wird einestheils dadurch charakterisirt, dass die in der Regel zu zweien verbundenen fadenförmigen Conidien quirlständig an der Spitze des Promyceliums entstehen und ferner dadurch, dass das im frischen Zustande übelriechende Sporenpulver noch zur Erntezeit in den Körnern eingeschlossen ist. Die Brandkörner werden erst beim Dreschen zerschlagen, wodurch ein Verstäuben der Sporen veranlasst wird. Diese haften den Saatkörnern an, werden mit ihnen ausgesät und erzeugen die Krankheit aufs neue.

Tilletia Tritici Byerk. (Tilletia Caries Tul.). Weizenschmierbrand. Dieser Brandpilz ist ausserordentlich verbreitet und verderblich und hat zudem giftige Eigenschaften, so dass das mit Brandsporen verunreinigte Mehl für den Menschen sehr gesundheitsschädlich ist, wie auch das zu verfütternde Stroh und die Spreu für das Vieh gefährlich wird.

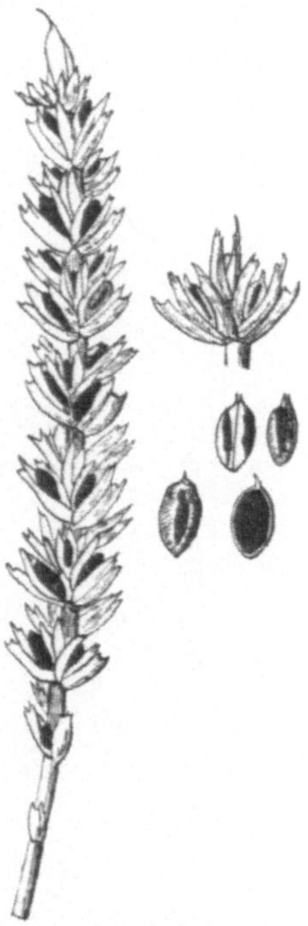

Fig. 109.
Tilletia Tritici. Weizenstinkbrand.
(Nach v. Tubeuf.)

Die brandigen Ähren sind zur Reifezeit leicht auf den Feldern von den gesunden Ähren durch ihre straffe aufrechte Stellung zu erkennen. Zur Verhütung dieser Krankheit empfiehlt sich am meisten die Tödtung der Brandsporen durch heisses Wasser.

Urocystis (Stengelbrand).

Die Sporen dieser Gattung sind dadurch ausgezeichnet, dass immer mehrere keimfähige Hauptsporen von nicht keimfähigen Nebensporen umgeben sind und mit ihnen Sporenballen bilden. Die Hauptsporen keimen durch Bildung eines Trägers, an dessen Ende quirlförmig die in der Regel nicht fusionirenden Conidien entstehen, die direkt zu Mycelfäden auskeimen.

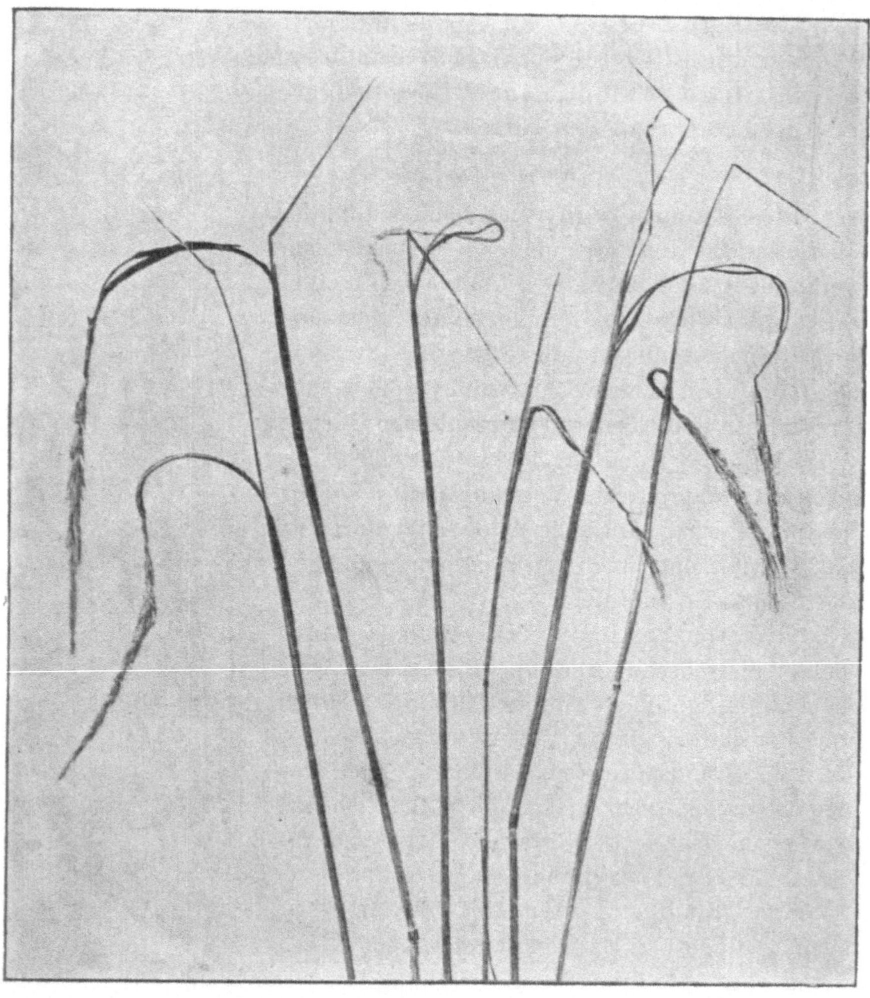

Fig. 110.

Urocystis occulta, Roggenstengelbrand. Die Stengel sind im oberen Theile der Länge nach aufgeschlitzt und zeigen die von schwarzem Sporenpulver bedeckte Innenfläche. Die Ähren sind verkümmert.

Die Brandsporen entstehen meist an den Stengeln und Blättern, seltener an den Blüthentheilen der Wirthspflanzen.

Urocystis occulta Wallr., Roggenstengelbrand. Das schwarze Sporenpulver entsteht in grauen, später aufplatzenden Streifen an allen Pflanzentheilen des Roggens. Meistens hat die Erkrankung des Halmes ein Verkrümmen der Ähren zur Folge. (Fig. 110.)

Urocystis Colchici Schlecht., tritt häufig streifenweise auf den Blättern von Colchicum, Muscari, Paris und Scilla auf.

Urocystis Anemones Pers., tritt an den Blättern und Axen der Anemonen und verwandter Pflanzen auf.

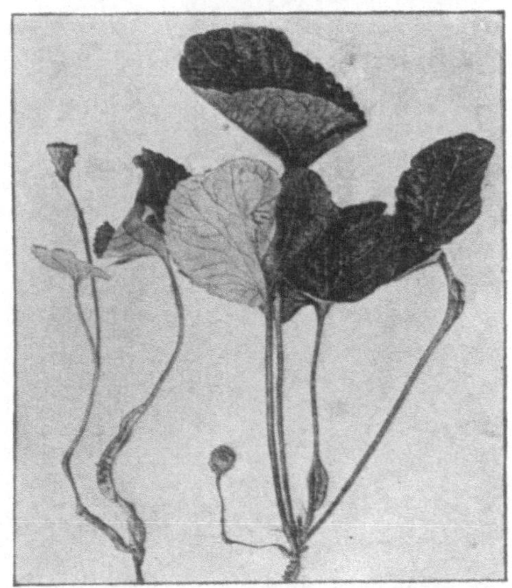

Fig. 111.
Urocystis Violae, Veilchenbrand.

Urocystis Violae Stow., der Veilchenbrand ist die Ursache von Anschwellungen der Blattstiele und Ausläufer der Veilchen und hatte in meinem Garten nach einigen Jahren die Vernichtung der Veilchenbeete zur Folge. (Fig. 111.)

§ 12. c. Uredineae. (Rostpilze.)

Die Rostpilze gehören zu den echten Parasiten und entwickeln ihr Mycel meist im Blatt- und Rindengewebe, selten auch im Holzkörper (Peridermium Pini) der Wirthspflanzen. Dasselbe wächst intercellular und entnimmt den Zellen die Nahrung durch Haustorien, womit nicht gesagt sein soll, dass nicht auch von den Mycelfäden unmittelbar Nahrung aufgenommen würde.

Die meisten Uredineen besitzen eine Mehrzahl von Sporenformen. Jede Art erzeugt eine Form von Sporen, welche dazu bestimmt ist,

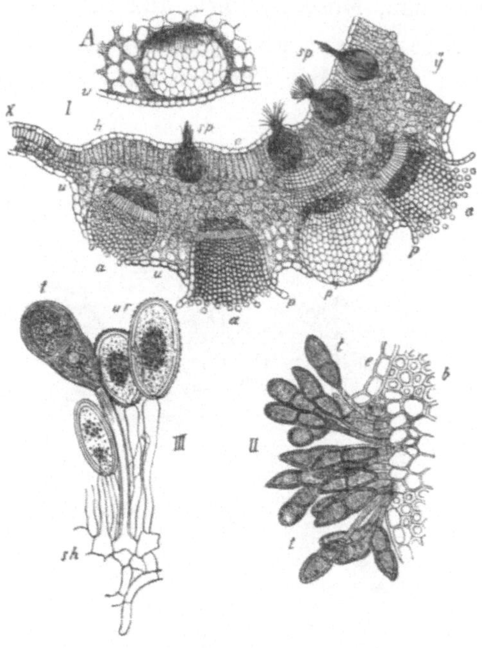

Fig. 112.

Puccinia graminis. *A* Stück eines Blattquerschnittes von Berberis vulgaris mit einem unter der Epidermis sitzenden jungen Äcidium. *I* Durchschnitt durch einen Äcidium tragenden Fleck eines Berberitzenblattes. Bei *x* die normale Struktur und Dicke dieses; der den Pilz tragende Theil *u — y* ist monströs verdickt. *h — o* Blattoberseite, *sp* Spermogonien, *a* median durchschnittene, geöffnete Äcidien, *p* Peridie derselben. Das mit *p* allein (ohne *a*) bezeichnete Exemplar zeigt die durch den Schnitt freigelegte Peridie mit Flächenansicht. *II* Reifes Teleutosporenlager, aus dem Gewebe (*b*) eines Blattes von Triticum repens durch die Epidermis *e* vorbrechend. *t* Teleutosporen. *III* Teleuto- und Uredosporen. Die Teleutospore mit einem Keimporus im Scheitel. Die Uredosporen mit 4 Keimsporen im Äquator. (Nach Sachs.)

den Pilz von einer Vegetationsperiode zur nächsten zu erhalten. Sie haben dementsprechend eine längere Lebensdauer, dicke, meist braune Wandungen und werden Dauersporen, Teleutosporen genannt. Da diese mit der Wirthspflanze in der einen oder anderen Weise fest verbunden sind, so können sie im nächsten Frühjahre sich nicht selbst verbreiten, erzeugen vielmehr zunächst durch Auskeimung sogenannte

Promycelien, an denen sehr kleine, sich leicht loslösende Vermehrungszellen oder Sporidien entstehen. Diese sind im Stande, wieder auf neue Wirthspflanzen zu gelangen, um dort zu keimen und die weitere Entwicklung des Parasiten zu ermöglichen.

Bei einer Art, der Chrysomyxa Abietis, kommt nur die vorbeschriebene Sporen- resp. Vermehrungsform vor. Bei den meisten Rostpilzen entsteht aber aus der Keimung der Sporidien ein Mycel, welches nicht sogleich wieder Dauersporen entwickelt, sondern sogenannte Uredosporen, die dazu dienen, die schnelle Verbreitung des Parasiten während der Vegetationszeit herbeizuführen. Sie sind dünnwandig, bestehen nur aus einer Zelle, die leicht und schnell keimt und immerfort dieselbe Uredoform hervorruft. Erst im Herbste entstehen dann meist auf denselben Sporenpolstern wieder die Dauersporen. Die Uredosporen fehlen aber manchen Rostpilzen. Sehr oft entstehen im Entwicklungsgange des Rostpilzes noch Äcidien mit Äcidiosporen, und zwar immer zunächst im Innern der Rinde oder des Blattgewebes. Zur Reifezeit des Äcidiums sprengt dieses die Epidermis der Wirthspflanze und tritt nach aussen frei hervor, um die Sporen ausstreuen zu können.

Das Äcidium besteht aus einem rundlichen oder länglichen Stroma, d. h. einem Pilzgeflecht, auf dem sich palissadenförmig zahlreiche keulenförmige (Sporenträger) Basidien erheben. Die Basidien erzeugen nach aussen abwechselnd Sporen und kleine Zwischenzellen, die zur Reifezeit der Sporen verschwinden und ihre Substanz wahrscheinlich zur Verdickung der Sporenwand hergeben. Die in der Peripherie des Stromas gelegenen Basidien bleiben steril und erzeugen eine aus zusammenhängenden Zellen bestehende Haut, die Peridie, die später an der Spitze des Äcidiums aufplatzt. Bei manchen Rostpilzen unterbleibt die Bildung einer Peridie ganz oder fast ganz. Ein solcher Sporenbehälter wird dann nicht Äcidium, sondern Caeoma genannt. In der Regel geht dem Auftreten der Äcidien noch die Bildung kleiner, meist flaschenförmiger Behälter voraus, die man früher als Spermogonien bezeichnete und deren kleinzelligen Inhalt (Spermatien) man als männliche Sexualzellen betrachtete. Heute hält man diese Gehäuse für Pycniden und die kleinen Zellen für keimunfähig gewordene Conidien.

Es ist zu beachten, dass in vielen Fällen die Entwicklung eines Rostpilzes auch mit Ueberschlagung der Äcidienform erfolgen kann, in welchem Falle also die Äcidien nur fakultative Bedeutung haben.

Das tritt besonders ein bei solchen Rostpilzen, die ihre ganze Entwicklung nicht auf ein und derselben Pflanzenart durchmachen, sondern heteröcisch sind, d. h. die ihnen eigenen Entwicklungsphasen auf verschiedenen Wirthspflanzen durchleben.

Gerade die Eigenthümlichkeit, dass dieselbe Pilzart oft auf ganz verschiedenen Pflanzen in verschiedener Gestalt auftritt, erschwert die Feststellung des ganzen Entwicklungsganges in hohem Grade. Es

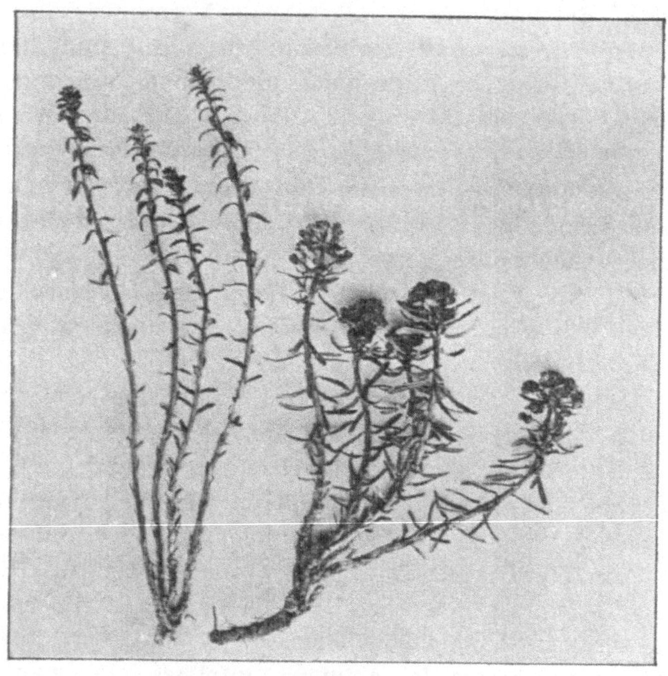

Fig. 113.

Uromyces Pisi. Links kranke, deformirte — rechts gesunde, normale Pflanze
von Euphorbia Cyparissias.

giebt noch viele Rostpilze, von denen wir nur die eine oder andere Sporenform kennen, oder wenigstens noch nicht wissen, welche verschiedene Formen in den Entwicklungsgang derselben Pilzart gehören. Man hat nun auch früher bei solchen Rostpilzen, die uns jetzt ganz genau bekannt sind, für jede Sporenform einen besonderen Namen aufgestellt, etwa ähnlich so, als wenn man für die verschiedenen Entwicklungsformen eines Schmetterlings verschiedene Gattungs- und Artnamen besässe. Heute bezeichnet man die Rostpilzform immer nach dem Namen der Dauersporenform. Die Uredo- und Äcidienformen, deren Zugehörigkeit zu einer Dauersporenform uns noch unbekannt ist, vereinigt man in den Gattungen Äcidium, Caeoma, Uredo. Wir werden dieselben am Schlusse dieses Abschnittes kennen lernen.

Uromyces ist durch einzellige Teleutosporen charakterisirt.

Uromyces Pisi Pers. Der Erbsenrost entwickelt seinen Rost und seine Dauersporen auf den Blättern der Gattungen Pisum, Lathyrus und Vicia, wogegen die Äcidien auf der Wolfsmilch entstehen. Die befallenen Wolfsmilchpflanzen bekommen ein ganz verändertes Ansehen, indem ihre Stengel sich nicht verzweigen und auch nicht blühen, die Blättchen, auf deren Unterseite die Äcidien hervorkommen, kurz, dick und rundlich werden (Fig. 113).

Puccinia besitzt zweizellige Teleutosporen, die auf einer Basidie stehen und mit dieser verbunden bleiben.

Puccinia graminis Pers., ist die häufigste Art des Getreiderostes, welche nicht nur an unseren Getreidesorten, sondern auch an vielen anderen Gräsern überall verbreitet auftritt. Die strichförmigen Teleutosporenhäufchen überwintern auf den gewöhnlichen Gräsern, bleiben aber auch auf den Stoppelfeldern zurück, wenn sie an den unteren Halmtheilen der Getreidepflanzen zur Entwicklung gelangten. Wenn die im Frühjahr an den Promycelien entstehenden Sporidien auf junge Blätter des Sauerdorns, Berberis vulgaris, gelangen, so veranlassen sie die Entstehung des Berberitzenpilzes, Aecidium Berberidis (Fig. 112 *A*). Der Äcidienbildung geht das Auftreten zahlreicher Pycniden (Spermogonien) voraus. Die Äcidiensporen keimen nur auf Getreide und anderen Grasarten und erzeugen hier den Getreiderost, Uredo linearis (Fig. 112 *III*). Etwa schon 8 Tage nach der Infektion kommen die gelben Uredopolster in linearer Gestalt auf den Blättern und Stengeln der Getreidepflanzen zum Vorschein, verfliegen und erzeugen immer innerhalb weniger Tage neue Uredosporenlager. Dadurch verbreitet sich zumal bei feuchter Witterung der Rost ausserordentlich schnell.

Die Uredosporen können auch überwintern und von anderen Unkrautgräsern den Rostpilz wieder direkt auf die Getreide im nächsten Jahre übertragen.

Im Herbste entstehen vielfach auf dem Uredosporenlager, aber auch unabhängig von jenem schwarze, strichförmige Lager von zweizelligen Teleutosporen. Diese stehen auf langen Trägern (Fig. 112 *II*).

Die Krankheit des Rostes, die besonders schädlich auf Weizen, Roggen und Hafer auftritt, aber auch auf zahllosen anderen Gräsern vorkommt, entsteht im Frühjahr und Sommer auf verschiedene Weise. Einmal dadurch, dass die Sporidien der Promycelien an den überwinterten Dauersporen auf die Berberitzen kommen, hier die Äcidiensporen erzeugen, die nun erst den Getreiderost veranlassen. Zweitens dadurch, dass die Sporidien direkt auf Getreidepflanzen keimen und die Rostform entwickeln. Die Äcidienform ist also fakultativ, d. h. sie kann überschlagen werden. Drittens endlich können auf wilden Gräsern die Rostsporen überwintern und im Frühjahr auf die Getreidepflanzen überfliegen und dort die Krankheit hervorrufen. Aus Vorstehendem geht hervor, dass die Ausrottung der Berberitzenhecken rathsam, aber kein sicheres Mittel gegen Getreiderost ist.

Frühzeitige Saat soll ebenfalls nützlich sein. Endlich sollen gewisse Varietäten der Getreide gegen Infektion mehr gesichert sein und dürfte es zunächst darauf ankommen, nach dieser Richtung hin Versuche anzustellen.

Puccinia coronata Corda, Krönchenrost des Hafers. Unter diesem Namen scheinen nach Klebahn zwei verschiedene Arten zusammengefasst zu sein. Puccin. coronata I. hat die Äcidien auf Frangula, die Uredo- und Teleutosporen dagegen auf sehr verschiedenen wild wachsenden Grasarten. Pucc. cor. II hat die Äcidien auf Rhamnusarten, die Uredo- und Teleutosporen dagegen auf Hafer und wilden Gräsern.

Bemerkenswerth ist für die Äcidienform, dass durch sie starke Verdickungen und Verkrümmungen der jungen Triebe, sowie blasenförmige Veränderungen der Blätter und Blüthentheile hervorgerufen werden. Die obere Teleutosporenzelle hat zackige Auswüchse der Membran.

Puccinia Rubigo-vera D. C. (P. straminis Fuck.). Diese Rostform hat ihre Äcidien auf Anchusa und wahrscheinlich auch auf anderen Boragineen. Die Uredo- und Teleutosporenlager kommen auf sehr verschiedenen Grasarten vor, besonders verderblich auf Weizen und Roggen, Gerste und Hafer.

Die Teleutosporenlager sind von einem Kranz brauner Paraphysen bedeckt, die Sporenträger sind sehr kurz. Es ist nachgewiesen, dass das Mycel in den Gräsern überwintert und der Pilz nicht an die Äcidiengeneration gebunden ist, wodurch natürlich die Bekämpfung ausserordentlich erschwert ist.

Puccinia Malvacearum Mont. Der Malvenrost. Dieser ursprünglich in Chile heimische Rostpilz ist erst vor 30 Jahren nach Frankreich eingewandert und hat sich seitdem über ganz Europa verbreitet. Er besitzt nur Teleutosporen, d. h. keine Äcidien und Uredoformen und keimt immer sogleich wieder auf den Malven, die vielerorts schon völlig vernichtet worden sind.

Puccinia Helianthi Schwein. Der Sonnenblumenrost ist ebenfalls ein Fremdling, der aus Nordamerika eingewandert ist und auf Helianthus annuus wie tuberosus durch ganz Europa schädlich wird. Er erzeugt auf derselben Wirthspflanze alle drei Sporenformen.

Puccinia Asparagi D. C., Spargelrost entwickelt ebenfalls alle Sporenformen auf der Spargelpflanze. Auf dem Spargelstroh überwintern die Teleutosporen. Vor etwa 30 Jahren hatte sich dieser Parasit in der Braunschweiger Gegend in so hohem Grade vermehrt, dass die sonst so ergiebige Spargel-ernte ausserordentlich geschädigt wurde. Nachdem auf mein Anrathen mit der planmässigen Vernichtung (Verbrennung) des erkrankten resp. abgestorbenen Spargelstrohs energisch vorgegangen worden war, hat die Verbreitung dieses Rostes ein sehr geringes Maass angenommen.

Melampsora.

Die Teleutosporen sind einzellig oder werden erst durch nachträglich entstehende vertikale Wände mehrzellig. Sie stehen palissadenförmig unter der Epidermis in kleineren dunklen Flecken zusammen. Die Äcidienfrucht ist ohne Peridie und wird als Caeomalager bezeichnet.

Fig. 114.

Aspenblatt mit den Teleutosporenlagern von Melampsora pinitorqua.

Melampsora pinitorqua Rostr. Die Zitterpappeln leiden an diesem Rost zuweilen in hohem Grade, nachdem das Laub durch die im Laufe des Sommers zur Entwicklung und Vermehrung gelangten Uredosporen schon im August ganz goldgelb erschienen sind.

Die Teleutosporenlager sind von der Oberhaut des Blattes bedeckt und treten als anfangs bräunlich gelbe, später schwarzbraune glatte Polster über die Blattoberfläche hervor (Fig. 114), während die gelben Uredopolster nach Durchbrechung der Oberhaut als lockere Sporenhäufchen sich zu erkennen geben.

Die Caeomaform dieses Pilzes erzeugt die Kieferndrehkrankheit.[1])

Diese Krankheit ist durch ganz Deutschland, vorzugsweise aber im Norden verbreitet und hat sich zumal in den Jahren 1870—73

dort in verheerender Weise gezeigt. Die Krankheit kann schon junge, soeben zum Vorschein gekommene Kiefernkeimlinge befallen und treten dann am Stengel oder an den Nadeln läng-

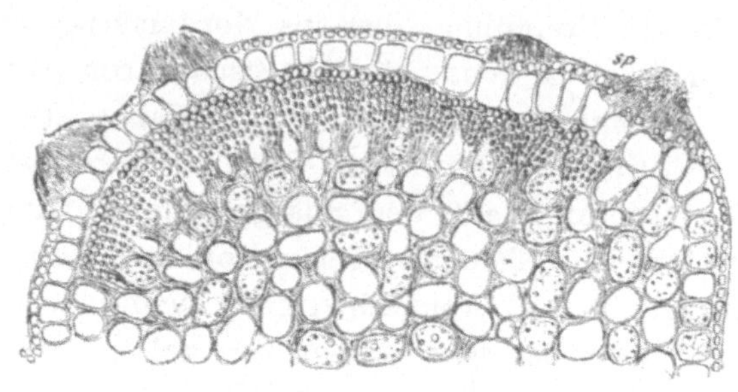

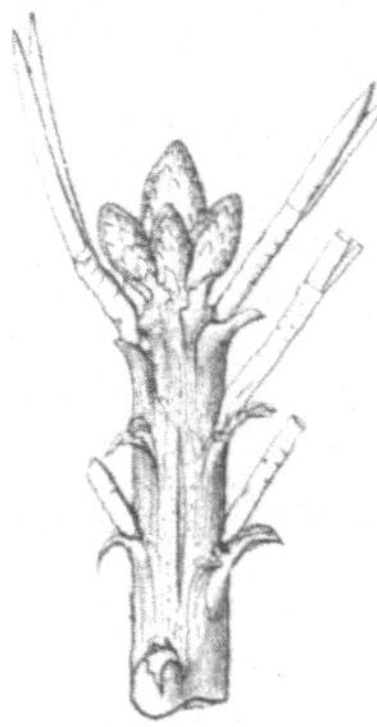

Fig. 115.

Spitze eines jungen Kieferntriebes mit aufgeplatztem Caeoma pinitorquum Sporenlager im Rindengewebe ¹/₁.

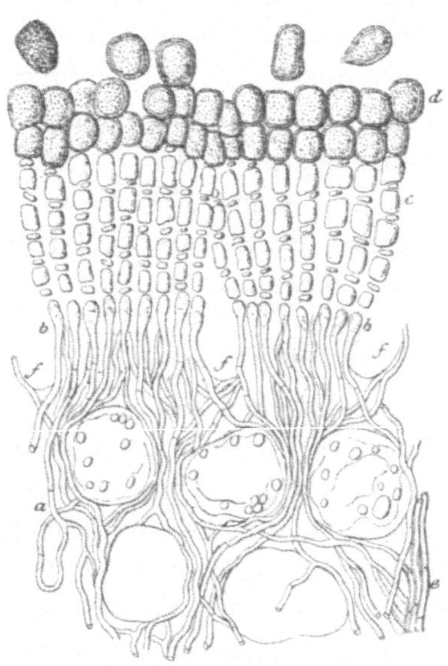

Fig. 116.

liche hellgelbe Sporenlager aus der aufplatzenden Oberhaut zum Vorschein. Am

Caeoma pinitorquum. Die obere Figur zeigt 4 sogen. Spermogonien, von denen das eine (rechts) zahlreiche Spermatien abschnürt. Die untere Figur stellt ein Caeomalager dar. Die zwischen den theils absorbirten, theils stark zusammengedrückten Rindenzellen f stehenden Basidien b schnüren die anfänglich zartwandigen, durch Membranlamellen von einander getrennten Sporen c an der Spitze succedan ab. Die Membranlamellen (Zwischenstücke) verschwinden mit der Ausbildung der Sporenmembran d. Die das Lager bedeckende Rindenschicht ist in der oberen Figur noch nicht geplatzt, da die Zahl der ausgebildeten Sporen noch gering ist.

<hr>

[1]) R. H., Caeoma pinitorquum A. Br. Der Kieferndreher, mit 9 Fign. Wichtige Krankheiten der Waldb., 1874.

R. H., Allgem. Forst- u. Jagdzeitg. 1885, S. 326.

häufigsten beobachtet man sie an jungen Kiefernschonungen von 1 bis 10jährigem Alter, weil die Infektion von den am Erdboden liegenden, mit den Teleutosporen von Mel. pinitorqua besetzten Aspenblättern ausgeht. Die Krankheit äussert sich darin, dass Anfang Juni, seltener schon Ende Mai, zu der Zeit, in welcher an den neuen Jahrestrieben die grünen Nadelbüschel mit ihren Spitzen schon ein wenig aus der Nadelscheide hervorgekommen sind, an dem grünen Rindengewebe der Triebe blassgelbe Stellen von 1—3 cm Länge und $^1/_2$—1 cm Breite (Fig. 115) auftreten, auf denen mittelst Lupe zahlreiche kleine, etwas tiefer gelb gefärbte Höckerchen, die Spermogonien, zu erkennen sind. Diese entstehen theils in den Epidermiszellen, theils zwischen diesen und der Cuticula, die von letzterer abgehoben wird und das Spermogonium bekleidet (Fig. 116 *sp*). In der zweiten oder dritten Rindenzellschicht entsteht das Caeomalager, indem sich das intercellulare Mycel, aus dem Inneren des Stengels nach aussen wachsend, in dieser Zelllage zu einer Fruchtschicht entwickelt, welche dann auf der Spitze der Basidien nach aussen hin die Äcidiensporen in gebräuchlicher Weise abschnürt. Mit der Ausbildung dieses inneren Sporenlagers färbt sich einestheils die betreffende Rindenstelle äusserlich immer tiefer goldgelb, anderntheils erhebt sich dieselbe etwas polsterförmig, bis die äussere Rindenschicht in einem Längsrisse aufplatzt (Fig. 115) und die Sporen verstäuben. Das Gewebe der Rinde·stirbt bis zum Holzkörper ab und die getödtete Stelle überwallt im günstigen Falle binnen Jahr und Tag.

Da während der Entwicklung des Fruchtträgers und noch einige Zeit nachher die normale Längenstreckung des jungen Triebes fortdauert, diese aber an der kranken Stelle gestört ist, so krümmt sich der kranke Trieb an der vom Fruchtlager eingenommenen Stelle ein wenig; vielfach müssen aber die eintretenden Triebkrümmungen, welche dem Parasiten die Bezeichnung Kieferndreher, C. pinitorquum, verschafft haben, auf die Schwere der jungen Triebe zurückgeführt werden, welche bei einseitiger, erheblicher Verletzung eine Senkung der oberhalb der Wunde liegenden Triebspitze an Quirlzweigen zur Folge haben muss. Später wächst die Spitze wieder nach oben und es entstehen S-förmige Krümmungen (Fig. 117, S. 134). Ist die Witterung normal, dann entstehen alljährlich an den neuen Trieben einige wenige solcher Fruchtlager. Ist das Wetter sehr trocken, dann verkümmern die Sporenlager in ihrer ersten Entstehung, ein Schaden ist äusserlich nicht wahrnehmbar. Ist der Monat Mai und Anfang Juni sehr regenreich, dann entstehen zahlreiche Fruchtlager und diese in solcher Üppigkeit, dass die Triebe mit Ausschluss der Basis ganz absterben und vertrocknen (Fig. 117). Eine heftig erkrankte Kiefernschonung erscheint Ende Juni so, als ob ein Spätrost alle neuen Triebe getödtet und gekrümmt hätte. Im nächsten Jahre entwickeln sich alsdann aus den an der Triebbasis noch verbliebenen Nadelbüscheln die Scheidenknospen zu Scheidentrieben, die allerdings in der Folge wiederum erkranken.

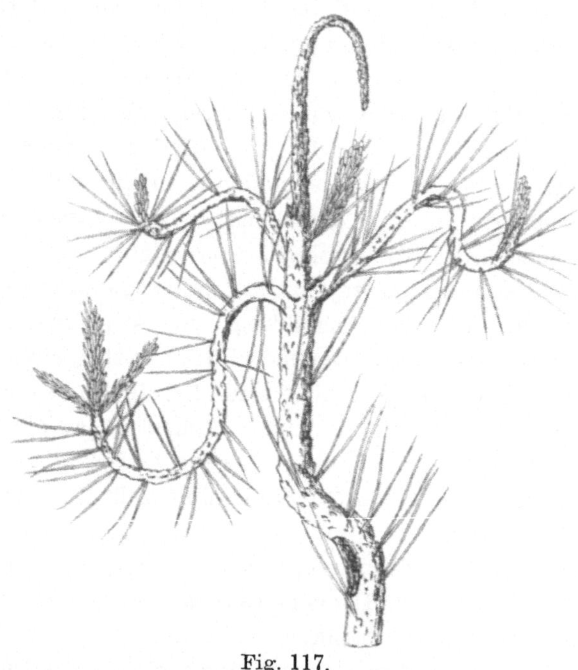

Fig. 117.

Gipfel einer durch Caeoma pinitorquum beschädigten Kiefer. Der Gipfeltrieb ist bis nahe der Basis ganz vertrocknet. Die Quirltriebe, sowie der Schaft zeigen alte Pilzstellen und Krümmungen.

Der Umstand, dass eine einmal vom Pilz befallene Kiefer Jahrzehnte hindurch alljährlich wieder von der Krankheit zu leiden hat, berechtigt zu der Annahme, dass das Pilzmycel in den Trieben perennirt. Von dem zuerst erkrankten Theile eines Kiefernbestandes, vom Krankheitsheerde, verbreitet sich dieselbe mit jedem Jahre fortschreitend in centrifugaler Richtung. Es ist noch hervorzuheben, dass ganz junge 1—3jährige Schonungen der Krankheit meist erliegen; im späteren Alter erkrankende Kiefern verkrüppeln oft so sehr, dass sie wenig Hoffnung auf einen gesunden Bestand übrig lassen. In der Regel treten dann aber einmal einige Jahre Ruhe ein, in denen trockenes Frühjahrswetter die Pilzentwicklung zurückhält, und die Pflanzen erholen sich dann allmählich, wenn sie auch in ungünstigen Jahren wieder beschädigt werden. Mit dem dreissigsten Jahre etwa verschwindet die Krankheit von selbst. Aushieb der Aspen aus den Kiefernverjüngungen ist das sicherste Mittel gegen die Krankheit.

Melampsora Laricis Tremulae.[1])

Der Lärchennadelrost ist durch ganz Deutschland verbreitet und oft so häufig, dass ein grosser Theil der Benadlung durch den Pilz zerstört wird. Er wird vielfach übersehen, weil die Beschädigung eine gewisse Ähnlichkeit mit der durch Chermes Laricis hervorgerufenen hat. Im Monat Mai treten zunächst zahlreiche Spermogonien auf den Nadeln auf, unter denen die Caeomalager als lange oder kurze gelbe Polster die Oberhaut der Nadel durchbrechen (Fig. 118).

Nach den neuesten Untersuchungen besonders von Klebahn giebt es auf der Lärche fünf verschiedene Arten von Caeoma, die mit den nachstehenden Melampsoraarten in Zusammenhang stehen:

Fig. 118.
Lärchennadeln mit Caeoma
Larici-Tremulae.

1. **Melampsora populina Lév.** auf Schwarzpappeln.
2. **Melampsora Larici-Tremulae Kleb.** auf Zitterpappeln.
3. **Mel. Larici-Capraearum Kleb.** auf Sohlweiden.
4. **Mel. Larici-epitea Kleb.** auf Sohlweiden, auf Salix viminalis und Salix fragilis.
5. **Mel. Larici-Pentandrae Kleb.** auf Salix pentandra und fragilis.

Auf der Zitterpappel Populus tremula kommen fünf verschiedene Melampsoraarten vor.

1. **Mel. Larici-Tremulae Kleb.** hat sein Äcidium auf Larix.
2. **Mel. Rostrupii Wagn.** hat das Äcid. auf Mercurialis perennis·

---

[1]) R. H., Caeoma Laricis R. H. Der Lärchennadelrost, mit 6 Fig. Wichtige Krankheiten 1874.

R. H., Die Aspe als Feind der Kiefer und Lärche. Allgem. Forst- und Jagdk. 1885. S. 326.

R. H., Botan. Centralblatt, Bd. XLVI, 1889 und 1891.

3. **Mel. Magnusiana** Wagn. hat das Äcid. auf Chelidonium majus.

4. **Mel. Klebahnii** Bubák mit dem Äcid. auf Corydalis solida.

5. **Mel. pinitorqua** Rostr. mit dem Äcid. auf Pinus silvestris.

Ausser den vorstehend aufgeführten Arten mag hier noch eine Melampsoraart erwähnt werden: **Melampsora Hartigii** Thümen[1]). Sie hat ihre Äcidienform auf Ribesarten, ihre Uredo und Teleutosporenform auf Korbmacherweiden und Reifweiden.

Fig. 119.

Melampsora Hartigii auf Salix pruinosa. *a* Lebendes Blatt mit Sporenpolster. *b* Stellenweise bereits vertrocknet. *c* Sporenlager nahe der Blattstielbasis im Stengel.

Die Uredosporen erscheinen zuweilen schon Ende Mai oder Anfang Juni als kleine rothgelbe Häufchen auf der Unterseite, seltener auch auf der Oberseite der Blätter von Salix pruinosa, daphnoides, viminalis und mollissima; sie vermehren sich schnell, einestheils durch inneres Mycelwachsthum, welches durch die Blattstiele auch in die Rinde der Triebe eindringt (Fig. 119 *c*), anderntheils durch die Uredosporen selbst, welche, durch den Luftzug weitergeführt, sehr bald keimen und durchschnittlich schon am achten Tage nach der Aussaat auf ein gesundes Blatt das Hervortreten zahlreicher neuer Uredohäufchen veranlassen. Die befallenen Blätter werden schon frühzeitig schwarzfleckig und fallen ab. Schon vor dem Abfallen resp. Absterben der Blätter entstehen besonders im Nachsommer und Herbste zahlreiche, etwa stecknadelknopfgrosse Teleutosporenlager unter der Oberhaut des Blattes. Anfänglich hellbraun, später tief schwarzbraun gefärbt, überwintern diese kleinen Polster in der Substanz der am Boden liegenden, verwesenden Blätter und entwickeln dann im Frühjahr Promycelien und Sporidien (ähnlich wie Fig. 120). Diese Sporidien gelangen durch den Luftzug auf die Blätter der neuen Weidentriebe und rufen die Krankheit aufs neue hervor. Auf den Blättern von Ribes alpinum, Grossularia, rubrum, nigrum erzeugen sie das Caeoma Ribesii.

---

[1]) R. H., Melampsora salicina. Der Weidenrost, 3 Fig. Wichtige Krankheiten d. W., 1874. S. 119.

In verheerender Weise habe ich den Pilz bisher nur auf der Salix pruinosa (syn. caspica, acutifolia) angetroffen, und wurden zahlreiche Weidenheger durch wiederholte frühzeitige Entblätterung völlig getödtet. Die besten Vorbeugungsmassregeln bestehen im Zusammenrechen und Untergraben oder Verbrennen des abgefallenen, pilzhaltigen Laubes im Spätherbst bis Frühjahr, sowie im sorgfältigen Revidiren der Weidenheger während des Sommers. Sobald der Rost sich auf einzelnen Pflanzen zeigt, ist das Abschneiden und Eingraben

Nach Tulasne. Fig. 120.

Melampsora betulina. Teleutosporenlager (*b*) im Keimungsstadium mit zahlreichen Promycelien und Sporidien (*s*). *e* Epidermis, *p* Parenchym, *r* Mycel.

der befallenen Ruthen rathsam. An Stelle der nacktblättrigen Salix pruinosa, welche am meisten durch den Pilz zu leiden hat, empfiehlt sich der Anbau des Bastardes Salix pruinosa×daphnoides, welcher behaart und dadurch gegen Infektion mehr geschützt ist.

Melampsora Evonymi-Capraearum ist sehr verbreitet auf Salix Caprea, cinerea aurita und entwickelt auf Evonymus die Äcidien von Caeoma Evonymi.

Melampsora repentis Plowr. auf Salix repens erzeugt das Caeomalager auf Orchis maculata.

Melampsora Galanthi-Fragilis auf Salix fragilis erzeugt ihre Caeomalager auf Galanthus nivalis.

Fig. 121.

Eine Pflanze von Vaccinium Vitis Idaea, durch Calyptospora Goeppertiana inficirt. *a* Der inficirte Stengel mit Mycel. *b* Die neuen Triebe im Jahre nach der Infektion werden unter dem Einflusse des Mycels dicker und nur die Spitze wird nicht deformirt. *c* Jüngster Trieb. *d* Abgestorbener Trieb.

Andere Melampsoraarten mit noch unbekannten Caeomalagern sind unter anderen:

Melampsora Lini Pers., Flachsrost auf Linumarten.

Melampsora Ariae Schleich., Carpini, Padi, Vaccinii etc.

Melampsora betulina Denn. = Melampsoridium betulinum Klebahn hat die Teleutosporen auf Betula alba und die Äcidien auf Larix (Aecidium Laricis Kleb.) (Fig. 120, S. 137).

Calyptospora. Die Teleutosporen bilden sich innerhalb der Epidermiszellen und werden durch Vertikalwände vierzellig.

Calyptospora Goeppertiana[1]) Kühn.

Der Preisselbeerpilz und dessen Äcidienform, der Weisstannensäulenrost, Aecidium columnare, sind überall da zu Hause, wo sich Weisstannen befinden, ja die erstere Form kommt auch in Gebieten vor, denen die Tanne fehlt, so dass schon hierin ein Beweis dafür liegt, dass die Äcidienform nur einen fakultativen Charakter besitzt.

Die von dem Parasiten befallenen Exemplare des Vaccinium Vitis Idaea zeichnen sich sofort durch Wuchsform und Habitus von den gesunden Pflanzen aus.

Während letztere nur wenig vom Boden sich erheben, wachsen die vom Pilz besetzten Exemplare gerade empor, zeigen ein ungemein kräftiges Längenwachsthum, entwickeln auch wohl in demselben Jahre noch zweite Triebe (Fig. 121). Einzeln oder horstweise ragen die erkrankten

---

[1]) R. H., Lehrbuch 1. Aufl. 1 kolor. Tafel, 1882.

Pflanzen über den gesunden Bestand empor, bis zu 0,3 m Höhe erreichend. Sie zeigen dabei ein auffallendes Aussehen, indem der grössere Theil des Stengels zu Federspuldicke angeschwollen ist und nur der oberste Theil eines jeden Triebes die normale Stengeldicke behält. Der verdickte, schwammige Stengeltheil hat anfänglich eine weisse oder schön rosarothe Farbe, die aber bald in eine braune, später schwarzbraune Farbe sich verändert. Die untersten Blätter jedes Triebes verkümmern, die oberen kommen zur normalen Entwicklung. Inficirt man eine gesunde Preisselbeerpflanze mit den gleich zu erwähnenden Äcidiensporen des Tannensäulenrostes, so bleibt der Stengel im ersten Jahre unverändert, obgleich sich das Mycel im Rindengewebe verbreitet. Im nächsten Jahre werden aber die neuen Triebe in der vorbeschriebenen Form beeinflusst. Das Pilzmycel wächst in die neuen Triebe, veranlasst eine Vergrösserung aller Rindenzellen, kann diese Einwirkung aber nur so lange ausüben, als die Zellen der neuen Triebe noch

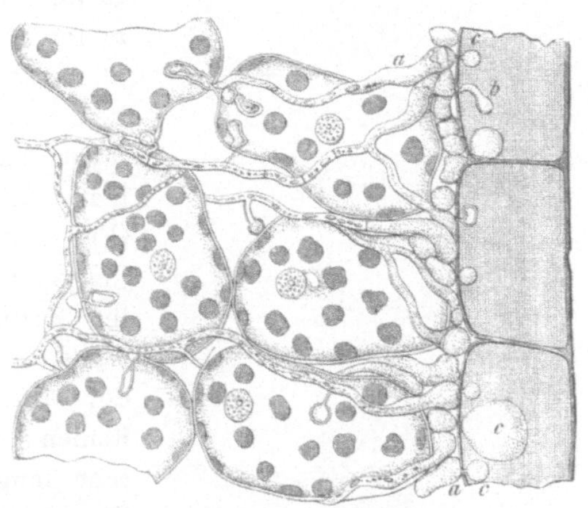

Fig. 122.

Rindenparenchym und Epidermiszellen aus dem Stengel von Vaccinium Vitis Idaea. Das Mycel ist intercellular und legt kurze, an der Spitze anschwellende Äste an die Aussenwand der Zellen, die durch einen feinen Fortsatz durchbohrt wird, worauf sich im Innern der Zelle eine sackartige Saugwarze entwickelt. Unter den Oberhautzellen erweitern sich die Hyphen keulenförmig aa. Saugwarzen b und Teleutosporenmutterzellen cc entwickeln sich in den Epidermizellen. $^{420}/_1$.

jung sind. Da nun das Mycel langsam im Triebe aufwärts wächst, erreicht es die Spitze desselben erst zu einer Zeit, in welcher die Zellen der Rinde schon völlig ausgebildet sind, und vermag sie nicht mehr zur Vergrösserung anzuregen.

Das Mycel wächst aber bis zur obersten Knospe empor und kann schon in demselben Jahre deren Austreiben veranlassen. Das intercellular perennirende Mycel entnimmt durch Haustorien die Nahrung aus den Parenchymzellen (Fig. 122), wächst sodann gegen die Oberhaut hin, unter den Epidermiszellen keulenförmig sich verdickend (Fig. 122 aa).

Auch in die Epidermiszellen sendet es Saugwarzen *b*, die sich durch ihre Gestalt sofort unterscheiden von den in die Epidermiszellen hineinwachsenden jungen Sporenmutterzellen *cc*.

In jede Epidermiszelle wachsen etwa 4 bis 8, meist 6 solcher Mutterzellen, welche, sich vergrössernd, den ganzen Innenraum einnehmen, sich dann in je 4 Teleutosporen theilen, die palissadenförmig neben einander stehen (Fig. 123 *a a*). Im Mai des nächsten Jahres bei feuchter Witterung keimt jede Teleutospore zu einem Promycel aus *b*, an dem auf kurzen Sterigmen die Sporidien sich entwickeln (Fig. 123 *c d*). Gelangen diese auf die jungen Nadeln der Weisstanne, so dringt ihr Keimschlauch ein, und aus dem Mycel entstehen nach 4 Wochen auf der Unterseite der Nadeln je zwei Reihen von Äcidien, die durch eine sehr lange Peridie ausgezeichnet sind (Fig. 124). Die Peridien platzen an der Spitze in verschiedener Weise auf und entlassen die Sporen (Fig. 125). Diese sind dadurch ausgezeichnet, dass die Zwischenzellen, welche die einzelnen Sporen von einander trennen, sehr lang gestreckt sind. Gelangen die Äcidiensporen auf die Epidermis einer Pflanze von Vaccinium Vitis Idaea, so keimen sie, und zwar entweder in einem gleichmässig dick bleibenden, zuweilen sich verästelnden Schlauche, oder mit einem gegen das Ende hin sackartig sich verbreiternden Keimschlauche. Die Infektion erfolgt durch eine feine, von dem Sporenkeimschlauche ausgehende Hyphe.

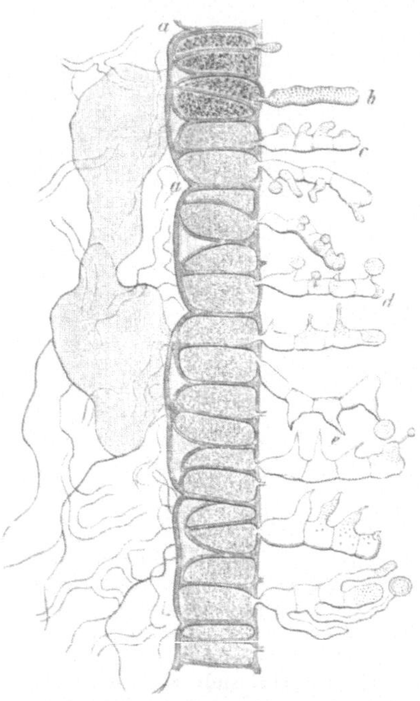

Fig. 123.

Oberhaut und Rinde des Preisselbeerstengels mit reifen und keimenden Dauersporen der Cryptospora Goeppertiana. *a* Die in 4 Dauersporen getheilten Mutterzellen stehen meist zu 6 in einer Epidermiszelle. *b* Promycelium einer keimenden Dauerspore, an dem nach Entstehung von 3 Querwänden meist 4 Sporidien auf kleinen Sterigmen sich entwickeln. *c*. Vergr.: $^{204}/_1$.

Die Tannennadeln erhalten sich noch ziemlich lange Zeit völlig grün und fallen erst im Laufe des Sommers ab, doch habe ich noch im August grüne Nadeln mit den vertrockneten Äcidien gefunden.

Eine bemerkenswerthe Beschädigung tritt nur dann ein, wenn

junge Weisstannenwüchse in einem stark erkrankten Preisselbeer-
bestande stehen und der grössere Theil der Nadeln erkrankt. Die
Äcidienform hat einen fakultativen Charakter, d. h. sie kann fehlen,
ohne die Existenz des Parasiten zu gefährden, dessen Sporidien auch
direkt auf den Preisselbeeren zu keimen und diese zu inficiren im
Stande sind.

Wo Beschädigungen zu befürchten sind, also bei beabsichtigten
Verjüngungen der Bestände, würde man durch Ausreissen der sehr

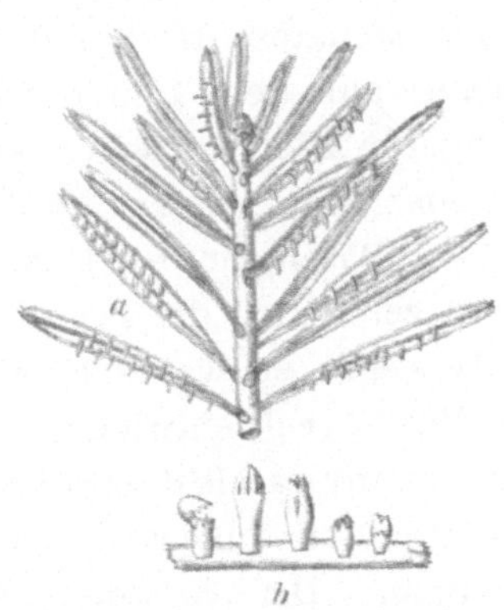

Fig. 124.

a Weisstannenzweig, dessen
Nadeln auf der Unterseite zwei
Reihen Äcidien der Calypto-
spora Goeppertiana (Aecidium
columnare) entwickeln. *b* Die
Äcidien vergrössert.

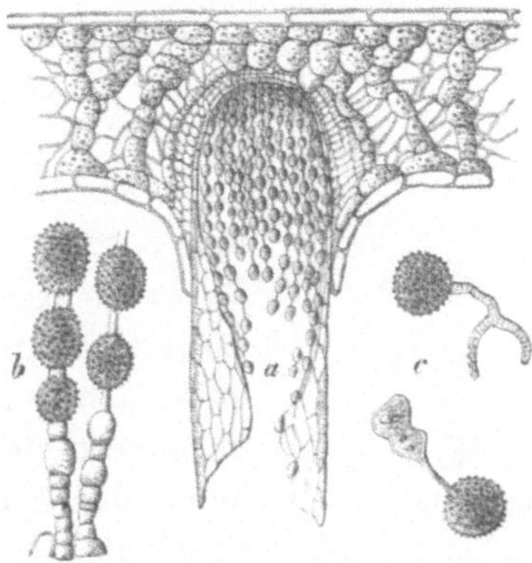

Fig. 125.

a Ein Äcidium von Cal. Goeppertiana, stärker vergrössert, im
Gewebe der Tannennadel. *b* Äci-
diensporenreihe mit den Zwischenzellen. *c* Keimende Äcidiensporen.

leicht erkennbaren kranken Preisselbeerpflanzen das Auftreten des
Tannensäulenrostes beschränken können.

Pucciniastrum Epilobii Pers. entwickelt auf den Nadeln der
Weisstanne Äcidien, welche denen des Aecidium columnare sehr ähnlich sind.

Ein dem Aecidium columnare sehr ähnliches, nur durch weisse
Sporen davon verschiedenes Aecidium (pseudo-columnare) tritt ebenfalls auf den Tannennadeln auf. Die zugehörige Teleutosporenform
dieses Pilzes ist aber noch nicht bekannt.

Coleosporium Senecionis[1] Pers. Die Gattung Coleosporium
unterscheidet sich von der vorhergehenden dadurch, dass die Teleuto-

---

[1] R. H., Peridermium Pini Pers. Der Kiefernnadelrost, 1 Tafel. Wichtige
Krankh. der Waldb., 1874.

sporen aus mehreren über einander stehenden Zellen gebildet sind, von denen jede ein einzelliges Promycel mit nur einem Sporidium erzeugt.

Das Col. Senecionis, welches seine Teleutosporen und Uredosporen auf Senecio vulgaris, viscosus, silvaticus, vernalis und Jakobaea entwickelt, hat in dem Peridermium Pini acicola, dem Kiefernnadelrost, seine Äcidienform (Fig. 126).

Die Äcidien und Spermogonien kommen in den Nadeln verschiedener Kiefernarten vor.

Die Äcidienform beobachtet man in den Monaten April und Mai oft in ungeheurer Menge auf den 1 und 2jährigen Nadeln zumal jüngerer Kiefern, selten auch an alten Bäumen. Zwischen den nur wenige Millimeter grossen rothgelben Blasen finden sich die Pycniden (Spermogonien) zerstreut, die braun gefärbt sind und somit als kleine schwarze Flecken äusserlich erscheinen. Das Mycel entwickelt sich im Innern der Nadel, perennirt daselbst und kann, ohne die Nadel zu tödten, im nächsten Jahre nochmals Äcidien erzeugen. Der Schaden, den diese Pilzform hervorbringt, ist gering, denn die von Äcidien besetzten Nadeln sterben nicht oder nur stellenweise vorzeitig ab. Es entstehen nur missfarbige Stellen auf den Nadeln. Unter Umständen, z. B. in der Umgebung von Kiefernsaat- und Pflanzkämpen könnte durch Vertilgung aller Seneciopflanzen der Erkrankung vorgebeugt werden.

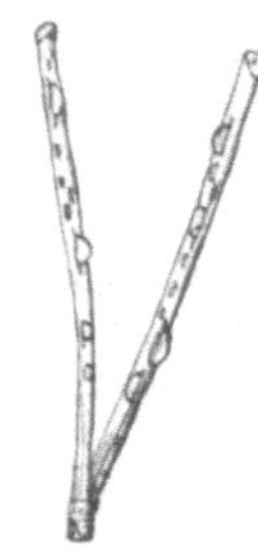

Fig. 126.
Peridermium Pini acicola mit Aecidien u. Spermogonien auf Kiefernnadeln.

Ausser der vorstehenden Art kommen noch folgende nahe Verwandte auf Kiefernnadeln vor:

Coleosporium Euphrasiae Schum., erzeugt Peridermium Stablii.

Coleosporium Tussilaginis Pers., erzeugt Peridermium Plowrightii.

Coleosporium Sonchi Pers., erzeugt Peridermium Fischeri.

Coleosporium Melampyri Kleb., erzeugt Peridermium Soraueri.

Chrysomyxa.

Die Gattung Chrysomyxa ist der vorigen nahe verwandt, insofern die Teleutosporen ebenfalls aus Reihen von Zellen bestehen von denen die oberen ein mehrzelliges Promycelium mit vier Sterigmen und Sporidien entwickeln. Die Sporenlager stellen orangegelbe dichte

Polster von verschiedener Gestalt vor. Uredo- und Äcidienlager sind der Gattung Coleosporium ähnlich.

Chrysomyxa Abietis Wattr. Der Fichtennadelrost ist ein durch ganz Deutschland, mit Ausnahme der höheren Alpenregionen, verbreiteter Feind der Fichte, der auch an älteren Fichten

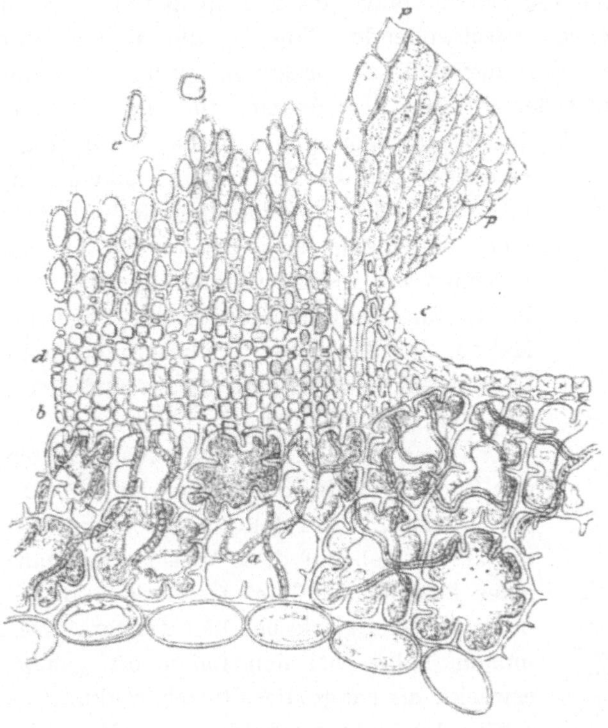

Fig. 127.

Stück eines Äcidiums von Peridermium Pini acicola. Die Basidien (*b*) entwickeln Sporen und Zwischenstücke (*d*), die mit der Ausbildung der Sporenmembran verschwinden. Ausserhalb der Peridienwand (*p*) bilden sich auch einige Basidien (*c*), welche mit ihren keulenförmigen Endzellen die Epidermis nach aussen drängen.

auftritt und oft genug in so grosser Menge auf den Nadeln der einjährigen Triebe sich entwickelt, dass ein grosser Theil derselben getödtet wird und abfällt.

Der Pilz ist autöcisch und entbehrt vollständig der Uredo- und Äcidienlager, entwickelt vielmehr nur seine Teleutosporenlager an den Fichtennadeln. Die Sporidien keimen auf den zarten Nadeln der neuen Maitriebe, entwickeln in deren Innerem ihr mit gelben

Öltropfen reich versehenes Mycelium, so dass schon Ende Juni der vom Pilz durchwucherte Nadeltheil durch eine mattgelbe Färbung sich zu erkennen giebt. Der erkrankte Theil kann die Basis, Mitte oder Spitze der Nadel einnehmen, färbt sich gegen den Herbst zu immer intensiver citronengelb, während der übrige Theil der Nadel grün bleibt. Schon im Herbst beginnt auf den beiden unteren Seiten der Nadel die Entwicklung des Teleutosporenlagers in Gestalt länglicher, etwas anschwellender Polster, die alsbald durch ihre mehr goldgelbe Färbung sich zu erkennen geben. In diesem Zustande überwintert der Pilz auf dem Baume, und im nächsten Frühjahre entwickelt sich das Teleutosporenlager immer mehr (Fig. 128), so dass

Fig. 128.

Fichtennadel mit Chrysomyxa Abietis, deren goldgelbe Sporenpolster noch nicht aufgeplatzt sind.

es schliesslich die Epidermis in einem Längsrisse sprengt und nun frei als goldgelbes Polster hervortritt. Nunmehr entwickeln sich aus den Teleutosporen die Promycelien mit ihren Sporidien, ähnlich wie dies Fig. 130, S. 145 für Chr. Rhododendri zeigt, und da dies im Monat Mai zur Zeit der neuen Triebbildung der Fichte geschieht, so können die Sporidien direkt auf den jungen Nadeln zur Keimung gelangen.

Es ist ersichtlich, dass solche Fichten, die zur Zeit der Sporidienreife noch sehr weit in der Entwicklung zurück sind, vor Infektion geschützt sein werden, und erklärt es sich auf diese Weise, dass manche Individuen eines Bestandes völlig frei vom Pilz bleiben, andere dagegen sehr stark befallen werden. Derartige Erscheinungen haben bei den Laien oft genug den Glauben erweckt, als hänge diese Pilzerkrankung von einer krankhaften Prädisposition der Fichtenindividuen ab. Nach dem Abfallen der Sporidien vertrocknen die Teleutosporenlager, die Nadeln selbst sterben bald nachher und fallen vom Baume ab. Der Nadelverlust ist in der Regel für den Baum nicht von grossem Nachtheile, da immerhin an den älteren Zweigtheilen, sowie an den neu sich entwickelnden Trieben ein reicher Vorrath von Nadeln zurückbleibt. Nur sehr selten tritt die Krankheit eine längere Reihe von Jahren hinter einander in gleicher Heftigkeit auf, da die Witterungsverhältnisse dem Keimen der Sporidien nicht immer gleich günstig sind, und das Auskeimen der Teleutosporen in eine Zeit fallen kann, in welcher die meisten Fichten schon zu weit oder umgekehrt noch nicht weit genug in der Triebbildung vorgerückt sind, um von den Sporidien inficirt werden zu können.

Mit Ausnahme eines Fichtenbestandes im sächsischen Erzgebirge habe ich denn auch noch nie einen sehr empfindlichen Schaden durch Chrysomyxa Abietis beobachtet, vielmehr kommen immer wieder Jahre, in denen die Krankheit nur sehr schwach auftritt und die Fichten einen vollen Jahrgang von Nadeln sich zu beschaffen vermögen.

Nicht uninteressant dürfte die Beobachtung sein, dass in dem strengen Winter 1879—80 die erkrankten Nadeln in vielen Gegenden vertrockneten und die Pilze somit nicht zur Entwicklung gelangten. Es ist ferner nicht selten gleichzeitig mit der Chrysomyxa das Lophodermium macrosporum auf den Nadeln anzutreffen, wodurch letztere ebenfalls in der Entwicklung gestört und schwarzfleckig werden.

Chrysomyxa Rhododendri D. C.

Der Alpenrosenrost ist insofern von besonderem Interesse, als er heteröcisch ist, seine Teleutosporen- und Uredolager in Gestalt rundlicher und länglicher kleiner Polster gruppenweise auf den Alpen-

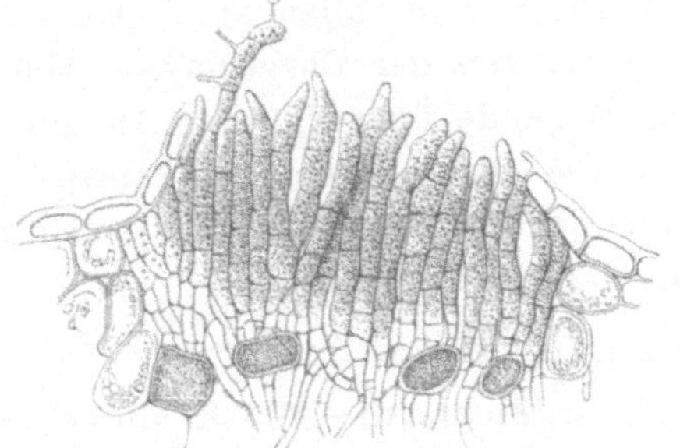

Fig. 129.

Teleutosporenlager von Chrysomyxa Rhododendri auf Rhododendron hirsutum, nach der Sprengung der Blattoberhaut mit sich entwickelnden Promycelien (nach de Bary).

Fig. 130.

Fichtennadeln mit Spermogonien und Äcidien der Chrysomyxa Rhododendri.

rosenblättern entwickelt, während die Äcidien (Aecidium abietinum, Fichtenblasenrost) auf den Nadeln der neuen Fichtentriebe zur Entwicklung gelangen.

Das Auftreten dieser Fichtenkrankheit ist somit an die Gegenwart der Alpenrosen (Rhododendron hirsutum und ferrugineum) gebunden, wenn auch selbstredend durch Regen oder Wind eine Verbreitung der Sporidien aus den Hochlagen in die Thäler nicht ausgeschlossen ist. De Bary hat aber auch den Nachweis geliefert, dass die Äcidienform entbehrlich ist, dass da, wo Fichten fehlen, die Sporidien auf den

Blättern der Alpenrosen direkt keimen und Uredolager erzeugen, die den Pilz im Sommer erhalten und ausbreiten, bis im Herbste wiederum Teleutosporenlager auf den Blättern der jüngsten Alpenrosentriebe entstehen. Diese überwintern, und im nächsten Frühjahr erfolgt durch Auskeimen der Teleutosporen ein Sprengen der Blattepidermis (Fig. 129).

Die Entwicklung des Parasiten in der Fichtennadel hat anfänglich Ähnlichkeit mit der der Chrysomyxa Abietis, doch schon im Juli und August bemerkt man auf dem gelb gefärbten Nadeltheile zuerst zahlreiche kleine Pünktchen, die Spermogonien, und bald darauf die die Epidermis sprengenden gelben Blasen der Äcidien, welche mit denen des Kiefernblasenrostes auf den Kiefernnadeln grosse Ähnlichkeit besitzen (Fig. 130). Wenn die Peridien an der Spitze aufplatzen, dann stäuben im August die Äcidiensporen in so grosser Masse, dass beim Schütteln einer kranken Fichte eine dichte Sporenwolke die Luft erfüllt. Schon im Laufe desselben Jahres sterben die erkrankten Nadeln und fallen ab. Dadurch unterscheidet sich dieser Parasit sofort von der Chrysomyxa Abietis, die auf dem Baume im unreifen Zustande überwintert. An den Seitenzweigen erkranken meist nur die der oberen Seite entspringenden Nadeln. Die Nadeln der Unterseite bleiben gesund, weil sie durch die oberen gegen Infektion geschützt waren.

Chrysomyxa Ledi Alb. u. Schwein.

Dieser Parasit erzeugt auf der Fichte dieselbe Krankheitserscheinung, wie der vorige, seine Teleutosporen und Uredosporen entwickeln sich dagegen auf den Blättern von Ledum palustre. Nach brieflichen Mittheilungen tritt der Pilz in Russland in kolossaler Verbreitung auf, neuerdings wurde er mir auch aus dem Regierungsbezirke Königsberg zugesandt. Auch in anderen Gegenden Deutschlands, mit Ausnahme des südlichen Theiles, ist er mehrfach beobachtet, selbstredend nur da, wo Kienporst in nächster Nähe auftritt.

Cronartium.

Die Teleutosporen sind einzellig und werden in langen Ranken gebildet, in welchen sie auch keimen und Sporidien bilden. Sie entstehen an den Stellen, wo vorher die eiförmigen Uredosporen innerhalb einer kurzen Peridie auf kurzen Stielen abgeschnürt wurden.

Cronartium asclepiadeum Willd., Rindenblasenrost der Kiefer. Die Uredo- und Teleutosporen bilden sich auf Cynanchum Vincetoxicum

Die Äcidien bilden den Blasenrost in der Rinde der gemeinen Kiefer (Kiefernkrebs, Kiefernräude). Es giebt aber mehrere Arten von Kiefernblasenrost in der Rinde, die sich kaum wesentlich von einander unterscheiden. Der durch Cron. asclep. entstehende Blasenrost wird als Peridermium Cornui bezeichnet.

Fig. 131.

Peridermium Strobi an
Weymouthskiefer.

Fig. 132.

Weymouthskiefer mit alten
Äcidienlagern des Peridermium Strobi.

Der Kiefernblasenrost in der Rinde der Kiefer ist eine in ganz Deutschland verbreitete, hier und da verderblich auftretende Krankheit. Schon aus dem Umstande, dass sie auch in Gegenden verbreitet ist, wo das Cynanchum fehlt, beweist, dass es noch eine Peridermiumart (P. Pini) giebt, deren Zusammenhang mit einer Teleutosporenform noch nicht erkannt ist. Diese Form und die ganze Krankheit

10*

werden wir deshalb bei den unvollkommen bekannten Rostpilzen besprechen.

Cronartium ribicolum Diktr. Blasenrost der Weymouthskiefer.[1]) Auf den verschiedenen Johannisbeer- und Stachelbeersorten entwickeln sich die Uredo- und Teleutosporenformen, während die Äcidienform auf Pinus Strobus als Rindenblasenrost auftritt (Fig. 131, 132, S. 147). Zwischen den grossen goldgelben Äcidien treten die Pycniden als scheibenförmige dunkle Rindenstellen deutlich hervor. Die Erkrankung ist in ganz Deutschland verbreitet und gleicht der durch Peridermium Pini (siehe dort) an der gemeinen Kiefer erzeugten Rindenkrankheit. Sie ist durch Beseitigung aller Ribessträucher aus der Nähe der Pflanzkämpe zu bekämpfen.

Da gewisse Pflanzenschulen viele erkrankte Weymouthskiefern in den Handel bringen, sollte jeder Forstmann sich seinen Bedarf an diesen Pflanzen selbst erziehen.

Gymnosporangium.

Die bekannten Arten dieser Gattung perenniren im Rindengewebe verschiedener Juniperusarten und veranlassen eine lokale Zuwachssteigerung, die sich in eigenthümlichen Anschwellungen der befallenen Äste oder Stammtheile äussert. Sie entwickeln alljährlich ihre Teleutosporen im Herbste unter den äusseren Rindenschichten, die dann im Frühjahr und Vorsommer als kegelförmige oder wurstförmige, gelbe oder braune, gallertartige oder knorplige Fruchtkörper in grosser Anzahl aus der Rinde hervorbrechen. Diese Fruchtkörper bestehen aus den sehr langen, fadenförmigen Basidien, deren Aussenwand zu Gallerte umgewandelt ist, und den von ihnen an der Spitze getragenen zweizelligen Dauersporen. Die zuerst gebildeten sind dickwandig, die später entstandenen dünnwandig. Die Bildung der Promycelien und Sporidien geht schon in der Gallertmasse vor sich, die schliesslich durch Regenwasser vollständig aufgelöst wird. Die Sporidien gelangen auf die Blätter verschiedener Kernobstgehölze und erzeugen auf diesen die Äcidienform der Gattung Roestelia.

Gymnosporangium conicum Hedw. (juniperinum L.).

Teleutosporenfruchtlager auf Juniperus communis, halbkuglig oder kegelförmig, später zu sehr grossen, verschieden gestalteten (kugligen, birn-, eiförmigen etc.) Körpern aufquellend, goldgelb; Sporen

---

[1]) R. H., Wichtige Krankheiten der Waldbäume, S. 70. Tafel IV, Fig. 7, 20.

spindelförmig, die einen braun, mit dickem Endospor, durchschnittlich 75 Mikrom. lang, 27 Mikrom. breit, die anderen gelb, mit dünnerem Endospor, ca. 66 Mikrom. lang und 17 Mikrom. breit. Die Äcidienform ist als **Roestelia cornuta** auf **Sorbus Aucuparia, torminalis, Aronia** und anderen **Pomaceen** beobachtet. Die Äcidien stehen auf orangegelben oder rothen, angeschwollenen Flecken in verschiedener Zahl zu rundlichen oder länglichen Gruppen vereinigt. Die Peridie ist von der Gestalt einer sehr

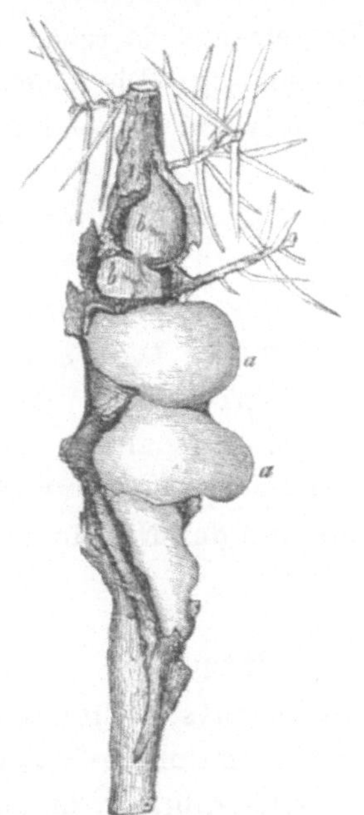

Fig. 133.

Gymnosp. tremelloides auf Juniperus communis.

a a Teleutosporenfruchtlager. *b b* Narben derselben nach dem Abfall der Gallertmassen.

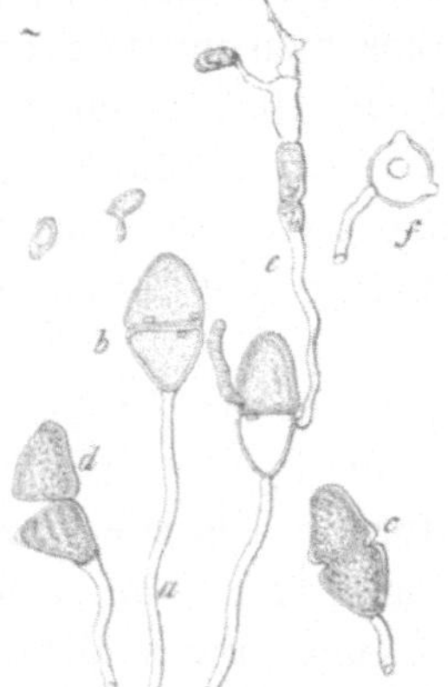

Fig. 134.

Teleutosporen von Gymnosp. tremelloides. *a* Basidien. *b* Ungekeimte Spore auf langem Stiele. *c* Noch ungekeimte Spore mit Einschnürung. *d* Desgleichen mit getrennten Zellen. *e* Ausgekeimte Teleutospore mit Promycelium und Sporidie. *f* Teleutospore vom Stiel aus gesehen mit 3 Keimsporen, vondenen die mit Keimschlauch durch ein Versehen geschlossen dargestellt ist.

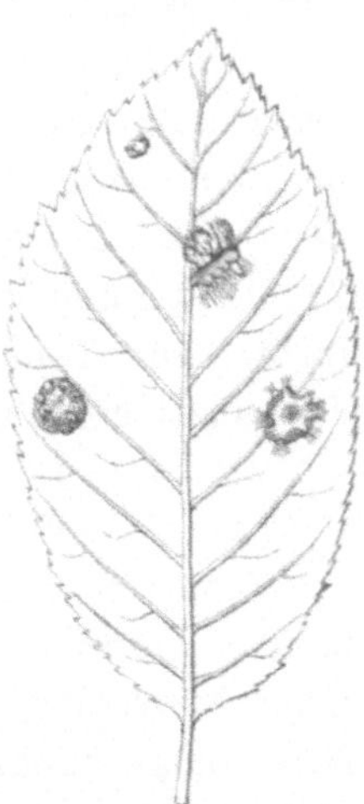

Fig. 135.

Äcidien des Gymnospor. tremelloides auf Blatt von Sorbus Aria.

langhalsigen Flasche, gelblich oder gelbbraun, hornartig gekrümmt, bis 8 mm lang, am Scheitel offen, gezähnelt, seitlich nicht oder erst spät wenig und regellos zerschlitzt.

Gymnosporangium tremelloides R. H.[1])

Die Teleutosporenfruchtlager erscheinen auf **Juniperus communis** im Mai als halbkuglige, aufquellende, gallertartige Massen von dunkel orangegelber bis gelbbrauner Farbe (Fig. 133 *a a*). Sie fallen

---

[1]) Lehrbuch d. Baumkrankheiten. 1. Aufl. 1882.

bei Erschütterung der Zweige leicht ab und erscheinen dann die oft
1 cm grossen hellgelben, glatten Narben (Fig. 133 *bb*). Die Sporen
sind alle ziemlich gleich gross, nämlich etwa 40 bis 45 Mikrom. lang
und 20 bis 25 Mikrom. breit; theilweise sind die beiden kurzen,
stumpf kegelförmigen Zellen, deren Höhe etwa gleich dem grössten
Durchmesser ist, mit ihrer ganzen Basis untereinander verwachsen, die
Wandungen etwas dunkel rauchgrau gefärbt, theils sind sie mehr
oder weniger durch Einschnürung von einander getrennt, ja recht oft
zerfallen die beiden Theile einer Teleutospore vollständig. Die meisten
Zellen besitzen drei Keimporen, die nahe der Querwand stehend mit
denen der zweiten Zelle alterniren (Fig. 134).

Die Äcidien erscheinen auf Sorbus Aria, Chamaemespilus,
Pirus Malus (Fig. 135).

Die Polster, auf denen die Äcidien oft kreisförmig angeordnet
hervorkommen, sind sehr dick und üppig entwickelt. Die Pseudo-
peridien etwas becherförmig, bis zur Basis in eine grosse Zahl etwas
nach aussen gebogener Fäden von 1 mm Länge zerspalten. Die
Äcidienöffnung deutlich und durch die dunklen Sporen schwarz gefärbt. Die Teleutosporenlager kommen auch oft auf den Nadeln von
Juniperus communis als braune Längspolster vor.

Gymnosporangium clavariaeforme Jacquin.

Teleutosporenfruchtlager auf Juniperus communis, cylindrisch
zungen- oder bandförmig, oft gabelig getheilt, gekrümmt und gebogen,
mehr knorpelig, gelb, bis 12 mm lang. Sporen spindelförmig, in der
Mitte eingeschnürt, hellgelb, 70—120 Mikrom. lang, 14—20 Mikrom.
dick. Die Äcidien, Roestelia lacerata, kommen besonders auf Cra-
taegusarten, doch auch auf anderen Pomaceen vor. Sie stehen in
kleineren oder grösseren Gruppen auf orangegelben angeschwollenen
Flecken. Die betreffenden Pflanzentheile zeigen meist Verkrümmungen
und sonstige Verunstaltungen. Peridien in der Jugend flaschenförmig,
später cylindrisch-becherförmig, schmutzig weisslich, bis zu verschiedener Tiefe längsgespalten in zahlreiche aufrechte oder etwas aus-
wärts geneigte Lappen.

Gymnosporangium Sabinae Dicks.

Teleutosporenlager auf Juniperus Sabina, virginiana, phoenicea,
Oxycedrus und Pinus halepensis, frisch stumpf kegelförmig oder cylindrisch, oft seitlich etwas zusammengedrückt und nach oben schwach

verbreitert, mitunter kammartig getheilt, rothbraun 8—10 mm lang
(Fig. 136). Sporen breit elliptisch, in der Mitte nicht oder kaum merk-
lich eingeschnürt, kastanienbraun, 38—50 Mikrom. lang, 23—26
Mikrom. dick. Die Äcidien, bekannt als Roestelia cancellata, bilden
sich auf Pirus communis, Michauxii, tomentosa. Auf orangegelben,
rundlichen oder unregelmässigen, polsterförmig angeschwollenen Flecken

Fig. 136.
Gymnosporangium Sabinae.

zu mehreren beisammenstehend, von der Form sehr kurzhalsiger Flaschen
ca. $2—2^1/_2$ mm hoch. Pseudoperidie gelblichweiss, am Scheitel geschlossen, seitlich von zahlreichen Längsspalten durchsetzt, die bis zur
Blattfläche sich erstrecken (Fig. 137, S. 152). Die so entstehenden Längsspalten sind durch kurze Querstäbchen verbunden, wodurch die ganze
Peridie gitterförmig erscheint. Ich bemerke hierzu, dass ich den
Birnenrost wiederholt in massenhafter Verbreitung beobachtet habe,
wo von den vorhin angeführten Wirthspflanzen der Teleutosporenform
in weitem Umkreise kein Exemplar zu finden war.

Isolirte Äcidiumformen.

Unter denjenigen Äcidienformen, von denen uns zur Zeit noch nicht bekannt ist, zu welchen Teleutosporenformen sie gehören, soll hier nur auf die an Waldbäumen auftretenden Arten aufmerksam gemacht werden.

Fig. 137.

Gymnosporangium Sabinae. Die Äcidien auf den Blättern von Pirus communis.

Aecidium elatinum Alb. et Schwein.

Dieser Parasit bewohnt und erzeugt die sogenannten **Hexenbesen** und **Krebsbeulen** der **Weisstanne** und anderer **Tannenarten.** Diese sind überall in Deutschland zu beobachten, wo die Weisstanne in Beständen auftritt. Da ich an 1- und 2-jährigen Hexenbesen immer in der nächsten Nähe der Ansatzstelle, wo dieser aus einer Knospe der Weisstanne sich entwickelt hatte, kleine Verwundungen beobachtet habe, darf angenommen werden, dass die Infektion wenigstens sehr oft an solchen Wundstellen erfolgt ist. Die Thatsache, dass auch an älteren Zweigen noch Hexenbesen oder Beulen ohne Hexenbesen entstehen können, beweist, dass die Infektion auch da erfolgen kann, wo keine Knospen sich finden. Das Mycelium des Pilzes perennirt im Rinden- und Bastgewebe des Stengels, wächst selbst in die Cambialschicht und in den Holzkörper hinein und hat einen das Wachsthum ungemein fördernden Einfluss. Findet die Infektion an einem Stamme oder Zweige statt, wo keine entwicklungsfähige Knospen vorhanden sind, so entsteht daselbst durch die gesteigerte Wuchs-geschwindigkeit des Cambiums eine beulenförmige Anschwellung, die sowohl auf gesteigertem Holzwuchs als auf stärkerer Rindenentwicklung beruht (Fig. 138). Mit der Verbreitung des Mycels vergrössern sich die Beulen oder Krebsstellen und können gewaltige Dimensionen annehmen, wenn sie am Stamme kräftiger Bäume sich befinden.

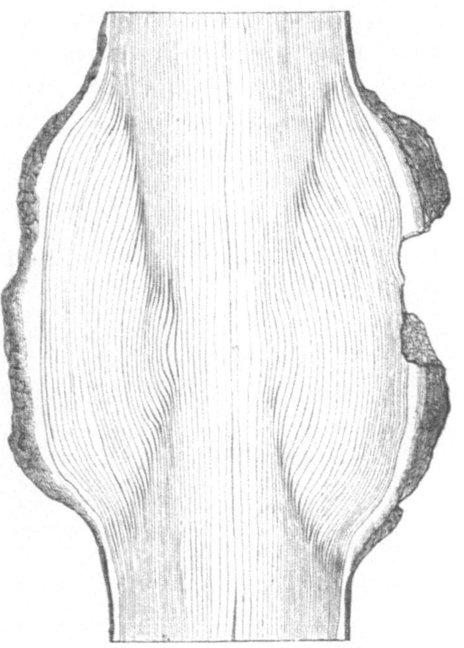

Fig. 139.

Längsschnitt durch eine 31jährige Weisstannenbeule, die im 4jährigen Alter durch Infektion entstanden ist. Auf der rechten Seite ist der Rindenkörper in der Mitte seit 3 Jahren abgestorben, vertrocknet und abgebröckelt. Rinde und Holzkörper des inficirten Theiles zeigt gesteigertes Wachsthum. $^{1}/_{3}$.

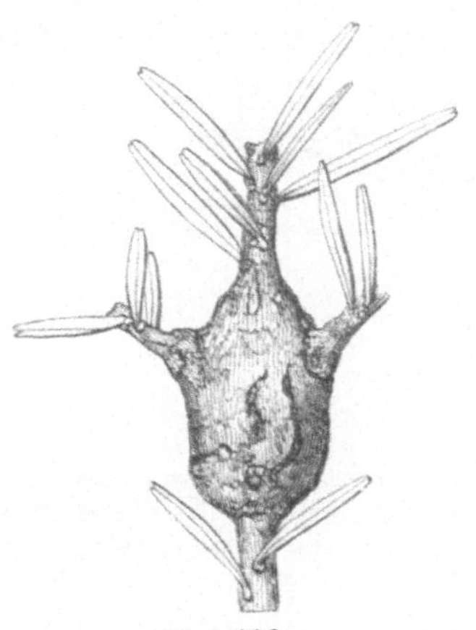

Fig. 138.

Weisstannenbeule ohne Hexenbesen. Natürl. Gr.

Das Rinden- und Bastgewebe erhält an solchen Stellen aber frühzeitig Risse (Fig. 139), vertrocknet auch hier und da bis auf den Holzkörper, und es wird dadurch im Laufe der Zeit dem Eindringen der Holzparasiten das Thor geöffnet. Einer der häufigsten ist Polyporus Hartigii, der eine Weissfäule hervorruft. Vielleicht ebenso häufig kommt an Krebsstellen Agaricus adiposus vor. Abbrechen des Stammes bei Sturm und Schneeanhang sind oftmals Folgen dieser Holzzersetzungen.

Man findet nicht selten Beulen, die mit Hexenbesen in keinem Zusammenhang gestanden haben (Fig. 138).

Wenn die Infektion an oder in nächster Nähe einer Knospe erfolgte, dann bildet diese nach dem Austreiben einen jungen Hexenbesen, d. h. einen Zweig, in dessen Rinde das nachwachsende Pilzmycel eine Wucherung, und in dessen jugendlichen Nadeln der Parasit eine solche Veränderung hervorruft, dass sie viel kleiner bleiben, einen mehr rundlichen Durchschnitt und fast gar kein Chlorophyll zeigen. Sie bleiben gelblich, und auf ihrer Unterseite entstehen Anfangs August zwei Reihen Äcidien, die Ende August sich öffnen und

Fig. 140.

Tannenzweig mit 2 jährigem Hexenbesen (a). Die Fortentwicklung des Mycels im Gewebe des Zweiges hat bei b eine schlafende Knospe ein Jahr später zum Austreiben veranlasst. Der vom Mycel bewohnte Theil des Tannenzweiges zeigt starke Anschwellung.

ihre Sporen ausstreuen (Fig. 140). Bald darauf sterben die Nadeln und fallen ab. Der Hexenbesen ist somit sommergrün. Alljährlich wandert nun das Mycel in die neuen Triebe nach und ruft dieselben zuvor geschilderten Erscheinungen hervor. Die Zweige dieser eigenthümlichen Doppelwesen verästeln sich reichlich und streben meist aufwärts, so dass sie als völlig selbstständige Organismen den gesunden Tannenzweigen aufsitzen, ähnlich etwa den Mistelpflanzen. Eine sehr merkwürdige Bildung zeigt Fig. 141. Eine Knospe des Seitenzweiges ist wie ein Hexenbesen negativ geotrop emporgewachsen, obgleich seine Benadelung und Verästelung ganz normal geblieben sind. Nur nahe dem Grunde der krebsartigen Anschwellung hat sich erst seit 2 Jahren ein Hexenbesen nachträglich entwickelt.

Das Mycel wandert im Rinden- und Bastgewebe auch langsam rückwärts, und so entsteht an dem Stamme oder Zweige, dem der Besen auf sitzt, eine ebensolche Beule oder Krebsstelle, wie ich sie zuvor beschrieben

Fig. 141.

Zweig einer Tanne mit Krebs. Am unteren Ende desselben junge Hexenbesen. Am oberen Ende ein normal entwickelter, negativ geotroper Zweig.

habe (Fig. 142). Diese vergrössert sich selbstständig auch dann noch, wenn der Hexenbesen bereits abgestorben ist, was zuweilen erst nach 20 und mehr Jahren eintritt.

Es ist schon in jungen Beständen jeder Baum, an dessen Schaft sich Krebsbeulen zeigen, bei den Durchforstungen zu beseitigen auch dann, wenn er zu der dominirenden Stammklasse gehört.

Aecidium strobilinum Alb. et Schwein.

Dieses Aecidium entwickelt sein Mycelium in den grünen, lebenden Zapfenschuppen der Fichte, zerstört die Blüthentheile und erzeugt vorzugsweise auf der inneren, theilweise auch auf der äusseren
Seite der Schuppen dicht gedrängt die halbkugeligen dunkelbraunen

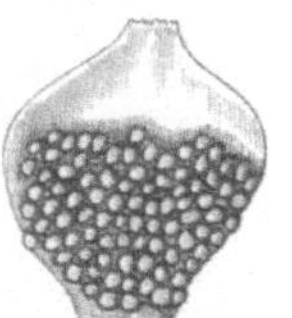

Fig. 143.
Äcidien von Aecidium strobilinum auf der
Oberseite einer Fichtenzapfenschuppe.

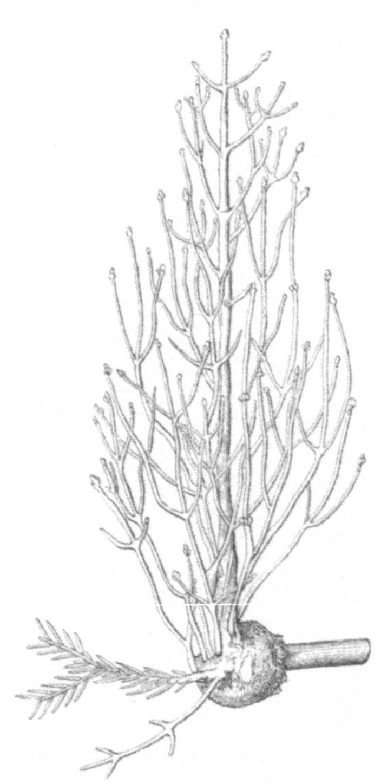

Fig. 142.
Siebenjähriger Weisstannenhexenbesen im Winterzustande,
also nadellos. Der Tannenzweig, auf dem er entstanden
ist, ist oberhalb der Ansatzstelle fast ganz verkümmert.

Fig. 144.
Fichtenzapfen mit Aecidium strobilinum.

Äcidien, die sich meist durch einen Querriss öffnen (Fig. 143).   Fallen
solche Zapfen zur Erde, so geben sie sich leicht dadurch zu erkennen,
dass sie auch bei feuchter Witterung „sperren" (Fig. 144), während
die gesunden Zapfen dicht geschlossen bleiben. Diese Zapfenkrankheit
kommt überall von Norddeutschland bis an die Vorberge der Alpen vor.

Peridermium conorum Piceae.

Dieser Zapfenpilz ist von dem vorigen dadurch verschieden, dass auf der Aussenseite der Fichtenzapfenschuppen nur je zwei grosse Äcidien stehen, die nach dem Aufplatzen der hellen Peridien und nach dem Verstäuben helle Stellen zurücklassen. (Fig. 145).

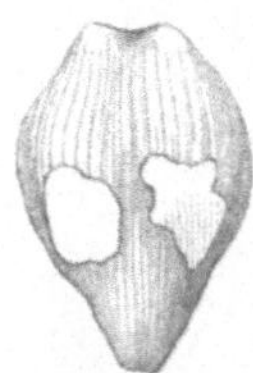

Fig. 145.
Fichtenzapfen-schuppe, an deren Aussenseite sich zwei helle Narben finden, auf denen die Äcidien aus Perid. conorum Piceae ge-sessen haben.

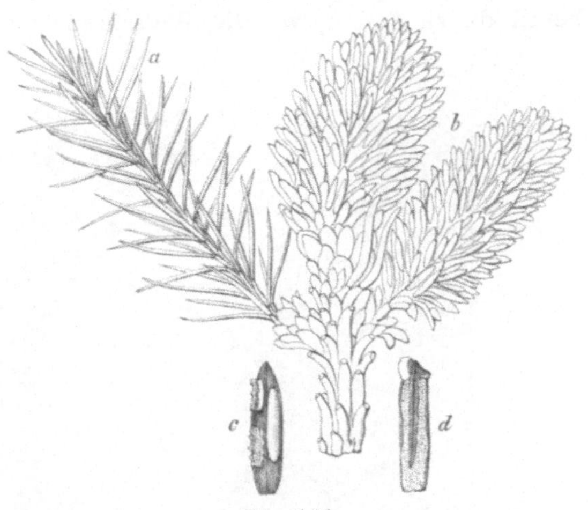

Fig. 146.

Fichtenzweig, an dem ein Trieb *a* sich normal entwickelt hat, zwei Triebe *b* dagegen durch A eci-dium coruscans befallen sind. Alle Nadeln der erkrankten Triebe sind kurz und fleischig und zeigen auf den beiden oberen und unteren Seiten die Äcidien. *c* Die Unterseite, *d* die Oberseite einer erkrankten Nadel mit den Äcidien, deren Peridie bei *c* noch vorhanden, bei *d* meist abge-stossen ist. (*c* und *d* doppelte Grösse.)

Peridermium coruscans Fr.

Dieser in Schweden und Finnland häufig auf der Fichte vor-kommende Rostpilz befällt sämmtliche Nadeln junger Triebe, welche auf ihrer ganzen Länge oder nur stellenweise aufplatzen, eine goldgelbe Farbe zeigen, mit einer Peridie bekleidet sind und in ihrer Ge-sammtheit den Trieb als fleischigen Zapfen erscheinen lassen (Fig. 146). Diese Zapfen werden unter dem Namen „Mjölkomlor" in Schweden gegessen.

Coeoma Abietis pectinatae Pers.

unterscheidet sich von dem Blasen- und Säulenrost, Aecid. columnare (Melampsora Goeppertiana) durch das Vorkommen zahlreicher Pycniden und durch das Feh-len der Peridie und tritt auf der Unterseite der

Fig. 147.

Weisstannen-nadelrost, Caeo-ma Abietis pec-tinatae auf einer Tannennadel.

Tannennadeln in Gestalt meist länglicher, gelber Sporenlager zu beiden Seiten der Mittelrippe auf (Fig. 147). Er ist in den bayerischen
Alpen und in den Waldungen bei Passau sehr verbreitet und wohl
überall da zu finden, wo die Weisstanne zu Hause ist.

Fig. 148.

Berberitzen-Hexenbesen. Links Zweige mit Blättern, an denen die Spermogonien
noch unentwickelt sind. Rechts ein Hexenbesen, dessen Blätter gross, goldgelb
und fleischig, mit beginnender Äcidienbildung sind.

Aecidium pseudocolumnare Kühn

kommt auf den Nadeln der Weisstanne und anderer Tannenarten
vor, ähnelt dem Aecidium columnare (cf. Calyptospora Goeppertiana)
und ist von dem letzteren durch weisse und grössere Sporen verschieden.

A e c i d i u m   g r a v e o l e n s   Shuttler

erzeugt Hexenbesen auf der Berberitze. Ich fand mehrere solcher Hexenbesen im Englischen Garten bei München. Durch die breite fleischige Beschaffenheit der leuchtend goldgelben Blätter sind sie sehr auffallend (Fig. 148). Anfänglich treten auf beiden Seiten derselben zahllose goldgelbe Pycniden hervor, erst später bilden sich auf der Unterseite die Äcidien.

Peridermium.

Peridermium Pini.[1]) Der Kiefernblasenrost der Rinde erzeugt den Krebs, Brand, die Räude und den Kienzopf der gemeinen Kiefer. Die Erkrankung kann schon an jungen Kiefern beginnen, kommt aber auch an alten haubaren Bäumen vor, an denen aber selten ältere als 25jährige Stammtheile und Äste noch inficirt werden. (Fig. 150)

Das Mycelium des Pilzes verbreitet sich intercellular zwischen den Zellen der Rinde und des Bastgewebes und wächst von hier aus durch die Markstrahlen bis etwa 10 cm tief in den Holzkörper hinein.

Überall, wo das Mycel hingelangt, verschwindet das Stärkemehl und der anderweite Zellinhalt, und an Stelle davon tritt Terpentinöl tropfenweise auf der Innenseite der Wandungen auf, durchtränkt auch die Wandungssubstanz

Fig. 149.

Peridermium Pini. Ein jüngerer benadelter Zweig, welcher zahlreiche Äcidien trägt.

selbst. Es wird dadurch selbstredend das Leben der Zelle getödtet, ohne jedoch den Eintritt der Bräunung der Gewebe nach sich zu ziehen. Auch der ganze Holzstamm bis zu ca. 10 cm Tiefe verkient völlig. Eine Holzscheibe von 3 bis 5 cm Dicke lässt oft noch die Lichtstrahlen durchdringen. Da das Mycelium auch in die Harzkanäle eindringt und das sie umgebende Gewebe tödtet, so ist ja

---

[1]) R. H., Aecidium (Peridermium) Pini. Der Kiefernblasenrost, mit 1 Tafel. Wichtige Krankheiten d. Waldb., 1874.

zweifelsohne ein Theil des Terpentins von den höher gelegenen Stammtheilen zugewandert. Die völlige Verharzung und oftmals ein massenhaftes Ausströmen des Terpentins aus der nach dem Absterben auf-
springenden Rinde berechtigt aber zu
der Annahme, dass eine direkte Umwandlung des Zellinhaltes und der
Zellwandsubstanz der Parenchymzellen
zu Terpentin stattfinde.

Das Mycelium wächst alljährlich
über die kranke Rindenstelle hinaus,
und zwar in der Längsrichtung des

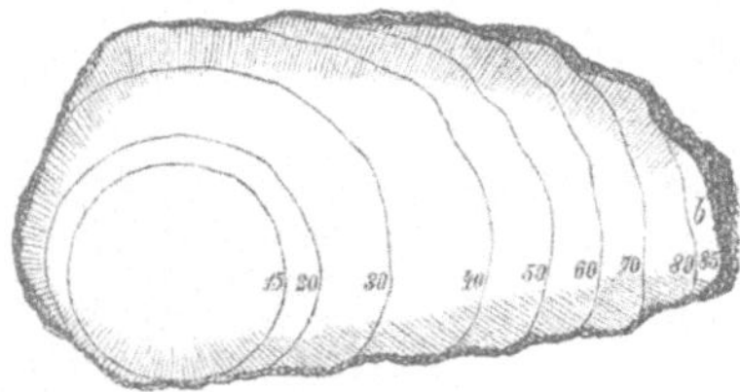

Fig. 150.

Querscheibe aus dem oberen Schafttheile einer Kiefer, welche vor 70
Jahren bei *a* durch Peridermium
Pini inficirt worden ist. Die Krone
des Baumes war im letzten Jahre
abgestorben, nachdem nur noch
der bei *b* belegene Splinttheil nicht
verharzt, resp. verpilzt war. Der
verharzte Holztheil ist schraffirt.
$^1/_{10}$ nat. Grösse.

Stammes meist etwas schneller als in
horizontaler Richtung; die Wanderung
der Bildungsstoffe wird in demselben
Maasse mehr auf die noch gesunde Seite
des Baumes gedrängt und es steigert
sich hier deshalb die cambiale Thätigkeit so sehr, dass eine auffällige Verdickung der Jahresringe eintritt. Die
Fig. 150 zeigt einen Stammquerschnitt,

Fig. 151.

Peridermium Pini an Pinus
silvestris.

welcher im 15. Jahre bei *a* inficirt wurde und erst im 85. Jahre mit
der darüber befindlichen Stammkrone abgestorben war. Das Absterben
des Gipfels erfolgt an kranken Stämmen besonders in trockenen und

heissen Sommern, weil dann der grösstentheils in Kien umgewandelte Holzkörper nicht genügend Wasser passiren lässt, um den starken Wasserverlust der Krone zu ersetzen.

Äcidien bilden sich der Hauptsache nach nur in der Rindenregion, die im Laufe des letzten Jahres neu erkrankte (Fig. 151). Sie durchbrechen als halbkugelförmige, längliche und wurstförmige gelbweisse, mit rothgelbem Sporenpulver erfüllte Blasen (Fig. 152 u. 153) die äusseren todten Rindenschichten im Monat Mai und Juni. Zwischen denselben erkennt man nur schwer die etwa erbsengrossen flächenförmig entwickelten Pycniden.

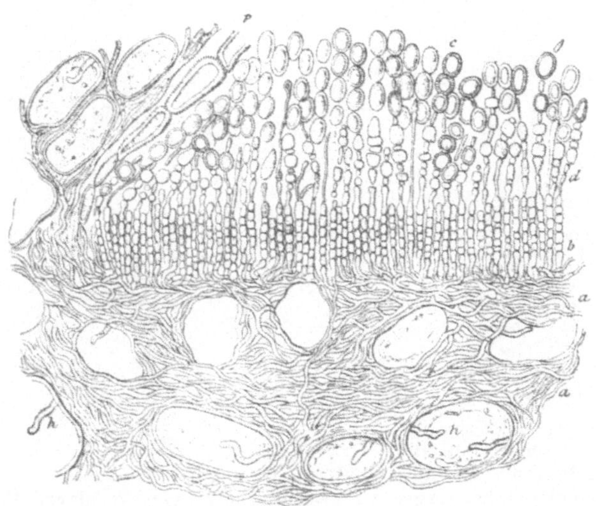

Fig. 152.

Theil eines Aecidium von Peridermium Pini. Das Stroma (*a*) ist stark entwickelt zwischen den auseinandergedrängten Rindezellen, in welche einzelne Haustorien (*h*) hineingewachsen sind. Die Basidien (*b*) sind viel kleinzelliger wie bei den Äcidien auf der Nadel. *p* ist die Peridie.

Äste und Zweige aus der Krone älterer Bäume sterben oft schon nach wenig Jahren ab, und der Parasit geht dann abwärts vorrückend von der Astbasis oft auf den Hauptstamm über (Fig. 154). Stirbt dieser ab und sind unterhalb der Krebsstelle noch kräftig benadelte Äste und Zweige, so bleibt der Stamm am Leben; jene Äste erzeugen eine Art von Ersatzgipfel. Die todte Krone bildet den Kienzopf oder Kiengipfel (Vogelkien).

§ 13. d. Basidiomycetes.

Die Basidiomycetes sind dadurch charakterisirt, dass die Sporen nur einmal in einer bestimmten Anzahl auf den Sporenträgern (Basidien) direkt oder an besonderen Auswüchsen — Sterigmen — abgeschnürt werden, wonach dann eine weitere Sporenbildung nicht mehr erfolgt. Ausserdem kommen noch häufig Conidien vor.

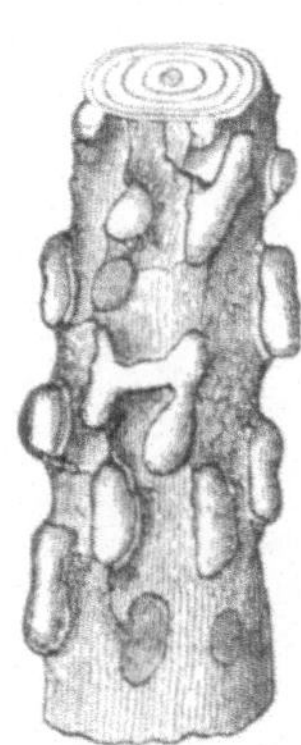

Fig. 153.

Stammabschnitt einer jungen Kiefer, aus deren Rinde die blasigen Äcidien des Peridermium Pini corticola hervorgebrochen sind. An drei dunkler gezeichneten Stellen befinden sich unter der Korkschicht die Spermogonien. Natürliche Grösse.

Fig. 154.

Kiefernast, von Periderm. Pini corticola seit mehreren Jahren befallen. Die zuerst befallenen Zweige auf der linken Seite sind bereits getödtet; von da aus ist das Mycel abwärts auf den Hauptast und einen Seitenast übergegangen. $^1/_5$ der nat. Grösse.

Dahin gehören neben anderen nicht parasitär lebenden Familien die

Hymenomycetes.

Bei ihnen entstehen meist 4 Sporen auf vier an der Spitze der Basidien stehenden Sterigmen. Die Basidien werden in ausgebreiteten Hymenien frei gebildet, welche nur bei Exobasidium frei auf den Pflanzentheilen, d. h. ohne Fruchtkörper entstehen, während sie bei den meisten Gattungen grosse Fruchtkörper überkleiden.

Exobasidium.

Die Gattung Exobasidium erzeugt charakteristische Gallenbildungen auf Blättern, Blüthen und Stengeln verschiedener Holzpflanzen, und die Basidien des vorwiegend intercellularen Mycels drängen sich zwischen die Epidermiszellen nach aussen, um hier auf der Oberfläche eine Hymenialschicht zu bilden (Fig. 155).

Exobasidium Vaccinii Wor.

Dieser Parasit erzeugt auf Vaccinium Vitis Idaea, Vaccinium Myrtillus, uliginosum und Oxycoccus Anschwellungen der Blätter, Blüthen und Stengel, die, theils schön weiss, theils hellrosafarben, von den durch Melampsora Goeppertiana verursachten Anschwellungen sich dadurch unterscheiden, dass sie von den Sporen weiss bereift erscheinen, während bei jenen die glänzende Oberhaut das Sporenlager bedeckt, dass sie ferner mehr an der Unterseite der Blätter oder an der Blüthentraube als am Stengel entstehen (Fig. 156, S. 164). Die mikroskopische Untersuchung lässt sofort erkennen, dass an der Spitze der keulenförmigen Basidien auf vier zarten Sterigmen die langen, etwas gekrümmten Sporen stehen.

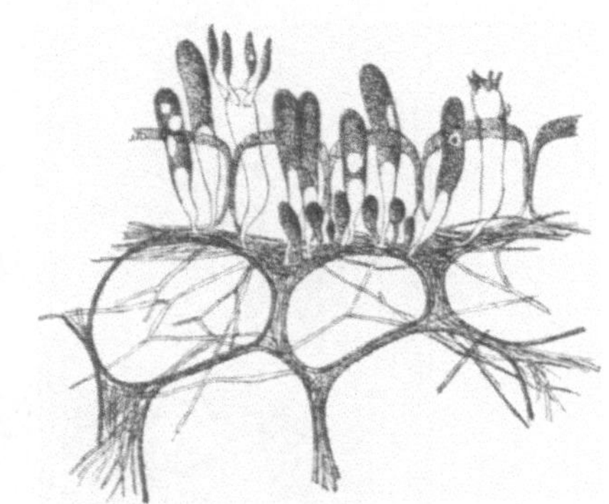

Fig. 155.

Exobasidium Vaccinii an Vacc. Vitis Idaea. Die Basidienschicht entwickelt sich aus dem Mycelfilze, zwischen Epidermis und Parenchymzellen der Preisselbeertriebe. Die Basidien schnüren je 4 Sporen ab. (Nach Woronin.)

Exobasidium Rhododendri Cramer.

Auf den Blättern der Alpenrosen bildet dieser Pilz die bekannten „Alpenrosenäpfel" (Fig. 157 und 158, S. 165). Sie haben die grösste Ähnlichkeit mit manchen Cynipsgallen der Eichenblätter und sind im ganzen Alpengebiet verbreitet, soweit die Alpenrosen vorkommen.

Trametes radiciperda R. H.[1]) (Polyporus annosus Fr.)

Der gefährlichste Parasit der Nadelholzbestände ist zweifellos die Trametes radiciperda, insofern sie nicht allein die am meisten gefürchtete Art der Rothfäule, sondern auch vorzugsweise das Lückigwerden der Nadelholzwaldungen in jüngerem oder höherem Alter veranlasst. Sie ist von mir bisher an verschiedenen Kiefernarten, ins-

Fig. 156.

Exobasidium Vaccinii an den Blättern von Vaccinium Vitis Idaea blasige
Anschwellungen bildend.

---

[1]) R. H., Trametes radiciperda R. H. Wichtige Krankh. 1874, m. 9 Fig.
R. H., Zersetzungserscheinungen des Holzes pag. 14 ff. Taf. I—IV.
Unter dem Namen Polyp. annosus Fr. ist eine Mehrzahl verschiedener Pilzarten, darunter auch die Trametes radiciperda beschrieben. Diese Beschreibung ist aber erst in der zweiten Auflage von Fries Systema, welche später erschien, als ich die Tr. radiciperda beschrieben hatte, in genügender Genauigkeit enthalten. Dem Namen Tr. rad. gebührt deshalb auch die Priorität, und er ist vorzuziehen, weil jede Verwechselung ausgeschlossen ist.

besondere an Pinus silvestris und Strobus, dann vorzüglich an Picea excelsa, Abies pectinata, Juniperus communis etc. beobachtet worden.

Die Krankheit tritt nicht selten schon in 5—10jährigen Schonungen, doch auch noch in 100jährigen Beständen auf. Man sieht hier und da einzelne Pflanzen blassgrün werden und plötzlich nach freudigem Wuchse absterben. In der Nähe einer getödteten Pflanze, mag diese auf dem Stocke geblieben oder gefällt worden

Fig. 157.

Exobasidium Rhododendri an Rhododendron ferrugineum.

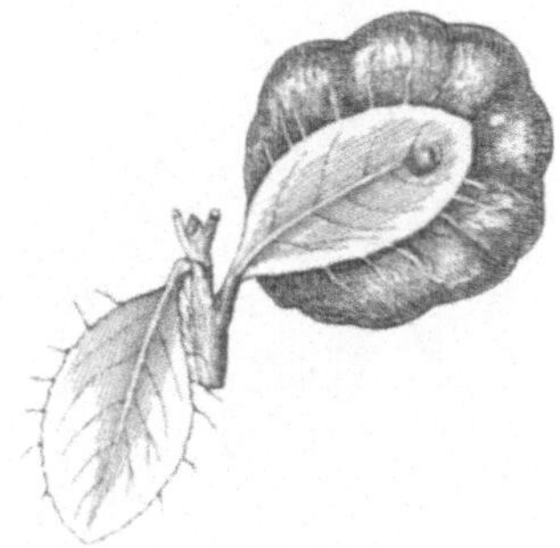

Fig. 158.

Alpenrosenäpfel auf Rhododendron hirsutum.

sein, sterben bald darauf andere Bäume ab, und so greift das Absterben im Laufe der Jahre in centrifugaler Richtung weiter um sich. Es entstehen grosse Lücken und Blössen in dem zuvor völlig geschlossenen Bestande. In der Regel zeigt sich anfänglich in einem Bestande nur eine oder eine geringe Anzahl von kranken Stellen, haben diese einige Jahre sich vergrössert, dann sieht man überall zerstreut im Bestande neue Krankeitsheerde entstehen.

Untersucht man die abgestorbenen Bäume an den Wurzeln, so findet man bei den Kiefern meist nahe der Bodenoberfläche am Wurzelstocke oder auch an tiefer eingedrungenen Wurzeln, bei der Fichte vorherrschend nur an den Wurzeln die auf der Hymenialfläche schneeweissen Fruchtträger (Fig. 159), die als sehr kleine gelbweisse Pilzpolster zwischen den Rindenschuppen hervortreten, mit ähnlichen Nachbarpolstern zu eins verschmelzen und ausnahmsweise zu 30—40 cm Grösse heranwachsen (Fig. 160). Zwischen den Rindenschüppchen erkennt man die sich verästelnden Mycelhäute, die von den Mycelbildungen des Agaricus melleus durch äusserste Zartheit sich unterscheiden (Fig. 161). Sie erreichen kaum die Stärke des feinsten Seidenpapiers, und nur da, wo sie zwischen den Rindenschuppen hervorwachsen, schwellen sie zu gelbweissen Pilzpolstern von Stecknadelknopf- bis Erbsengrösse an. Die Wurzeln, und von ihnen ausgehend das Stamminnere bis zu bedeutender Höhe hinauf ist verfault (rothfaul) (Taf. Fig. 1). Nur bei der gemeinen Kiefer steigt infolge starker Verharzung die Fäulniss über die Stockhöhe im Stamme nicht weiter empor.

Die in der Hymenialschicht der unterirdischen Fruchtträger entstehenden Sporen werden in der Regel nur dann weiter sich verbreiten, wenn sie etwa durch in unterirdischen Höhlungen lebende Thiere verschleppt werden. Die Sporen keimen leicht in feuchtwarmer Luft, und das Mycel kann, zwischen Rindenschuppen eindringend, hier oder da in das lebende Rindengewebe gelangen. Von nun an schlägt es einen zweifachen Entwicklungsgang ein. Es dringt in den Holzkörper und wächst mit

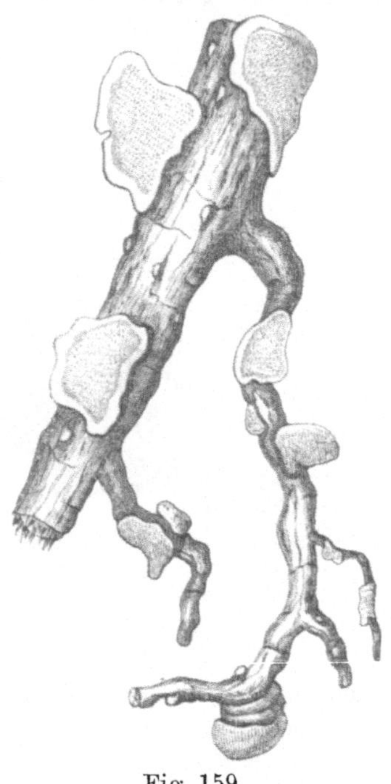

Fig. 159.

Fichtenwurzel mit Fruchtträger der Trametes radiciperda. $^1/_1$.

grosser Geschwindigkeit in diesem stammaufwärts. Eine violette Färbung des Holzes ist das äussere Symptom für den Zersetzungszustand, in welchem der Inhalt der parenchymatischen Zellen durch die Fermentwirkung des Mycels getödtet und gebräunt wurde. Diese Farbe verschwindet mit dem Verlust des plasmatischen Zellinhalts, und eine hellbräunlichgelbe tritt an deren Stelle, wobei einzelne schwarze Flecken zurückbleiben. Diese umgeben sich später mit einer weissen Zone, und gleichzeitig wird das Holz immer leichter und schwammartiger (Fig. 162). Zuletzt entstehen zahlreiche Löcher, das Gewebe zerfasert, ist wasserreich und hellbraungelb, nie schwarzbraun.

Die Pilzhyphen wachsen im Innenraum der Holzelemente aufwärts, durchbohren mit Leichtigkeit die Zellwandungen, und indem sie sich seitlich verästeln, gelangen sie auch in die Markstrahlzellen und in die Nachbarfasern. Die erste wahrnehmbare Veränderung des Holzes äussert sich, wie schon oben gesagt, in Bräunung und theilweisem Verbrauch des Inhalts der lebenden Zellen. Das Holz erscheint dann violett gefärbt. Sodann erfolgt eine vom Lumen nach aussen fortschreitende Umwandlung der Holzwandung in Cellulose, die schnell völlig aufgelöst wird, bis zuletzt auch das zarte Skelett

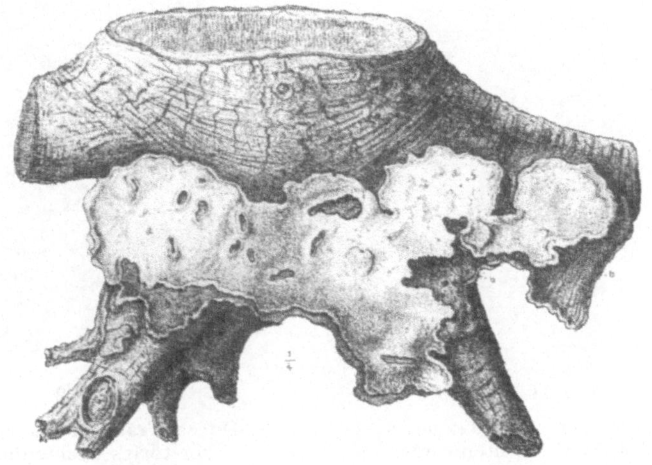

Fig. 160.

Trametes radiciperda. Stock einer seit 2—3 Jahren getödteten 40jährigen Fichte, an welchem sich ein Fruchtträger seit mehreren Jahren entwickelt hat. Die weisse, offenporige Schicht *a a* hat sich auf der älteren, zum Theil bei *b b* abgestorbenen Fruchtschichte gebildet. Nur ein schmaler Splintstreifen (*c*) ist noch fest, alles andere Holz ist verfault.

der Mittellamelle verschwindet. Stellenweise erfolgt dieser Process mit grösserer Geschwindigkeit. Es finden sich nämlich hier und da in unmittelbarer Nachbarschaft der Markstrahlen die Tracheiden mit einer braunen Flüssigkeit erfüllt, die, wahrscheinlich aus den Markstrahlen stammend, das Pilzmycel sehr üppig ernährt und bräunt, so dass ein Mycelnest von brauner Farbe entsteht. Von diesem wird dann eine so energische Fermentwirkung ausgeübt, dass die inkrustirenden Substanzen aus den benachbarten Tracheiden vollständig verschwinden und diese auf mehrere Millimeter Entfernung hin völlig in Cellulose umgewandelt und dadurch farblos, d. h. weiss werden. Es löst sich dann fast unmittelbar nach der Umwandlung in Cellulose die Mittellamelle vollständig auf, und die einzelnen Holzorgane werden isolirt, so dass sie bei Berührung mit einer Nadel wie Asbestfäden zerfallen. Sie werden allmählich aufgelöst und es entstehen immer grösser werdende Löcher in der mürben Holzsubstanz.

Im Rindengewebe wächst das Mycel weit langsamer und hat drei verschiedene Erscheinungen zur Folge. a) Von der Infektionsstelle aus wächst es sowohl der Wurzelspitze als dem Stamme zu, tödtet

Fig. 161.

Mycelbildungen der Trametes radiciperda auf Fichtenwurzel, deren äussere Rindenschuppen im unteren Theile entfernt sind, so dass das häutige Mycel bei *a a* erkennbar ist, während im oberen Theile nur Mycelpolster *b* zwischen den Schuppen hervorstehen. $^2/_1$.

Fig 162.

Durch Trametes radiciperda zerstörtes Fichtenholz.

die Rinde und damit die Wurzel, und wenn es nach Verlauf einiger Jahre den Wurzelstock erreicht hat, gelangt es auch an die bisher gesund gebliebenen Wurzeln

und tödtet den Baum. Das Rindenmycel erzeugt auch die Fruchtträger, die hier und da an den Wurzeln oder am Wurzelstock zwischen den Rindenschuppen hervortreten. Bei künstlichen Kulturen gelingt es auch, Conidien zu gewinnen, die aber für die Verbreitung des Parasiten völlig bedeutungslos zu sein scheinen.

b) Da, wo eine kranke Wurzel in Berührung mit der gesunden Wurzel eines Nachbarbaumes tritt (Fig. 163) oder wohl gar mit dieser verwachsen ist, wächst das Mycel, welches zwischen den Schuppen in Gestalt kleiner Polster hervortritt, in die Rinde des Nachbarbaumes hinein und inficirt denselben.

Die Krankheit gehört deshalb zu den gefährlichsten Formen der „Rothfäule", weil die Holzverderbniss schnell und weit im Stamm aufwärts steigt und zugleich den Tod des Baumes nach sich zieht.

Es erscheint nothwendig, schon von Jugend auf in den Nadelholzbeständen die kranken oder getödteten Pflanzen mit den Wurzeln zu entfernen. In älteren Beständen kann man die erkrankte Stelle durch schmale Stichgräben isoliren, indem man in diesen Gräben alle Wurzeln durchsticht oder durchhaut. Selbstredend wird man, um den Zweck zu erreichen, den Graben so weit von der Blösse in den

Fig. 163.

Infektion einer gesunden Fichtenwurzel durch eine schwächere, dieselbe berührende, welche von Trametes radiciperda getödtet worden ist. Von der Kontaktstelle ist beiderseits die Erkrankung soweit vorgeschritten, als die Figur dunkel gezeichnet worden ist. $^1/_8$ der natürl. Gr.

Bestand verlegen, dass voraussichtlich alle bereits erkrankten Bäume mit eingeschlossen werden. Es genügt in der Regel, wenn man die nächsten Randbäume der Blösse mit einschliesst. Bemerkt der Arbeiter, dass eine todte Wurzel den Graben kreuzt, dann muss an dieser Stelle der Graben etwas weiter in den Bestand verlegt werden, weil sonst die Arbeit vergeblich sein würde. Die Ausführung dieser Maassregel in der Praxis stösst aber auf grosse Schwierigkeiten. Wenn sich am Grabenrande Fruchtkörper entwickeln, so sind sie zu beseitigen, was ja mit geringer Mühe geschehen kann. Ist in einem Bestande der Pilz schon an vielen Stellen zu bemerken, dann hilft auch die sorgfältigst durchgeführte Isolirung nicht mehr. Die Blössen sind entweder mit Laubholz aufzuforsten, oder wo dies nicht geschehen kann, da sind die jungen Aufforstungen im Auge zu behalten, um rechtzeitig neuen Erkrankungen durch Ausreissen der inficirten Pflanzen zu begegnen.

Trametes Pini[1]) Fr.

Dieser Parasit ist in den Kiefernbeständen Norddeutschlands ungemein verbreitet, in Süddeutschland ist er weniger häufig und tritt hier besonders in Fichtenbeständen auf. Er kommt ferner in den Fichtenbeständen des Harzes, Thüringerwaldes, Schlesiens und endlich auch in Lärchen- und Tannenbeständen des Riesengebirges vor.

---

[1]) R. H., Trametes Pini, der Kiefernbaumschwamm, in Wicht. Krankheiten d. Waldb. S. 43, Taf. XII, 1874. R. H., Trametes Pini, in Zersetzungsersch. S. 32, Taf. V u. VI.

Er erzeugt die sogenannte Rindschäle, Ringschäle oder Kern-
schäle, die fast immer von den Ästen, also meist von der Krone
der Bäume ausgeht.

Die braunen, holzigen, ein Alter von 50 Jahren erreichenden
Fruchtträger kommen bei der Kiefer und Lärche nur an Aststellen

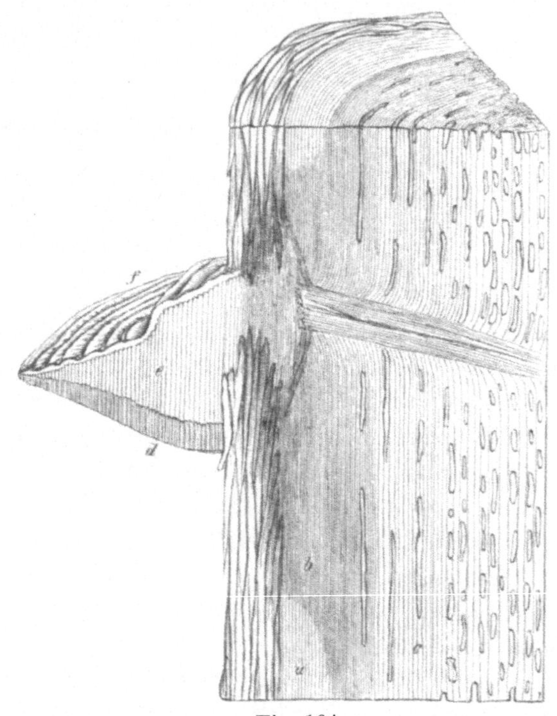

Fig. 164.

Kiefernstammstück mit Fruchtträger von Trametes Pini.
a Gesundes Splintholz. *b* Verkientes Holz in der Nähe des Fruchtträgers.
c Zersetztes Holz. *d* Sporenerzeugende Kanäle. *e* Zugewachsene ältere
Kanäle. *f* Gezonte Oberseite. $^1/_2$ natürl. Grösse.

(Fig. 164), bei den Fichten und Tannen auch direkt aus der Rinde
hervor (Fig. 165). Ihre Gestalt variirt zwischen Krustenform und
Konsole.

Die an diesen Fruchtträgern alljährlich entstehenden Sporen werden
durch den Wind zerstreut, und wenn sie auf eine frische Astwund-
stelle gelangen, welche durch Harzüberzug nicht geschützt ist, so
dringt der Keimschlauch ein und wächst in den Holzstamm, theils
aufwärts, theils abwärts wandernd. Jüngere Bäume sind deshalb

vor Infektion gesichert, weil etwaige Verwundungen sehr schnell durch austretendes Terpentinöl geschützt werden. Erst von dem Alter an, in welchem ein wasserarmes Kernholz sich bildet, tritt dasselbe nicht mehr aus dem mittleren Theile einer Astwunde hervor, derselbe wird

Fig. 165.

Trametes Pini an Fichte. Links Fruchtkörper unterhalb eines Astes. Rechts ein Brett mit rein-weissen Cellulose-Flecken.

dadurch angriffsfähig für Pilzsporen, und deshalb sieht man diese Zersetzung meist erst an 50 jährigen oder älteren Bäumen auftreten.

Das Mycel wächst mit Vorliebe in der Längsrichtung des Stammes, die Verbreitung in horizontaler Richtung erfolgt mit grösserer Geschwindigkeit innerhalb derselben Jahresringe, und so kommt es, dass oftmals die Zersetzung als Ringschäle auftritt, d. h. in peripherischen Zonen um einen Theil oder um den ganzen Stamm stärker vorgeschritten ist. Das Holz färbt sich zunächst etwas tiefer rothbraun, sodann treten hier und da weisse, aus Cellulose bestehende Flecke oder Löcher auf (Fig. 165), die zumal bei der Kiefer gern im Frühjahrsholze desselben Jahresringes bleiben und sich in der Längsaxe des Stammes vergrössern, so dass die harzreichen Herbstholzzonen lange Zeit hindurch allein übrig bleiben, bevor auch sie der Zersetzung anheimfallen (Taf. Fig. 2).

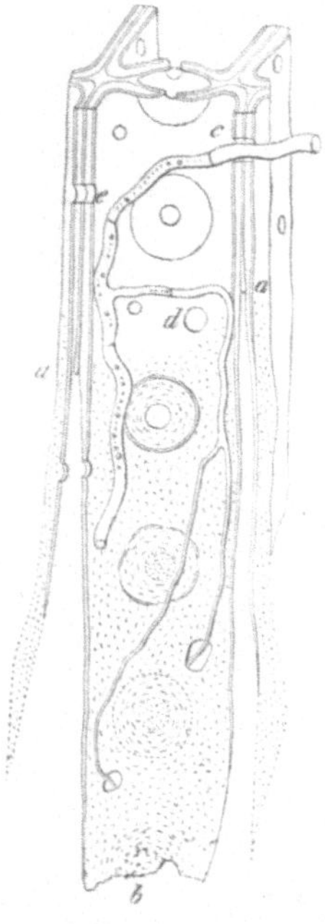

Fig. 166.

Tracheide von Pinus silvestris, durch Trametes Pini zerstört. Die primäre Zellwand ist bis zu *a a* völlig aufgelöst. Die sekundäre und tertiäre Wandschicht ist im unteren Theile nur noch aus Cellulose bestehend, in welcher die Kalkkörnchen deutlich erkennbar werden *b*. Pilzfäden *c* durchbohren die Wände und hinterlassen Löcher *d* und *c*.

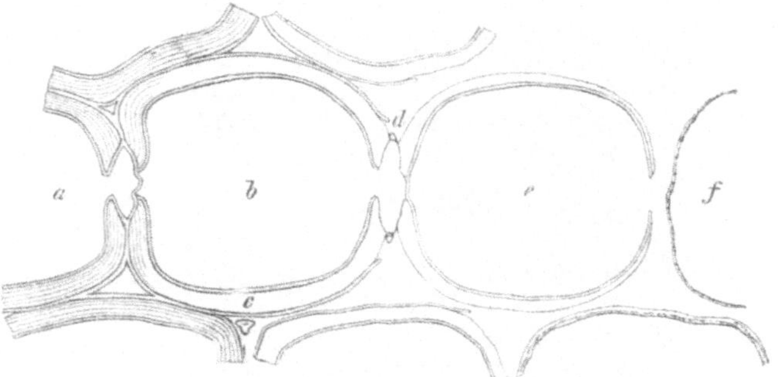

Fig. 167.

Schematische Darstellung der Tracheidenauflösung durch Trametes Pini.

a zeigt die normale verholzte Zellwand, deren sekundäre Schicht deutlich geschichtet ist. *b* Die Wandung ist durch Verschwinden der Ligninsubstanz in Cellulose verwandelt. *c* Ein Rest von Ligninsubstanz ausserhalb der Zellwand. *d* Kalkring im Umfange des Hoftüpfels, der auch in Fig. 166 theils ganz, theils zersprengt gezeichnet ist. *e* Nach völliger Auflösung der primären Wand sind die Tracheiden isolirt. *f* Letztes Auflösungsstadium, in welchem nur noch Spuren von Cellulose die Aschenbestandtheile zusammenhalten.

Auf der Grenze zwischen Splint und zersetztem Holze bildet sich eine harzreiche Zone, die dem Vorrücken des Pilzmycels nach aussen hindernd entgegentritt. Nur bei der harzarmen Tanne und an Fichtenästen fehlt diese Zone in der Regel, weshalb auch der Pilz bis zur Rinde und in diese hinein leicht vorzudringen vermag. Die Fermentwirkung des Parasiten äussert sich da, wo weisse Stellen auftreten, ähnlich der bei Tram. radicip. beschriebenen. Der Holzstoff wird aus der Wand extrahirt und reine Cellulose bleibt zurück. Die Mittellamelle löst sich alsbald nach Verlust des Holzstoffes völlig auf, so dass die Tracheiden vor der völligen Auflösung isolirt werden (Fig. 166 *aa—b* und 167). Die das Lumen begrenzende innerste Lamelle erhält sich am längsten. Vor der völligen Auflösung tritt eine feine Körnelung auf, welche von den Aschenbestandtheilen der Wandung herrührt.

Zur Fruchtträgerbildung kann es erst dann kommen, wenn sich der Pilz im Innern des Baumes reich entwickelt hat; es wandert dann das Mycel an solchen Stellen, wo todte Aststutzen die Splintschicht durchsetzen, nach aussen, und es entstehen dort die Fruchtträger, nach deren gewaltsamer Entfernung sich in der Regel eine Mehrzahl neuer Fruchtträger in kurzer Zeit bildet.

Es ist deshalb auch mit der Beseitigung dieser nicht gedient, vielmehr müssen die „Schwammbäume" bei den Durchforstungen und „Totalitätshauungen" immer entfernt werden. Man beseitigt damit die Gefahr der Infektion und nützt den Stamm noch, bevor er völlig durch die fortschreitende Zersetzung entwerthet ist. Oftmals ist die Krankheit, wenn schon „Schwämme" am oberen Schafte zum Vorschein kommen, noch nicht in den unteren werthvolleren Stammtheil hinabgestiegen und kann nach Ablängung des oberen Theiles noch ein gutes Nutzende liegen bleiben. Wartet man mit der Wegnahme der Schwammbäume bis zum Abtriebe des Bestandes, dann erhält man nur sehr geringwerthiges Anbruchholz. Selbstredend ist auch dem frevelhaften Abreissen oder Absägen grüner Äste zu steuern, um die Möglichkeit der Infektion zu vermindern. Alte, von selbst abgestorbene Äste können von dem Pilze nicht angegriffen werden.

In der Nähe der Städte und Dörfer, wo viel gefrevelt wird, zeigt sich diese Krankheit am häufigsten, ebenso in Bestandeslagen, welche dem Winde stark exponirt sind und somit häufige Astbrüche zeigen.

Polyporus Hartigii Allescher (fulvus)[1].

Der Polyporus Hartigii erzeugt eine Art von Weissfäule an Tannen und Fichten, und tritt besonders gern in Verbindung mit der

---

[1] R. H., Polyporus fulvus Scop., die Zersetzungsersch. des Holzes. Seite 40 ff. Tafel VII, 1878.

Ich habe diesen Pilz a. a. O. genau beschrieben und daselbst einstweilen mit Namen Polyporus fulvus bezeichnet. Meine dort ausgesprochene Vermuthung, dass dieser Pilz eine neue Art sei, hat sich bestätigt, und wurde derselbe von Allescher neu benannt.

Weisstannenkrebskrankheit auf. Offenbar erfolgt die Infektion in der Natur mit Vorliebe an solchen Stellen der Krebsbeulen, wo die Rinde aufgeplatzt ist und der Holzkörper frei liegt. Das erkrankte Weisstannenholz erscheint gelblich und zeigt bei genauer Betrachtung auf glattem Schnitte längliche helle Flecken. Auf der Grenze gegen das gesunde Holz veranlassen die kräftigen, gelbgefärbten Hyphen die Entstehung dunkler schmaler Linien (Taf. Fig. 4).

Fig. 168.

Weisstannenrinde mit jungem Fruchtträger von Polyporus Hartigii.

Da das Weisstannenholz nicht im Stande ist, durch Bildung einer stärkeren Harzzone das Vordringen des Mycels in die jüngsten Holzschichten zu verhindern, so wächst dasselbe auch leicht nach aussen in den Rindenkörper hinein und es treten auf diesem durch gleichmässiges Hervorwachsen des Mycels die Fruchtträger zum Vorschein. Anfänglich halbkugelförmig, nehmen sie im Laufe der Jahre immer mehr Konsolenform an (siehe

Fig. 169.

Weisstanne mit Fruchtkörper von Polyporus Hartigii.

Fig. 168, 169 und 170). Sie sind äusserlich auf der Hymenialfläche gelbbraun, im übrigen aschgrau, fast glatt, ohne Zonen und nur mit äusserst zarten Punkten oder Grübchen übersäet. Das Innere ist löwengelb, glänzend, zeigt deutliche Zonen mit Ausnahme der Porenkanäle, welche alljährlich sich nach unten verlängern, ohne irgend welche Zonen zu zeigen. Die Erfahrung, dass Weisstannen mit Krebsbeulen früher oder später bei Schneedruck oder Sturm an der Krebsstelle brechen, hat in vielen Revieren, z. B. im württembergischen Schwarzwalde, dahin geführt, bei jeder Durchforstung alle Krebsstämme, auch wenn dies dominirende Bäume sind, zu fällen. Dadurch wird der Verbreitung des Polyporus Hartigii am sichersten entgegengetreten.

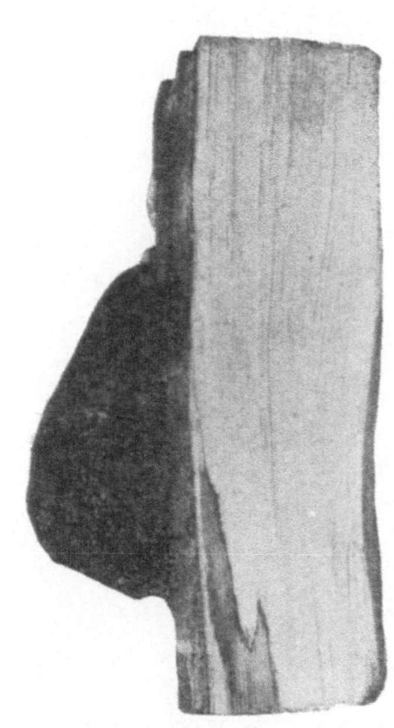

Fig. 170.

Längsschnitt durch weissfaules Tannenholz mit Fruchtkörper von Polyporus Hartigii.

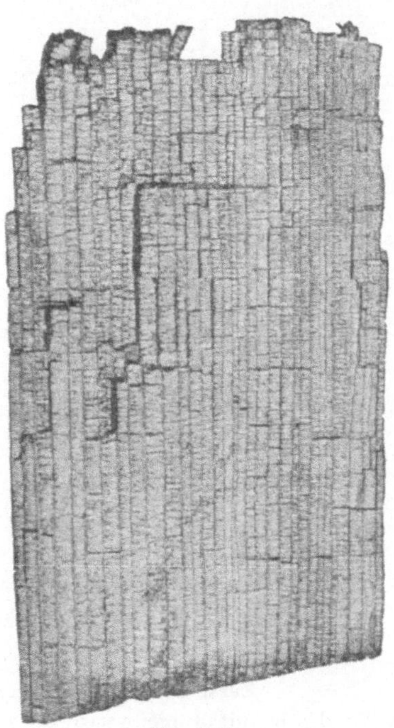

Fig. 171.

Durch Polyporus borealis zersetztes Fichtenholz.

Polyporus borealis[1]) Fr.

Polyporus borealis erzeugt eine höchst eigenartige Weissfäule der Fichte, die ich nicht nur im Harze beobachtete, sondern auch in den Salzburger und bayerischen Alpen sowie in den Fichtenbeständen bei München als eine der verbreitetsten Zersetzungs-

---

[1]) R. H., Polyporus borealis, die Zersetzungsersch. Seite 54 ff. Tafel X. 1878.

formen der Fichte erkannte. Infektion und Fruchtträgerbildung erfolgen oberirdisch. Die Fruchtträger fallen durch die weisse Färbung schon von weitem auf, sind annuell, mehr oder weniger konsolenförmig, oft in der Mehrzahl über einander stehend und unter einander verwachsen. Sie sind sehr wasserreich, auf der Oberfläche etwas zottig, ohne Zonen und haben einen unangenehmen Geruch.

Das Holz verändert seine Farbe infolge der Zersetzung nur wenig. Es wird bräunlichgelb, und in dem Frühjahrsholze eines jeden

Fig. 172.

Zersetzung des Fichtenholzes durch Polyporus borealis.

a Tracheide mit üppig entwickeltem Mycel in einer aus den Markstrahlen stammenden braungelben Flüssigkeit. *b* u. *c* Die Pilzfäden sind noch bräunlich gefärbt und sehr kräftig entwickelt. *d* u. *e* Die Wände sind schon sehr verdünnt, vielfach durchlöchert. Die Pilzfäden sind schwächer ernährt und sehr fein. *f* Die Tipfel sind fast völlig zerstört. *g* u. *h* Von den Wandungen sind nur noch Reste vorhanden. Die Zerstörung der Hoftipfel ist von *i* bis *r* zu verfolgen. Bei *i* ist der Hoftipfel noch intakt, bei *k* ist die eine Wandung des Linsenraumes schon grösstentheils aufgelöst, und durch eine Kreislinie deren innere Begrenzung zu erkennen. Bei *l* ist die eine Seite des Hoftipfels ganz aufgelöst. Bei *m* bis *n* sieht man eine Reihe von Tipfeln, die nur noch auf einer Seite und zwar auf der mit der Schliesshaut versehenen eine sehr zarte Wandung zeigen, auf welcher bei Anfertigung des Präparates ein Riss entstanden ist. Von *o* bis *r* sieht man Tipfel, deren beide Wände ganz oder theilweise aufgelöst sind. Nur bei *p* und *q* sind noch die verdickten Theile der Schliesshaut zu finden. Bei *s* erkennt man deutlich die streifige Struktur der beiden Zellwände, welche unter einander verbunden die gemeinsame Tracheidenwand darstellen. Bei *t* sieht man Pilzhyphen, welche die Tracheiden in vertikaler Richtung durchziehen.

Jahrringes entstehen in senkrechten Abständen von 1—1$^1/_2$ mm über einander horizontal verlaufende, von Mycelium erfüllte Lücken, die dem Holze ein Ansehen gewähren, das einigermassen dem feinsten Schriftgranit ähnelt (Taf. Fig. 3 und Fig. 171, S. 175).

Das Holz wird dabei immer leichter und mürber, zeigt aber noch im letzten Stadium der gänzlichen Auflösung jene eigenartige Struktur. Wird das Holz im Anfange seiner Zersetzung freigelegt, ohne auszutrocknen, dann wächst das Mycel nach aussen hervor und bildet weisse Pilzhäute, deren Mycelfäden vorwiegend in horizontaler Richtung verlaufen.

Polyporus vaporarius[1]) Pers. Dieser und der folgende Parasit erzeugen eine Zersetzung, welche die grösste Ähnlichkeit mit der durch den Hausschwamm, Merulius lacrymans, hervorgerufenen Zerstörung besitzt. Aus den verholzten Zellwandungen entnimmt der Pilz alle Cellulose, wogegen das Holzgummi zurückbleibt.

Polyp. vaporarius kommt an Fichten und Kiefern ungemein häufig vor, inficirt sowohl Wurzeln als oberirdische Wundflächen und dringt zumal gern an Schälstellen des Rothwildes ein. Das Holz wird rothbraun, trocken, rissig und immer ähnlicher dem halb verkohlten Zustande (Taf. Fig. 5). Zwischen den Fingern gerieben zerfällt es in ein gelbes Mehl. Das Pilzmycel entwickelt sich in den Spalten oder zwischen todtem Holz und Rinde gern in Gestalt schneeweisser, reich verästelter, wollig filziger Stränge (Fig. 195), ähnlich manchen Mycelbildungen des Hausschwammes. Wahrscheinlich vermögen diese an den todten Wurzeln und Stöcken wuchernden Mycelstränge eine unterirdische Infektion der Nachbarbäume auszuführen. Die Fruchtträger sind völlig weiss, bilden Krusten und niemals Konsolen. Sie entstehen auf dem zersetzten Holze, auf todter Rinde, oder an den üppigen Mycelwucherungen und Strängen. Dieser Pilz tritt sehr häufig am Bauholz in den Gebäuden auf und wird wegen seiner mächtigen, oft fächerförmig, oft strangartig ausgebildeten Mycelmassen meist mit dem ächten Hausschwamm, Merulius lacrymans, verwechselt, dessen Mycelbildungen immer in kurzer Zeit eine aschgraue Farbe bekommen. Was seine Bedeutung als Hauszerstörer betrifft, so verweise ich auf die kurze Besprechung der Zerstörungen des Bauholzes (Seite 195).

Polyporus sistotremoides[2]) Alb. et Schw. (mollis R. H., Schweinitzii Fr.). Dieser Parasit kommt nur an Kiefern und Weymouths-

---

[1]) R. H., Polyporus vaporarius Fr., die Zersetzungsersch., Seite 45 ff. Taf. VIII.
[2]) R. H., Polyporus mollis Fr., die Zersetzungsersch., Seite 49 ff. Taf. IX.

kiefern vor. Er erzeugt eine der vorigen sehr ähnliche Zersetzungsart. Das Mycel erscheint als feine kalkartige Kruste an den Spaltenwänden, und besteht aus Pilzfäden, welche von Harz inkrussirt sind. Höchst eigenartig und intensiv ist der Geruch des Holzes, der an Terpentingeruch erinnert, ohne damit völlig identisch zu sein.

Die Fruchtträger erscheinen am todten Holze oder aus Borkenrissen der stehenden lebenden Bäume in Gestalt rothbrauner Polster, die sich später zu undeutlichen Konsolen entwickeln. Die Porenschicht ist jung gelbgrün, färbt sich aber bei der leisesten Berührung tiefroth.

Die Tracheiden zeigen bei höherer Zersetzung spiralige Risse und Spalten (Fig. 173). Offenbar sind diese Spalten Folge des Schwindens der immer ziemlich trocken bleibenden Substanz. Sie sind auch die Ursache der leichten Zerreiblichkeit des Holzes.

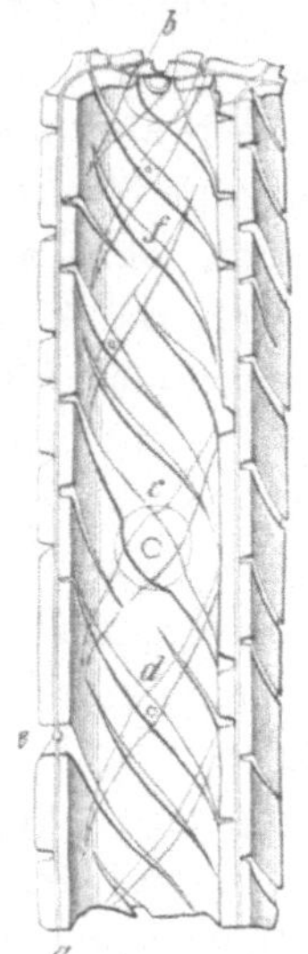

Fig. 173.

Tracheide von Pinus, durch Polyporus sistotremoides zerstört. Die Cellulose ist meist extrahirt und die Wände bestehen vorzugsweise aus Holzgummi. In trockenem Zustande entstehen Risse in der sekundären Wand, wogegen die primäre Wand (ab) unverändert bleibt. Die spiralige Struktur der sekundären Wand veranlasst Kreuzung der Spalten beider benachbarten Zellwände an den Hoftipfeln c und den Bohrlöchern de. Wo keine Tipfel und Bohrlöcher vorhanden sind, zeigen sich einfache Spalten f.

Polyporus sulphureus[1]) Butt. Einer der verbreitetsten Parasiten der Eiche, Robinie, Erle, der Baumweiden, Pappeln, Nussbäume und Birnbäume ist Polyporus sulphureus. Derselbe kommt auch auf Lärche und Tanne als Parasit vor.

Die Infektion erfolgt an Astwunden, und das Mycelium verbreitet sich schnell im Holzkörper, denselben rothbraun färbend und austrocknend. Das Holz erhält zahlreiche Risse, in welche hinein das Mycel wächst und kolossale, aus verfilzten Hyphen bestehende Häute (Taf. Fig. 11 u. Fig. 174) bildet. Bei den Laubhölzern füllen sich die Gefässe schon in frühem Zersetzungsstadium mit dichter Pilzmasse, so dass die Poren im Querschnitt als weisse Punkte, in der Längsansicht als weisse Linien erscheinen. Der Pilz löst zuerst die Cellulose auf und lässt den Holzgummi zurück, so dass ähnliche Risse in den Wandungen der Zelle und des ganzen Holzkörpers entstehen, wie bei den vorigen Parasiten.

---

[2]) R. H., Polyp. sulphureus Fr., die Zersetzungsersch., Seite 110 ff. Taf. XIV. 1878.

Da, wo alte Aststutzen oder Baumwunden anderer Art dem Mycel ermöglichen, nach aussen zu gelangen, wächst alljährlich eine Gruppe von fleischigen, unterseits hellschwefelgelben, oberseits hellrothgelben Fruchtträgern hervor, die durch ihre Grösse und weithin leuchtende Farbe die Aufmerksamkeit des Beobachters leicht auf sich lenken. Die Hutsubstanz zeigt eine weisse Farbe und käsige Beschaffenheit. Die Porenkanäle zeigen eine Hymenialschicht mit keulenförmigen Basidien (Fig. 175). Das Mycelium dieses Parasiten entwickelt im Holze selbst sehr häufig runde Conidien in grosser Anzahl, die ich bei meiner

Fig. 174.

Eichenholz durch Polyporus sulphureus zerstört. In den Trockenrissen des rothfaulen Holzes hat sich üppiges weisses Mycel gebildet.

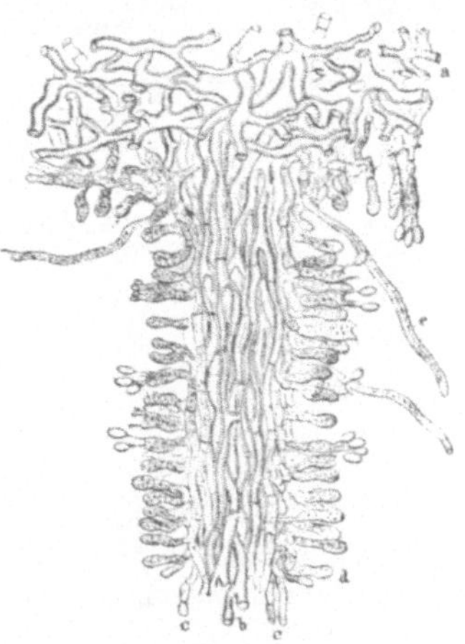

Fig. 175.

Hymenialschicht von Polypor. sulphureus mit Basidien und Sporen.

Bearbeitung dieses Parasiten zunächst als einer fremden Pilzart angehörend betrachtete. Erkrankte Bäume sterben, bevor sie vom Sturm gebrochen werden, recht oft auf der einen oder anderen Seite bis zur Rinde hin ab, diese vertrocknet, fällt ab, und das rothbraune faule Holz fällt dann aus dem Bauminnern heraus.

Polyporus officinalis, der Lärchenschwamm, erzeugt eine der vorigen sehr ähnliche Zersetzung an den Lärchen. Die grossen hufförmigen Fruchtkörper sind weiss.

Polyporus igniarius[1]) Fr. Der gemeinste Parasit der meisten Laubholzbäume ist der falsche Feuerschwamm, dessen holzzerstörende Wirkung ich insbesondere bei Eichen genauer untersucht habe.

---

[1]) R. H., Polyp. igniarius Fr., die Zersetzungsersch., S. 141 ff. Taf. XV u. XVI.

Die Infektion erfolgt theils an Ästen, theils an Rindenwunden, und das Mycelium verbreitet sich schnell von da aus im Holzkörper.

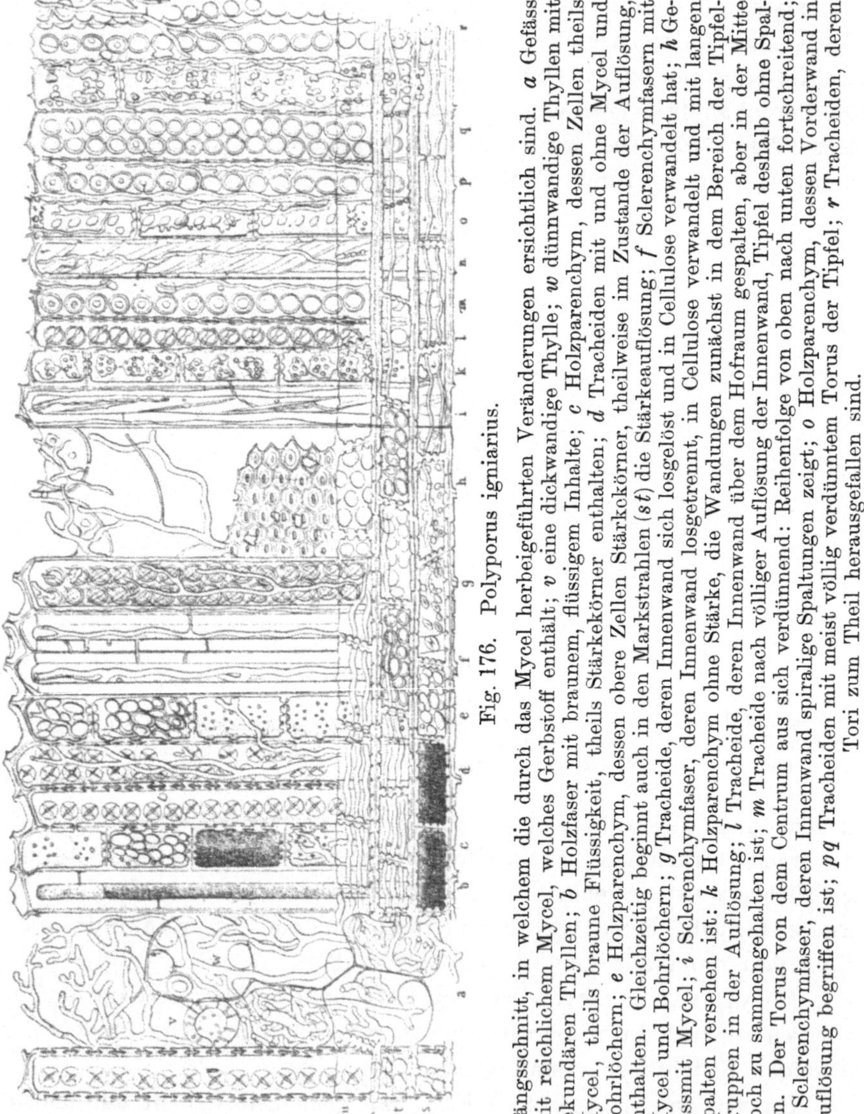

Fig. 176. Polyporus igniarius.

Längsschnitt, in welchem die durch das Mycel herbeigeführten Veränderungen ersichtlich sind. a Gefäss mit reichlichem Mycel, welches Gerbstoff enthält; v eine dickwandige Thylle; w dünnwandige Thyllen mit sekundären Thyllen; b Holzfaser mit braunem, flüssigem Inhalte; c Holzparenchym, dessen Zellen theils Mycel, theils braune Flüssigkeit, theils Stärkekörner enthalten; d Tracheiden mit und ohne Mycel und Bohrlöchern; e Holzparenchym, dessen obere Zellen Stärkekörner, theilweise im Zustande der Auflösung, enthalten. Gleichzeitig beginnt auch in den Markstrahlen (st) die Stärkeauflösung; f Sclerenchymfasern mit Mycel und Bohrlöchern; g Tracheide, deren Innenwand sich losgelöst und in Cellulose verwandelt hat; h Gefässmit Mycel; i Sclerenchymfaser, deren Innenwand losgetrennt, in Cellulose verwandelt und mit langen Spalten versehen ist: k Holzparenchym ohne Stärke, die Wandungen zunächst in dem Bereich der Tipfelgruppen in der Auflösung; l Tracheide, deren Innenwand über dem Hofraum gespalten, aber in der Mitte noch zu sammengehalten ist; m Tracheide nach völliger Auflösung der Innenwand, Tipfel deshalb ohne Spalten. Der Torus von dem Centrum aus sich verdünnend: Reihenfolge von oben nach unten fortschreitend; n Sclerenchymfaser, deren Innenwand spiralige Spaltungen zeigt; o Holzparenchym, dessen Vorderwand in Auflösung begriffen ist; pq Tracheiden mit meist völlig verdünntem Torus der Tipfel; r Tracheiden, deren Tori zum Theil herausgefallen sind.

Zunächst färbt sich das Holz tief braun, und dann folgt eine hellgelb-weisse Zersetzung, die häufigste Art der Weissfäule der Eiche (Taf. Fig. 9). Das gelbweisse Holz wird immer leichter, weicher und ähnelt in seinen Eigenschaften in etwas der zur Papierfabrikation hergestellten Cellulosemasse. Die anfänglich sehr kräftigen, späterhin äusserst zarten und die Organe ganz ausfüllenden Hyphen veranlassen eine Zersetzung, bei welcher zunächst die inneren Wandungsschichten in Cellulose umgewandelt und aufgelöst werden, bevor auch die Mittellamelle, die als zartes Skelett sich lange Zeit erhält, in Cellulose verwandelt und aufgelöst wird (Fig. 176).

Der Process hat mithin grosse Ähnlichkeit mit dem für Polyp. borealis beschriebenen. Die Fruchtträger, welche meist unmittelbar aus der vom Pilzmycel durchwachsenen Rinde hervorkommen, sind anfänglich halbkugelförmig, später nehmen sie mehr oder weniger die Hutform an (Fig. 177).

Polyporus fulvus Scop. erzeugt eine Weissfäule besonders an Zwetschenbäumen, kommt aber auch an Hainbuchen und Zitterpappeln vor. Die harten, anfangs behaarten, bald aber glatt, dunkel und rissig werdenden Fruchtkörper sind knollig und von dreieckiger Hutform.

Polyporus fulvus var. Oleae[1] Scop. In den Olivenwaldungen zeigt sich an den meisten Bäumen schon frühzeitig ein lokales Aufhören des Dickenwachsthums, wodurch sich Vertiefungen der Rinde bilden. In vielen Gegenden schneiden die Besitzer die Rinde an diesen Vertiefungen fort, um die Vergrösserung der krebsartig

Fig. 177.

Polyporus igniarius an der Eiche.
Oben ein Spechtloch.

um sich greifenden Krankheit zu verhindern. Unter der Rinde ist das Holz weissfaul und es entwickelt sich das Mycel des Polyp. fulvus Oleae, nach aussen und erzeugt Fruchtträger, wenn die kranke Stelle nicht häufig wieder weggeschnitten wird. Dabei wird die Rinde so weit besei-

----

[1] R. H., Die Spaltung der Ölbäume. 1 Tafel. Forstl.-naturw. Zeitschr. 1893. S. 57.

tigt, als sie abgestorben ist. In der Rinde verbreitet sich das Mycel
des Parasiten krebsartig und vergrössert dadurch die kranke, dann
zuwachslos werdende Baumstelle. An der Figur 178 ist die rechte Seite
erkrankt, aber noch mit der todten Rinde bedeckt, in der das Mycel
alljährlich weiter wächst. Die linke Seite ist schon vor längerer
Zeit von der Rinde befreit, so dass schon eine Überwallung eingetreten ist. Im Querschnitt ist nur die ganze untere Seite und
eine kleine Stelle auf der oberen Seite noch gesund. Wird nun

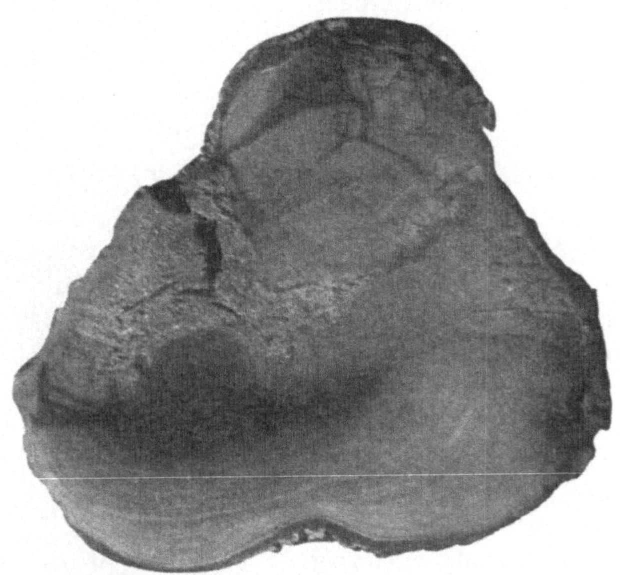

Fig. 178.

Querschnitt durch einen Stamm des Ölbaumes. Links und rechts krebsartig
sich vergrössernde kranke Stellen, durch den Polyporus fulvus Oleae zerstört.

alles faule Holz ausgeschnitten, oder geht dasselbe durch natürliche völlige Zersetzung verloren, so besteht der Baum an dieser
Stelle aus zwei von einander getrennten Theilen. Er hat sich „gespalten“. Ursache der allgemein verbreiteten Krankheit ist die Miss-
handlung der Ölbäume bei der Ernte der Oliven und bei der
Ästung, sowie durch die mancherlei Verwundungen, denen sie beim
landwirthschaftlichen Zwischenbau ausgesetzt sind, ohne dass die
Wundstellen etwa durch Steinkohlentheer gegen Infektion der Sporen
geschützt werden.

Polyporus fomentarius L. Der echte Feuerschwamm, Zunder-
schwamm tritt besonders an älteren Rothbuchen, seltener an Eichen
und Ulmen auf. Er erzeugt eine Weissfäule, bei der oft breite, weisse,

Fig. 179.
Eichstamm durch Polyporus dryadeus
zersetzt.

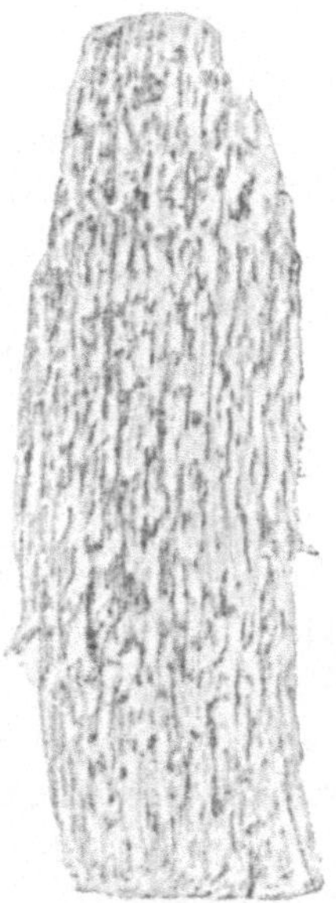

Fig. 180.
Durch Polyporus dryadeus stärker
zersetztes Eichenholz.

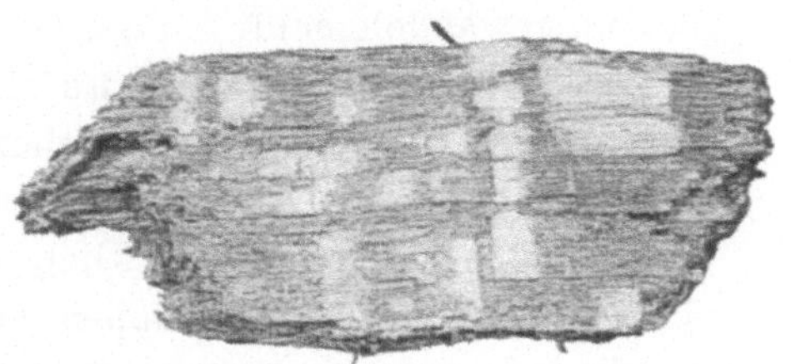

Fig. 181.
Eichenholz, welches gleichzeitig durch
Polyp. dryadeus und Polyp. igniarius
zersetzt ist.

lederartige Mycellappen in den Schwindrissen des getödteten Holzes
oder unter der Rinde auftreten.

Polyporus dryadeus[1) Fr. Dieser Eichenpilz veranlasst eine Zer-

---

[1]) R. H., Polyp. dryadeus Fr., die Zersetzungsersch., Seite 124, Taf. XVII. 1878.

setzungsform (Taf. Fig. 12), bei welcher längliche, theils weisse, theils gelbliche Flecken mitten im festen, die ursprüngliche Kernholzfarbe bewahrenden Holze auftreten (Fig. 179). Die weissen Flecken bestehen aus Elementen, die in Cellulose umgewandelt und durch Auflösung der Mittellamelle isolirt sind. Die gelblichen Stellen dagegen zeigen eine Zerstörung der Zellen, die der durch Polyp. igniarius sehr ähnlich und durch längste Widerstandsfähigkeit der Mittellamelle ausgezeichnet ist. Die weissen Stellen werden am ehesten aufgelöst und entstehen dadurch Löcher, eingefasst von sehr harten Wandungen (Fig. 180). Unter lebhaftem Luftzutritt färbt sich das Holz zimmetbraun und verwandelt sich in eine aus braunen, derben Hyphen bestehende Pilzmasse.

Die grossen hufförmigen annuellen Fruchtkörper sind zimmetbraun und kommen an alten Aststellen oder an der Basis der Stämme hervor. Sie sind von geringer Dauer, und findet man nur selten intakte Exemplare.

Wenn Pol. dryadeus und igniarius gleichzeitig in einer Eiche sich verbreiten und ihre Hyphen sich begegnen, so entsteht auf der Grenze eine eigenartige Zersetzungsform, indem das Holz gelblichweiss und ähnlich dem von Pol. igniarius allein zersetzten Holze wird, sämmtliche grössere Markstrahlen aber schneeweisse Bänder darstellen (Fig. 181), deren Untersuchung ergiebt, dass sie oft nur aus völlig unveränderten Stärkemehlkörnern bestehen, während die Zellwandungen fast völlig aufgelöst und verschwunden oder in Cellulose umgewandelt sind.

Polyporus squamosus Huds. veranlasst eine Weissfäule an Nussbäumen, Eschen, Ahorn, Buchen, Rosskastanien, Ulmen und anderen Laubholzbäumen. Die sehr grossen, flachen, halbkreis- oder nierenförmigen, zuweilen etwas seitlich gestielten Fruchtträger sind annuell, oberseits mit braunen Schuppen bedeckt.

Polyporus connatus Fr. lebt parasitär an Ahornbäumen.

Polyporus hispidus Butt. kommt besonders an Apfelbäumen, aber auch an Eschen, Ulmen, Maulbeerbäumen u. s. w. vor (Fig. 182) und veranlasst eine Bräunung des Holzkörpers.

Polyporus laevigatus Fr. Dieser Parasit veranlasst an den Birken eine Weissfäule. Seine Fruchtträger erscheinen als dunkelbraune porenreiche Krusten auf der Rinde.

Polyporus betulinus Fr. An Birken zeigt sich hier und da in reicher Entwicklung der Polyp. betulinus, dessen unterseits weisse, oben braungrau gefärbte Fruchtträger kugelförmig zum Vorschein kommen, und dann zu umgekehrten, oben gewölbten Konsolen heranwachsen. Die durch diesen Parasiten veranlasste Zersetzung ist eine Rothfäule.

Polyporus pinicola Ser. kommt wahrscheinlich parasitär an Fichten, Tannen, Kiefern, ferner an Birken und Kirschen vor. Die Fruchtträger sind dick, huf- oder konsolenförmig, oberseits dunkelgrau, glatt und haben einen abgerundeten, roth gefärbten Rand. Das Innere des Fruchtkörpers ist weiss.

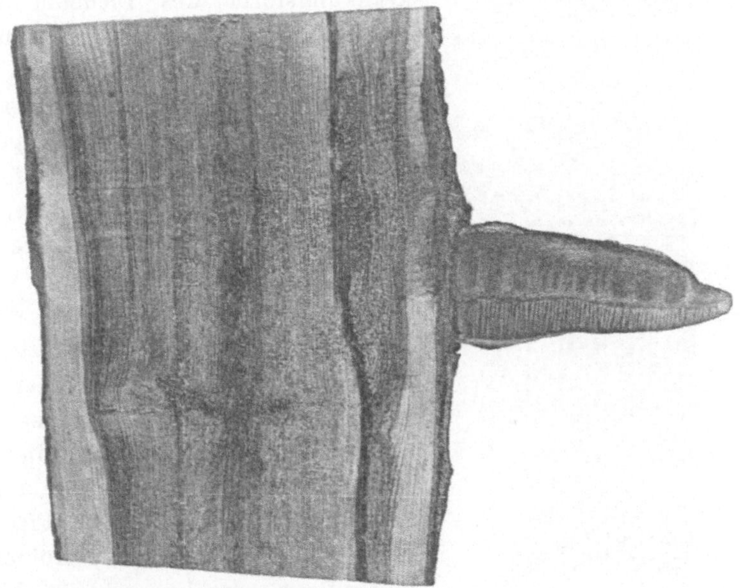

Fig. 182.

Polyporus hispidus. Längsschnitt durch einen lebenden Stamm von Fraxinus excelsior und durch den Fruchtkörper von Pol. hispidus. Das zersetzte Holz ist braun und zeigt weisse, kurze Längs- und Radialstriche.

Polyporus marginatus ist der vorigen Art sehr nahe verwandt, hat aber meist noch grössere Fruchtkörper und bewohnt Stämme der Buchen, selten Eichen und Birken.

Hydnum diversidens[1] Fr. An Eichen und Rothbuchen findet sich häufig ein Parasit, dessen Fruchtträger gelbweiss, theils krusten-, theils konsolenförmig und dadurch ausgezeichnet sind, dass die Hymenialschicht auf ungleichlangen abwärts gerichteten Stacheln sich befindet.

---

[1] R. H., Hydnum diversidens, die Zersetzungsersch., Seite 124 ff., Taf. XII. 1878.

Die Zersetzung, welche von den inficirten Wundstellen des Stammes ausgeht, veranlasst ebenfalls eine Weissfäule. Die Färbung ist eine gelblich aschgraue, anfänglich streifenweise abwechselnd mit einer hellbräunlichen Farbe, die insbesondere längere Zeit den Markstrahlen verbleibt (Taf. Fig. 10). In höheren Zersetzungsstadien entstehen schneeweisse Mycelhäute an Stelle einzelner stark zersetzter Frühjahrsschichten.

Stereum frustulosum Fr. (Thelephora Perdix[1]) R. H.) Eine durch ganz Deutschland weit verbreitete Erkrankungsform des Eichenholzes ist die, welche ihrer eigenartigen Färbung wegen Rebhuhnholz genannt wird, indem man dieselbe verglich mit dem weiss gesprenkelten Gefieder bestimmter Körpertheile des Rebhuhnes. Das kranke Holz färbt sich zunächst tief rothbraun, und dann kommen in einem gewissen Zusammenhange mit grossen Spiegelfasern weisse Flecken auf dunklem Grunde zum Vorschein, die sich in weiss ausgekleidete scharf umgrenzte Höhlungen umwandeln. Mit zunehmender Grösse der Höhlungen, die von einander durch feste braune Holzwände getrennt sind, erhält das Holz Ähnlichkeit mit manchen durch Ameisen zerfressenen Hölzern (Taf. Fig. 7). Es ist hervorzuheben, dass jede Höhlung für sich in der Regel geschlossen bleibt, bis die völlige Zerstörung eintritt (Fig. 183). Das Mycelium veranlasst im Eichenholz zuerst eine Bräunung des Inhaltes der parenchymatischen Organe. Die Stärkekörner verlieren die blaue Reaktion auf Jod allmählich von aussen nach innen fortschreitend. Es bleiben in den mittleren Markstrahlenreihen farblose Hüllen zurück, die zuletzt ebenfalls zerstört werden (Fig. 184).

Fig. 183.

Stereum frustulosum. Zerstörtes Eichenholz in der Tangentialansicht.

Da, wo die weissen Flecken entstehen, sowie in der Wandung der weissen Höhlungen werden sämmtliche Organe in Cellulose verwandelt, die Mittellamelle aufgelöst und dadurch Isolirung der ein-

---

[1]) R. H., Telephora Perdix, die Zersetzungsersch., Seite 103 ff. Tafel XIII.

zelnen Elemente des Holzes bewirkt (Fig. 182 *e—k*). Auffälligerweise
verändert sich der Zersetzungsprocess in der Umgebung der Höhlungen, wenn solche grösser geworden sind. Diese erscheinen dann
nicht mehr weiss, sondern graugelb, zeigen reichlichen Mycelfilz,
welcher die Wandungen an zahllosen Stellen durchbohrt. Eine Umwandlung in Cellulose findet daselbst nicht statt, vielmehr erfolgt die

Fig. 184.

Zersetzung des Eichenholzes durch Stereum frustulosum.

a Tracheiden mit einzelnen Pilzfäden und Pilzbohrlöchern. *b* Holzparenchym mit
Stärkekörnern, die zum Theil in der Auflösung begriffen sind, indem die Granulose von aussen nach innen verschwindet. *c* Gefäss mit Pilzhyphen. *d* Skleren-
chymfaser mit Pilzfäden und Bohrlöchern. *e* und *f* Tracheiden, deren primäre
Wand aufgelöst ist, so dass die Isolirung vollständig ist. Die verdickten Tori
der Hoftipfel liegen ebenfalls isolirt zwischen den Tracheiden. Eine Kreuzung
der Hoftipfelspalten ist nicht mehr vorhanden, weil die Organe isolirt sind.
g Völlig isolirte und der völligen Auflösung nahe Holzparenchymzellen. *h* Tracheide vor völliger Auflösung. *i* Sklerenchymfasern stark zersetzt. *k* Tracheide,
deren Wandung vor der Auflösung in Spalten sich getrennt hat.

Auflösung der Substanz theils durch Vergrösserung der Bohrlöcher,
theils durch Verdünnung der Wandungen vom Lumen aus.

Stereum hirsutum[1]) Fr. Eine sehr auffällige und charakteristische Zersetzungsform der Eiche ist die durch Stereum hirsu-

---

[1]) R. H., Stereum hirsutum, die Zersetzungsersch., Seite 129 ff. Taf. XVIII. 1878.

tum hervorgerufene. In der Praxis wird solches Holz als „gelb- oder weisspfeifig" bezeichnet. Meist in bestimmt koncentrischen Zonen, die anfänglich einseitig, später um den Stamm geschlossen sind, tritt zunächst Bräunung ein, worauf dann stellenweise schnee- weisse oder gelbliche Streifen im Längsschnitte, weisse Punkte im Querschnitte (Fliegenholz) (Taf. Fig. 8) auftreten. Oft wird auch das ganze Holz gleichmässig in eine gelbe Masse verwandelt, und zwar dann, wenn dem Sauerstoff der Luft der Zutritt sehr erleichtert ist, wie im Splintholz, an Aststutzen u. s. w. Es scheint auch kaum zweifelhaft zu sein, dass dieser Pilz als Saprophyt eine grosse Rolle spielt und an natürlich absterbenden Ästen sich ansiedelt. Das Mycel verändert in den weissen Streifen das Holz in Cellulose, die Mittel- lamelle verschwindet bald, so dass die Organe isolirt werden; in den gelblichen Holzpartien dagegen schreitet, wie bei Pol. igniarius, die Auflösung vom Lumen aus vor, und eine Umwandlung in Cellulose geht nicht voraus.

Gegen alle die vorgenannten, an oberirdischen Wundstellen ein- dringenden Holzparasiten kann nur in der Weise angekämpft werden, dass einerseits alle Veranlassungen zur Entstehung von Baumwunden soviel als möglich vermieden werden, worüber noch in dem Abschnitt über die Verwundungen zu sprechen ist, dass anderseits da, wo Ver- wundungen dem Baume absichtlich zugefügt werden, wie bei der Baumästung, hierbei die nöthigen Vorsichtsmaassregeln angewendet werden, insbesondere die Herstellung eines antiseptischen Verbandes in Form von Theeranstrich sofort ausgeführt wird.

Säuberung des Waldes von anbrüchigen, mit den Fruchtträgern der Parasiten besetzten Bäumen ist dabei im Auge zu behalten, womit nicht gesagt sein soll, dass man alle alten Eichen, die schon faul sind, rücksichtslos zu fällen habe. In der Nähe der frequenteren Wege, an geeigneten Punkten wird der Forstmann zur Erhaltung der Wald- schönheit alte Bäume und schöne Waldpartien stehen lassen, wenn auch der Nutzen dieser Maassregel sich nicht sofort in Geldwerth baar nachweisen lässt.

Agaricus melleus[1]). Der Hallimasch oder Honigpilz. Dieser Pilz tödtet besonders Nadelholzbäume, scheint aber auch unter

---

[1]) R. H., Wicht. Krankheiten d. Waldb., 1874. S. 12 ff. Taf. I u. II.
R. H., Agaricus melleus L., die Zersetzungsersch., S. 59 ff. Taf. XI, Fig. 1—5. 1878.
R. H., Die Ausschlagfähigkeit der Eichenstöcke und deren Infektion durch Aga- ricus melleus. F. d. Z. 1894, pag. 428.

bestimmten Verhältnissen an Laubholzbäumen: Prunus, Amygdalus, Ahorn etc. als Parasit zu wachsen. Im Niederwaldbetriebe tödtet er die Eichenstöcke, wenn er an Wunden einzudringen vermag, bevor der Stock neue Ausschläge gebildet hat. An Nadelwaldbäumen, welche durch Insekten oder durch Steinkohlenrauch so geschädigt worden sind,

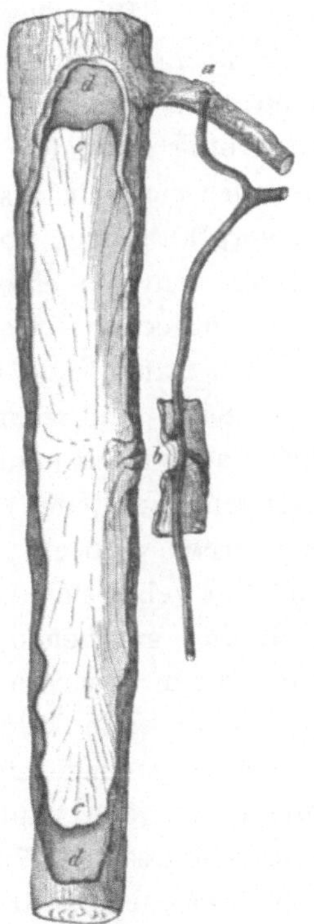

Fig. 185.

Lebende Fichtenwurzel mit zwei frischen Infektionsstellen, an denen der Rhizomorphenstrang *a b* in die Rinde eingedrungen ist. An der stärkeren Wurzel ist die Rinde von *d* bis *d* entfernt, um das bei *b* eingedrungene Mycel *c c* zu zeigen.

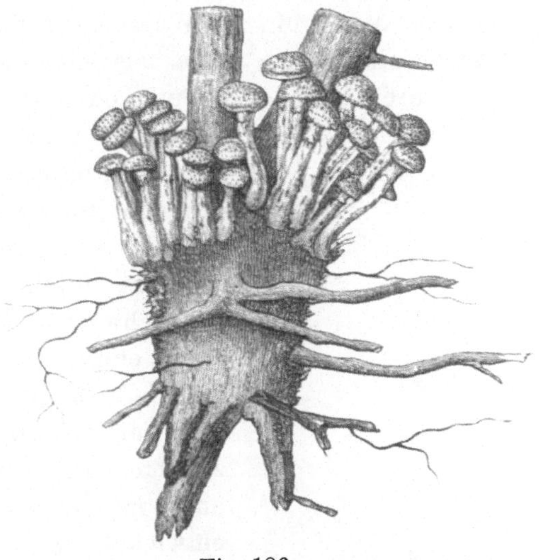

Fig. 186.

Junge Kiefer von Agaricus melleus getödtet, mit vielen Fruchtträgern, welche aus der Rinde des Wurzelstockes hervorgebrochen sind. An den Wurzeln finden sich verästelte Rhizomorphenstränge.

dass der Zuwachs nicht bis zum unteren Baumtheile reicht, erfolgt die Infektion durch Agaricus melleus besonders leicht. Als Saprophyt wächst er nicht nur an todten Wurzeln und Stöcken, sondern auch an verbautem Holze, an Brücken, an Wasserleitungsröhren, in Bergwerken u. s. w.

Die Krankheit tritt oft schon an 3—5-jährigen Pflanzen auf, tödtet aber auch 100jährige Fichten, Kiefern u. s. w. Man erkennt sie daran, dass nach Entfernung der Rinde am Wurzelstock und an den Wurzeln ein schneeweisses derbes Mycelium (Fig. 185 *c c*) zum Vorschein tritt, welches an älteren Bäumen zuweilen 3 m und höher unter der noch lebenden Rinde emporsteigt. An den Wurzeln sieht man mehr oder weniger zahlreiche, schwarzbraune, glänzende, hier und da sich verästelnde Stränge von 1—2 mm Durchmesser haften, welche in Verbindung mit den weissen Mycelhäuten unter der Rinde stehen, die Wurzeln aber auch hier und da nur äusserlich umklammern.

Den stärkeren Wurzeln haftet äusserlich oft eine grosse Menge von Terpentinöl und Harz an, das mit den Erdtheilchen vermengt eine feste Masse um den Wurzelstock bildet (Fig. 186). Die erkrankten Pflanzen sind selten früher als ein Jahr vor ihrem schnell eintretenden Tode durch bleiche Färbung oder kurze Triebe zu erkennen. Gräbt man aber eine scheinbar völlig gesunde Pflanze aus unmittelbarer Nähe einer sichtbar erkrankten oder todten Pflanze sorgfältig aus, so wird man in der Regel an deren Wurzeln eine oder mehrere Infektionsstellen entdecken, woselbst ein schwarzer Rhizomorphenstrang sich in die Rinde eingebohrt hat (Fig. 185 a), und wenn man die Rinde sorgfältig abhebt, so erkennt man, dass sich von der Einbohrungsstelle aus jener Strang zu einem schneeweissen Körper verbreitet, welcher im lebenden Rindengewebe sich weiter entwickelt hat und soweit dies geschehen, eine Bräunung und Tödtung desselben bewirkte. Das in der lebenden Rinde wachsende Mycel ist durch fächerförmige Ausbreitung ausgezeichnet. Es geht sehr leicht wieder in jene rundliche Strangform über, die einerseits aus den Wurzeln hervorwächst, anderseits zwischen Holz und Rinde sich weiter entwickelt, wenn der Baum getödtet und durch Zusammenschrumpfen der Rinde Platz für die Entwicklung dieser Stränge gegeben ist, die sich dann reichlich und zweigartig verästelnd den todten Holzstamm netzartig umspinnen. Die den Wurzeln entspringenden Rhizomorphen verbreiten die Krankheit unterirdisch von Stamm zu Stamm, indem sie selten tiefer als 10 cm unter der Oberfläche fortwachsend sich in gesunde Nadelholzwurzeln einbohren, wenn sie auf diese stossen. Im Herbste, von Ende August bis Oktober, sieht man an den im Boden frei wachsenden Rhizomorphen, sowie aus der Rinde der durch den Parasiten getödteten Bäume, zumal am Wurzelstock (Fig. 186) die grossen bekannten Fruchtträger (Fig. 187, 188) zur Entwicklung gelangen.

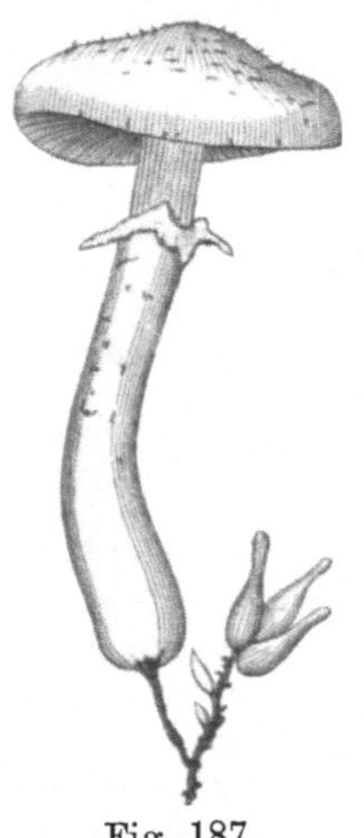

Fig. 187.

Fruchtträger von Agaricus melleus auf einem Rhizomorphenstrang entstanden, während ein Seitenzweig nur verkümmerte Fruchtträger trägt.

Die weissen Sporen dieses Hutpilzes werden durch den Wind verbreitet oder verschleppt und entwickeln zunächst ein fädiges Mycel. Aus diesem geht sodann die als Rhizomorpha bezeichnete Mycelform hervor. Die Rhizomorphenspitze (Fig. 189) besteht aus zartem Scheinparenchym, welches, durch Zelltheilungs- und Zellwachsthumsprocesse

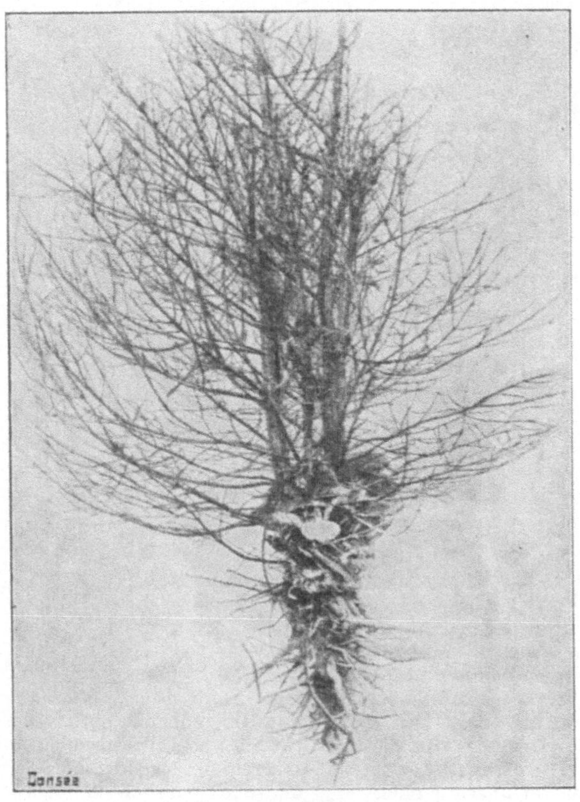

Fig. 188.

Durch Agaricus melleus getödteter Fichtenbüschel mit Fruchtträgern am Wurzelstock.

sich verlängernd, in gewisser Entfernung von der Spitze nach innen zu zarten Hyphen auskeimt und dadurch ein filzartiges Gewebe im Innern, Mark genannt, entstehen lässt. Die äusseren Theile des Scheinparenchyms dagegen verschmelzen unter einander zu der sogenannten Rinde der im jugendlichen Alter zahllose zarte Hyphen entsprossen, die durch Vermittlung der Markstrahlen in den Holzkörper, zumal mit Vorliebe in die etwa vorhandenen Harzkanäle

eindringen und in diesen aufwärts wachsen (Fig. 190). Dieses fädige
Mycelium eilt im Innern des Holzstammes den in der Rinde wachsenden Rhizomorphen schnell voraus und zerstört das in der Umgebung
der Harzkanäle befindliche Parenchym vollständig, wobei allem Anscheine nach eine theilweise Umwandlung des Zelleninhalts und der

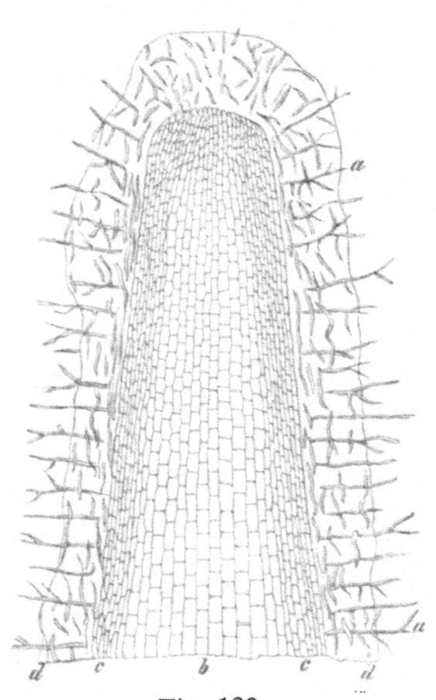

Fig. 189.

Längsschnitt durch eine Rhizomorphenspitze, deren äusseren
Hyphen zahlreiche haarartige Fäden *a a* entspringen, während im
Innern die centralen Stellen sich
in geringer Entfernung von der
Spitze stark vergrössern *b*, während die in der Peripherie stehenden Hyphen *c* enger bleiben und
zu dem Rindenscheinparenchym
verschmelzen. *d d* ist die Grenze
der den Strang umgebenden
Gallertschicht.

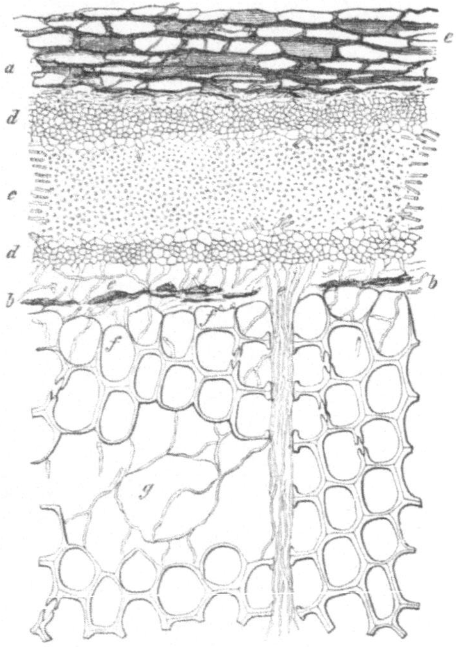

Fig. 190.

Querschnitt durch Rinde und Holz einer
von Rhizomorpha getödteten Kiefernwurzel.
a Getödtetes Bastgewebe. *b* Getödtete Cambialregion. *c* Rhizomorphenmark. *dd* Rindenscheinparenchym des Rhizomorphen-
stranges. *ee* Hyphenfäden, welche von den
Rhizomorphen in den Holzstamm wachsen.
f Getödtete, unfertige Holzzellen. *g* Völlig
zerstörter Harzgang, dessen parenchymatische Nachbarzellen ebenfalls aufgelöst sind.

Zellwandungen in Terpentinöl stattfindet. Das Terpentinöl senkt
sich durch eigene Schwere abwärts und strömt im Wurzelstocke,
woselbst die Rinde durch die Rhizomorphen getödtet und vertrocknet
ist, nach aussen hervor, ergiesst sich theils zwischen Holz und Rinde,
theils an Stellen, wo letztere beim Vertrocknen zerplatzt ist, frei nach
aussen in die umgebenden Erdschichten. Die Krankheit wurde des-

halb früher als „Harzsticken" oder „Harzüberfülle" bezeichnet. In den oberen Stammtheilen, soweit Cambium und Rinde noch gesund sind, strömt das Terpentinöl aus den zerstörten Kanälen auch seitwärts durch Vermittlung der Markstrahlkanäle dem Cambium und der Rinde zu. In letzterer veranlasst dieser Zudrang die Entstehung grosser Harzbeulen; im Cambium, wenn dieses im Sommer die neue Jahrringsbildung vermittelt, veranlasst es die Entstehung zahlreicher, ungemein grosser und abnorm gebildeter Harzkanäle, durch welche der Holzring des Krankheitsjahres sehr auffällig charakterisirt ist.

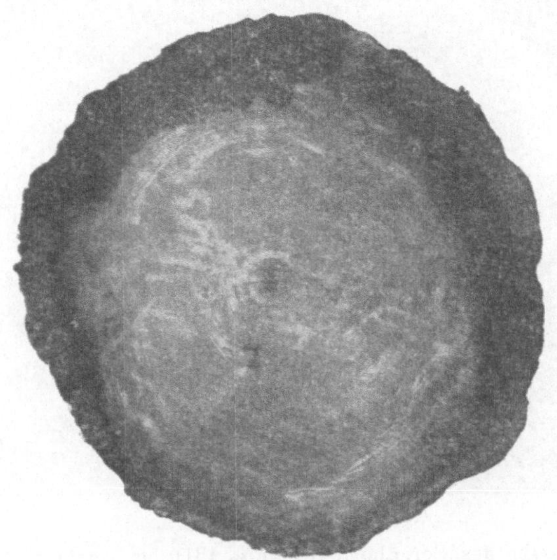

Fig. 191.

Querscheibe eines Bergahorns, der vor 24 Jahren vom Blitze verwundet worden ist. An der Wunde ist das Mycel des Agar. melleus eingedrungen und hat den Baum getödtet, sowie die äussere Rinde weissfaul gemacht.

Aus den Markstrahlzellen und den Harzkanälen verbreitet sich allmählich das Mycel auch in die leitenden Organe des Holzkörpers und veranlasst eine Weissfäule des Holzes. Solches durch Ag. melleus zersetztes Holz ist durch intensives Leuchten bei Nacht ausgezeichnet. Am schönsten habe ich das Leuchten an alten Ahornbäumen beobachtet, welche durch diesen Pilz getödtet waren (Fig. 191, 192). Das Phosphoresciren ist eine Lebensäusserung der Mycelfäden und geht mit dem Tode des Pilzes verloren, mag dieser durch Trockenwerden des Holzes oder etwa durch Erhitzung herbeigeführt sein.

Da die Bäume vertrocknen, nachdem die Rhizomorphen von der inficirten Stelle der Wurzel aus den Stamm erreicht und von hier aus diejenigen Wurzeln, welche bisher gesund geblieben waren, ergriffen haben, so wird der Zersetzung des Holzstammes durch das Dürrwerden desselben in der Regel eine Grenze gesetzt, bevor das Mycel aus den Splintschichten in den Kern vorgerückt ist. Nur an Stöcken

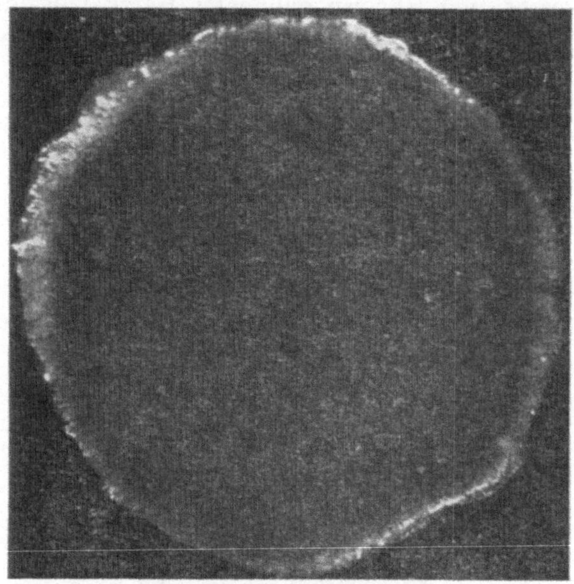

Fig. 192.

Dieselbe Querscheibe des Bergahorn (wie Fig. 191) bei Nacht photographirt, um das phosphorescirende Leuchten des von Pilzmycel durchsetzten Holzes zu zeigen.

und Wurzeln verbreitet sich dieselbe schnell über das ganze Stamminnere.

Was die praktischen Massregeln betrifft, die wir gegen diesen Parasiten ergreifen können, so sind diese dieselben, die ich gegen Trametes radiciperda empfohlen habe.

Agaricus adiposus Fr. ist ein Pilz, der an Wundstellen der Weisstanne, besonders an alten Krebsstellen des Peridermium elatinum eindringt und das Holz schnell in eine eigenartige Zersetzung bringt.

Das Holz wird gelb bis honiggelb und zerblättert schliesslich in den einzelnen Jahresschichten. Der Parasit frisst aber auch in horizontaler und vertikaler Richtung kurze Gänge, die anfänglich weiss

und von Mycelsträngen erfüllt sind (Fig. 193, 194). In den alten
Tannenbeständen des bayrischen Waldes und anderwärts ist ein grosser
Theil der kranken Stämme durch diesen Parasiten zerstört, dessen gold-
gelbe Fruchtkörper aus Wunden und Rindenrissen hervorkommen.

Fig. 193.

Zersetzung des Tannenholzes durch
Agaricus adiposus. Das Holz ist gelb
gefärbt. Die tief ausgefressenen Quer-
furchen enthalten weisses Mycel.

Fig. 194.

Stark zersetztes Weisstannenholz.
Das Mycel des Agaricus adiposus
ist nicht mehr sichtbar.

Die Zerstörungen des Bauholzes durch Pilze.[1]

Die Erkrankungen des gefällten resp. verbauten Holzes mögen
hier eine kurze Darstellung finden.

Blicken wir auf die Behandlung des Bau- und Blochholzes vor
der Verwendung, d. h. im Walde und auf dem Transport zur Bau-
stelle, so ist zunächst zu konstatiren, dass bei der Fällung in der

---

[1] R. H., Der ächte Hausschwamm (Merulius lacrymans). Berlin, Springer 1885,
mit 2 kolor. Tafeln. R. H., Die Rothstreifigkeit des Bau- u. Blochholzes und die
Trockenfäule. Allg. Forst- u. Jagd-Zeitg. November 1887.

Regel nur gesundes Holz als Bau- und Nutzholz ausgehalten wird. Immerhin kann es aber vorkommen, dass einmal ein Bloch oder Balken abgegeben wird, der bei der weiteren Verarbeitung sich als krank herausstellt. Es kann das seinen Grund darin haben, dass ein an einer Aststelle eingedrungener Parasit sich nach oben und unten noch nicht bis zu der Schnittstelle ausgebreitet hatte und somit bei der Abgabe des Holzes das Zerstörungswerk dieses Pilzes unmöglich erkannt werden konnte. Recht oft werden aber von erkrankten Bäumen die als krank erkennbaren Theile abgeschnitten, bis der Sägeschnitt für das unbewaffnete Auge gesund erscheint. Der scheinbar gesunde Baumtheil wird dann als Bloch u. dgl. abgegeben. Da kann es nun wohl vorkommen, dass der Parasit schon in den als gesund betrachteten Baumtheil eingedrungen war und somit ein inficirter Stammtheil als gesund verkauft wird. Bewahrt ein solches Holz längere Zeit einen Theil seines Wassergehaltes, so wächst der Parasit weiter und zerstört nicht allein das bei der Fällung des Baumes bereits von Pilzfäden behaftete Holz, sondern vernichtet auch oft sehr bedeutende Theile des anfänglich gesunden Bauholzes.

Fig. 195.

Brett mit schneeweissem Mycel von
Polyporus vaporarius.

Am häufigsten und verderblichsten ist Polyporus vaporarius, welcher in Fichte und Kiefer schon am lebenden Baume auftritt und von mir schon S. 177 beschrieben ist. Unter den Fällen, in denen ich „Hausschwammbeschädigungen“ zu untersuchen Gelegenheit hatte,

war sehr häufig die Ursache nicht Merulius lacrymans, sondern Polyporus vaporarius, dessen Mycel schneeweisse Überzüge über Balken und
Dielen bildet (Fig. 195) und sich zu weissen, derben Strängen von vielen
Metern Länge entwickelt. Findet Holz Verwendung im Bau, welches
von diesem Parasiten behaftet ist, und trocknet es nicht schnell genug
aus, dann entwickelt sich der Pilz mehr oder weniger üppig und zerstört alles Holzwerk in kurzer Zeit vollständig. Besonders in Keller-
räumen und am Fussboden nicht unterkellerter Parterrewohnungen
findet sich dieser Pilz sehr häufig.

Das völlig gesunde Bloch- und Bauholz kann nun aber auch
während des Lagerns im Walde inficirt werden. Diese Gefahr ist besonders gross bei solchem Holze, welches im geschälten Zustande unmittelbar auf dem Erdboden aufliegt. Verschiedene Holzpilze und
unter diesen auch der echte Hausschwamm, Merulius lacrymans, können
das gefällte Holz im Walde krank machen, wenn dasselbe längere
Zeit auf dem Erdboden lagert. Bei dem Erscheinen meiner Schrift
über den Hausschwamm stellte ich es noch als zweifelhaft hin, ob
dieser Pilz heutzutage noch im Walde vorkomme. Seitdem sind mir
aus Sachsen bei Königstein durch Herrn W. Krieger Objekte zu-
geschickt, die ich zweifellos als echten Hausschwamm erkannte. Auf
Unterlagen dem Luftzuge ausgesetzt, ist das geschälte Holz gegen
Infektion weitaus mehr geschützt, weil die oberflächlichen Holzschichten schnell austrocknen und das Eindringen der Pilze unmöglich
machen. Am freiliegenden Holzstamme, wenn derselbe entrindet ist, bilden sich aber nach einigen
Wochen durch das Austrocknen die Splintrisse,
welche in einer Entfernung von Daumenbreite von
einander entstehend bis zu einer Tiefe von mehreren Centimetern eindringen. In diese Trockenrisse gelangt das Regenwasser mit den darin enthaltenen Pilzsporen. Die Risse schliessen sich nach
längerer Regenzeit, wenn das Holz durch Wasser-
aufnahme wieder quillt, und in regenreichen Jahren
sowie bei längerer Lagerung im Walde kann schon hier eine Zerstörung eintreten, indem die in die Risse gelangten Pilzsporen keimen
und zu beiden Seiten des Spaltes das Holz bräunen (Fig. 196).

Ist Nadelholz der Feuchtigkeit im Walde längere Zeit ausgesetzt,
so verfault es und zeigt eine rothbraune Färbung und zahlreiche
Trockenrisse. Es entwickeln sich alsdann oftmals die Fruchtkörper

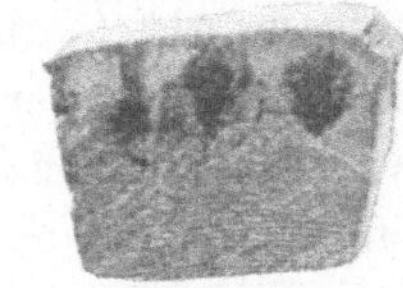

Fig. 196.
Stück eines Balkens,
von dessen Splint-
rissen aus das Holz
verfault ist.

des im Holze verbreiteten Pilzes auch nach aussen, ohne dass irgend welche Mycelbildungen zu Tage treten. An alten Zäunen, Pfählen, Brückengeländern, Barrièren u. s. w. sieht man am häufigsten zwei Arten der Gattung Lenzites, nämlich L. sepiaria und L. abietina ihre Fruchtkörper entwickeln (s. Fig. 197, 198).

Fig. 197.

Querschnitt eines durch Lenzites sepiaria Fr. zerstörten Fichtenbalkens.

In der Regel kommen aber die in die Splintrisse gelangten Sporen im Walde nicht zur Keimung, weil mit dem Aufhören des Regens das Holz schnell oberflächlich wieder austrocknet und die Risse, falls sie überhaupt sich geschlossen hatten, sich wieder öffnen. Wird solches Holz im trocknen Zustande aus dem Walde auf den Bauplatz oder vor die Sägemühle geschafft, so ist und bleibt es gesund, wenn auch die Sporen in den Rissen sich lange keimfähig erhalten. Wird dagegen das Holz getriftet und hat Gelegenheit, wieder ganz mit Wasser sich vollzusaugen, dann tritt eine höchst widerwärtige Krankheitserscheinung auf, die als „Rothstreifigkeit" bei den Sägemüllern, Holzhändlern u. s. w. bekannt ist und das erste Stadium der sogen. „Trockenfäule" bildet.

Zwischen dem im Winter und dem im Sommer gefällten

Fig. 198.

Derselbe Balken, aus dessen freier Oberfläche zahlreiche Fruchtkörper von Lenzites sepiaria hervorgewachsen sind.

Nadelholze besteht an sich kein Unterschied, doch ist zweifellos, dass das im Sommer gefällte Holz viel mehr an Trockenfäule leidet, als das im Winter gefällte Holz. Dieser scheinbare Widerspruch ist leicht zu erklären. Die Winterfällung findet im Flachlande und in den niederen Gebirgen statt. Die Stämme resp. Bloche werden nicht sofort entrindet und bald per Axe aus dem Walde geschafft. Das Holz ist und bleibt gesund, wenn es auch kurz vor dem Transport noch im Walde entrindet wurde. Sollte es auch schon früher entrindet sein, so bleibt es doch gesund, weil etwa anhaftende Sporen an trockenem Holze nicht keimen können. In allen höheren Gebirgen dagegen erfolgt die Fällung im Sommer, das Holz wird sofort geschält, kommt auf Unterlagen, wird im Winter bei Schnee an die Flossbäche geschafft, um dann im Frühjahr getriftet zu werden. Die Hölzer sind im ersten Sommer, d. h. bald nach der Fällung und Schälung, abgetrocknet, bekommen Risse und in diese gelangen mit dem Regenwasser Pilzsporen. Beim Triften saugen sich die Bloche wieder voll Wasser, die Risse schliessen sich. Die nassen Bloche kommen an die Sägemühle und werden hier zu Tausenden aufeinander gelagert, um im Laufe des Sommers verschnitten zu werden. Die im Mai zersägten Bloche sind in der Regel noch völlig gesund, aber schon vom Juni an tritt immer mehr rothstreifige Waare auf, und im Herbste ist oft mehr als die Hälfte aller Bloche so krank, dass wenig brauchbare Bretter daraus zu gewinnen sind. Dies erklärt sich nun leicht, wenn man erwägt, dass die mit Wasser durchtränkten Bloche durch dichtes Aufeinanderliegen am Austrocknen verhindert sind, dass die hohe Sommertemperatur das Keimen der in den Splintrissen vorhandenen Pilzsporen und die holzzerstörende Entwicklung der Pilze begünstigt.

Der Verlust, welchen die Sägemüller im Bayrischen Walde durch das Rothstreifigwerden der Bloche erleiden, wird von diesen auf $33\,^0/_0$ der Gesammtwaare beziffert. Was die Verhütung der Krankheit betrifft, so kann man allerdings auch bei der Sommerfällung völlig gesundes Blochholz erzielen, wenn man die Bloche durch ein Dach gegen das Beregnen schützt. Leider tritt dann nur ein anderer Übelstand hervor, nämlich das übermässige Reissen des Holzes, wodurch der Ausfall an guten Brettern ein sehr grosser wird. Durch baldiges Abfahren des Holzes auf Wagen könnte die Erkrankung verhütet werden. Die rothstreifigen Bretter bilden Ausschusswaare, welche in den Häusern als Blind- und Fehlbodenbretter Verwendung finden. Da nun sehr oft die in dem Holze enthaltenen Pilzbildungen noch nicht durch Austrocknen getödtet sind, so findet bei feuchter Lagerung ein Weiterwachsen der Pilze und eine weitere Zerstörung des Holzes statt.

Die geflössten Balken leiden in gleichem Maasse an Rothstreifigkeit, wie die Sägebloche, wenn sie nicht sofort trocken gelagert werden und ihren Wassergehalt abgeben können. Das noch wasserhaltige Bauholz leidet dann unter der sogenannten „Trockenfäule".

Am meisten gefährdet sind die in dem Mauerwerk eingeschlossenen Balkenköpfe, da das in demselben enthaltene Wasser sich dem Holze mittheilt und auch die ziemlich trockenen Balken wieder so nass macht, dass die in den Splintrissen des Holzes ruhenden Pilzkeime sich entwickeln. Waren die Balkenköpfe schon rothstreifig, so ist die Gefahr des völligen Verfaulens natürlich um so grösser. Soviel als möglich sollte man deshalb dahin trachten, rothstreifige Balken nicht oder doch nur etwa im obersten Stockwerke des Hauses zu verwenden, wo ja ein Austrocknen des Mauerwerkes schneller stattfindet, als in den unteren Etagen mit ihrem stärkeren Mauerwerke. Unter allen Umständen sollte es aber nie versäumt werden, die Balkenköpfe auf ein Meter Länge mit Kreosotöl (gewöhnliches Steinkohlentheeröl), mit dem Carbolineum von Avenarius oder mit dem Diehl'schen Carburinol mehrmals zu bestreichen, bevor sie in das Mauerwerk eingelegt werden. Ein Theeren ist abzurathen, weil der Theerüberzug das Austrocknen der Balken hindert und der Theer auch nicht tief ins Holz eindringt.

Weniger gefährdet sind die übrigen Theile der Balken. Selbst dann, wenn dieselben rothstreifig sind, wodurch übrigens ihre Tragfähigkeit in demselben Maasse geschwächt wird, als Theile derselben erkrankt sind, pflegt bei solid aufgeführten Bauten das Holzwerk so rechtzeitig auszutrocknen, dass eine weitere Zerstörung desselben durch die darin enthaltenen Pilze nicht stattfinden kann.

Der Namen „Trockenfäule" ist insofern ungeschickt gewählt, als dieser Process dadurch charakterisirt wird, dass er nur im nassen oder feuchten Holze stattfindet, in dem die Pilze das genügende Wasser zum Wachsthum finden, wogegen der Hausschwamm völlig trockenes Holz zerstören kann, indem er das zum Wachsthum erforderliche Wasser aus anderen Theilen des Hauses aufnimmt, mit sich führt und entweder dem Holzwerk mittheilt oder in Tropfen (Thränen) ausscheidet. Trockenfäule heisst die Erscheinung wohl deshalb, weil sie im Bau meist erst dann bemerkt wird, wenn der Bau selbst und somit auch das Holzwerk völlig ausgetrocknet ist.

Die Trockenfäule tritt aber oft genug in den Neubauten in einem Grade auf, dass nicht allein die Balken, sondern auch die Fehlböden und Fussbodenbretter verfaulen. Ist dies der Fall, dann liegen wohl immer grobe Verstösse gegen die Bauausführung vor. Am häufigsten wird der Fehler begangen, dass nasses Füllmaterial auf die Fehlböden geschüttet und zu frühzeitig entweder mit den Blindbodenbrettern oder den Fussbodenbrettern zugedeckt wird. In meiner Schrift über den Hausschwamm habe ich eingehend über das Füllmaterial gesprochen. Dasselbe muss möglichst trocken und frei von humosen oder anderen, Wasser anziehenden Bestandtheilen sein. Am besten ist reiner Kies oder grober, trockener Sand. Die sogenannte Steinkohlen-Lösche ist durchaus zu verwerfen.

Ein grober Fehler besteht darin, dass die Fussböden zu frühzeitig mit Ölfarbe gestrichen oder mit Parkett belegt und dadurch verhindert werden, die in den Brettern enthaltene, sowie die aus der Füllung zugeführte Feuchtigkeit frei zu verdunsten. Das in den Füllmassen und im Holzwerke enthaltene Wasser kann jetzt nach oben gar nicht mehr entweichen, und bleibt nur nach unten, d. h. durch die Zimmerdecken, eine sehr langsame Verdunstung möglich. Zwischen dem Fehlboden und der Verschalung der Plafonds bildet sich ein mit Wasserdunst gesättigter Luftraum, welcher für Pilzkultur äusserst geeignet ist. Die Fussbodenbretter, welche von der Füllung aus sich mit Wasser sättigen, verfaulen unter der Einwirkung der aus dem Walde mitgebrachten, d. h. der in den Trockenrissen enthaltenen Pilzkeime. Wenn dann aber nach 2 Jahren der Bau völlig ausgetrocknet ist, geht auch das in den Brettern enthaltene Wasser verloren, und da auf der Unterseite der Bretter das zerstörte Holz beim Trocknen sehr stark schwindet, die obere, von der Ölfarbe durchtränkte oder der Luft ausgesetzte Seite nicht zerstört werden konnte, so biegt sich jedes Brett in der Mitte nach oben, zieht aus den zerstörten Balken die Nägel leicht heraus, und es entstehen Fugen, welche die Breite eines Fingers erreichen können.

Die dadurch nothwendig werdenden Reparaturen sind höchst kostspielig und geben Veranlassung zu den unerquicklichsten Processen zwischen Bauherrn, Baumeister, Zimmermeister, Holzlieferanten und Miethern. Dabei wird dann in der Regel nicht mit genügender Sicherheit zwischen dieser Trockenfäule und dem Hausschwamm unterschieden, obgleich die letztere Kalamität nach den von mir veröffentlichten Arbeiten mit Leichtigkeit erkannt werden kann.

Während man mit Trockenfäule diejenigen Zerstörungen des Bauholzes zu bezeichnen pflegt, bei denen die zerstörenden Pilze dem unbewaffneten Auge nicht sichtbar sind, weil sie nicht die Eigenschaft haben, über den Holzkörper hinaus in die Risse und Spalten des Holzes oder zwischen Holz und Mauerwerk zu wachsen, sondern ihre feinen Hyphen im Holzkörper selbst verbreiten, giebt es eine Reihe von Zerstörern des Bauholzes, welche mehr oder weniger üppige Mycelwucherungen ausserhalb des Holzes entwickeln, und diese sind es, die im allgemeinen als „Hausschwamm" bezeichnet werden. In Rücksicht auf die völlig verschiedene Entstehung, Schädlichkeit und Bekämpfung der Krankheiten des Bauholzes ist es sehr zu beklagen, dass neuerdings einzelne Gerichte bei sogenannten „Hausschwammprocessen" die Natur der Erkrankung nicht unterscheiden.

Ich gehe nun zur Betrachtung des echten Hausschwammes, Merulius lacrymans,[1]) über.

Der Hausschwamm ist eine Kulturpflanze, die aber auch im Walde noch nicht ausgestorben ist, vielmehr an alten Nadelholzstöcken und Lagerholz auftritt. Nadelholz ist seine Hauptnahrung, doch wächst er auch in Eichenholz.

Die im Innern des Holzes wachsenden, für das unbewaffnete Auge nicht sichtbaren Pilzfäden entnehmen dem Holze die Eiweissstoffe, welche sie zum Wachsthum nöthig haben, lösen aber vorzugsweise die Cellulose der Holzwandungen auf, so dass eine aus Holzgummi, Gerbstoff und oxalsaurem Kalk bestehende braun gefärbte Substanz zurückbleibt, welche, so lange das Holz reichlich Wasser enthält, das ursprüngliche Volumen des Holzes beibehält, aber nach dem Verluste des Wassers so stark schwindet, dass rechtwinklig auf einander stossende Risse entstehen, durch welche das Holz reichlich zerklüftet wird und oft in regelmässige würfelförmige Stücke zerfällt.

Mit der Zerstörung des Holzes geht eine Braunfärbung Hand in Hand, die einer höheren Oxydation des Gerbstoffes im Holze zuzuschreiben sein dürfte. Im frischen Zustande weich, bekommt das Holz im trockenen Zustande mehr die Eigenschaften der Holzkohle und lässt sich zwischen den Fingern in ein äusserst feines gelbes Pulver zerreiben. Wichtig ist die Fähigkeit, ähnlich einem Badeschwamm, Wasser mit grösster Begierde aufzusaugen. Diese beruht vorzugsweise darauf, dass die Pilzfäden im Innern die Zellwände durchlöchert haben und damit ein Entweichen der Luft vor dem kapillar zuströmenden Wasser stattfinden kann. Holzwerk, welches vom Haus-

---

[1]) R. H., Der echte Hausschwamm, mit 2 kol. Tafeln. 1885.

schwamm ergriffen ist, bekommt dadurch die Fähigkeit, sehr leicht Wasser aufzusaugen und weiter zu transportiren. Es kann deshalb aus einem tieferen Theile des Hauses liquides Wasser vermöge der Kapillarität des erkrankten Holzes nach oben wandern, wo es verdunstend die Wohnräume feucht macht. Soweit ähnelt das durch Hausschwamm zerstörte Holz dem trockenfaulen Holze.

Der Hausschwamm hat aber nun die Befähigung, aus dem ernährenden Holz hinauszuwachsen, wenn nur die umgebende Luft konstant feucht genug ist, so dass die hervorwachsenden Pilzfäden nicht vertrocknen. Wo also stagnirende feuchte Luft sich findet, wachsen die Pilzfäden aus dem Holze hervor und zwar zunächst als schneeweisse, lockere, wolleartige Bildungen, die das Holz überziehen und auf dessen Oberfläche sich ausbreitend weiterwachsen. Diese weissen Pilzmassen breiten sich auch über andere Gegenstände, aus denen sie keine Nahrung beziehen können, aus, wenn solche in der Nähe des Holzwerkes sich finden, kriechen also am Mauerwerk in die Höhe, überziehen den feuchten Erdboden, Steinplatten u. s. w. In den wolligen Pilzmassen entstehen später sich verästelnde dichtere Stränge von gleicher Farbe, die bis Fingerdicke erreichen können und für die Lebenserscheinungen des Hausschwammes eine hervorragende Bedeutung besitzen.

Das wollige Pilzmycel fällt im Alter zusammen und bildet seidenglänzende aschfarbene Häute, die man von der Unterlage abheben kann (Fig. 199, S. 204). Durch die aschgraue Farbe unterscheidet sich dieses Pilzmycel von dem immer schneeweiss bleibenden Mycel des Polyporus vaporarius.

Die Mycelstränge des echten Hausschwammes bestehen aus festen Fasern, welche dieselben bis zu einem gewissen Grade unzerreissbar machen, ferner aus zarten, plasmareichen Fäden, die in feuchter Luft allseitig auskeimen können, und endlich aus gefässartigen Organen mit grossem Innenraum, in welchem reichlich Eiweissstoffe sich befinden. In diesen gefässartigen Organen wird offenbar von dem ernährenden Substrate d. h. dem Holzwerke dem ausserhalb wachsenden Mycele nicht allein Wasser, sondern auch Nahrung in reichlicher Menge zugeführt, und da diese Stränge viele Meter Länge erreichen, die Fugen im Mauerwerk benützend, vom Keller zum Parterregeschoss, von hier in die oberen Stockwerke hinaufwachsen, so erklärt es sich, dass der Pilz, ohne unterwegs Nahrung, d. h. Holz zu finden, in Theilen eines Gebäudes auftritt, in denen gar kein Holz sich befindet. Allerdings sind es nicht jene Stränge, welche als solche wachsen, vielmehr wächst das aus feinen Fäden bestehende Mycel, jede Ritze und Fuge benützend, durch Mauerwerk, durch Erdschichten u. s. w. und wird dabei von den weiter rückwärts gelegenen Strängen mit Wasser und Nahrung versorgt. Eine Mauerritze, welche anfänglich von dem zarten,

Fig. 199.

Brett mit Mycelbildungen des Merulius lacrymans.

wolligen Mycel durchwachsen wurde, enthält später einen dicken Strang, der aber erst nachträglich aus dem wolligen Mycel sich entwickelt hat. Gelangt das Mycel bei seiner Wanderung an Holzwerk, dann bietet dieses wieder Gelegenheit zur kräftigeren Entwicklung, denn nun dringen die zarten Pilzfäden in dasselbe ein, entnehmen demselben die Nahrung und zerstören es. Als charakteristisch für den Hausschwamm muss bezeichnet werden, dass er im Stande ist, auch trockenes Holzwerk zu zerstören, indem er durch seine Stränge soviel Wasser aus andern, feuchten Theilen des Gebäudes nachführt, dass er das an sich trockene Holz zunächst nass und dadurch der Zerstörung zugänglich macht. In dumpfen Räumen scheidet er das Wasser, wenn er nicht im Stande ist, es an Holz abzugeben, in Form von Tropfen und Thränen ab, weshalb er der thränende Hausschwamm genannt wird.

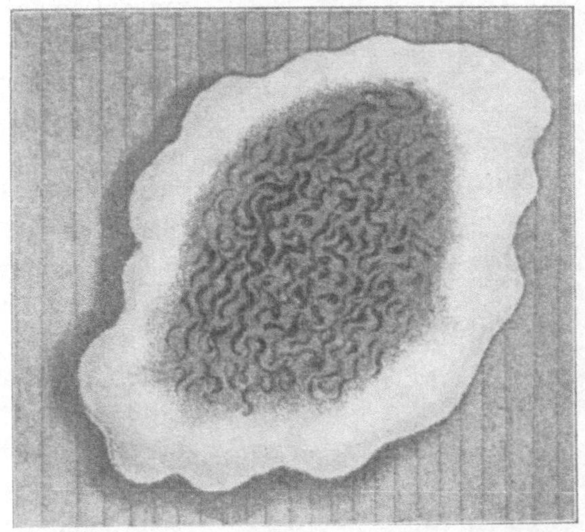

Fig. 200.
Fruchtkörper von Merulius lacrymans (nat. Gr.).

Wo sehr üppige Pilzwucherungen stattfinden und ein genügender Raum, in der Regel auch mehr oder weniger Lichtwirkung, die aber nicht absolut nothwendig ist, vorhanden ist, entwickeln sich die bekannten, meist tellerförmigen Fruchtkörper (Fig. 200, 201). Die anfänglich weisse lockere Pilzmasse färbt sich hier und da röthlich, zeigt wurmartige Faltungen, die bald mit rostfarbigen Sporen so bedeckt werden, dass die ganze Oberfläche eine tiefbraune Färbung annimmt. Die bräunlichen Sporen, deren Grösse so gering ist, dass etwa 4 Millionen in einem Kubikmillimeter Raum haben würden, zeigen an einem Ende eine Keimöffnung in der dicken Wandung, die aber durch ein hellglänzendes farbloses Zäpfchen verschlossen ist.

Die Keimung der Hausschwammsporen kann nur dann eintreten, wenn dieses Zäpfchen erweicht oder aufgelöst wird, und dies scheint nur unter der Einwirkung irgend welcher Alkalien stattzufinden. Keimungsversuche glückten mir nur dann, wenn ich der Lösung, in welcher die Sporen lagen, etwas Ammoniak oder Kali- oder Natronsalze zusetzte. Die Wirkung dieser Salze ist nicht als eine ernährende, sondern lediglich die Sporenhaut an der Keimöffnung erweichende zu denken. Jedes Samenkorn und jede Spore besitzt eine gewisse Menge von der Mutterpflanze stammender sofort verwerthbarer Nahrung in sich. Erst dann, wenn diese bei der Keimung verbraucht ist, wird die weitere Entwicklung abhängig von der Zufuhr neuer Nahrung aus der Umgebung. Es erklärt sich hieraus, weshalb Hausschwammbeschädigungen gern an Örtlichkeiten auftreten, worin Urin, Humus, Asche, Steinkohlenlösche u. dgl. lagern oder verschüttet werden.

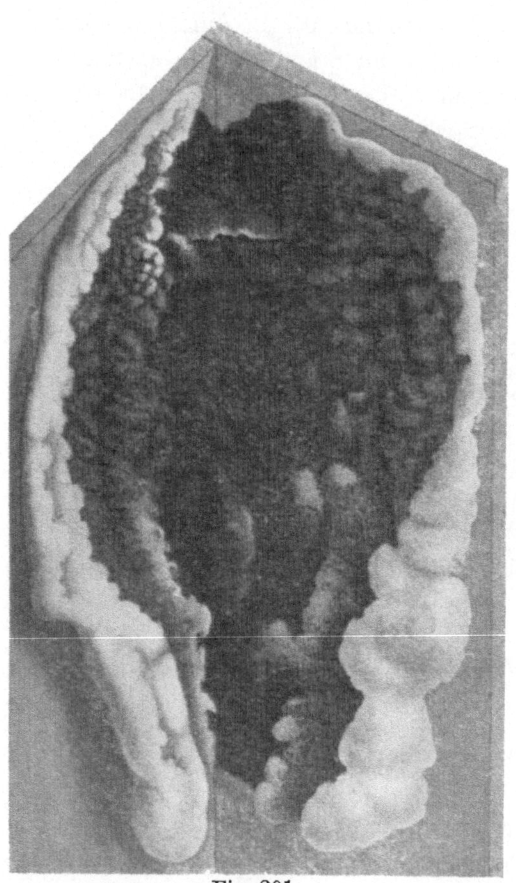

Fig. 201.

Fruchtkörper von Merulius lacrymans
(verkleinert).

Das Holz ist die eigentliche Nahrung des Hausschwammes, und zwar ist das im Sommer gefällte Holz genau ebenso gute Nahrung, wie das im Winter gefällte Holz.

Sehr humusreiche Böden bieten dem Hausschwamm ebenfalls, wenn auch nur geringe Mengen von Nahrung dar. Es ist wahrscheinlich, dass das Pilzmycel bei seiner Wanderung im Mauerwerk geringe Spuren von Kalk auflöst und in sich aufnimmt.

Der Hausschwamm hat im frischen, lebenden Zustande einen sehr angenehmen Geruch und feinen Geschmack. Wenn zumal grössere Fruchtkörper verfaulen, verbreiten diese aber einen höchst widerwärtigen Geruch, und ist es zweifellos, dass die Entwicklung der Gase aus dem verfaulenden Hausschwamme für die Gesundheit der Menschen, die in solchen Räumen wohnen, höchst nachtheilig ist. Es kommt noch hinzu, dass der Pilz grosse Wassermengen ausdunstet und dadurch die Wohnräume feucht macht.

Der Hausschwamm kann auch unter den günstigsten Bedingungen nur da sich entwickeln, wo eine Infektion durch Sporen oder durch Mycel eingetreten ist. Es ist deshalb wichtig, festzustellen, auf welchem Wege die Verbreitung und Einschleppung von Sporen oder Mycel stattfindet.

Dass Sporen aus dem Walde mit dem Holze eingeführt werden, erscheint wenigstens unter den geordneten forstlichen Verhältnissen in Deutschland, wo selten grössere Mengen von Lagerholz im Walde die Entwicklung des Hausschwamms fördern, wohl möglich, dürfte aber zu den Ausnahmen gehören. Es kann somit auch Bloch- und Bauholz durch längeres Lagern im Walde schon inficirt und mit Hausschwammpilz behaftet werden. In der Regel dürfte aber die Infektion erst in den Städten erfolgen und zwar entweder auf den Holzlagerplätzen der Zimmerleute, Tischler u. s. w. oder in den Häusern. Auf den Holzlagerplätzen wird oft genug Holz von alten Häusern, welches noch eine Verwendung gestattet, neben dem noch gesunden Holz gelagert, so dass der Regen die etwa anhaftenden Sporen und Myceltheile auf das gesunde Holz abschwemmt. In Neubauten schleppen Arbeiter, insbesondere Zimmerleute, leicht die Sporen ein, wenn sie etwa von einer Hausschwammreparatur kommend dieselbe Kleidung, dasselbe Schuhwerk und Handwerkszeug, welches zuvor nicht gereinigt wurde, tragen und benützen.

Zur Entwicklung von Hausschwamm gehört aber nicht nur die Gegenwart von Sporen und Mycel, sondern es müssen auch die Entwicklungsbedingungen für diese günstige sein. Die Sporen keimen nur bei Gegenwart von Alkalien. Daraus erklärt sich die Schädlichkeit der Verunreinigung der Bauten durch das Uriniren der Arbeiter, durch Verwendung von humosen Füllsubstanzen, von Asche und Steinkohlenasche. Das weitere Wachsthum und die kräftige Entwicklung des Hausschwammes werden aber vorzugsweise gefördert durch Verwendung nasser Baumaterialien, d. h. nassen Holzes, nasser Füllungen, nasser Bruchsteine u. dgl., denn Feuchtigkeit ist für das Wachsthum jeder Pflanze und somit auch des Hausschwammes nöthig.

Ein näheres Eingehen auf die vorbeugenden Massregeln beim Häuserbau dürfte hier ebensowenig am Platze sein, als eine Schilderung der Massregeln, die zu ergreifen sind, wenn in einem Gebäude der Hausschwamm aufgetreten ist.

In meiner citirten Schrift habe ich alle diese Massregeln eingehend beschrieben.

§ 14. III. Myxomycetes. (Schleimpilze.)

Unter den Schleimpilzen ist nur eine Art bisher in Deutschland als zweifellos parasitär erkannt worden.

Plasmodiophora Brassicae. Der Erzeuger der Kohlhernie.

Fig. 202.

Plasmodiophora Brassicae. Kohlhernie der weissen Rübe.

Die Krankheit äussert sich in oft ganz gewaltigen Geschwülsten und Auswüchsen der Rübenwurzeln verschiedener Kohlarten (Fig. 202).

Die von dem Schleimpilze bewohnten Anschwellungen verfaulen bald, wodurch Kraut und Rüben zu Grunde gehen. Dabei werden die in den Zellen in grosser Menge vorhandenen Sporen frei. Aus ihnen schlüpfen im Frühjahre Myxamöben aus, welche die jungen Wurzeln der Rübenpflanzen inficiren. In den Zellen der Rübenwurzeln werden sie zu den Plasmodien, welche von Zelle zu Zelle unter Benutzung der Tüpfel wachsen und durch ihren Reiz Zellenvermehrung und Vergrösserung veranlassen. Im Innern der Wirthszellen entstehen aus den Plasmodien schliesslich die Sporenmassen.

Zur Bekämpfung der Krankheit verbrenne man alle erkrankten Theile und Erntereste und höre einige Jahre lang mit dem Anbau von Kohl auf solchen Äckern auf.

§ 15. IV. Schizomycetes. (Spaltpilze.)

Der Pflanzenorganismus wird schon durch die Eigenthümlichkeit seines Aufbaues, insbesondere durch den Mangel offener Strombahnen, in denen eine Fortbewegung der Nahrungsflüssigkeit und damit eine Verbreitung der in ihr etwa befindlichen niederen Organismen stattfinden könnte, gegen die Spaltpilze geschützt. Nur durch die Gefässe und Intercellularräume können sie, sich reichlich vermehrend, in dem Pflanzenkörper sich ausbreiten, ohne die ihren Angriffen grossen Widerstand leistenden, aus Cellulose oder Holz bestehenden Wandungen passiren zu müssen.

Es kommt hinzu, dass die meist saure Reaktion der Pflanzensäfte ihrem Wachsthum und ihrer Vermehrung ungünstig ist. In der That sind Bakterien bisher nur im Gewebe solcher Pflanzen vorgefunden, deren Zellen parenchymatischer Natur oder sehr zartwandig sind, wie in Zwiebel- und Knollengewächsen. Sorauer bezeichnet die durch Bakterien hervorgerufenen Erkrankungen mit dem Kollektivnamen „Rotz" (Bacteriosis). Diese Erkrankungen zeichnen sich dadurch aus, dass die befallenen fleischigen Pflanzentheile in eine schleimig-schmierige, höchst übelriechende Breimasse verwandelt werden. Durch die von den Gefässen, in denen sich die Bakterien schneller verbreiten, ausgehende Spaltpilzvegetation werden die zarten Zellwände aufgelöst und mit dem plasmatischen Inhalte zur Bakterienernährung und -vermehrung verwendet, während oft das Stärkemehl erhalten bleibt.

Der gelbe Rotz der Hyacinthen und Zwiebeln, Bakterienrotz (Bacillus Hyacinthi) ist eine häufige Erkrankung, bei welcher

schleimige gelbe Bakterienmassen in den Gefässen auftreten und von
hier aus die Gewebe völlig verjauchen.

Die Bakterien greifen vollkommen gesunde, ausgereifte Zwiebeln
unter normalen Verhältnissen nicht an. Es sind irgend welche Verwundungen nöthig, wie sie beim Herausheben der Zwiebeln und Einschlagen derselben an einem anderen Orte leicht vorkommen, oder

Fig. 203.
Zweiggallen des Ölbaumes.

es sind die Zwiebeln schon von Fadenpilzen angegriffen, unter denen
besonders ein Hyphomycet fast ständiger Begleiter der Rotzkrankheit
ist. In feuchter Lage dringen die Bakterien in die Wunde ein und
veranlassen die Fäulniss derselben.

Bacteriosis der Kartoffeln äussert sich als Nassfäule der
Knollen, welche schon auf dem Felde eintritt und ein völliges Verjauchen derselben zur Folge hat. Die bei Reinkulturen gewonnenen
stäbchenförmigen Bacillen dringen leicht in Wundstellen der Knollen
ein, können aber auch wahrscheinlich durch Lenticellen in unverletzte
Knollen gelangen und diese zur Fäulniss bringen.

In Amerika tritt an Apfel- und Birnbäumen eine Rindenkrankheit auf, welche grossen Schaden veranlasst, als Pear blight und Apple blight bezeichnet wird und durch einen Spaltpilz: Micrococcus amylovorus veranlasst wird.

Ebenso tritt in Amerika eine Krankheit der Hirse — Sorghum blight — auf, welche durch einen Spaltpilz — Bacillus Sorghi — hervorgerufen wird. An Blättern und anderen Pflanzentheilen treten röthliche und schwarze Flecken auf, die schliesslich den Tod der Pflanzen herbeiführen.

Fig. 204.

Ältere Olivengallen an den Ästen.

Die Zweiggallen der Olive. In den Olivenwaldungen finden sich oft in ausserordentlicher Menge verbreitete Gallenbildungen von Erbsen- bis Wallnussgrösse, die meist bald absterben und in den Klüften grosse Bakterienmasse zeigen (Fig. 203, 204). Ob diese aber die Ursache der Gallenbildungen sind, ist noch nicht erwiesen. Die nebenstehenden Abbildungen zeigen Objekte aus Santa Margherita, wo ich grössere Olivenhaine fand, in denen fast jeder Baum zahllose Gallen zeigt.

Es sind neuerdings noch andere Erkrankungen auf Bakterien zurückgeführt, ohne dass jedoch durch Infektionsversuche der zweifellose Beweis geliefert wäre, dass die Spaltpilze die Ursache der Erkrankungen sind. Dahin gehören auch die Schleimflüsse der Bäume.

II. Abschnitt.

Erkrankungen durch atmosphärische Einflüsse.

§ 16. Schädliche Einwirkungen der Kälte.

Intensivere Kälte kann sehr oft nachtheilige Einwirkungen auf das Pflanzenleben ausüben, ohne dass diese auf ein Erfrieren zurückzuführen sind.

Sie kann zunächst ein Vertrocknen der Pflanzen bewirken.[1] Nadelhölzer und immergrüne Laubhölzer verdunsten entsprechend ihrer grossen Oberfläche während des Winters grosse Wassermengen, zumal dann, wenn sie dem Luftzuge und der Sonne direkt ausgesetzt sind oder wohl gar vorübergehend am Tage erwärmt werden, des Nachts aber wieder gefrieren. Sind nun die älteren Stammtheile und Zweige gefroren, so dass eine Wasserbewegung im leitenden Holzkörper nicht stattfinden kann, oder ist der Erdboden so kalt, dass die Wurzeln kein Wasser aus demselben aufzunehmen vermögen, so steigert sich der Wasserverlust in den jüngeren Zweigen bald so sehr, dass die Nadeln und Blätter vertrocknen müssen. Dies äussert sich vornehmlich bei Beginn des wärmeren Frühjahrs durch Bräunung und Nadelabfall, sowie selbst durch Absterben der jungen Zweige. Der lange trockene Winter 1890—91 hat vielfach in Deutschland Vertrocknungserscheinungen in Kiefernbeständen zur Folge gehabt, bei denen sich nachträglich auch bestimmte Pilze ansiedelten, die ihren saprophyten

---

[1] R. H., Frost und Frostkrebs. Unters. a. d. forstbotanischen Institute München 1880.

R. H., Vertrocknen und Erfrieren der Kiefernzweige. Forstl.-naturw. Zeitschr. 1892. S. 85.

Charakter auch dadurch dokumentirten, dass sie in der Folge wieder verschwanden, als keine durch Trockniss erkrankten Zweige mehr vorhanden waren. An der Douglastanne vertrocknen sehr oft die Nadeln im Winter, wenn sie dem Zugwinde ausgesetzt sind. Selbst Fichten röthen ihre Nadeln zuweilen nach trockenem Winterwetter da, wo sie von der Sonne direkt betroffen werden. Epheu vertrocknet an Mauern im Winter und kann nur erhalten werden, wenn man ihn gegen die Besonnung schützt.

Junge Kiefernsaaten bräunen sich, wenn sie aus dem gefrorenen Boden kein Wasser bekommen können, zu Zeiten, wo sie lebhaft verdunsten. Auch der Wintersaat auf den Feldern thut Blankfrost weh, weil sie der Gefahr des Vertrocknens ausgesetzt ist.

Strenge Kälte bewirkt an den Bäumen oftmals Spaltungen verschiedener Art.[1])

Wenn das Wasser im Holzkörper gefriert, so tritt bei tieferen Temperaturen auch das Imbibitionswasser aus den Wandungen der Holzelemente in das mit Luft und Wasser gefüllte Lumen der Organe

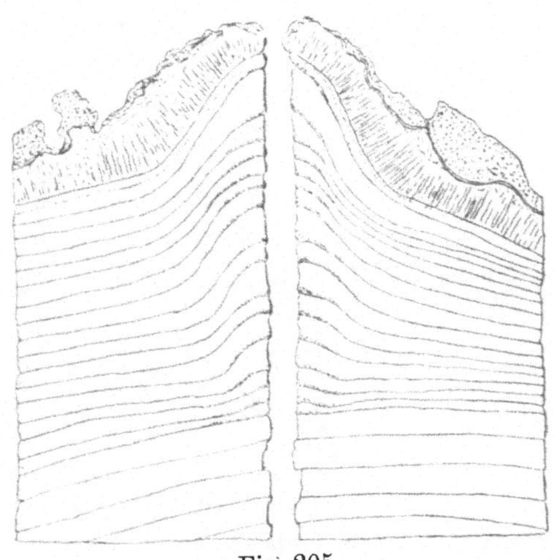

Fig. 205.

Offene Frostspalte einer alten Tanne, welche im Winter 1879/80 entstanden ist und seitdem in jedem Winter sich wieder geöffnet hat. In trockenem Zustande gezeichnet.

und erstarrt dort zu Eis. Der verminderte Wassergehalt der Holzwandungen muss naturgemäss auch eine Volumenverminderung des Holzes zur Folge haben, da das in das Zellinnere ausgetretene Wasser resp. Eis keinen Einfluss auf das Gesammtvolumen des Holzes ausüben vermag, sondern nur die Holzluft etwas verdichtet. Es treten infolgedessen ähnliche Schwindungserscheinungen zum Vorschein, wie beim Trocknen des Holzes. In der Regel entstehen Frostspalten nur dann, wenn plötzlich sehr starke Kälte eintritt zu einer Zeit, wo das Innere des Baumstammes noch nicht oder nur wenig geschwunden ist, so dass der von aussen schnell kälter und kleiner werdende Holz-

[1]) R. H., Innere Frostspalten. Forstl.-naturw. Zeitschr. 1896, pag. 483. 7 Fig.

körper aufreissen muss. Wenn der Baum wieder wärmer wird, so schliesst sich der Spalt, und im kommenden Sommer tritt zu beiden Seiten desselben der neue Jahrring als Wulst hervor, da ja der Rindendruck hier stark vermindert ist. In den nachfolgenden Wintern öffnet sich der Spalt schon bei geringeren Kältegraden wieder, auch dann, wenn der neue Jahrring den Spalt geschlossen haben sollte. So entstehen dann die bekannten Frostleisten (Fig. 205, 206).

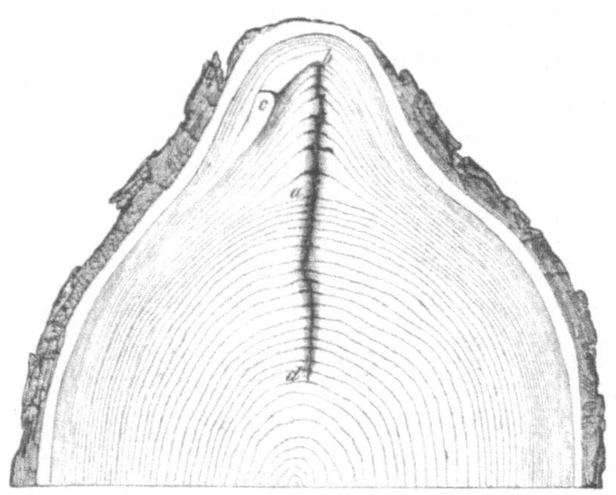

Fig. 206.

Frostriss in einem Eichenstamme. Derselbe ist entstanden im Winter, bevor der Jahrring *a* gebildet wurde und erstreckt sich von *a* bis *d*. Neun Jahre hintereinander ist der Spalt alljährlich neu aufgesprungen, so dass sich die Frostleiste *a* bis *b* bildete, welche dann bei *c* eine seitliche Verletzung erlitt, aber in den letzten 5 Jahren nicht wieder aufgesprungen ist. $^1/_2$ Natürl. Gr.

Folgen mehrere milde Winter auf einander, so kann ein Frostspalt wieder völlig zuwachsen. Bei den meisten Holzarten verlaufen die Frostrisse vom unteren Stammende aufwärts mehrere Meter lang empor.

Bei der Weisstanne dagegen sind dieselben sehr oft nur ganz kurz, treten auch in höheren Schafttheilen auf und überwachsen meist sehr bald, ohne Frostleisten zu bilden. Sie verlaufen naturgemäss in der Richtung der Holzfasern, also meist etwas schräg. (Fig. 207.)

Sehr merkwürdig sind die inneren Frostrisse, die ich besonders bei Tanne und Eiche studirt habe. Wenn bei starker Kälte der Baum schwindet, so können zwar im Holzkörper in der Spaltungsfläche Risse entstehen, die aber nur bis zum Rindenmantel verlaufen,

ohne letzteren zu sprengen. Die Rinde, welche ja keine radialen Spalt-
flächen besitzt, hält den Holzkörper zusammen. Allerdings wird die

elastisch dehnsame Tannen-
rinde da, wo innerlich ein
Frostriss mündet, aus einander gezogen und verliert
dadurch einen Theil ihrer
Elasticität. Wenn dann in
der Folge der Baum dicker
wird, so übt die Rinde hier
einen geringeren Druck auf
das Cambium aus und der
Zuwachs wird dadurch lokal
gesteigert. Der Stamm erscheint äusserlich nicht
rund, sondern mit leisten-
förmigen Vorsprüngen ver-
sehen (Fig. 208, 209, S. 216).

Ausser diesen radial
verlaufenden Frostrissen
kommen oft auch periphe-
rische innere Frostrisse vor,
durch welche der Stamm
dann in mantelförmig sich
sondernde Holztheile zer-
legt wird. Bei der Eiche
treten diese peripherischen
Frostrisse, wie es scheint,
nur im untersten Stamm-
theile resp. im Wurzel-
stocke auf. Im Gram-
schatzer Walde bei Würz-
burg fand ich an den alten
über 200jährigen Mittel-
wald-Eichen die Zerklüf-
tung des Wurzelstockes
recht oft (210, 211, S. 217).

Blatt- und Rinden-
gewebe, wie überhaupt

Fig. 207.

Frostrisse der Weisstanne. Die obere Querscheibe
zeigt eine Frostspalte von 35 jährigem Alter in
der Mitte, welcher eine breite Rindenwunde entspricht. Zu beiden Seiten entstanden vor 18
Jahren Frostspalten, denen schmälere Rindenwunden entsprechen.

alle parenchymatischen Gewebe scheiden beim Gefrieren reines Wasser in die umgebenden Intercellularräume aus, ohne in der Regel selbst zu

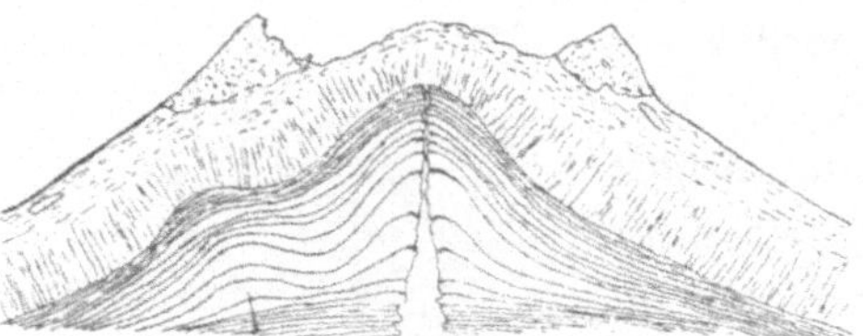

Fig. 208.

Innerer Frostriss. Die Neubildung über demselben ist alljährlich von innen aufgerissen, ohne dass die Rinde geplatzt wäre.

gefrieren. Die Zellen verlieren dabei ihren Turgor, welken gleichsam, und so erklärt sich daraus die bekannte Erscheinung, dass vom Spätfrost

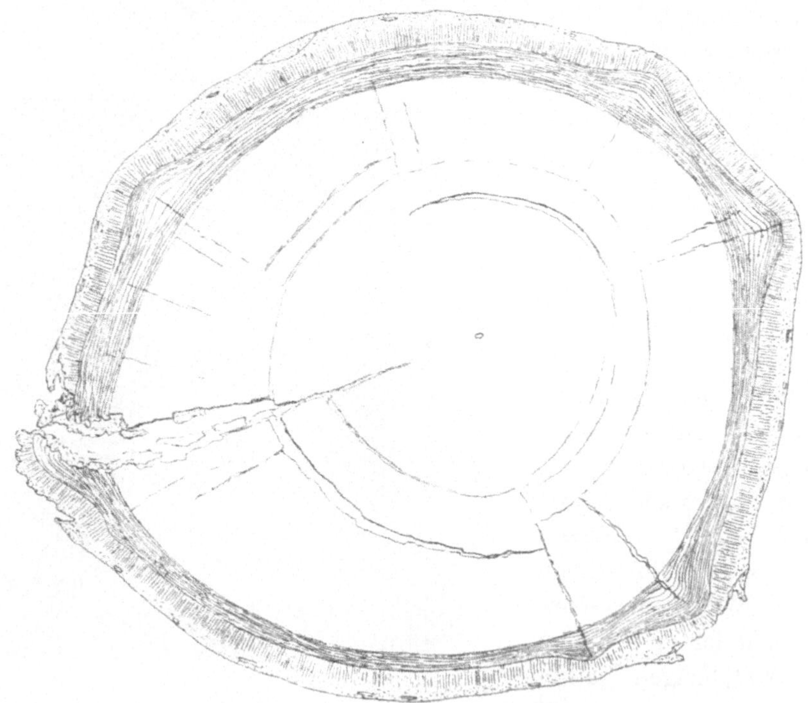

Fig. 209.

Querschnitt einer unterdrückten 120jährigen Tanne mit einer offenen und mehreren inneren Frostspalten. Die Jahrringbildung ist im Innern nicht gezeichnet, um die Spaltenbildung deutlicher hervortreten zu lassen. Der innere Holzkörper war krank. Die Frostrisse stammen aus dem Winter 1876/77, 1879/80 und 1886/87. $^1/_1$.

betroffene Lilien, Hyacinthen u. s. w. platt an der Erde liegen, bis sie
nach dem Aufthauen des Wassers, wenn solches von dem Zellinnern
wieder aufgesogen ist, sich wieder erheben und turgesciren.

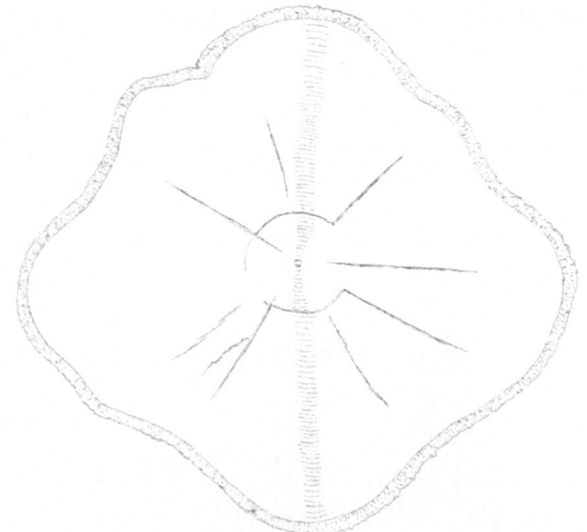

Fig. 210.

Querschnitt vom Wurzelstock einer 57jährigen Eiche mit inneren Frostrissen. $^1/_7$

Zellen mit koncentrirten Lösungen scheiden übrigens erst bei
hohen Kältegraden Wasser aus, und ich habe oft gefunden, dass
Bäume, deren Holz stark ge-
froren war, in der Rinde und
Bastschicht völlig frostfrei
waren.

Gefrieren sehr wasser-
reiche, lebende Pflanzen-
gewebe, insbesondere junge
Blätter und Triebe bei Spätfrösten, dann scheiden sich
in der Regel grössere zu-
sammenhängende Eismassen
an bestimmten Gewebsthei-

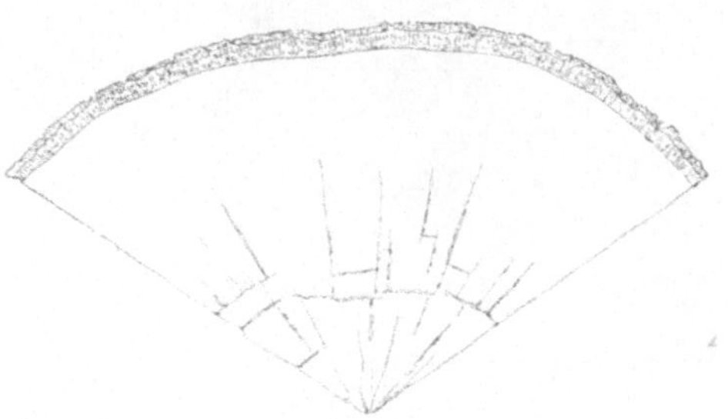

Fig. 211.

Querschnitt vom Wurzelstock einer 300jährigen
Eiche mit inneren Frostrissen. $^1/_7$ n. Gr.

len, besonders gern unter der Oberhaut der Blätter und Triebe
oder im Markgewebe aus, während die Gewebe ganz frei von Eis
bleiben und nur entsprechend dem Wasserverluste zusammenschrumpfen.

Diese Eismassen bestehen aus prismatischen Krystallen, welche unter sich parallel und rechtwinklig auf dem Gewebe stehen, aus welchem das Wasser ausfriert. Das Rindenparenchym der Stengel zeigt meist reichliche Intercellularräume, besonders da, wo das collenchymatische äussere Rindengewebe aufhört, und hier kann, ohne grossen Nachtheil

Fig. 212.
Durch Spätfrost beschädigte Kieferntriebe im September des Frostjahres.

für die Pflanze selbst, eine Trennung des Rindengewebes durch Bildung der Eisschicht erfolgen. Nach Spätfrösten sah ich an Blättern des Bergahorns die Epidermis der Blattunterseite an zahllosen Stellen

---

[1]) Doppelringe als Folge von Spätfrost. Forstl.-naturw. Zeitschr. IX, 1895. Heft 1.

blasig abgehoben. Erst nach vielen Wochen übte diese gewaltsame Trennung einen nachtheiligen Einfluss auf die Gesundheit der Blätter aus.

Das Schwammparenchym der Blattunterseite mit den reichlichen, grossen Intercellularräumen ist offenbar zur Bildung der Eiskrusten besonders geeignet.

Im Blattstielgelenk der Akazie und anderer Bäume, welche im Herbste beim Eintritt des ersten Frostes noch grün sind, bildet sich in der vorgebildeten Trennungsschicht eine Eisplatte, durch welche das Blatt gleichsam abgesprengt wird, so dass dann am nächsten Morgen mit rückkehrender Wärme ein allgemeiner Blattabfall erfolgt.

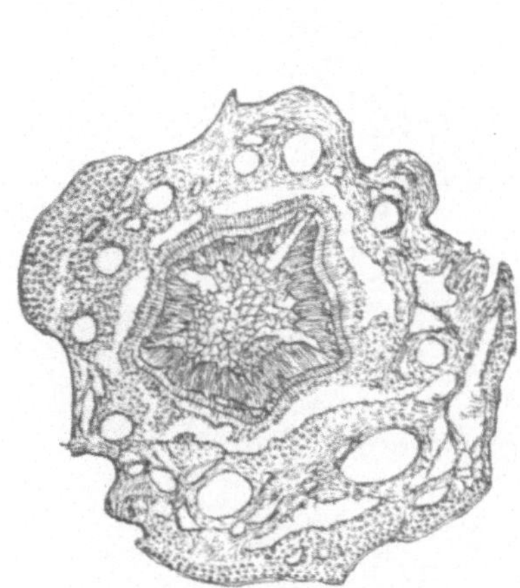

Fig. 213.

Querschnitt durch einen von Maifrost stark geschädigten Kieferntrieb. Mit zahlreichen Eislücken. Im Juni untersucht.

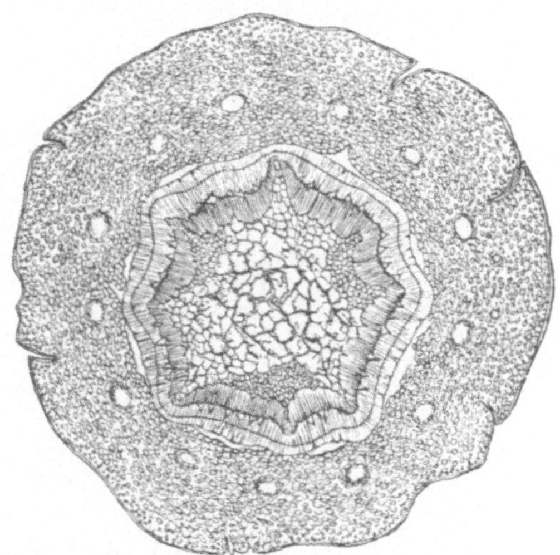

Fig. 214.

Querschnitt durch einen von Spätfrost schwach geschädigten Kieferntrieb.

Sehr interessante Erscheinungen beobachtete ich an Kieferntrieben, welche am 20. Mai durch einen Spätfrost betroffen und mir Mitte Juni zugesandt waren. Die neuen Triebe hingen schlaff bogenförmig nach abwärts und waren entweder ganz getödtet oder zeigten stellenweise ein Einschrumpfen der Rinde oder liessen keinerlei Beschädigung äusserlich erkennen. Nur die Nadelspitzen, soweit sie aus den Scheiden hervorsahen, waren gebräunt.

Im Herbste des Jahres liess ich mir Zweige aus demselben vom Froste geschädigten Bestande senden, von denen ich zwei in der Figur 212 zur Anschauung bringe.

Etwa vier Wochen nach den Spätfrosttagen ergab die Untersuchung der nicht getödteten, aber stark geschädigten jungen Triebe die Bilder, die ich in Fig. 213 u. 214 gezeichnet habe. Die grüne Rinde zeigt in Fig. 213 grosse Eisspalten, d. h. Gewebslücken, welche durch Eisausscheidung entstanden sind, ohne sich nach dem Wiederaufthauen zu schliessen. Ein Theil des Rindenparenchyms ist getödtet und zusammengeschrumpft, und an zwei Seiten des Triebes war deshalb die

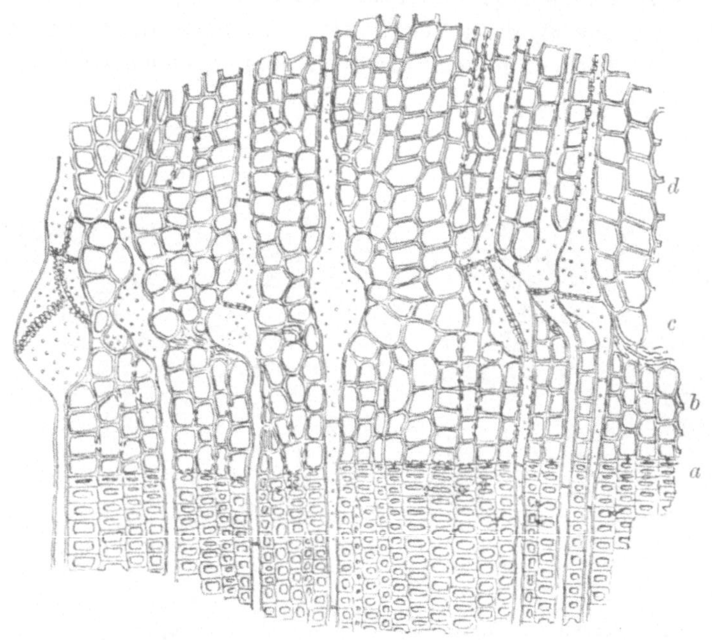

Fig. 215.

Frostring aus dem Holze einer Fichte. *a* Grenze des letzten Jahrringes. *b* Zur Zeit des Spätfrostes schon verholzter neuer Ring. *c* Region des cambialen Gewebes, aus der beim Spätfrost Wasser austrat, mit Markstrahlen, die sich in dieser Region später ausdehnten. *d* Holz des Doppelringes.

Oberfläche runzlig geworden. Das Markzellgewebe ist völlig getödtet und zeigt drei grosse Eislücken. Der ganze Holzring ist ebenfalls vom Frost getödtet, doch hatte sich aus dem vom Frost nicht getödteten Cambiummantel inzwischen schon wieder ein neuer Holzring gebildet. An Kieferntrieben, die keine Beschädigung, sondern nur Schlaffheit zeigten, war nur die Markröhre erfroren, sowie der dieselbe umgebende Holzmantel (Fig. 214). Das hatte das Aufhören des Turgors zur Folge. Zwischen der grünen Rinde und der Siebhaut zeigten sich

noch Eislücken. Aus dem Cambiummantel hatte sich ein neuer Holzmantel gebildet. An älteren Stammtheilen der Kiefern zeigte sich,
dass in jedem Spätfrostjahre ein sog. Doppelring entstanden war. Ich
habe später auch an Fichten und anderen Nadelhölzern dieselbe
Thatsache konstatirt, dass ein Spätfrost nicht die jüngsten Triebe

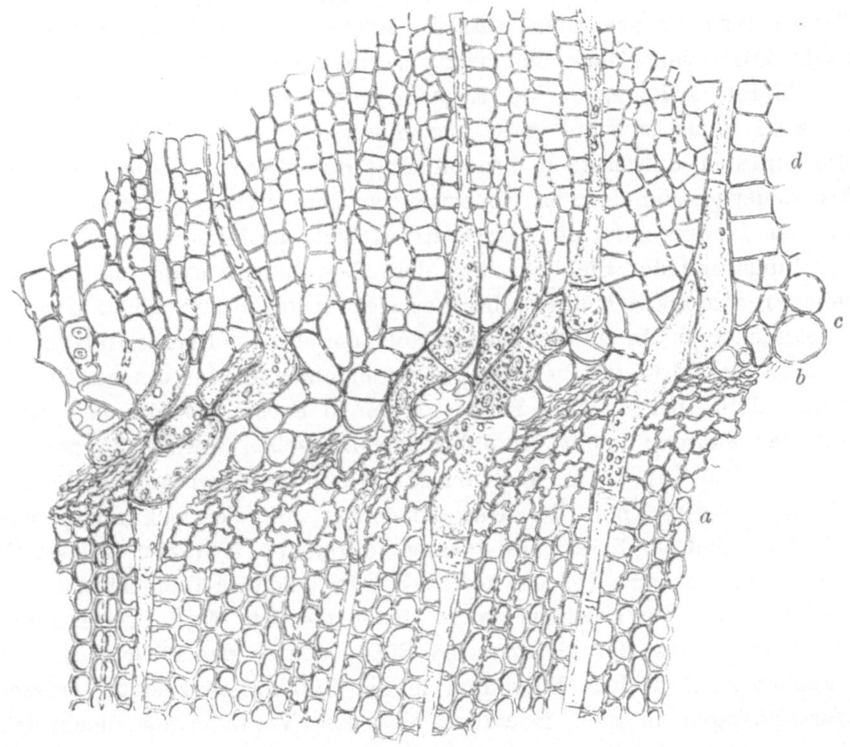

Fig. 216.

Frostring aus dem Holze einer Kiefer. Der neue Holzring ist bis *a* schon verholzt. Das cambiale Jungholz *a—b* ist durch Bildung eines Eismantels unter
der Rinde zusammengepresst und getödtet. Die Markstrahlen haben sich
nach dem Aufthauen in der Eislücke verbreitert. Die von der Innenseite der
Rinde zuerst neugebildeten Zellen *c* werden rundlich und parenchymatisch. Das
dann entstehende abnorm geformte Holz *d* des Doppelringes ist zartwandig.

allein schädigt, sondern oft noch in den 10jährigen Stammtheilen
Doppelringbildung hervorruft.

Hat die Jahrringbildung schon begonnen und tritt sehr starke
Abkühlung ein, so scheidet aus dem noch zarten cambialen Gewebe
zwischen Holz und Rinde mehr oder weniger Wasser aus und gefriert
zu Eis.

Thaut letzteres wieder im Laufe des Tages auf, so kann als der geringste Effekt der vorübergehenden Eisbildung Störung in der Anordnung der Gewebezellen und künftigen Holzzellen eintreten (Fig. 215), oder es können auch einzelne oder Gruppen der Gewebszellen infolge der Eisbildung oder durch den Frost getödtet sein (Fig. 216). Immer giebt sich aber der vorübergehend aufgehobene oder geschwächte Turgor darin zu erkennen, dass die Markstrahlen in dieser Region sich nachträglich sehr stark bauchartig verbreitern.

Bildete sich ein starker Eismantel zwischen Rinde und Jungholz, so wird letzteres wohl ganz zusammengepresst und getödtet. Die Markstrahlen durchsetzen unbeschädigt den Eismantel, und wenn das Eis wieder geschmolzen ist, so erweitern sich letztere ausserordentlich, weil sie ja nun ganz ohne Gegendruck sich ausdehnen können. Von der Innenseite der Siebhaut, aus dem Cambium entsteht ein zunächst rein parenchymatisches Gewebe, das sich später braun färbt, und erst allmählich entsteht in dem neuen Holzmantel ein normales Holzgewebe wieder. In Frostlagen besitzen die Nadelholzbäume im unteren Stammtheile, d. h. bei 1—2 m Höhe oft bis 10 Frostringe, die bei unvorsichtiger Zählung leicht für Jahrringe angesehen werden können.

Das Erfrieren im Winterzustand hat eine grosse Ähnlichkeit mit dem Vertrocknen der Gewebe. Mag der Vertrocknungsprocess bei mangelhaftem Ersatz des Wassers durch die Wurzeln die Gewebe wasserarm machen oder das Gefrieren, in beiden Fällen ist das Austrocknen über ein gewisses Maass hinaus tödtlich für die Zelle, indem eine Veränderung der molekularen Eigenschaften des Plasmas sich zu erkennen giebt, welche besonders in der Unfähigkeit besteht, grössere Wassermengen in sich festzuhalten. Diese Veränderung macht eine Umgruppirung der Substanztheilchen beim Austrocknen wahrscheinlich. Im lebenden Zustande sind die Micellen der Substanz von Wasser umgeben, welches von den Micellen festgehalten wird mittelst jener Art von Molekularattraktion, die in ihrer Wirksamkeit in der organischen Substanz als Imbibitionskraft bezeichnet wird. Es lässt sich wohl denken, wenn auch nicht beweisen, dass das Lagerungsverhältniss, die Gruppirung der kleinsten Theile der Substanz bei allzustarkem Austrocknen eine Änderung erleidet, und dass bei erneuter Wasserzufuhr nicht wieder die frühere Lagerung zurückkehrt. Der welke Zustand geht in den turgescirenden über, wenn jene Grenze nicht überschritten worden ist; eine Zelle ist dagegen vertrocknet und vermag nicht wieder in den normalen, lebenden Zustand zurückzukehren, wenn das Maass der zulässigen Austrocknung überschritten wurde. Dasselbe gilt für den Wasserverlust beim Gefrieren. Eine Zelle kann einen gewissen Kältegrad ungefährdet ertragen, und nur dann, wenn der Wasserverlust durch Frost über ein gewisses Maass hinausschreitet, tritt jene molekulare Veränderung ein, die auch beim Vertrocknen der Pflanzen den Tod, d. h. die Veränderung der normalen Eigenschaften der Substanz mit sich führt.

Es giebt keinen besseren Vergleich, um jene molekulare Umgruppirung der Substanz zu erläutern, wie den Hinweis auf die bekannte Veränderung des Stärkekleisters nach dem Froste. Gefriert Kleister, dann scheidet ein mehr oder weniger grosser Theil des Wassers aus und der wasserarme Rückstand erleidet eine molekulare Veränderung, die ihn nicht mehr befähigt, das frühere Wasserquantum in sich aufzunehmen. Nach dem Wiederaufthauen bleibt das klare Wasser ausserhalb des veränderten Kleisters und dieser hat seine klebende Eigenschaft eingebüsst.

Im Zustande der Vegetationsruhe sind die perennirenden Pflanzen unserer Zone befähigt, auch die tiefsten Kältegrade unserer Winter zu ertragen, ohne zu erfrieren; mit anderen Worten, der Kältegrad, bei dem unsere Waldbäume jene verderbliche molekulare Umänderung ihrer Zellsubstanz erleiden, wird bei unseren Wintern nicht erreicht.

Südländische Bäume dagegen, und zu diesen gehören ja auch die meisten Obstbäume, erleiden den Frosttod bei uns in ungewöhnlich strengen Wintern. Der Härtegrad der exotischen Pflanzen ist in allen Abstufungen verschieden bis zu der niedrigsten Stufe, d. h. zu derjenigen, die auch in unseren milderen Wintern erreicht zu werden pflegt, womit die Möglichkeit des Überwinterns im Freien aufhört. Individuelle Verschiedenheiten treten neben den Artverschiedenheiten auf. und darin liegt die Möglichkeit begründet, Pflanzen bei uns zu akklimatisiren. Eine Akklimatisation empfindlicher Pflanzen ist möglich, wenn wir durch Züchtung harte Varietäten zu erziehen suchen, denn die Widerstandsfähigkeit gegen Frost variirt unter den Individuen einer Pflanzenart ebenso wie jede andere physiologische und morphologische Eigenthümlichkeit. Es ist auch wahrscheinlich, dass an den Grenzen der natürlichen geographischen Verbreitung der Pflanzen, da, wo denselben durch kälteres Klima Halt geboten worden ist, schon im Kampf ums Dasein härtere Varietäten gezüchtet worden sind; woraus a priori gefolgert werden darf, dass bei Anbauversuchen der Bezug gewisser Sämereien aus solchen Grenzdistrikten vortheilhaft sein muss.

Einheimische Waldbäume und Sträucher leiden durch Winterfrost nur unter ganz besonderen Umständen. Jüngere Pflanzen, insbesondere Eichensämlinge und Lohden bis zu 4 jährigem Alter, können in den Wurzeln erfrieren, wenn starker, anhaltender Frost ohne Schneedecke in unbedeckten leichteren Boden eindringt. Die Wurzeln sind einestheils weniger durch dickere Korkhäute geschützt als der Stengel, und die Vegetationsprocesse kommen in den Wurzeln viel später, oft erst Mitte Winter zur Ruhe, sodass die Gewebe nicht in dem Ruhezustande sich befinden, welcher sie widerstandsfähiger gegen Frostschaden macht. Solche Pflanzen treiben dann im Frühjahr ihre Knospen aus, vertrocknen aber alsbald, nachdem durch Verdunstung der zarten Triebe der Wasservorrath der Pflanze erschöpft ist.

Nicht völlig zum Entwicklungsabschlusse gelangte Triebe, insbesondere Johannistriebe der Eiche, leiden durch Frühfrost.

Hat der Winterfrost die Bäume beschädigt, so äussert sich dies in verschiedener Weise. Nach sehr strenger, anhaltender Winterkälte sieht man Rinde, Bast und Cambium, sowie die parenchymatischen Zellen des Holzkörpers absterben und sich bräunen. Die Bäume werden überhaupt nicht wieder grün, oder sie schlagen noch aus, blühen, können selbst noch Früchte tragen, aber im Laufe des Sommers oder Herbstes vertrocknen sie ganz. Es erklärt sich das Ergrünen der vom Frost geschädigten Bäume aus dem Umstande, dass die Säfteleitungsfähigkeit des Holzes anfänglich noch nicht erloschen ist und erst allmählich in dem Maasse schwindet, als die Zersetzung der parenchymatischen Zellen den leitenden Organen sich mittheilt oder der Holzkörper von aussen nach innen vertrocknet. Zuweilen wird Rinde und Basthaut nur stellenweise getödtet und überwallen diese Stellen nachträglich.

In anderen Fällen und insbesondere bei exotischen Nadelhölzern, bleiben Rinde, Bast und Cambium, oft auch die jüngsten Jahresschichten des Holzes vom Froste verschont, und nur das Parenchym des Holzkörpers, insbesondere nahe der Markröhre, wird getödtet. Bei Nadelhölzern tritt dann Anfang Mai der Tod durch Vertrocknen meist plötzlich ein; bei Laubhölzern, deren cambiale Thätigkeit bereits während des Laubausbruches beginnt, wird oft das Leben der Pflanzen erhalten, indem sich schon vor dem Verluste der Säfteleitungsfähigkeit des vom Froste betroffenen alten Holzkörpers ein neuer Holzring aus dem gesund gebliebenen Cambium bildet oder die jüngsten Jahresringe nicht erfroren sind und zur Saftleitung genügen. Wenn hierdurch auch nur eine kümmerliche Ernährung der Triebe und Blätter in den ersten Jahren nach dem Frostjahre möglich gemacht wird, so vermögen sich doch solche Stämme wieder zu erholen. Es ist in solchen Fällen eine stärkere Ästung oft sehr nützlich, da hierdurch die Verdunstungsmenge entsprechend der Wasserleitungsfähigkeit des Holzes vermindert wird. In sehr trockenen Jahren allerdings gehen wohl noch später manche Bäume an den Nachwirkungen des Frostes zu Grunde.

Im Zustande der Vegetationsthätigkeit, also zur Zeit des Eintrittes der Spät- oder Frühfröste, hängt der Frosttod wahrscheinlich nicht mehr von dem Härtegrade der Pflanze, sondern von der Art des Aufthauens ab. Unsere einheimischen Waldbäume, die im Ruhezustande von der strengsten Winterkälte nicht leiden, erfrieren nach Laubausbruch bei wenigen Graden unter dem Nullpunkte, und es erfolgt hier sicherlich der Frosttod erst beim Aufthauen. Gefriert ein in voller Vegetation begriffenes Gewebe, dann treten die früher dargestellten Zustände ein; thaut die Pflanze ganz allmählich wieder auf, dann wird das Eiswasser successive, so wie es mit allmählicher Wärmezufuhr aus den Eiskrystallen hervorgeht, wieder in die Zellwände und in den Zellinhalt aufgesogen, und wenn die Zelle die Temperatur erreicht hat, die aufs neue chemische Processe ins Leben ruft, dann sind auch die normalen Imbibitionsverhältnisse in derselben wieder hergestellt und die Wärme veranlasst die Fortsetzung der zeitweise gestörten Processe des Stoffwechsels. Anders gestaltet sich dies, wenn solche Pflanzentheile schnell wieder aufthauen, z. B. in ein warmes Zimmer gebracht, mit den warmen Fingern berührt oder von der Sonne plötzlich durchwärmt werden. Die schnelle Wärmezufuhr veranlasst ein schleuniges Aufthauen der Eiskrusten in den Intercellularräumen, und das Eiswasser, das nur langsam von den Zellwänden resp. dem Plasma wieder aufgesogen werden kann, ergiesst sich in die Intercellularräume, verdrängt die Luft aus denselben, so dass solche plötzlich aufgethaute Blätter durchscheinend werden. Die normalen Imbibitionsverhältnisse sind aber noch nicht wiederhergestellt, wenn die Wärme aufs neue chemische Processe hervorruft. Diese können deshalb nicht die normalen Processe des Stoffwechsels sein, sie führen vielmehr in dem noch wasserarmen, gleichsam welken Zellgewebe zu Processen der chemischen Zersetzung, zum Frosttode.

Es ist deshalb dringend zu rathen, vom Spätfrost betroffene Pflanzen vor dem zu schnellen Aufthauen zu schützen. Dies geschieht unter Umständen dadurch, dass man die gefrorenen Pflanzen in einen kühlen, frostfreien Raum bringt. Im Freien sucht man durch Begiessen mit kaltem Wasser das Aufthauen zu verlangsamen oder die Pflanzen gegen die Sonnenstrahlen in irgend einer Weise zu schützen.

Nach nasskalten Sommern sind oftmals selbst an unseren einheimischen Waldbäumen, z. B. der Eiche, die kräftigen Johannistriebe noch nicht im Zustande der Winterruhe, wenn die ersten Frühfröste eintreten. Exotische Holzgewächse, die zur normalen Entwicklung ihrer Lebensprocesse grössere Wärmeeinwirkung erfordern, als in unserem Klima ihnen geboten wird, gehen alljährlich in unfertigem Zustande in unseren Winter hinein. Die jüngsten Organe der Jahrestriebe sind, zumal wenn diese bis in den Nachsommer hinein sich verlängerten (Ailanthus etc.), noch nicht fertig, die jüngsten Elemente des Jahrringes befinden sich noch im cambialen Zustande, ihre Wandungen sind noch nicht verholzt, die Bildungsstoffe noch nicht in Reservemehle umgestaltet etc. Es tritt dann dieselbe Empfindlichkeit gegen Frost ein, wie im Frühjahre bei Spätfrösten. Die unterbrochenen chemischen Processe führen nach dem schnellen Wiederaufthauen zur Zersetzung.

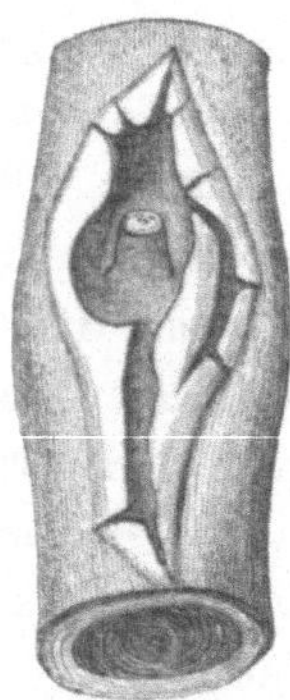

Fig. 217.

Rothbuchenzweig mit Frostkrebsstelle in der Umgebung eines erfrorenen Zweiges. DerHolzkörper ist im Innern gebräunt. Natürl. Gr.

Die meisten Krebsbildungen gehören zu den Infektionskrankheiten, und ich habe nur in einigen exquisiten Frostlagen Krebsbildungen an den verschiedenartigsten Laubholzwaldbäumen zu beobachten Gelegenheit gehabt, die zweifelsohne dem Froste zuzuschreiben sind, welche Krankheit ich deshalb als Frostkrebs[1]) von den verschiedenen Pilzkrebsbildungen unterscheide.

Der Frostkrebs entsteht sehr häufig am Grunde eines durch intensiven Spätfrost getödteten Seitenzweiges (Fig. 217). Die erste Anlage wird dann gleichsam repräsentirt durch den Überwallungswulst, welcher den todten Zweig an der Basis umgiebt. Wiederholen sich die Spätfröste eine Reihe von Jahren an solchen Örtlichkeiten (Frostlagen), dann wird der

---

[1]) R. H., Frost und Frostkrebs, Unters. I, S. 135, Taf. VII. 1880.

noch nicht von fester, derber Korkhaut geschützte Überwallungswulst getödtet, wenn in seinem Gewebe bereits vegetative Thätigkeit eingetreten ist, also bei Frösten im Mai. Oft auf 1 cm oder grössere Entfernung von der Basis des Zweiges stirbt das Gewebe ab, und es entsteht in der Folge ein neuer Überwallungswulst unter der todten und bald der Zersetzung anheimfallenden Rinde (Fig. 218 u. 219). Bleiben die Pflanzen mehrere Jahre hinter einander frei von Spätfrösten, dann können

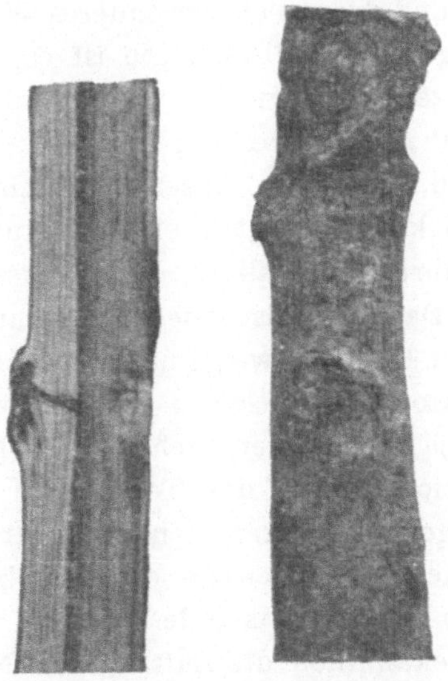

Fig. 218.

Frostkrebs an Ahornästen. An dem durchschnittenen Aste zeigt sich links eine neue Krebsstelle, rechts ist eine ältere Krebsstelle und der ganze Holzkörper erfroren und gebräunt. An dem rechts stehenden Aste zeigen sich oben ältere Frostkrebsstellen.

Fig. 219.

Durch Frost und Frostkrebs schwer geschädigte Buche.

solche Krebsstellen völlig wieder zuwachsen. Wiederholen sich dagegen die Fröste, dann erweitert sich mit jedem Spätfrostjahre die Krebsstelle. Zum Unterschiede vom Pilzkrebs, der alljährlich sich vergrössert, nimmt der Frostkrebs nur in Frostjahren an Grösse zu. Ferner tödtet der Spätfrost von der blossgelegten Stelle aus auch den Holzkörper bis zur Markröhre. Die Zersetzungsprodukte des getödteten Zellinhalts verbreiten sich auch mehr oder weniger in dem Stamm aufwärts und abwärts, während beim Pilzkrebs der blossgelegte Holzkörper meist nur äusserlich gebräunt wird.

§ 17. Schädliche Einwirkungen der Wärme.

Von dem Grade der Wärmeeinwirkung auf die lebende Pflanze hängt in hohem Grade der Verlauf der Lebensprocesse ab, und wir wissen, dass nicht nur jede Art, sondern selbst jedes Individuum ein ihm eigenartiges Minimum von Wärme beansprucht, um überhaupt Processe des Stoffwechsels zu zeigen und dass es ein besonderes Wärmeoptimum und Maximum zeigt. Aufgabe der Physiologie ist es, diese Einwirkungen zu studiren, die Pflanzenpathologie hat es nur mit den Erscheinungen zu thun, welche nach Überschreitung des Maximums zum Vorschein treten. Letztere sind, zumal in unserem Klima nur dann zu erwarten, wenn einem Pflanzenkörper durch direkte Besonnung[1] vorübergehend mehr Wärme zugeführt wird, als er durch Ausstrahlung an die Umgebung abgiebt. Das aber ist wiederum nur bei dickeren Pflanzenkörpern der Fall. Alle Blätter, Zweige und schwächeren Stammtheile werden auch im direkten Sonnenschein nur um wenig wärmer, als die umgebende Luft, ja sie kühlen sich in der Regel durch lebhafte Wärmeausstrahlung noch unter die Temperatur derselben ab. Stärkere Baumtheile dagegen erhitzen sich durch Insolation zumal dann in ausserordentlichem Grade, wenn die umgebende Luft bereits erwärmt ist und sich im ruhigen Zustande befindet. Den höchsten Wärmegrad erreicht aber bekanntlich die Luft in den Nachmittagsstunden, und somit erwärmt sich auch der Stamm bei direkter Besonnung am meisten auf der Süd-Westseite.

An einer 35 cm dicken, 80jährigen Fichte, welche ganz frei gestellt war und deren Stamm auf Brusthöhe zu keiner Zeit beschattet wurde, fand ich nach 4 Uhr am 18. August 1892 bei 37° C. folgende Wärmegrade in den lebenden Cambialregionen: SW. 55°, S. 45°, NW. 44°, N. 37°, NO. 36°, O. 39°, SO. 39°. Die Südwestseite war schon nach 4 Wochen gebräunt und getödtet.

Die Erhitzung der Cambialschicht hängt nun aber auch in hohem Grade von der Beschaffenheit der äusseren Hautgewebe ab. Bäume

---

[1] R. H., Die Erhitzung der Bäume nach völliger oder theilweiser Entnadelung durch die Sonne. Forstl.-naturw. Zeitschr. I, Heft 10. 1892.

mit dünner Korkhaut, wie z. B. die Rothbuche, erhitzen sich sehr leicht, dann kommen Bäume mit dünner Borke (Fichte), wogegen Bäume mit dicker Borke (Kiefer und Lärche) am wenigsten durch Sonnenwärme leiden.[1])

Bei 21⁰ C. Lufttemperatur zeigten drei gleich dicke Bäume morgens 10 Uhr auf der Sonnenseite unter der Rinde: Rothbuche 37⁰ C., Fichte 28⁰ C., Kiefer 20⁰ C.

Die Bäume suchen sich in sehr verschiedener Weise gegen die nachtheilige Überhitzung zu schützen. In einfachster Form geschieht dies durch Selbstbeschattung. Frei erwachsene Fichten, Buchen etc., ebenso wie Randbäume erhalten sich ihre lebende Beastung so tief abwärts, dass der Stamm immer nur kurze Zeit und dann auch meist erst bei tieferem Sonnenstand von der Sonne betroffen wird. An einer im Frühjahre umgebogenen Fichte, deren borkefreier Schaft dadurch der Sonnenwirkung ausgesetzt worden war, fand ich schon im Herbst desselben Jahres die von der Sonne beschienene Rindenseite getödtet.

Solche Bäume, die der Sonne ausgesetzt sind, ohne sich selbst beschatten zu können, erzeugen auf der Süd- und Südwestseite dickere Rinde, stärkere Korkhäute, frühere Borkebildung. Bei recht intensiver Sonnenwirkung biegen sich wohl auch die todten Borkeschuppen an ihren Rändern nach aussen, so dass die Leitung der Wärme nach innen durch beschattete Luftschichten unterbrochen wird. Bei Verpflanzung von Heistern und stärkeren Bäumen gilt deshalb auch die Regel, den Bäumen dieselbe Stellung zu den Himmelsrichtungen zu geben, wie zuvor, damit die durch stärkere Häute mehr geschützte Seite auch in der Folge der grössten Sonnenwirkung ausgesetzt ist.

Wenn nun Bäume, welche bisher im Schlusse des Bestandes erwachsen waren und infolgedessen ihre Beastung hoch hinauf eingebüsst und ihre Rinde und Hautbildung dem Schattenzustande entsprechend ausgebildet haben, plötzlich freigestellt werden, z. B. bei Wege- und Eisenbahnanlagen, bei Schlagstellungen etc., so tritt oft genug die Erscheinung des Sonnen- oder Rindenbrandes auf. Je dicker die Bäume und je dünner die Rinde, um so grösser ist die Gefahr. Der untere Stammtheil leidet einmal deshalb am meisten, weil hier der Baum am dicksten ist und somit durch Besonnung sich am meisten

---

[1]) R. H., Das Erkranken und Absterben der Fichte nach Nonnenfrass. Forstl.-naturw. Zeitschr. I, Heft 3. S. 96. 1892.

erhitzt, zweitens deshalb, weil eine Abkühlung durch Luftzug hier am wenigsten einzutreten pflegt. Das gilt zumal für Überhälter in Schonungen.

Ist einmal durch Überhitzung die Cambialschicht getödtet, so vertrocknet die Rinde darüber schnell, und es blättert sich dann wohl Rinde und Borke ganz vom Stamme ab. Der blossgelegte Holz-körper wird von Holzkäfern angegriffen oder verfällt der Zersetzung durch Pilze.

Besonders häufig tritt der Sonnenbrand dann hervor, wenn stärkere Bäumchen von Armesdicke und darüber verpflanzt worden sind, wie das ja öfters bei Park- und Gartenanlagen geschieht. In den ersten Jahren, bevor die normale Bewurzelung und Bekronung wieder hergestellt ist, verlangsamt sich die Wasserbewegung in den jüngsten Jahresringen. Die von der Sonne beschienene Rinde wird deshalb durch das im Innern strömende Wasser weniger abgekühlt. Man schützt solche Bäume in den ersten Jahren nach der Verpflanzung durch Umwickelung mit Strohseilen etc.

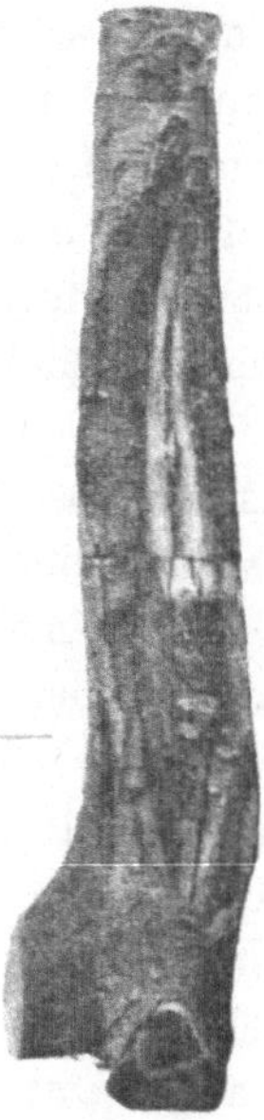

Eine ganz andere Krankheitserscheinung ist diejenige, die zweckmässig mit Sonnenriss[1]) be-zeichnet wird und zuweilen im Nachwinter oder Frühling an Buchen, Hainbuchen, Ahorn und Eichen auftritt. Sie besteht darin, dass im Frühjahre die Rinde der Bäume auf geringere oder grössere Länge aufreisst und zu beiden Seiten des Risses sich auf mehrere Centimeter Breite vom Holzstamme los-löst, bei der dünnrindigen Buche auch abstirbt. (Fig. 220.) Ein solcher Sonnenriss ist oft schon nach wenigen Jahren wieder durch den lebhaften Überwallungsprocess verheilt, während Rindenbrand meist gar nicht wieder überwallt.

Fig. 220.

Rothbuche mit Sonnenriss am unteren Stammende.

Es ist wahrscheinlich, dass die Insolation den Rindenkörper partiell so erwärmt, dass dieser sich stark ausdehnt und somit von dem Holz-körper ablösen muss. Experimentell ist die Frage aber noch nicht

---

[1]) R. H., Über den Sonnenbrand oder die Sonnenrisse der Waldbäume, Unter-suchungen S. 141. 1880.

erledigt, nur ist es leider kaum möglich, auf dem Wege des Versuches Klarheit über die Faktoren zu erhalten, welche bei der Entstehung der Sonnenrisse zusammenwirken.

Sonnenhitze und Lufttrockniss vereint rufen mancherlei Krankheitserscheinungen hervor. Dahin gehört die Rindentrockniss, die ich an einem 40jährigen Weymouthkieferbestande beobachtet habe. [1])

Die ausserordentliche Trockniss des Jahres 1876 hatte in einem Bestande, welcher auf trockenem, mit Ortsand untermischtem Boden stand, den Wassergehalt der Bäume so herabgedrückt, dass die dem trocknenden Winde exponirten Rindtheile besonders in der Höhe von 1—2 m, aber auch darunter und darüber, auf der Süd- und Westseite vollständig vertrockneten. Die Weymouthskiefer, deren heimathlicher Standort sumpfige Lagen bilden, ist diesem natürlichen Standorte entsprechend mit einer dünnen, durch Korkhaut und Borke nur schlecht geschützten Rinde versehen, und es ist leicht erklärlich, dass auf trockenen Böden in trockenheissen Jahren der Holzkörper nicht im Stande ist, genügende Wassermengen an Cambium und Rindengewebe abzugeben.

Diese Holzart ist deshalb auf allzu trockenen Böden, zumal solchen, die vom Untergrunde keine Wasserzufuhr zu erwarten haben, nicht anzubauen.

Als weitere Folgen übermässiger Sonnenhitze und Lufttrockniss mag hier noch das verfrühte Vertrocknen und Abfallen der Blätter hervorgehoben werden, wie ich solches im Jahre 1876 in allen Buchenbeständen des nördlichen Harzes an südlichen und westlichen Berghängen beobachtete. Schon Ende August waren die Buchenstangenhölzer nahezu entblättert, also beinahe 2 Monate vor dem normalen Blattabfalle. Diese Erscheinung zeigte sich auch auf ziemlich frischen Böden, es muss deshalb wohl die abnorm gesteigerte Verdunstung der Blätter in dem trockenheissen Sommer gewesen sein, für welche ein Ersatz durch Wasserzufuhr aus dem Boden nicht schnell genug stattfand.

Pflanzen, deren Blätter und Triebe sich in feuchter Luft entwickelt haben, also in künstlichen Feuchträumen, Gewächshäusern oder unter dem Schutze eines dichten Bestandes, besitzen die Eigenthüm-

---

[1]) R. H., Erkrankung älterer Weymouthkieferbestände in Untersuchungen a. d. forstbot. Inst. III. 1883.

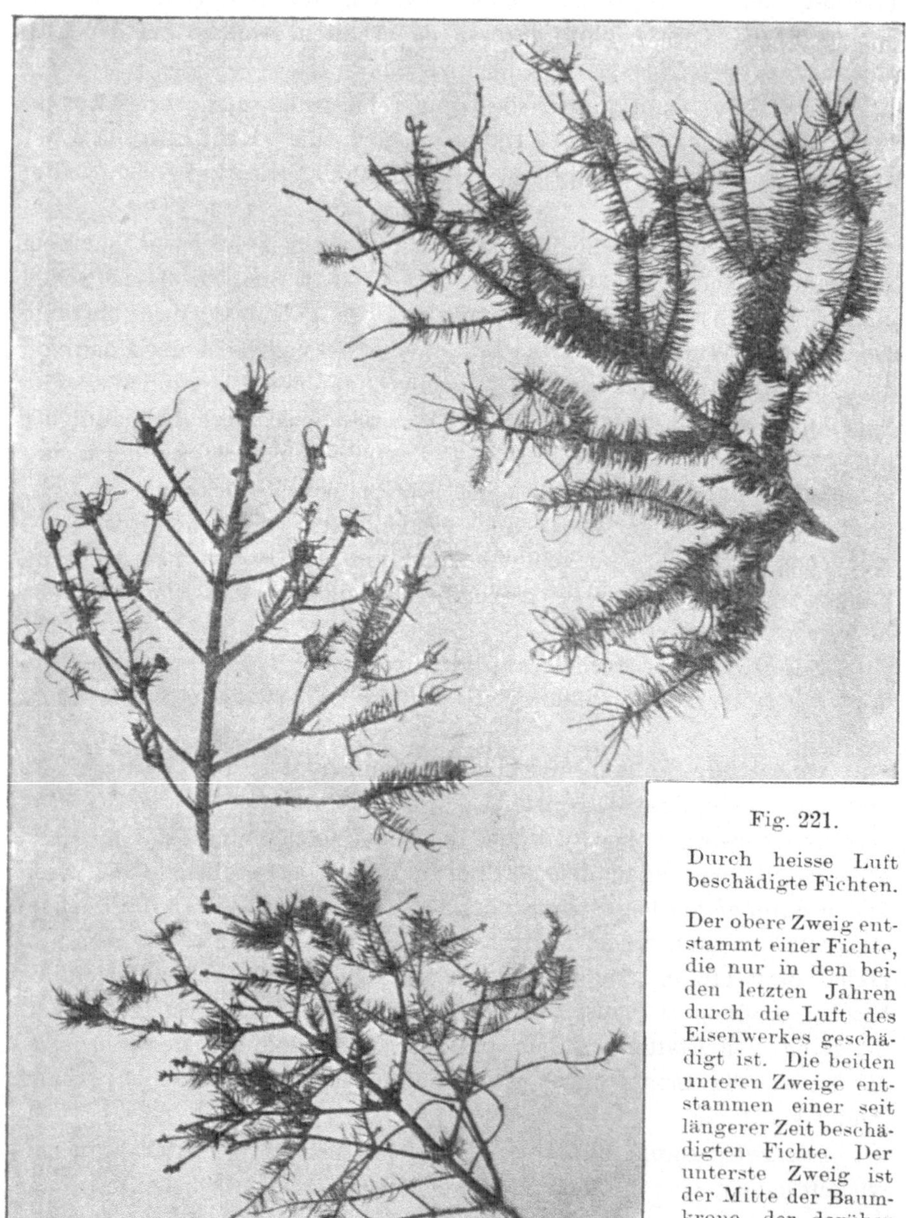

Fig. 221.

Durch heisse Luft beschädigte Fichten.

Der obere Zweig entstammt einer Fichte, die nur in den beiden letzten Jahren durch die Luft des Eisenwerkes geschädigt ist. Die beiden unteren Zweige entstammen einer seit längerer Zeit beschädigten Fichte. Der unterste Zweig ist der Mitte der Baumkrone, der darüber stehende dem Gipfel entnommen.

lichkeit, dass die Oberhaut der unter solchen Verhältnissen entstandenen Pflanzentheile, insbesondere der Blätter, wenig verkorkt und somit auch wenig geeignet ist, die allzugrosse Verdunstung der Pflanze zu verhindern, wenn diese durch Luftzug und Trockenheit der Luft begünstigt wird. Solche Pflanzen welken oder verlieren einen Theil ihrer Blätter vorzeitig.

Trockene heisse Luft kann selbst im Walde grössere Beschädigungen[1]) hervorrufen, wenn die jungen Triebe der Bäume bei trockener Witterung anhaltend unter der Einwirkung derselben stehen. In der Nähe eines Hüttenwerkes beobachtete ich ausgedehnte Beschädigungen in Fichtenwaldungen, die zu Bräunungen und Entnadelungen der Triebe führten (Fig. 221). Der Schaden trat nur in solchen Jahren ein, in denen zur Zeit der Triebentwicklung trockene Witterung herrschte, während in nassen Frühjahren kein oder nur geringer Schaden zu beobachten war. Sind die Triebe und Nadeln völlig ausgebildet, dann tritt keine Beschädigung durch die trockenheisse Luft mehr ein, da die fertige Nadel durch ihre derbe Epidermis gegen die Einwirkung derselben geschützt sein. Auch die kränkelnden Nadeln zeigten keine rothen Schliesszellen, da in dem Eisenwerk keine Steinkohle, sondern nur Coaks verbraucht wurde.

§ 18. Schädliche Folgen des Lichtmangels.

Eine Pflanze, welche im Lichte erzogen wurde, besitzt einen gewissen Vorrath an noch nicht zum Zellbau verbrauchten Bildungsstoffen, sei es, dass diese als Reservestoffe in ihr abgelagert oder als plastische, aktive Baustoffe in den Blättern und Axengebilden vertheilt sind. Vermöge dieser Bildungsstoffe kann eine Pflanze eine gewisse Zeit lang auch ohne Licht wachsen, bis jene Stoffe verbraucht sind und Erschöpfung eingetreten ist. Die im Dunkel erzeugten Triebe und Blätter sind aber nicht normal ausgebildet, sondern zeigen die Erscheinungen des Verspillerns, Vergeilens, das sogenannte Etioliren. Triebe und Blätter bleiben unentwickelt und gelblich, da das Nährmaterial ungenügend ist und Chlorophyll nur unter Einwirkung des Lichtes entstehen kann. Die Triebe verlängern sich abnorm, da der retardirende Einfluss des Lichtes nicht zur Wirkung gekommen ist. Solche

---

[1]) R. H., Waldbeschädigung durch ein Eisenwerk, Forstl.-naturw. Zeitschr. VI, Januar.

verspillerte Triebe sind nicht im Stande, dann, wenn die Pflanzen wieder dem vollen Lichte ausgesetzt sind, zu normalen Trieben sich umzubilden, da sie beim Mangel einer ausgebildeten Haut vertrocknen oder auch anderen Einwirkungen leicht erliegen.

Das Lagern des Getreides ist eine Folge der Beschattung der unteren Internodien bei dichtem Stande und kräftiger Düngung. Bei dichten Rillensaaten werden Fichten, Kiefern und andere Pflanzen zwar durch Lichtmangel zu bedeutendem Längenwuchs angeregt, jedoch auf Kosten der Entwicklung der Seitentriebe und der Wüchsigkeit der Pflanzen.

§ 19. Schädliche Folgen der Niederschläge.

Niederschläge können mannigfach verschiedene mechanische Verletzungen herbeiführen.

Bei Platzregen werden Blätter, Blüthen und Früchte abgerissen. Lang anhaltender Regen zur Blüthezeit kann die Befruchtung der Blüthen vereiteln einestheils dadurch, dass die Insekten an der Bestäubung der Blüthen verhindert werden, anderntheils dadurch, dass der in der Luft schwebende Blüthenstaub niedergeschlagen wird (Schwefelregen) oder dadurch, dass die Pollenkörner benetzt und zum Aufplatzen gebracht oder endlich die Staubbeutel durch Feuchthaltung am Aufspringen verhindert werden.

Starker Hagelschlag verletzt Blüthen und Blätter, beschädigt aber auch die Rinde, insbesondere der glattrindigen Bäume, in hohem Maasse. Es entstehen Quetschwunden, oder die Rinde wird an den getroffenen Stellen ganz abgeschlagen. In der Regel überwallt zwar die Hagelwunde in kurzer Zeit, oft aber hat sie auch den Tod des beschädigten Stammtheiles zur Folge. In jüngeren Fichtenbeständen nahe bei München waren die vom Hagelschlag betroffenen Gipfel abgestorben, da der Holzkörper vielfach auf 2—3 cm Länge einseitig entrindet und durch übermässige Verdunstung vertrocknet war.

Sehr oft bilden die Hagelschlagstellen die Eingangspforten für parasitäre Pilze, und insbesondere ist es die Nectria ditissima, die an solchen Wundstellen keimt und den Buchenkrebs erzeugt (Fig. 58 Seite 80). Auch die Peziza Willkommii benutzt oft solche Stellen zur Infektion der Lärchen.

Über die Beschädigungen durch Schneedruck, die aus naheliegenden Gründen fast nur in immergrünen Nadelwaldungen vorkommen und entweder als Gipfel- oder Astbruch auftreten oder wohl auch im Zusammenbrechen jüngerer Stangenhölzer bestehen, ist wenig zu sagen. Beachtenswerth mag noch sein, dass durch das Herabziehen der mit Schnee belasteten Zweige recht oft Verwundungen im Zweiggelenke entstehen. Sind die Zweige mit ihren herabgebogenen Spitzen in dem oberen Theile der den Boden bedeckenden Schneeschicht eingefroren, dann werden sie wohl beim allmählichen Schmelzen und Zusammensinken der Schneedecke ganz aus dem Gelenke herausgerissen. Auch diese Wunden sind für obengenannte Parasiten häufige Eingangspforten.

Sturmbeschädigungen, durch welche Bäume gebrochen oder ganz mit dem Wurzelballen umgeworfen werden, sind Beschädigungen, deren Besprechung weniger Aufgabe einer Krankheitslehre als vielmehr des Waldbaues, der Betriebseinrichtung u. s. w. ist.

§ 20. Schädliche Folgen des Feuers.

Es mag hier darauf aufmerksam gemacht werden, das die nachtheiligen Folgen eines am Boden hinlaufenden Feuers für den Bestand nicht allein von der Intensität und der Zeitdauer desselben, sondern auch von Baumart und Baumalter, das heisst von der Beschaffenheit der schützenden Rinde und Borke abhängen. Es ist bekannt, dass in älteren Kiefernbeständen die unteren Borketheile ganz schwarz und verkohlt sein können, ohne dass die Cambialschicht, welche durch die die Wärme schlecht leitende Borke geschützt ist, getödtet wird. Ist keine Bräunung in den jüngeren Bastlagen zu beobachten, dann hat das Feuer selbstredend keinen Schaden gethan. Dagegen sind dünnrindige Bäume in hohem Maasse empfindlich gegen Feuer. Man kann sich durch wenige Einschnitte in die Rinde überzeugen, ob diese getödtet ist, darf sich aber nicht durch das Ergrünen solcher im unteren Theile des Stammes geschädigten Bäume täuschen lassen. Selbst jüngere, armesdicke Stangen, deren Rinde unten ringsherum verbrannt, resp. vertrocknet ist, werden im Frühjahre wieder grün, trocknen aber später völlig ab, gerade so wie Buchenlohden nach Mäuseschaden anfänglich ergrünen. Die jungen Bäume verlieren im Laufe des Sommers im Wurzelstocke ihren Gehalt an Reservestoffen, da dieselben zur Jahrringbildung verbraucht werden. Ich habe nachgewiesen,[1]) dass dann, wenn der Cambiummantel infolge

---

[1]) R. H., Das Holz der Rothbuche, S. 38 ff. Berlin, Springer 1888.

von Entästung keine Bildungsstoffe von oben enthält, die Reservestoffe des Holzstammes zur Jahrringbildung herangezogen werden. Wenn dann die Bäume im Laufe des Sommers absterben, hat der Stock seine Ausschlagsfähigkeit aus Mangel an Reservestoffen eingebüsst. Weit besser schlagen solche Bäume aus, die völlig verbrannt sind oder die man sofort über der Erde abgehauen hat, nachdem die Beschädigung eingetreten war. Die in dem unterirdischen Baumtheile vorräthigen Bildungsstoffe kommen dann den neuen Ausschlägen unvermindert zu Statten. Ein Abwarten und Verzögern des Abhiebes kann daher nur von Schaden sein, falls der geschädigte Bestand noch so jung ist, dass von einer Verjüngung aus dem Stock überhaupt Erfolg zu erwarten ist.

§ 21. Schädliche Wirkungen des Blitzschlages. [1]

Wenn die elektrische Spannung zwischen Wolken und Erdoberfläche einen so hohen Grad erreicht hat, dass es zu einer Entladung kommt, so nimmt der Blitz in der Regel, wenn auch mit häufigen Ausnahmen, den kürzesten Weg, schlägt also gern in die höchsten Bäume, falls nicht etwa bessere Leiter in der nächsten Nähe sind. Bäume, deren Wurzeln in direkter Verbindung mit dem Grundwasser stehen, werden naturgemäss besonders bevorzugt.

Die Blitze sind bekanntlich ausserordentlich verschiedener Art, besonders in Bezug auf die Kraft der Entladung. Kräftige Blitzschläge benutzen den ganzen Baum als Leiter und erschüttern ihn in dem Grade, dass selbst starke Bäume im unteren Theile abgeschlagen werden können und der ganze Holzkörper in zahllose Splitter zerschmettert wird (Fig. 222).

Schwächere Entladungen können im Holzkörper der Bäume Sprengungen veranlassen, ohne dass äusserlich grosse Beschädigungen sich bemerkbar machen (Fig. 223). Verläuft der Blitz nicht im ganzen Baume, sondern nur einseitig, so splittert er wohl nur den besser leitenden Splintkörper mehr oder weniger breit vom Kerne ab, wie in Fig. 224 an dem Querschnitte einer Fichte zu sehen ist, an welcher der Blitz von oben bis unten den Splint abgerissen hatte.

---

[1] R. H., Untersuchungen über Blitzschläge in Waldbäumen, 87 Fig. F. d. Z. VI. 3, 4, 5. 1897.

R. H., Neue Beobachtungen über Blitzbeschädigungen der Waldbäume, 27 Fig. Centralblatt für d. gesammte Forstwesen. 1899. Aug. u. Sept.

Schwächere Entladungen, wie solche besonders dann oft die Bäume treffen, wenn nicht ein einzelner Blitz den Ausgleich der elektrischen

Fig. 222.

Durch Blitz zerschmetterte Weisstanne im Querschnitte bei 2 m Höhe.

Spannung veranlasst, sondern gleichzeitig zahlreiche stärkere und schwächere Blitze in einen Waldbestand einschlagen, veranlassen nicht

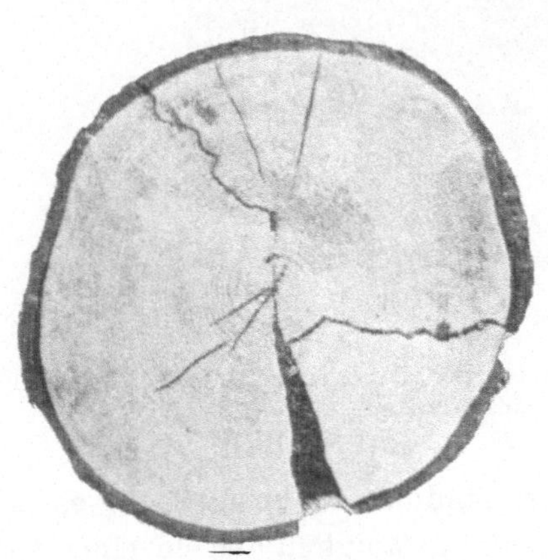

Fig. 223.

Vom Blitz getroffene Tanne, die aber äusserlich nur geringe Blitzspuren zeigt. Mit Trockenriss.

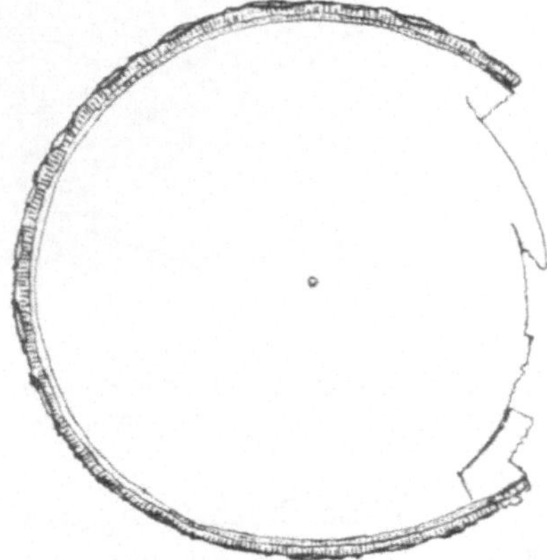

Fig. 224.

Querschnitt durch eine Fichte, von welcher der Blitz einseitig Rinde und Splint am ganzen Schafte fortgerissen hatte.

gewaltsame Zerstörungen, sondern erzeugen höchst merkwürdige und mannigfach verschiedene Blitzspuren an oder in den Bäumen, die bisher zum Theil völlig unbeachtet geblieben sind und in der That oft äusserlich gar nicht zu erkennen sind.

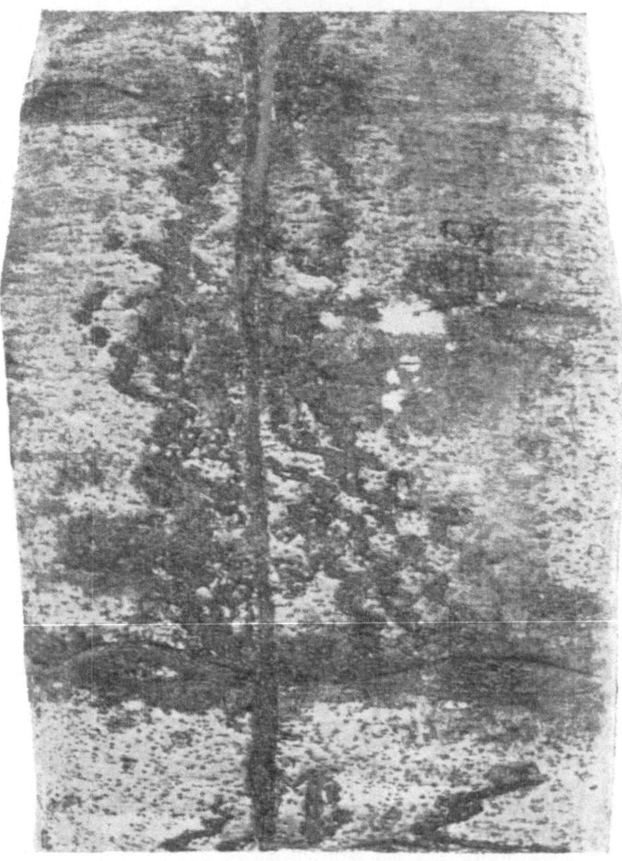

Fig. 225.

Blitzrinne in der Rinde einer alten Weisstanne mit zickzackartig verlaufenden Blitzspuren zu beiden Seiten.

Um diese Erscheinungen zum Verständniss zu bringen, ist es zunächst nöthig, auf die verschiedene Leitungsfähigkeit der einzelnen Gewebskörper der Bäume hinzuweisen. Zumal dann, wenn ein Baum beregnet ist, dringen schwache Blitze gar nicht in dessen Inneres ein, sondern reissen nur Borkeschuppen, Flechten und trockene Äste ab.

Bäume, die nur eine ganz zarte Korkhaut haben, wie z. B. die Weisstanne, lassen nur in den äusseren Rindengeweben zum Theil höchst merkwürdige Blitzspuren erkennen. Es werden oft nur kleine rundliche, isolirte oder in Zickzacklinien verbundene Rindenstellen getödtet, die sich später oft nach vorgängiger Korkbildung von der lebenden Rinde des Baumes loslösen (Fig. 225).

Besitzt der Baum eine stärkere Hautgewebsschicht, insbesondere Borkebildung, so muss der Blitz diese sehr schlecht leitende Gewebsschicht durchschlagen, um ins Innere zu gelangen.

Die lebende Rinde ist eine sehr gut leitende Gewebsschicht und wird vorzugsweise bei allen schwächeren Entladungen als Leitungsbahn benutzt. Allerdings muss man unterscheiden zwischen der mittleren und der äusseren Rindenschicht, die arm an Fett ist und deshalb gut leitet, und anderseits der innersten, d. h. jüngsten Rindenschicht mit dem Cambiummantel. Letztere Gewebeschichten sind sehr protaplasmareich und enthalten in der Regel reichlich Fett, leiten deshalb sehr schlecht und bleiben vom Blitz oft völlig verschont, wenn auch die mittlere und äussere Rinde ganz

Fig. 226.

Blitzspuren in der Rinde einer jungen Fichte. Oben ein Querschnitt. Mitten im lebenden Rindengewebe hat der Blitz Gewebtheile getödtet. Nach Beseitigung des Theiles der lebenden Rinde, welche auf der Cambialseite gelegen war, traten die vom Blitz getödteten Gewebtheile inselförmig zum Vorschein.

oder grossentheils getödtet worden ist. Die Art und Weise, in welcher die Gewebeschichten der Rinde vom Blitze getödtet werden, ist ausserordentlich verschieden, und zeigt Fig. 226 mehr inselförmige Blitzgewebe, Fig. 227 und 228 dagegen streifenförmige, an Stalaktiten erinnernde Blitzspuren.

Zuweilen wird Aussen- und Mittelrinde in breiten Lappen von 10 bis 20 cm Länge getödtet, ohne dass der Cambiummantel dabei geschädigt wird (Fig. 229). Bei kräftigeren Entladungen leitet allerdings auch die Innenrinde und das Cambium, in welchem Falle dann

Fig. 227.

Blitzspuren im Innern einer 100 jährigen Fichte.
Der Rindenquerschnitt oben in der Figur zeigt
die Blitzspuren. In der Hauptfigur ist das
Rindengewebe mit Ausnahme einer kleinen
Stelle unten weggenommen, so dass die nachträglich von Borke umgebenen Blitzspuren
freigelegt sind. $^1/_2$.

natürlich durch innere Überwallung Blitzspuren im Holzkörper des Baumes zurück-
bleiben (Fig. 230, 231).

Wohl die meisten Blitz-
schläge verlaufen nur in der
Rinde, greifen aber in der
Regel, wenigstens stellenweise, bis zum Cambium-
mantel ein, so dass eine

Fig. 228.

Dieselbe Fichtenrinde, wie Fig. 226,
aber verkleinert photographirt.

Blitzwunde entsteht, die sich
durch Überwallung schliessen
muss.

Die Gestalt der Blitzspu-
ren ist ausserordentlich verschieden. Sehr oft verlaufen
von der unteren Baumkrone
oder auch wohl an stärke-
ren Ästen derselben schmale
oder breite Blitzrinnen am
Stamme abwärts und enden
am Wurzelstocke oder laufen

auch wohl noch eine kurze Strecke an einer stärkeren Seitenwurzel
entlang.

Oft ist es keine zusammenhängende Blitzrinne, wie das z. B. bei
der Blitzesche (Fig. 232, 233, S. 243) der Fall war, sondern der Blitzschlag besteht aus mehrfach unterbrochenen kürzeren und längeren
herablaufenden Blitzfurchen, wie dies die beifolgenden Abbildungen
von Blitzahorn und Blitzbuchen (Fig. 234 bis 237, S. 244) erkennen
lassen.

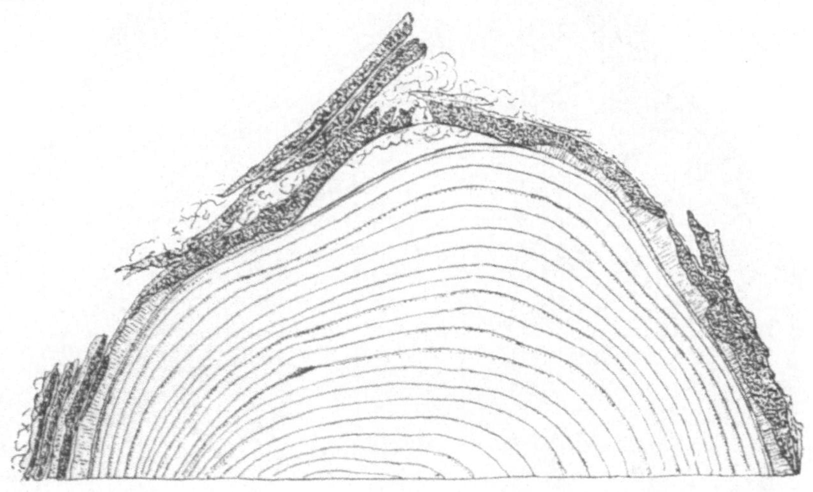

Fig. 229.

Querschnitt durch eine Blitzfichte mit bandförmigen Blitzspuren in der Rinde
(punktirt) und entsprechenden Harzkanalketten im Holze. $^1/_2$.

Wenn nun ein und derselbe Stamm im Laufe der Jahre oft vom
Blitz getroffen wird, so entstehen so eigenartige Bilder, wie die Blitz-
eichen in den Figuren 238 bis 241, S. 246, darbieten.

Zuweilen kommen Bäume vor, welche auf der ganzen Aussenseite ringsherum kleine rundliche oder längliche Blitzspuren zeigen,
so dass man zuerst an Hagelschlagbeschädigung zu denken geneigt
ist (Fig. 242—244, S. 247). Die charakteristische Gestalt der Blitzgewebe im Jungholze beweist aber, dass es sich in der That um
Blitzbeschädigung handelt.

Das beste Leitungsgewebe im ganzen Baume scheint das Jung-
holz zu sein, das ja zur Zeit der vegetativen Thätigkeit bis zum
August vorhanden ist und den noch nicht verholzten Theil des neuen
Holzringes repräsentirt. Es ist sehr wasserreich und enthält keine

oder doch nur sehr geringe Mengen von Luft. Das Protoplasma bildet
nur einen dünnen Wandbelag, enthält jedenfalls nur Spuren von
fettem Öl und ist, wie sich leicht experimentell nachweisen lässt, zwar
für Elektricität sehr leitend, stirbt aber bei einigermassen kräftigen

Fig. 230.

Querschnitt durch eine Blitzfichte mit zahlreichen jüngeren und älteren
überwallten Blitzwunden. $^1/_3$.

Strömen und Schlägen ab. Wenn der Blitz seinen Weg im Jungholze
ganz oder theilweise genommen hat, so erkennt man dies daran, dass
die Zellen unverholzt bleiben und durch die später entstehenden Ge-
websbildungen zusammengedrückt werden (Fig. 245, S. 249).

Fig. 231.

Dieselbe Blitzfichte wie in Fig. 230, deren Rinde in grossen Lappen vom Blitze getödtet und verharzt ist. $^1/_9$.

 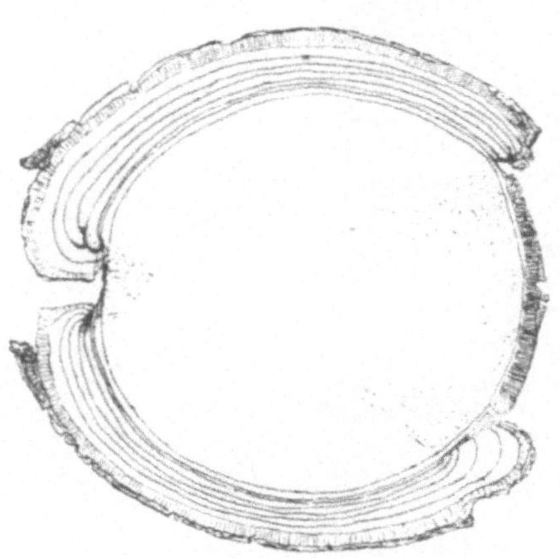

Fig. 232.

Eschenstamm, von dem der Blitz von der Krone bis zur Wurzel die Rinde in breiten Streifen getödtet hat. $^1/_5$.

Fig. 233.

Querschnitt durch denselben Eschenstamm mit zwei Blitzspuren, die auf entgegengesetzten Seiten gleichzeitig entstanden sind. $^1/_3$.

16*

Auch bei Laubholzbäumen erkennt man das Blitzgewebe des Jungholzes am Kollabiren sämmtlicher Zellen oder doch eines Theiles derselben. Bei einer Blitzbuche traten im Jungholze nachträglich zahlreiche Spaltungen auf, die sich aus den am Leben gebliebenen

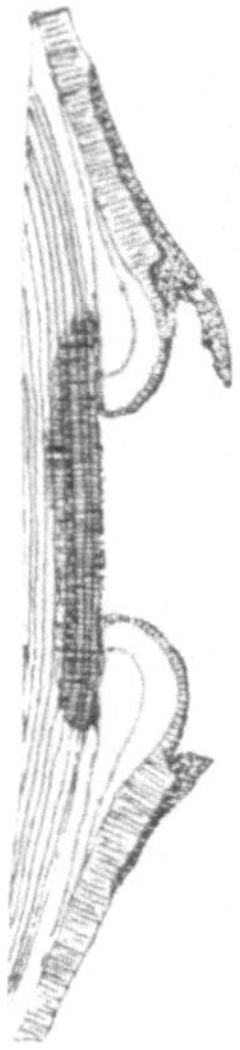

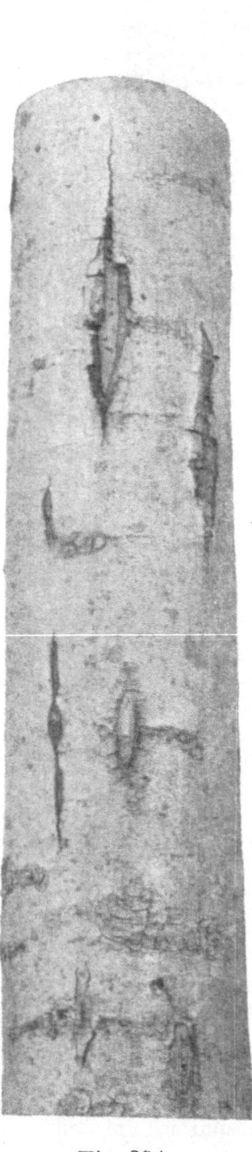

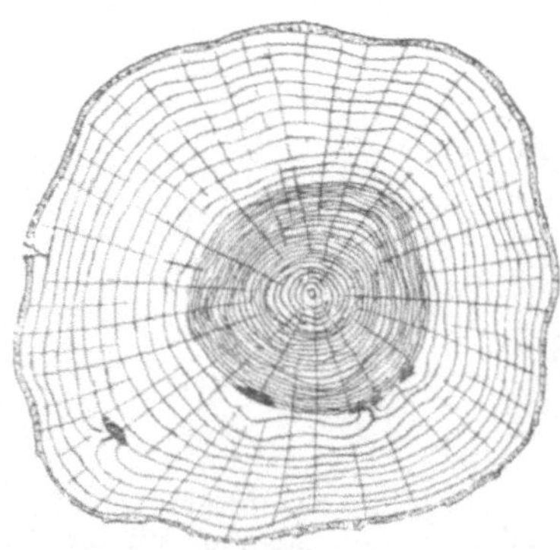

Fig. 235.

Querschnitt durch eine Blitzspur
des Bergahorn. Nat. Gr.

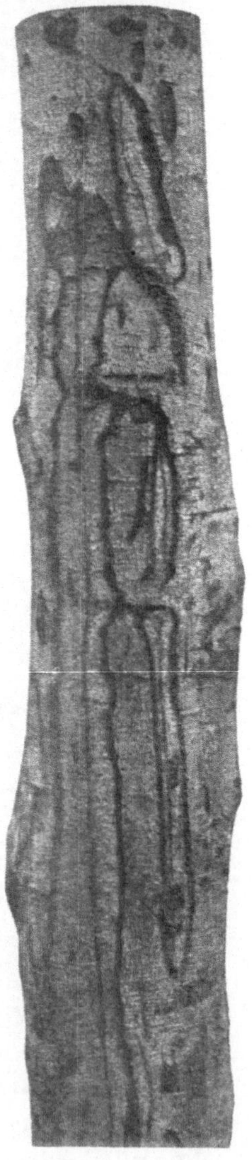

Fig. 234.

Bergahorn mit Blitz-
spuren.

Fig. 237.

Querschnitt durch den Stamm Fig. 236
mit Spuren von 5- u. 12 jähr. Alter. $^1/_5$.

Fig. 236.

Rothbuche mit jungen und
alten Blitzspuren. $^1/_{10}$.

Zellen besonders der Markstrahlen mit Parenchym ausfüllten (Fig. 246 und 247, S. 249).

Der wasserreiche Splint leitet die Elektricität zwar besser als der Kern, immerhin weit schlechter als Jungholz und Rinde. Es wird deshalb auch nur bei sehr kräftigen Entladungen der Blitz im Splinte verlaufen. Es ist wohl anzunehmen, dass der immerhin nicht unbeträchtliche Luftgehalt des Splintes dessen Leitungsfähigkeit beein-

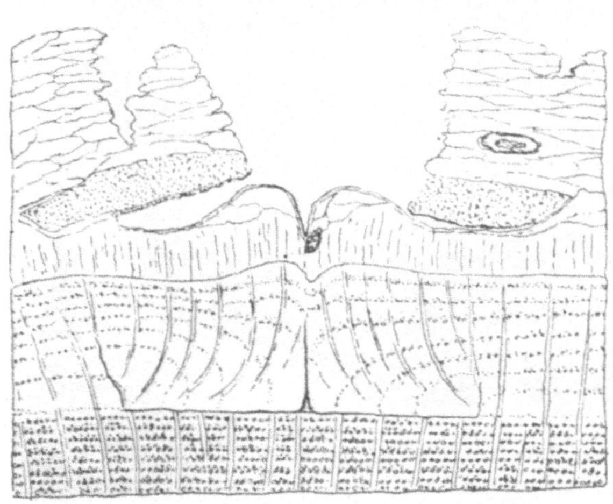

Fig. 238.

Querschnitt durch eine 8 jährige Blitzspur der Eiche. Die vor 8 Jahren getödtete und erst nach Jahren gesprengte Rinde ist punktirt gezeichnet. In der Borke rechts findet sich der Querschnitt eines Larvenganges von einem in der Rinde lebenden mir unbekannten Insekte. In der Mitte, da, wo die Überwallungswülste zusammentreffen, findet sich ein Pilzfruchtlager. N. Gr.

Fig. 239.

Zwei Blitzspuren im Holze der Eiche, gebildet durch das von den Rändern der Blitzspuren über diese hinweggewachsene Wundholz. Die links gelegene Spur endet oben keilförmig, wogegen die rechts gelegene nach oben einen schmalen Fortsatz zeigt. $^{1}/_{5}$ n. Gr.

trächtigt. Der Kern, der ja bei den Nadelholzbäumen kein liquides Wasser enthält, leitet am schlechtesten.

Wie allgemein anerkannt ist, bleibt keine Holzart vom Blitzschlage verschont, ja ich muss nach meinen Beobachtungen zu dem Schlusse kommen, dass auch keine Holzart vor der anderen vom Blitz besonders bevorzugt wird. Allerdings sieht man gewisse Holzarten häufiger als andere vom Blitz getroffen, z. B. an der Riviera die Eucalypten, in Deutschland die Eichen und Pyramidenpappeln,

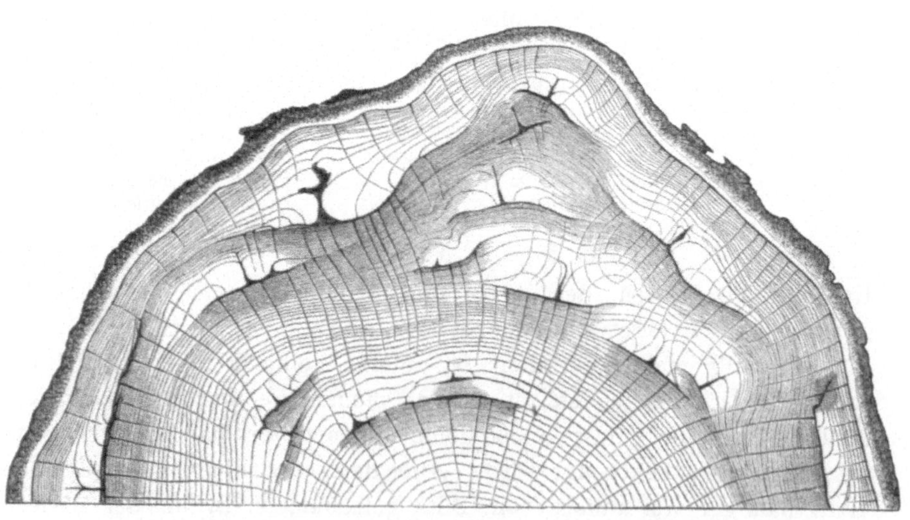

Fig. 240.

Querschnitt einer Blitzeiche, im trockenen Zustande photographirt, mit zahlreichen jungen und alten Blitzspuren. $^1/_5$.

Fig. 241.

Eichenstammquerschnitt mit vielen jungen und alten Blitzspuren. $^1/_2$.

doch liegt die Ursache dieser Thatsache ausserhalb der Holzart, und in der Regel darin, dass die genannten Bäume die höchsten in einer bestimmten Gegend sind.

Gewiss sind die mehrfach angestellten statistischen Erhebungen über die Häufigkeit der Blitzschläge nach bestem Wissen und Können aufgestellt, doch brauche ich nur daran zu erinnern, dass ich selbst vor Jahren von denjenigen Blitzbäumen, die ich jetzt als solche erkenne, sicherlich nur einen geringen Procentsatz als Blitzbäume würde bezeichnet haben. Wie oft aber mögen die bei der Eiche und Tanne so häufig auftretenden Frostspalten irrthümlich für Blitzschläge gehalten sein. Die von Jonescu vor einigen Jahren aufgestellte Behauptung, dass der Blitz solche Baumarten, deren Reservestoffgehalt vorzugsweise aus fettem Öl bestehe, verschone, dagegen Stärkebäume mit Vorliebe schädige, scheint mir völlig unhaltbar zu sein.

Merkwürdig ist die Erscheinung, dass einzelne Baumindividuen sehr oft vom Blitz betroffen werden und dann immer genau dieselbe Art der Blitzspuren zeigen.

Erstere Thatsache liesse sich vielleicht daraus erklären, dass solche Bäume mit ihren Wurzeln in einem quelligen Boden stehen oder dass sie sonstwie durch ihren Standort besondere Anziehung besitzen.

Recht häufig werden grössere Baumgruppen mitten in einem Bestande vom Blitze betroffen, und entweder zum Absterben gebracht, wenn der Blitz die ganze Rinde im Stammumfange getödtet hat, oder scheinbar ganz unbeschädigt gelassen. Nur dem geübten Auge gelingt es oft, solche Blitzstellen zu erkennen.

Hat der Blitz die Bäume in der Mitte

Fig. 242. Blitzbuche mit jungen und alten rundlichen Blitzspuren.

einer solchen Bestandespartie sehr stark beschädigt, so sterben diese oft sofort ab. Bäume, welche der Peripherie näher stehen, zeigen wohl nur unterhalb der Baumkrone in schmalem Bande eine abgestorbene Rinde und erhalten sich, ähnlich wie geringelte Bäume, noch

Fig. 243.

Blitztanne mit rundlichen Blitzspuren, mit Rinde.

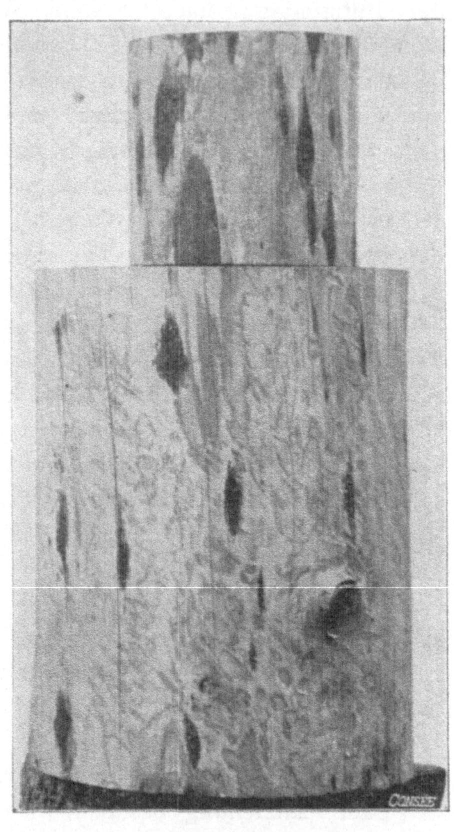

Fig. 244.

Dieselbe Blitztanne nach Entfernung der
Rinde und derjenigen Holzschichten, die
nach dem Blitzjahre sich über die Blitzwunde abgelagert hatten.

einige Jahre am Leben, bis sie nach dem Vertrocknen des unter der beschädigten Stelle gelegenen Splintes ebenfalls absterben. Darauf ist die mehrere Jahre hindurch zu beobachtende Vergrösserung der Blitzstellen im Walde herzuleiten, die meist als Käferlöcher bezeichnet werden.

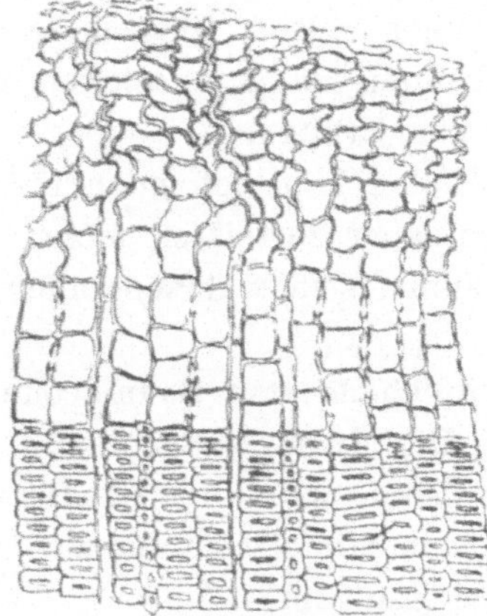

Fig. 245.

Querschnitt vom Rande einer Blitzwunde der Fichte. Der unfertige Jahrring ist in seinen jüngsten Theilen vom Blitz getödtet und die Zellen sind kollabirt. $^{100}/_1$.

Es mag hier ausdrücklich bemerkt werden, dass das Wurzelsystem der Blitzbäume nach meinen Untersuchungen stets ganz intakt bleibt oder doch nur an einer der stärkeren Wurzeln Beschädigungen erkennen lässt.

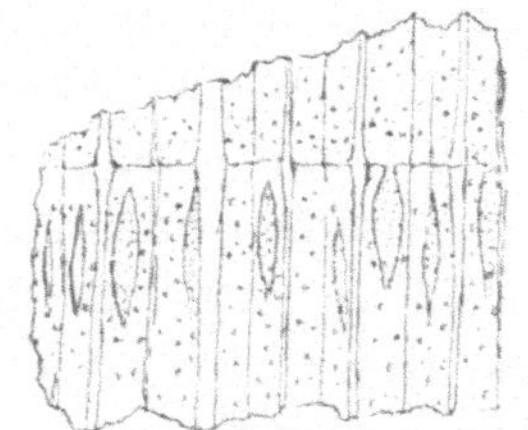

Fig. 246.

Innere Blitzspuren im Holze einer Rothbuche. $^{100}/_1$.

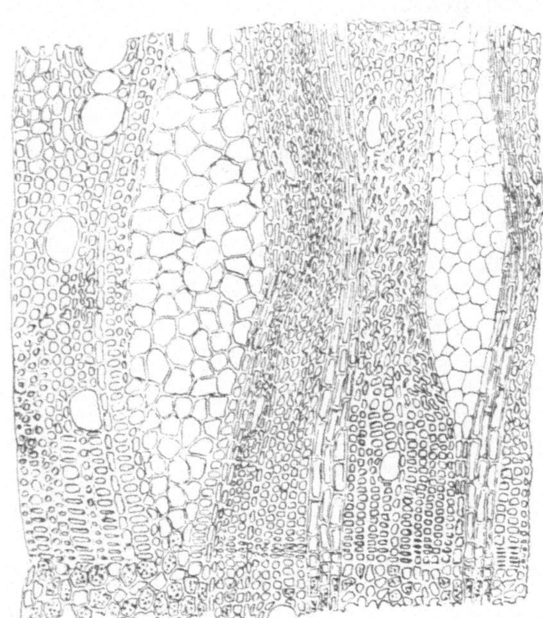

Fig. 247.

Zwei durch Blitz erzeugte Spaltungen im Holze einer Rothbuche, die sich nachträglich mit Parenchym angefüllt haben. $^{100}/_1$.

Nur todte, trockene Baumtheile können durch Blitzschlag zur Entzündung gelangen. An lebenden gesunden Bäumen erkennt man überhaupt nie irgend welche Anzeichen von Erhitzung.

Durch Dampfbildungen zersprengte Zellen habe ich noch nie beobachtet. Die getödteten Zellen collabiren, aber zerreissen nicht. Getödtete Rindenzellen mit Protoplasma bräunen sich wahrscheinlich infolge von Oxydation des Gerbstoffes.

Der Blitz schlägt meist im unteren Theile der Baumkrone in den Schaft oder auch in stärkere Äste. Die Krone selbst bleibt anfänglich gesund und stirbt erst nachträglich ab, wenn der Schaft vertrocknet. Seltener schlägt der Blitz in den Gipfel des Baumes und entgipfelt denselben oder schlägt stärkere Äste ab.

Sehr häufig zeigt nur der unterste Baumtheil Blitzbeschädigungen oder diese treten hier am stärksten auf, so dass man geneigt wird, an Rückschlagswirkungen zu denken.

Bei der ausserordentlichen Mannigfaltigkeit der Erscheinungen sind weitere Beobachtungen dringend erwünscht, zumal es zur Zeit noch nicht möglich ist, eine befriedigende Erklärung für alle Blitzbeschädigungen zu geben.

III. Abschnitt.

Erkrankungen
durch Einwirkung schädlicher Stoffe.

§ 22. Schweflige Säure. (Rauchbeschädigungen.)[1]

Mit dem zunehmenden Verbrauche von Steinkohle in den Städten und mit der Entwicklung der Industrie haben die Vergiftungen der Pflanzenwelt durch saure Gase, besonders durch schweflige Säure in verderblichstem Maasse um sich gegriffen. Chemische Fabriken und Hüttenwerke in der Nähe der Waldungen haben durch den in die Luft entsandten Rauch beträchtlichen Schaden erzeugt, der in nächster Nähe in akuter Form Bräunung und Tödtung der Blätter und Nadeln zur Folge hatte, auf weitere Entfernungen aber chronische Erkrankungen hervorrief. Aus den Untersuchungen Stöckhardt's, Schröder's u. A. wissen wir, dass das Schädliche im Rauche die schweflige Säure ist, und wenn Braunkohlen reichlich Schwefelkies enthalten, wirkt ihr Rauch gerade so nachtheilig wie der Steinkohlenrauch. In nächster Nähe der Hüttenwerke können Äcker und Wiesen sowie jeder Baumwuchs vernichtet werden.

Unter der Einwirkung schwefliger Säure welken und bräunen sich die Blätter, und zwar besonders an den Blatträndern, und den zwischen den grösseren Blattrippen gelegenen Blattpartien. Rothbuchen

---

[1] R. H., Über die Einwirkung schwefliger Säure auf die Gesundheit der Fichte. F. d. Z. V, Heft II. 1896.

R. H., Über die Einwirkung des Steinkohlenrauches auf die Gesundheit der Nadelholzbäume. Mit 1 Tafel. F. d. Z. V. Juli 1896.

R. H., Über den Einfluss des Hütten- und Steinkohlenrauches auf den Zuwachs der Nadelwaldbäume. Mit 2 Fig. F. d. Z. VII, 2. Heft. 1898.

und Spitzahorne zeigen sich besonders empfindlich, weniger dagegen die Ulmen, Eschen und Vogelbeeren. Unter den Nadelholzbäumen leidet am meisten Tanne, Fichte und Weymouthskiefer, etwas weniger die Kiefer, und am unempfindlichsten ist die österreichische Schwarzkiefer.

Die schweflige Säure wird sowohl als Gas von den Spaltöffnungen ins Blattinnere aufgenommen, wie auch in Lösung und nach Umwandlung in Schwefelsäurehydrat von der Blattoberfläche absorbirt. Je zarter die Epidermis und je weniger dieselbe durch eine derbe Hypodermschicht unterstützt wird, um so leichter dringt das Gift direkt in die Nadeln ein. Die Weisstannennadel bräunt sich deshalb auf der Oberseite leicht unter der Einwirkung des Rauches. Bei der Fichte zeigen die Schliesszellen der Spaltöffnungsapparate eine merkwürdige Empfindlichkeit gegen das Gift, indem sie schon bei geringen Einwirkungen sich intensiv rothbraun färben. Auch das centrale Gefässbündel der Nadeln reagirt durch rothbraune Färbung leicht auf schweflige Säure oder Schwefelsäure.

Die erkrankten Nadeln bekommen in der Regel eine braune Spitze, zumal dann, wenn die Erkrankung einen akuten Charakter trägt. Es werden auch oft sämmtliche Nadeln der Triebe krank.

In grösserer Entfernung von der Rauchquelle erkranken von jedem Zweige zunächst nur einzelne Nadeln. Dieselben zeigen dann immer rothe Schliesszellen oder auch geröthete Gefässbündel und fallen vorzeitig ab. Beide Symptome sind untrügliche Kennzeichen der Rauchvergiftung. Je weiter man sich von der Rauchquelle entfernt, um so mehr treten die Krankheitssymptome zurück. Doch ist es begreiflich, dass in industriereichen Gegenden, am Rhein, in Thüringen, Schlesien und Sachsen, die Spuren der Rauchvergiftung in allen Nadelholzbeständen aufzufinden sind. Die kranken Nadeln verfärben sich an abgeschnittenen Zweigen nach wenigen Tagen. Etwa 5 km südlich von Berchtesgaden fand ich unten im Thal sehr deutliche Spuren von Rauchvergiftung, da in Berchtesgaden viel Steinkohlen gebrannt werden. Aus einer Hochlage von 1550 m östlich vom Königssee (Priesberger Alm) entnommene Fichtenzweige zeigten selbst an den ältesten (elfjährigen) Nadeln keine Spur von Röthung der Schliesszellen. Vor dem Abfallen färben sich die gesunden Nadeln gelb, die Schliesszellen sind leer und farblos. Bräunen sich Nadeln infolge von Pilzbeschädigung etc., so färben sich alle Zellen der Nadeln braun.

Im Winter sind die meisten Laubhölzer gegen die schädlichen Rauchwirkungen geschützt, wogegen die immergrünen Nadelhölzer in dieser gefährlichsten Jahreszeit den Schäden ausgesetzt sind. Reif und Schnee haben die Eigenschaft, die schweflige Säure aus der Luft mit grosser Begierde zu absorbiren, so dass sie schon nach einigen Tagen sehr reich daran sind. Wenn nun Thauwetter eintritt, so sind die Nadeln in direkter Berührung mit einer oft hochprocentigen Lösung des Giftstoffes, die direkt durch die Oberhaut in das Innere der Nadeln einzudringen vermag. In den Städten ist der Konsum von Steinkohlen nur zur Heizperiode im Winter ein sehr grosser, im Sommer dagegen relativ gering, weshalb eben nur die Coniferen hier in auffallendem Maasse zu leiden haben.

Städte, in denen vorzugsweise Coaks gebrannt wird, wie z. B. Stuttgart, leiden nur wenig durch den Rauch, wogegen in München alle Coniferen zu Grunde gehen, da hier vorzugsweise die schwefelreiche oberbayerische Steinkohle gebrannt wird.

Nahe den Rauchquellen ist der Zuwachsverlust ein ausserordentlich grosser und wird besonders dadurch gesteigert, dass jede Zuwachsverminderung durch die geschwächte Assimilationsthätigkeit der Krone zuerst und am stärksten das Wurzelwachsthum trifft. Wenn dieses sich aber mindert, so wird dadurch die Aufnahme der mineralischen Nährstoffe aus dem Boden verkürzt. Die Baumkrone erhält mit jedem Jahre weniger Nährstoffe aus dem Boden zugeführt und arbeitet trotz grosser und anscheinend gesunder Nadelmenge nur träge, so dass dadurch wieder der Zuwachs geschwächt wird.

Bäume im Rauchgebiete, die eine noch recht kräftige Krone zeigen, wachsen oft nur noch in minimaler Menge zu und zwar zieht sich der Zuwachs immer mehr nach oben zurück. Sobald nun der untere Baumtheil zuwachslos geworden ist, wird er mit besonderer Vorliebe von Parasiten befallen. Agaricus melleus, ferner Bock- und Borkenkäfer machen dem Leben des Baumes ein schnelles Ende.

In manchen Fällen wird sich der Waldbesitzer gegen den Schaden einigermassen dadurch schützen können, dass er gegen die Anlage gewisser Etablissements, besonders in westlicher Richtung, vor seinem Grunde von vornherein Protest erhebt oder die Anlage nur unter der Bedingung eines vollen Schadenersatzes gestattet. Wo bisherige Holzfeuerung, z. B. in Ziegeleien und Glashüttenbetrieben aufgegeben und dafür Steinkohlenfeuerung eingeführt werden soll, kann der Waldbesitzer ebenfalls auf Schadenersatz Anspruch erheben. In vielen andern Fällen wird es sich nur darum handeln können, den Verlust des geschädigten Waldbesitzers in angemessener Weise festzusetzen und letzteren für die Opfer, welche der Wald der Industrie bringen muss, zu entschädigen.

Die Industrie vermag übrigens ihrerseits auch den Schaden einzuengen, indem sie Einrichtungen einführt, durch welche dem Hüttenrauche wenigstens ein grosser Theil der schwefligen Säure entzogen wird. Es geschieht das z. B. dadurch, dass man die Schwefelgase in Bleikammern auffängt oder durch angefeuchteten Kalk oder durch Kanäle leitet, auf deren Sohle sich fliessendes Wasser bewegt. Die schweflige Säure wird dadurch zu Schwefelsäurehydrat oxydirt, die dann absorbirt wird.

§ 23. Leuchtgas. Abfallwässer etc.

Auch das Leuchtgas ist ein Pflanzengift, das zuweilen aus fehlerhaften Gasrohrleitungen sich im Boden verbreitend benachbarte Allee- und Parkbäume zu schädigen vermag. In den Wohnzimmern, in denen Leuchtgas verbrannt wird, gedeihen manche Pflanzen, z. B. Camelien, Azaleen und Epheu, nicht, wogegen Palmen dadurch wenig oder gar nicht belästigt werden. Ob die Verbrennungsprodukte des Leuchtgases oder unverbrannte Leuchtgasmengen schädlich wirken, ist noch nicht sicher festgestellt.

Es können die verschiedenartigsten giftigen Stoffe den Pflanzen nachtheilig werden, wenn sie durch die Wurzeln von ihnen aufgenommen werden. Bei Pflanzengiften sterben die Wurzelspitzen zunächst ab und nehmen alsdann die Giftstoffe direkt aus dem Boden auf.

Laugen und Säuren, welche als Abfallwässer aus Fabriken oder sonstwie in den Boden gelangen, vergiften denselben, gelangen in den Pflanzen aufwärts steigend bis in die Nerven der Blätter und tödten entweder die Pflanzen oder veranlassen oft sehr eigenthümliche Missfärbungen der Blattnerven und der darangrenzenden Blattgewebe.

§ 24. Raupenleim.

Der Raupenleim[1] hat bei Bekämpfung des Kiefernspinners und der Nonne, aber auch zum Schutze gegen andere Insekten seit einer Reihe von Jahren eine sehr verbreitete Anwendung gefunden und den Kientheer, den man noch vor 30 Jahren fast ausschliesslich verwendete, ganz verdrängt. Weder Kientheer noch Steinkohlentheer besitzen irgend eine schädliche Eigenschaft für die mit ihnen bestrichenen

---

[1] R. H., Einfluss der Leimringe auf die Gesundheit der Bäume. Forstl.-nat. Z. I, Juli 1897.

R. H., Beschädigung der Bäume durch Leimringe. Forstl.-nat. Z. II, Mai 1893.

Pflanzentheile, als dass der Luftzutritt zu den Geweben abgeschlossen wird, ihre Klebfähigkeit erhält sich aber, zumal beim Steinkohlentheer, nur ganz kurze Zeit. Dagegen bleibt der Raupenleim sehr lange klebrig, hat aber die üble Eigeschaft, in die Rindengewebe einzudringen und diese zu tödten. Die verschiedenen Arten von Raupenleim wirken in dieser Beziehung allerdings verschieden, und wäre es eine dankenswerthe Aufgabe, festzustellen, bei welcher Zusammensetzung der Raupenleim für die Rindengewebe am wenigsten schädlich wirkt.

Sobald eine Baumrinde von einer starken Korkhaut (Birke) oder gar einer todten Borke bekleidet ist, schadet der Raupenleim nicht, da er in todte Gewebe wohl einzudringen vermag, dann aber in der Regel nicht weiter in die lebende Rinde vordringt. Bei der glattrindigen Weisstanne, aber auch bei Bergahorn, seltener bei Rothbuche

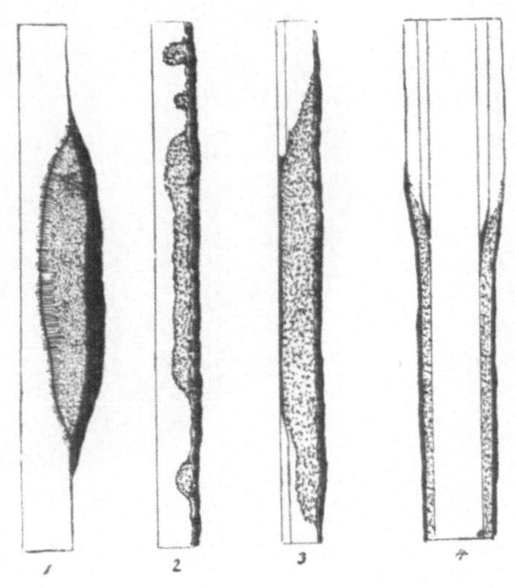

Fig. 248.

Eindringen des Raupenleims in die Rinde der Bäume. $^1/_1$.

und anderen Laubholzbäumen sind Beschädigungen durch Raupenleim festgestellt. In Fig. 248 zeigt *1* in natürlicher Grösse das Eindringen des Leimes in die Rinde einer 50jährigen Weisstanne. Durch starke Schutzkorkbildung auf der Grenze der lebenden und getödteten Rinde hat hier eine Auftreibung der letzteren stattgefunden.

Fig. 248 *2* und *3* zeigen Rindenlängsschnitte, bei denen der Leim auf Zweidritttheil der Rinde oder gar bis aufs Cambium vorgedrungen ist und dadurch die Jahrringsbildung unterbrochen hat. An jungen

25 cm hohen Fichten, welche gegen den Frass des Rüsselkäfers geschützt werden sollten, war der Leim ebenfalls bis auf das Holz vorgedrungen *(4)*, was das Absterben der Pflanze schon nach einem Jahre
zur Folge hatte.

An einem jungen Bergahorn war eine völlige Ringelung, d. h.
ein Absterben der Rinde im ganzen Stammumfange eingetreten, wie
Fig. 249 zeigt. Am häufigsten sind nach-
theilige Folgen an der Weisstanne beobachtet und gebe ich einen Querschnitt durch
einen solchen Stamm in Fig. 250.

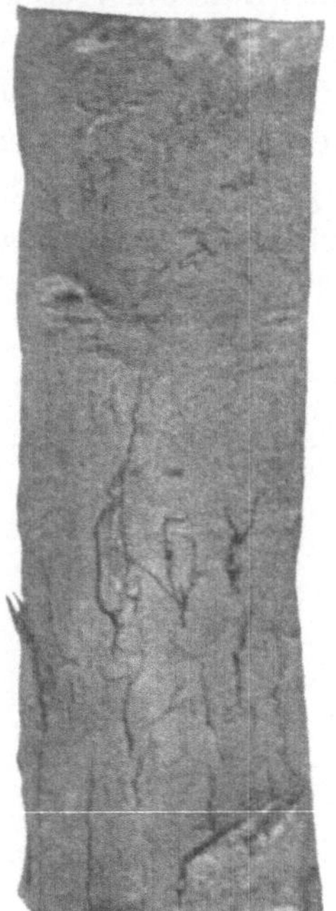

Fig. 249.

Bergahorn mit Leimring.
Der Leimring nahe am un-
teren Ende des Stamm-
stückes hat die Rinde ge-
tödtet, infolge dessen diese
Risse bekommen und der
Stamm sich nicht verdickt
hat.

Fig. 250.

Querschnitt durch ein geleimtes Weisstannen-
stämmchen.

Der schwarz erscheinende Leim ist stellenweise bis
aufs Holz vorgedrungen und hat an solchen Stellen
Überwallungsprocesse zur Folge gehabt. An den
meisten Stellen ist die innerste Rinde am Leben
geblieben.

Der Baum wurde 6 Jahre nach der Leimung gefällt. Man erkennt,
dass stellenweise der Leim alsbald bis zum Holzkörper vorgedrungen
ist, so dass kein Zuwachs mehr an dieser Stelle eintreten konnte und
ein Überwallungsprocess zu beiden Seiten die todte Stelle zu schliessen
versuchte. Wird die Rinde grossentheils getödtet und bleiben nur einzelne Regionen des Cambiums gesund, so erfolgt an diesen Stellen,

wie Cieslar nachgewiesen hat, ein so lebhafter Zuwachs. dass dadurch die todte Rinde vom Stamme abgehoben und schliesslich abgestossen wird. Am entblössten Holzkörper dringen dann Pilze ein, die für Gesundheit und Leben des Baumes verhängnissvoll werden können.

Dringt der Leim nicht bis zum Cambium vor, so beobachtet man doch vielfach eine auffallend geringe Breite der ersten Holzringe, die sich nach dem Leimen gebildet haben. Ich glaube diese Schmalringigkeit weniger als direkte Folge einer schädlichen nachträglichen Einwirkung des Leimens ansehen zu sollen, als vielmehr dem Umstande zuschreiben zu müssen, dass die Zufuhr von Bildungsstoffen zum Cambiummantel sich verminderte, nachdem die leitende Siebhaut mit Ausnahme einer schmalen inneren Schicht getödtet war.

<h1 style="text-align:center">IV. Abschnitt.</h1>

<h1 style="text-align:center">Erkrankungen durch Einflüsse des Bodens.</h1>

§ 25.

Wasser und Nährstoffgehalt des Bodens bedingen in hohem Maasse die Zuwachsgrösse einer Pflanze, erzeugen aber nur sehr selten Krankheiten in dem Seite 5 festgestellten Sinne.

Zu solchen Krankheiten gehört zuerst die

Gipfeldürre oder Zopftrockniss,

welche Erscheinung im allgemeinen auf eine bedeutende Verminderung des bisherigen Wasser- oder Nährstoffgehaltes des Bodens zurückzuführen ist, durch welche der unter günstigeren Verhältnissen entstandene Pflanzenwuchs nicht mehr genügend ernährt werden kann.

In Rothbuchenbeständen tritt diese Krankheit besonders dann und zwar oft schon im Stangenholzalter auf, wenn die Bestände der Streunutzung unterworfen sind. Die Bodenverschlechterung äussert sich zunächst in einer allgemeinen Wuchsverminderung, oft aber auch im Vertrocknen der oberen Baumkrone, während die unteren Theile der Krone sich grün erhalten.

In Ellernbeständen hat eine übertriebene Entwässerung Zopftrockniss zur Folge. Eichen, die im vollen Bestandesschlusse eines Rothbuchenbestandes erwachsen sind und infolgedessen nur eine schwache Krone besitzen, entwickeln nach dem Abtriebe des Buchenbestandes in der Freistellung reichliche Wasserreiser am Schafte. Diese und die Baumkrone gedeihen einige Jahre vortrefflich, dann aber stirbt, zumal auf leichteren, schnell austrocknenden und verwildernden Böden, ein Theil der obersten Äste der Baumkrone ab, die Eiche wird gipfeldürr. Erhält der Boden durch das Heraufwachsen des jungen Bestandes rechtzeitigen Schutz, dann tritt entweder gar keine Gipfeldürre ein oder diese schreitet nach den ersten Anfängen nicht weiter vor. Durch Abwerfen der trockenen Äste kann die Gipfeldürre sich wieder ganz verlieren.

Unmittelbar nach Freistellung der Eiche steigert sich durch beschleunigte Zersetzung der Humusdecke die Summe der löslichen Nährstoffe des Bodens, die gesteigerte Lichtwirkung befähigt die Blätter der Baumkrone, schneller zu assimiliren; beides vereint veranlasst eine bedeutende Steigerung der Produktion von Bildungsstoffen und somit eine Zuwachssteigerung, durch welche auch die schlafenden Blattachselknospen zur Entwicklung von Stammsprossen befähigt werden.

Der erste Anstoss zum Erwachen der schlafenden Augen dürfte in der gesteigerten Bildungsstoffzufuhr liegen, die Möglichkeit der weiteren Entwicklung zu Stammsprossen liegt in der gesteigerten Lichtwirkung. Nach einigen Jahren kräftigen Wachsthums der Krone und der Stammsprossen ist der Humusvorrath verzehrt, die oberen Bodenschichten sind ihres Schutzes beraubt und trocknen im Sommer tief aus. Die Processe der Nährstoffaufschliessung leiden hierunter, und der Vorrath an aufgeschlossenen Bodennährstoffen vermindert sich, oder wie man zu sagen pflegt, der Boden „verwildert".

Den Jahren der gesteigerten Nährstoffzufuhr folgt nunmehr eine Periode des Mangels, und dieser Mangel an Wasser und Nährstoffen lässt die obere Baumkrone verhungern, da die unteren Zweige den Wasser- und Nährstoffvorrath für sich allein beanspruchen.

Bessert sich der Boden mit dem Heranwachsen eines jungen Bestandes wieder, dann kann sich mit der Steigerung der Nährstoffzufuhr die Krone erholen, wenn diese nicht bereits allzusehr beschädigt war. Bäume, die vor der Freistellung schon eine kräftige Krone besassen, entwickeln wenige oder keine Wasserreiser und bleiben frei von Gipfeldürre, weil in den ersten Jahren der Nahrungssteigerung die Krone für sich allein im Stande ist, durch kräftigere Entwicklung die Mehrzufuhr zu verarbeiten. Es entstehen keine Wasserreiser, und diese können also in den Jahren der Nahrungsnoth die Krone nicht beeinträchtigen. Letztere zeigt wohl ein allgemeines Kümmern, nicht aber ein Vertrocknen des Gipfels.

Aus dem Gesagten folgt, dass zur Vermeidung der Gipfeldürre der temporären Bodenvermagerung vorgebeugt werden muss. Sache des Waldbaues ist es, die Mittel zu finden, durch welche dem Boden Schutz und Pflege zu Theil wird.

Bekanntlich giebt es eine Reihe von Krankheitserscheinungen an landwirthschaftlichen Gewächsen, welche insbesondere durch Bodentrockniss herbeigeführt werden, und nenne ich hier nur das Verscheinen des Getreides. d. h. das Vertrocknen der Halme vor dem Fruchtansatze, und die Nothreife des Getreides, d. h. das Vertrocknen

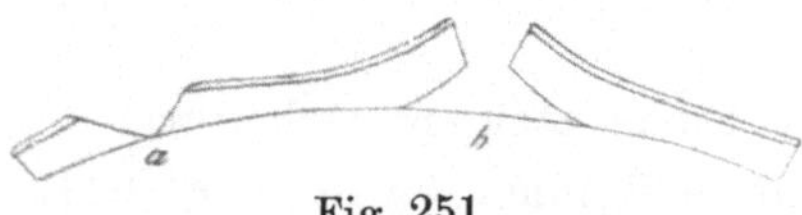

Fig. 251.

Schematische Darstellung der Verschiedenheiten beim Aufplatzen der Rinde nach plötzlicher Zuwachssteigerung.

der Getreidepflanzen nach dem Körneransatze, aber vor vollendeter Ablagerung der Bildungsstoffe in Form von Mehlen im Samenkorn.

Ausnahmsweise kann auch ein Übermass von Nährstoffen Erscheinungen im Pflanzenleben hervorrufen, welche nachtheiliger Art sind.

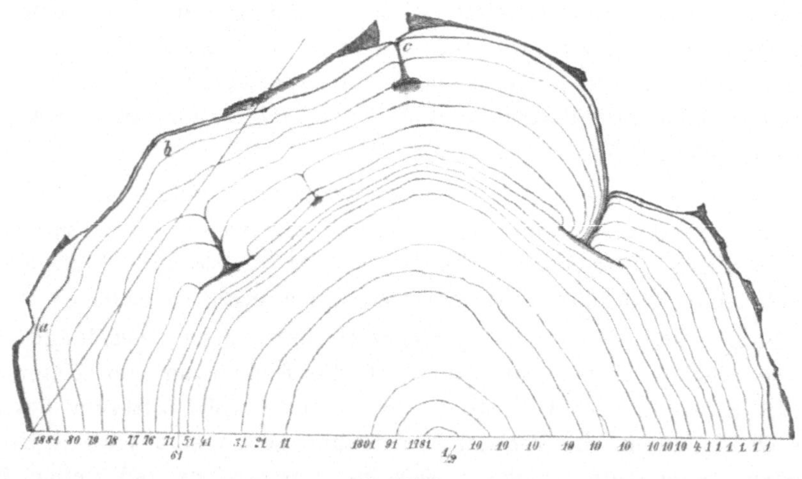

Fig. 252.

Querschnitt eines Hainbuchenstammes, dessen Rinde durch plötzliche Zuwachssteigerung im Jahre 1876 gesprengt wurde. *a* Rindenrisse, die nicht auf das Holz reichten. *b* Überwallte Risse. *c* Noch nicht völlig verwachsener Riss. Die Jahrringzahlen zeigen die Jahrringgrenzen an, die besonders in den Jahren 1861—71 sehr eng waren. $^1/_2$ Natürl. Grösse.

Eine plötzliche Steigerung der Nährstoffzufuhr und die dadurch herbeigeführte bedeutende Zunahme der Bildungsstoffproduktion kann unter Umständen eine Zersprengung äusserer Gewebstheile zur

Folge haben, wenn sich diese nicht schnell genug dem Wachsthum innerer Gewebstheile entsprechend auszudehnen vermögen.

Bäume, welche durch irgend welche Betriebsoperationen plötzlich im Wuchse bedeutend gefördert werden, zeigen zuweilen auf allen Seiten, zumal am eigentlichen Schafte ein Aufreissen der Rinde, welches durch gewaltsames Zersprengen von innen aus herbeigeführt wird.

Hainbuchen[1]) in einem Rothbuchenbestande wurden bei der Besamungsschlagstellung plötzlich freigestellt, und ihr Zuwachs steigerte sich auf Brusthöhe von 1,2 qcm Querflächenzuwachs in wenigen Jahren auf 13,7 cm jährlich und darüber.

Der äussere Korkmantel wurde dadurch so stark elastisch ausgespannt, dass er endlich an zahlreichen Stellen in Längsrissen, zersprengt wurde. Die Zusammenziehung, die hierauf erfolgte, hatte nun entweder ein Aufreissen bis zum Holzkörper zur Folge (Fig. 251 a), oder es wurde sogar zu beiden Seiten des Risses der ganze Rindenkörper in der Cambialregion auf eine Strecke weit vom Holzkörper abgelöst (Fig. 251 b). Es tritt so eine Krümmung des ganzen Rindenkörpers ein, ähnlich einem einseitig trocken gewordenen Brette. Die zahlreichen Wundstellen verwachsen meist sehr schnell nach einem Jahre, zuweilen erst später (Fig. 252). Die Rinde

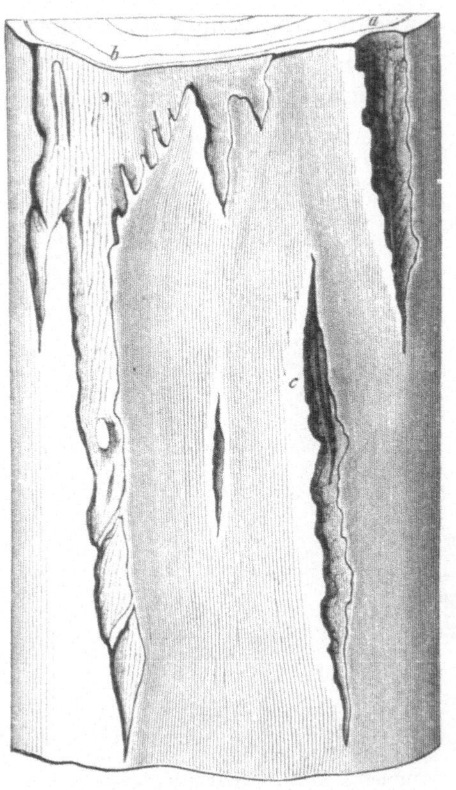

Fig. 253.

Hainbuche mit zersprengter Rinde. a Riss nicht bis zum Holzkörper gehend. b Ein bis zum Holz gehender Riss, der wieder überwallt ist (c) (Fig. 252 b). c Riss, der nur im oberen Theile bis zum Holzkörper reichte. ½ Natürl. Grösse.

---

[1]) R. H., Das Zerspringen der Hainbuchenrinde nach plötzlicher Zuwachssteigerung. Untersuchg. a. d. forstbotan. Inst. Bd. III, S. 141—144.

der Hainbuchen bekommt aber eine sich lange Zeit erhaltende un-
gewöhnliche Gestalt (Fig. 253).

Ähnliche Rindensprengungen habe ich an Eichen[1]) in verschiedenen Beständen beobachtet, die lange Zeit sehr dicht gedrängt bei
versäumter Durchforstung oder unter dem Drucke höherer Bäume
erwachsen waren und dann plötzlich freigestellt wurden.

Die gesteigerte Bodenthätigkeit und Lichtwirkung hatte eine so
gewaltige Zuwachssteigerung zur Folge, dass am ganzen Schafte Risse

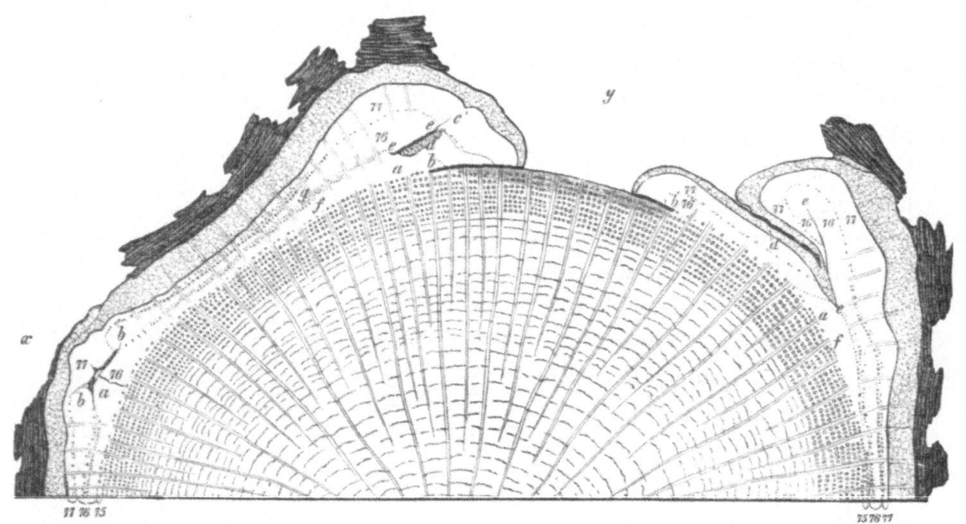

Fig. 254.

Querschnitt eines zwei Jahre vor der Fällung infolge sehr gesteigerten Zuwachses
an zwei Stellen x und y aufgeplatzten Eichenstammes. An den drei mit $a\,b$ bezeichneten Stellen hat Vernarbung vom Cambiummantel der Holzfläche aus stattgefunden. Das Vernarbungsgewebe hat seine eigene Rinde $d\,d$. Die losgespreng-
ten Rindenlappen haben auf der inneren cambialen Fläche neues Holz oberhalb
$e\,e$ gebildet. Dieses hat eine Art Überwallungswulst c gebildet, welcher nach ein-
wärts den Wundrand bildet. Der im Jahre 1876 unter der Rinde nach dem Zersprengen gebildete Jahrring zerfällt in zwei Theile $f\,g$, von denen der innere im
Frühjahre vor der Sprengung schon einen Gefässkreis gebildet hatte, welchem
nach Entstehung einer fast gefässlosen Zone f nochmals eine gefässreiche Zone folgte

verschiedener Grösse entstanden. Fig. 254 zeigt den Querschnitt durch
eine solche 100jährige Eiche mit den interessanten Reproduktionserscheinungen, die im Gefolge der Zersprengung eingetreten sind.

Diese Verwundungen sind nicht nur insofern nachtheilig, als durch

---

[1]) R. H., Zersprengen der Eichenrinde nach plötzlicher Zuwachssteigerung.
Untersuchg. a. d. forstbotan. Inst. Bd. I, S. 145—150. 1880.

die darnach eintretenden Vernarbungs- und Überwallungsprocesse die Gradspaltigkeit der Stämme geschädigt wird, sondern weil auch an diesen Stellen parasitische Holzpilze einzudringen vermögen. Sie können wohl immer vermieden werden, wenn der beabsichtigten Lichtung eine stärkere Durchforstung um einige Jahre vorangeschickt wird.

Als selbstverständlich bedarf es keiner weiteren Ausführung, dass übergrosse stagnirende Bodennässe, wenn durch sie der Luftzutritt zu den Wurzeln verhindert wird, ein Verfaulen dieser und ein Absterben der ganzen Pflanze zur Folge haben kann, dass sie ferner zur Entstehung nachtheiliger Humussäuren führt, dass sie die Empfindlichkeit mancher Pflanzen gegen den Frost steigert, das Ausfrieren und Ausziehen der Pflanzen im Saatbeete vermittelt u. s. w.

Die Processe des Stoffwechsels in den Wurzeln erfordern ein lebhaftes Zuströmen des Sauerstoffs. Die Wurzeln ersticken und sterben ab, wenn ihnen andauernd die Sauerstoffaufnahme unmöglich gemacht wird. Unter normalen Verhältnissen wird der Bedarf an Sauerstoff theils durch die Temperaturschwankungen in den oberen Bodenschichten, theils durch Diffusionsprocesse, theils durch das Eindringen sauerstoffhaltigen Wassers befriedigt. Je grösser die täglichen und jährlichen Temperaturschwankungen der oberen Bodenschichten sind und je tiefer diese stattfinden, um so lebhafter ist der Luftaustausch oder der sogenannte Athmungsprocess des Bodens. Ein Waldboden, der von einem Bestande nicht geschützt wird, der infolge seiner Freilage leichter austrocknet, und der seinen Humusgehalt zum grössten Theile verloren hat, erwärmt sich und athmet leichter, als ein von dichtem Bestande bedeckter, immer frisch bleibender, humusreicher Boden.

Unter gewissen Verhältnissen kann der Luftaustausch im Boden auf ein so geringes Maass sich beschränken, dass die Pflanzenwurzeln in demselben ersticken und verfaulen.

Die Wurzelfäule[1]) tritt in verheerendem Grade besonders in den jüngeren Kiefernbeständen Norddeutschlands auf. Sie beginnt selten vor dem zwanzigsten, meist erst mit dem dreissigsten Lebensjahre und äussert sich darin, dass nach kurzem Kümmern die noch völlig grün benadelten Bäume umfallen, wenn Schneeanhang oder starker Wind den äusseren Anstoss dazu giebt. Die Pfahlwurzel ist bis nahe dem Wurzelstocke nassfaul, alle oder die meisten flach streichenden Seitenwurzeln dagegen sind völlig gesund. Nur selten

---

[1]) R. H., Die Wurzelfäule, Zersetzungserscheinungen, S. 75 ff. 1874.

veranlasst das mit dem Abfaulen der Pfahlwurzel hervortretende Verharzen des Wurzelstockes ein völliges Vertrocknen des Baumes.

In Fichtenbeständen tritt sie auf ganz flachgründigen Böden mit stagnirender Nässe ebenfalls auf, ist aber weniger schädlich, weil ja das flachstreichende Wurzelsystem die Fichte unabhängiger macht von dem Verfaulen der wenigen in die Tiefe gehenden Wurzeln.

Die Wurzelfäule tritt in Kiefernbeständen nur auf solchen Böden auf, wo in geringer Tiefe, meist in 0,5 m unter der Bodenoberfläche, eine Bodenschicht vorhanden ist, welche dem Eindringen der Hauptwurzel in der Jugend des Bestandes kein Hinderniss bereitet, aber dabei so beschaffen ist, dass die Processe des Luftwechsels nur so lange in ausgiebiger Weise stattfinden, als der Bestandesschluss noch nicht eingetreten ist. Meist besteht diese Bodenschicht aus thonreichem Lehm oder äusserst feinkörnigem Quarzsande (Flottlehm), und leistet der Bearbeitung mit dem Spaten Widerstand, so dass die Spitzhacke nöthig wird. Recht oft finden wir solche Bodenschichten da, wo früheres Ackerland der Waldkultur und zwar deshalb übergeben wurde, weil solche Bodenverhältnisse auch der landwirthschaftlichen Kultur widrig sind. Irriger Weise hat man dann das spätere Erkranken der Kiefern der früheren Ackerkultur zugeschrieben. Auf solchen Böden gedeihen die Kiefernkulturen anfänglich vortrefflich. Die Pfahlwurzeln dringen in die Tiefe, bis zu welcher ja auch noch der Luftwechsel reicht. Erst mit dem Eintritte des Bestandesschlusses, der Ausbildung eines dichten, Sommer und Winter den Boden schützenden Kronendaches und der Entstehung einer dichten Nadelschicht vermindert sich der Luftwechsel im Boden. Die Besonnung hört auf und die Durchwärmung wird ebenso erschwert, wie die Abkühlung, die Diffusionsprocesse vermindern sich, weil der Boden ständig frisch bleibt und das Wasser in dem dichten, thonreichen oder festen Quarzmehlboden die Luft grösstentheils verdrängt. Wenn auch erst nach Jahrzehnten, so kann doch diese Störung des Luftwechsels dahin führen, dass die in die Tiefe gewachsenen Wurzeln nicht mehr ihren Sauerstoffbedarf völlig befriedigen können und ersticken.

Die Thatsache, dass die Wurzelfäule an Laubholzbäumen nie und auch an in Laubholz eingesprengten Kiefern nur selten auftritt, lässt sich vielleicht aus dem Umstande erklären, dass während der Hälfte des Jahres der Schutz des Bodens durch das Kronendach auf ein Minimum beschränkt und mithin der Luftwechsel des Bodens ausgiebiger ist als in Nadelholzbeständen.

Auf nassen, thonreichen Böden zeigt sich auch in Weinbergen eine ähnliche Fäulniss der Wurzeln, die ich auf Mangel an Sauerstoffzufuhr zurückzuführen geneigt bin.

In Japan erkranken die Maulbeerplantagen seit einigen Decennien an einer Wurzelkrankheit, welche nach mündlichen Mittheilungen nur dann auftritt, wenn durch gewisse Kulturoperationen und durch reichliche Düngung mit thierischen Dungstoffen ein Entzug des Sauerstoffs aus dem Boden erfolgt, dem kein genügender Ersatz daran gegenübersteht.

Auch die sogenannte Kleemüdigkeit des Bodens dürfte wenigstens theilweise dem Umstande zuzuschreiben sein, dass auf schweren Ackerböden, welche nicht alljährlich gelockert werden, nach einiger Zeit eine Verdichtung durch den Regen sich einstellt, welche den Zutritt des Sauerstoffs in den Boden beeinträchtigt.

Dies führt mich unmittelbar auf die angemessensten Vorbeugungsmittel, die immer dahin gerichtet sein müssen, die Bodendurchlüftung zu fördern. Erziehung gemischter Laub- und Nadelholzwaldungen, oder, wo dies nicht ausführbar ist, Ersatz der Kiefer durch die flachwurzelnde Fichte, frühzeitige Durchforstungen, Entfernung allzugrosser Laubanhäufungen in Thalmulden, Entwässerungen zur Beseitigung stagnirender Bodenfeuchtigkeit sind die in jedem Einzelfalle näher in Erwägung zu ziehenden Massregeln.

Gewissermassen als eine Art Wurzelfäule ist das Absterben der tieferen Wurzeln an zu tief versetzten Pflanzen zu bezeichnen. Im günstigsten Falle stirbt ein solcher Baum bald ab, meist aber kümmert derselbe Jahrzehnte hindurch, ohne im Stande zu sein, an Stelle des erstickten Wurzelsystems ein neues zu bilden. Nur wenige Bäume, z. B. Weiden, Pappeln u. s. w., häufiger aber Sträucher entwickeln nahe der Bodenoberfläche zahlreiche Adventivwurzeln, durch welche sie sich, wie völlig wurzellose Stecklinge, ein neues Wurzelsystem bilden.

Ähnliche Verhältnisse liegen vor, wenn ältere Bäume stark übererdet werden, wie dies bei Wegeanlagen, Bergwerken u. s. w. öfters vorkommt.

Kann in solchen Fällen die Luft seitlich an die Wurzeln gelangen, wie dies meist geschieht, wenn die Bäume an Böschungen stehen, dann schadet dies weniger, wird aber der Luftzutritt zu den Wurzeln in hohem Grade erschwert, dann sterben die Bäume ganz ab, oder kümmern doch. Bei glattrindigen Bäumen, z. B. Rothbuchen, Hainbuchen u. s. w. von 20 cm Stammdurchmesser fand ich noch lebhafte Adventivwurzelbildung aus unverletzter Rinde nahe der Oberfläche des aufgeschütteten Erdreiches.

Wo die Erhaltung werthvoller Bäume wünschenswerth erscheint, soll die Ringelung oder doch stellenweise Verwundung bis auf den Holzkörper nicht weit unter der Bodenoberfläche zu günstigen Resultaten geführt haben, indem sich an dem dort entstehenden Callus reichliche Wurzeln entwickelten, welche nahe unter der neuen Bodenoberfläche fortwachsend das Leben des Baumes erhielten.

Es bedarf kaum der Erwähnung, dass das Missglücken der Buchenverjüngungen sehr oft begründet ist in der noch ungenügenden Durchlüftung des von starken Humusmassen bedeckten Bodens, dass ferner die zu tiefe Aussaat besonders mancher feinerer Sämereien missglückt, weil der Luftzutritt zu dem keimenden und Kohlensäure ausscheidenden Samen nicht genügt.

Bei Anhäufung keimender Samen tritt das Verderben aus ähnlichen Gründen ein. Auch das Verfaulen der Wurzeln unserer Zimmerpflanzen, wenn solche in glasirten und deshalb dem leichten Luftwechsel verschlossenen Töpfen kultivirt werden, ist der vorbeschriebenen Wurzelfäule verwandt.

Das Chlornatrium ist an sich kein Giftstoff wirkt aber ähnlich wie jeder künstliche Dungstoff dann schädlich, wenn eine zu koncentrirte Lösung an die Wurzeln gelangt. Dieselben vertrocknen dann, weil ihnen osmotisch Wasser nach aussen entzogen wird. Im Seewasser ist es schon oft in hohem Grade verderblich geworden, wenn bei Springfluthen die hinter den Dünen gelegenen Bestände überfluthet wurden und das Wasser nicht wieder zurückfliessen konnte, sondern langsam in den Boden einsickern musste. Kiefern, Erlen, Eichen und Rothbuchen litten am meisten und starben ganz ab, während die Birke sich am widerstandsfähigsten erwies. Bei Versuchen, die ich mit Kochsalzlösungen vom procentischen Gehalt der Ostsee ($2,7\ ^0/_0$) und der Nordsee ($3,47\ ^0/_0$) ausführte, wurden Saat- und Pflanzbeete der Kiefer, Fichte, Akazie und Rothbuche so begossen, dass ein Quantum von 14 l auf eine Fläche von 1 qm vertheilt wurde. Es starben die 1- und 3jährigen Fichten sowohl durch Ostsee- als durch Nordseewasser ab, 6jährige Fichten starben nur durch Nordseewasser und bräunten sich theilweise durch Begiessen mit Ostseewasser. Mannshohe Fichten, von denen jede eine Gieskanne (14 l) Nordseewasser erhielt, starben zum Theil, während andere nur vorübergebend braune Nadeln erhielten und sich später wieder erholten.

Einjährige Akazien starben auch durch Ostseewasser zum grösseren Theil ab, 30jährige Rothbuchen liessen auffälligerweise einige Zeit nachher lediglich an der Spitze eines jeden Blattes ein Absterben erkennen. Die Kiefer zeigte sich dagegen bei diesen Versuchen am unempfindlichsten, vielleicht infolge der tiefgehenden Bewurzelung.

Allgemein bekannt ist auch der nachtheilige Einfluss des Urins auf die Pflanzen, der sich schon aus dem Salzgehalt zur Genüge erklären dürfte.

V. Abschnitt.

Verwundungen.

———

Zahllose Verwundungen des Pflanzenkörpers entstehen alljährlich im normalen Lebensprocesse der Pflanzen beim Abfall der Blätter im Herbste, beim freiwilligen Abstossen einzelner Zweige (Absprünge der Pappeln und Eichen), beim Absterben der äusseren Rindentheile. Alle diese freiwillig entstehenden Wunden werden geraume Zeit vor ihrer Entstehung schon von der Pflanze vorbereitet, so dass in dem Augenblicke, in welchem die Wunde entsteht, die Heilung bereits als vollendet zu betrachten ist. Diese Vorbereitung besteht darin, dass sich da, wo später die Wundfläche entsteht, durch das Gewebe hindurch eine Hautschicht, d. h. eine Korkhaut bildet, die in ihrer Entstehungsart und in ihrem Bau völlig übereinstimmt mit dem Hautgewebe unverletzter Stengeltheile oder jener Hautschichten, die sich auf unfreiwillig entstandenen Wunden nachträglich bilden. In vielen Fällen wird der Verschluss der Wunden schon vorher durch Gummibildung vorbereitet und tritt erst nachträglich eine Korkhautbildung ein. Nur die durch äussere mechanische Ursachen veranlassten Wunden, durch welche innere lebende Gewebe blossgelegt und den nachtheiligen Einflüssen der Aussenwelt preisgegeben werden, gehören zu den pathologischen Erscheinungen.

§ 26. Heilung und Reproduktion im allgemeinen.

Um die Processe der Heilung und Reproduktion zu verstehen, müssen wir zunächst die verschiedenen Gewebsarten und deren Befähigung zu Neubildungen ins Auge fassen.

Das Hautgewebe wird an jugendlichen Pflanzentheilen lediglich durch die meist einschichtige Oberhaut repräsentirt. Schon bevor diese ihre Ausdehnungsfähigkeit völlig einbüsst und nach weiterem Dickenwachsthum des Stengels zerreisst, entsteht unter ihr ein neues Hautgewebe, durch welches das innere lebende Rindengewebe vor dem Vertrocknen geschützt wird. Diese Korkhaut, auf deren Bau und auf deren Verschiedenheiten näher einzugehen hier nicht der Ort ist, entsteht dadurch, dass entweder die noch lebenden Oberhautzellen selbst, oder eine mehr oder weniger nahe unter ihr liegende Rindenzellenschicht durch Theilung in tangentialer Richtung zur Phellogenschicht (Korkmutterschicht) wird. Die durch fortgesetzte Theilung entstehenden, radial angeordneten Zellen sterben ab, verkorken und bilden so eine mehr oder weniger dicke schützende Hülle im äusseren Umfange der lebenden Gewebe, die sich durch fortgesetzte Theilung der Phellogenschicht von innen aus verjüngt, während die ältesten Korkzellen auf der Aussenseite durch Abschülfern oder Loslösen zusammenhängender Korkzellschichten verloren gehen. Bei den meisten Bäumen entsteht früher oder später eine Borke dadurch, dass die älteren Rinden- und Bastschichten ihre Ausdehnungsfähigkeit verlieren. Es entstehen alsdann im Innern der Rinde neue Korklagen, durch welche die äusseren Rindenschichten unmittelbar vor ihrem Absterben, Vertrocknen und Aufplatzen von den inneren Rindenschichten abgegrenzt werden.

Selbstverständlich ist eine Verletzung der todten Korkhaut und der Borke ohne irgend welche nachtheiligen Folgen und kann nur insofern von Einfluss auf die Wachsthumserscheinungen des Baumes werden, als die Verminderung des Rindendruckes eine lokale Zuwachssteigerung des Cambiums an solchen Stellen nach sich zieht. Kiefern, die vor längerer Zeit „geröthet" waren, d. h. bei denen behufs Anbringung von Theerringen zum Abfangen der Raupen die todten Borkeschichten in einem breiten Ringe um den Stamm grösstentheils entfernt waren, zeigten von der Zeit an einen unverkennbar stärkeren Zuwachs an der entborkten Stelle, als unter- und oberhalb derselben. Wird die lebende Phellogenschicht verletzt, so bildet sich aus den darunter liegenden unverletzten Zellen der Rinde oder des Phelloderms eine neue Phellogen- und Korkschicht im Anschlusse an die Korkschicht des Wundrandes.

Das unter der Haut liegende Rindenparenchym (Fig. 255 b, c) besitzt ein beschränktes Zelltheilungsvermögen, durch welches es befähigt ist, der zunehmenden Verdickung des Stammes entsprechend sich zu vergrössern. Die Fähigkeit zu Neubildungen im Falle einer

Verwundung beschränkt sich aber auf Entwicklung einer Korkhaut
nahe unter der Oberfläche des blossgelegten Gewebes. Man nennt
diese Korkschicht, die auch bei Rindenerkrankungen durch Parasiten
pflanzlicher Art auf der Grenze des gesunden und todten Gewebes
entsteht, „Wundkork“ (Fig. 255 *i*). Die Entstehung desselben ist
nicht an die Jahreszeit gebunden, vielmehr erfolgt dessen Ausbildung
schon bei mässigen Temperaturen im Winter bald nach dem Eintritte
der Verwundung.

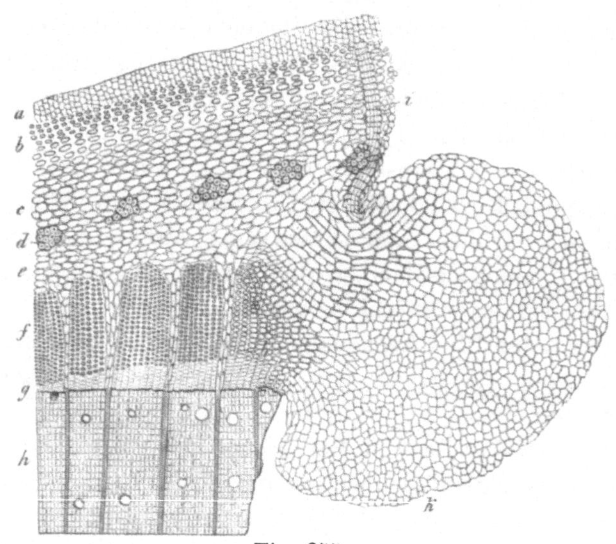

Fig. 255.

Callusbildung am Wundrande eines Eschenzweiges.
a Korkhaut. *b* Collenchym. *c* Aussenrinde. *d* Sclerenchymstränge. *e* Rindenparenchym. *f* Weichbast. *g* Cambium. *h* Holz. *i* Wundkork der Aussenrinde.
k Callus. *l* Grenze zwischen dem Weichbast und dem cambialen Wundgewebe.

Nur die innersten Theile des Rindenparenchyms, der Weichbast,
oder in anderen Fällen auch nur die innersten, jugendlichsten Organe
des Weichbastes und das Cambium nehmen an den weiter unten zu
besprechenden Neubildungen Theil.

Der Holzkörper besitzt nur eine sehr beschränkte Reproduktionsfähigkeit, da er ja überwiegend aus leeren Zellhüllen, d. h. aus
Fasern, Tracheiden und Gefässen besteht. Die noch lebensthätigen
Zellen des Holzes, theils dem Strahlenparenchym (Markstrahlen), theils
dem Strangparenchym (Holzparenchymzellen) angehörend, sind von
den erstgenannten Organen in der Weise umgeben, dass auch die

beschränkte Reproduktionsfähigkeit derselben kaum zur Geltung gelangen kann. Sie äussert sich nur in zweierlei Gestalt, nämlich einmal in der Bildung von Thyllen oder Füllzellen in den Gefässen des Holzes, sobald dieses verwundet ist, und ferner in der Entwicklung des sogenannten intermediären Gewebes (Kittgewebes) bei Veredelungsprocessen. Werden die Schnittflächen des Edelreises und Wildlinges frisch genug mit einander verbunden, so füllt sich der noch verbleibende Raum zwischen den beiden Holztheilen mit einem parenchymatischen Gewebe an, welches seinen Ursprung in den genannten Parenchymzellen des Holzes selbst findet.

Der blossgelegte Holzkörper einer Wunde besitzt die Fähigkeit der Reproduktion von Rinde und Holz nur dann, wenn die Rinde zur Zeit der cambialen Thätigkeit abgelöst und die Cambialschicht oder die Region des Jungholzes vor dem Vertrocknen geschützt wird. Es tritt sodann die Reproduktion der „Bekleidung" ein. Die zartzellige, plasmareiche Cambialregion, welche in den Monaten Mai bis August aus den Initialzellen, den durch Theilung daraus hervorgegangenen Gewebemutterzellen und den jugendlichen noch lebensthätigen Gewebezellen (Jungbast und Jungholz) besteht, vertrocknet unter dem Einflusse der Luft sehr leicht, und nur bei Regenwetter oder überhaupt bei mit Feuchtigkeit gesättigter Luft

Fig. 256.

Oberfläche eines entrindeten Buchenstammes mit theilweiser Bekleidung. Natürl. Gr.

bleibt dieses Gewebe erhalten und verwandelt sich durch Quertheilung der langgestreckten Cambialorgane in ein parenchymatisches, aus isodiametrischen Zellen bestehendes Vernarbungsgewebe. Durch lebhafte Zelltheilung entsteht aus diesem in wenigen Tagen eine, unter dem Einflusse des Lichtes sich grün färbende Bekleidungsschicht (Fig. 256). Oft vertrocknet das die Wundfläche bedeckende cambiale Gewebe mit Ausschluss des Markstrahlcambiums und die Bekleidung der Wundfläche erfolgt fast ausschliesslich von dem letzteren aus, so dass diese Erscheinung den Eindruck hervorruft, als ob die Markstrahlen aus dem Holze hervorwüchsen. Das ursprünglich gleichartige Vernarbungsgewebe zeigt im Innern bald eine Differenzirung insofern, als im Anschluss an den alten Holzkörper die Organe in Holzzellen sich verwandeln, während nach aussen hin unter den zu parenchyma-

tischem Rindengewebe sich verwandelnden Zellschichten eine neue
Bastregion entsteht. Zwischen Holz und Bast erhält sich ein Theil
des Gewebes als theilungsfähiges Cambium, und auf der Oberfläche
des Rindengewebes entsteht eine neue Hautschicht.

In Figur 257 ist der zwischen $b\,b$ gelegene Theil der Wundfläche vertrocknet. Beiderseits ist unter dem Schutze der abgespreng-
ten Rinde *(c c)* auf dem Holze eine Neubildung durch Vernarbung erfolgt *(a, b)*, die bereits ein zweijähriges Alter (1876 und 77) erreicht hat.

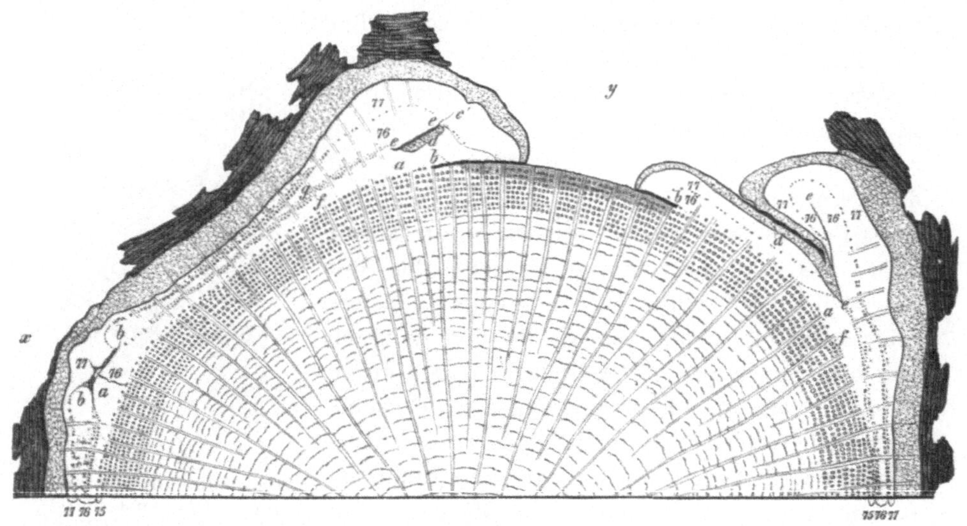

Fig. 257.

Querschnitt eines zwei Jahre vor der Fällung infolge sehr gesteigerten Zuwachses
an vielen Stellen aufgeplatzten Eichenstammes. *x* und *y* zwei Stellen, an denen
die Rinde aufgeplatzt war. *a—b* Neubildung durch Bekleidung. *c* Überwallungswulst. *d* Rinde des Bekleidungsgewebes. *e—e* Unterseite der losgelösten Rinde,
deren Cambium ebenfalls Neubildungen hervorgerufen hat. Natürl. Grösse.

Selbstredend kann auch auf der Innenseite des Rindenkörpers,
auf welcher ja ebenfalls cambiales Gewebe haften bleibt, eine Vernarbung eintreten, wenn die losgelöste Rinde mit dem Baume in Verbindung bleibt und ernährt wird. Das Cambium setzt dann seinen
Theilungsprocess in normaler Weise fort, nachdem es zuvor ebenfalls
in kurzzelliges Cambium sich umgewandelt hat. Auf diese Weise ist
in den beiden Jahren nach der Loslösung der Rindenlappen *e—e*
eine Neubildung entstanden.

Der Holzkörper, welcher auf der Oberfläche des blossgelegten
Holzstammes und derjenige, welcher auf der Innenseite des losgelösten

Bastes entsteht, unterscheidet sich durch abnormen Bau, insbesondere durch Kurzzelligkeit, durch das Fehlen oder die geringe Zahl der Gefässe von dem normalen Holze, und wird Wundholz genannt.

Vertrocknet das Cambium auf einem von Rinde entblössten Holzstamme, bevor dasselbe zur Entwicklung von Vernarbungsgewebe schreiten konnte, oder fehlt auf der Wundfläche das Cambium überhaupt, z. B. bei Astwunden u. s. w., dann bleibt als einziger Reproduktionsprocess die Überwallung vom Wundrande aus übrig.

Der Überwallungsprocess geht aus von dem Weichbaste und dem Bildungsgewebe, dem Cambium des Wundrandes und erklärt sich rein mechanisch aus der Verminderung des Rindendruckes auf dieses Gewebe. Das jährliche Dickenwachsthum des Stammes veranlasst eine Ausdehnung des Rinden- und Bastmantels, die zwar dadurch im wesentlichen ausgeglichen wird, dass die noch lebenden Zellen dieser Gewebe durch Zelltheilung und Zellwachsthum sich der Zunahme des Stammumfanges entsprechend ausdehnen, während die todten äusseren Theile Längsrisse bekommen, es bleibt aber immerhin eine Spannung des Rindenmantels bestehen, welche einen bedeutenden Druck auf das cambiale Gewebe ausübt. Wird nun durch eine bis auf den Holzkörper eindringende Verwundung dieser Druck auf das Bildungsgewebe lokal vermindert, so erfolgt ein beschleunigter Zellentheilungs- und Wachsthumsprocess, der nicht nur unmittelbar am Wundrande selbst, sondern noch auf weitere Entfernung von da wahrzunehmen ist. Soweit die Druckverminderung eingetreten ist, verwandelt sich das normale Cambium in kurzzelliges Wundcambium, aus dem ein üppig wucherndes Wundholz ohne Gefässe und deutliche Markstrahlen hervorgeht. Am lebhaftesten ist der Zellentheilungsprocess nach der Wundfläche selbst hin, wo ja überhaupt kein Gegendruck erfolgt, und man sieht den Callus oder Überwallungswulst zwischen Holz und Rinde hervortreten. Entweder schon in demselben Jahre oder erst später entsteht wieder Holz von normalem Charakter, doch bleibt das Rindengewebe des Überwallungswulstes noch eine Reihe von Jahren dünner und ausdehnungsfähiger und übt somit auch einen geringeren Druck aus, wie die alte Rinde oder Borke. Die Wuchssteigerung beschränkt sich somit nicht auf das erste Jahr, sondern erhält sich oft so lange, bis endlich die von den verschiedenen Wundrändern ausgehenden Überwallungswülste zusammentreffen und miteinander verwachsen.

Diese Verwachsung wird erschwert oder gar unmöglich gemacht

bei solchen Bäumen, die frühzeitig eine starke Borkeschicht bilden, wie z. B. bei der Kiefer.

Ist das Rindengewebe der aufeinander stossenden Neubildungen dünn, lebend und nicht von todter Borke bekleidet, so wird bei weiterem Dickenwachsthum das die beiden Wülste bekleidende Rindengewebe gleichsam herausgequetscht und, nachdem Cambium-region auf Cambium gestossen sind, erfolgt völlige Verwachsung. Starke Borke kann diese Verwachsung viele Jahrzehnte verhindern.

Berücksichtigt man, dass der Rindendruck als Folge der Um-fangsvergrösserung des Stammes vorzugsweise in horizontaler Rich-tung, also ähnlich wirkt, wie ein Fassreif auf die Fassdauben drückt, so erklärt sich, weshalb ein Längsschnitt in der Rinde einen weit lebhafteren Überwallungsprocess nach sich ziehen muss, als ein Quer-schnitt. Die eigenartige Überwallung der Astwunden vorzugsweise von den Seitenrändern aus erklärt sich hieraus hinlänglich.

Wird der Rindendruck bei einer Verwundung nicht oder nur wenig vermindert, wie dies der Fall ist bei Quetschwunden, z. B. Baumschlag u. dgl., dann tritt gar keine oder nur eine sehr langsame Überwallung ein. Die todte Rinde, welche über der gequetschten und getödteten Stelle erhalten bleibt und von den gesunden Rindentheilen nicht getrennt wird, lässt es nicht zu einer Druckverminderung am Wundrande kommen, und so unterbleibt die Überwallung.

Die Gestalt der Wunde lässt sich viele Jahrzehnte auf der Aussen-fläche des Baumes erkennen, da ja die Grenze der alten und jungen Rinde sich lange Zeit zu erhalten pflegt.

Dass eine Verwachsung des blossgelegten Holzkörpers der Wunde mit dem sich später darüber lagernden Holze des Überwallungs-gewebes unmöglich ist, bedarf kaum der Erwähnung, zumal die äusseren Holzschichten der Wunde zuvor absterben, vertrocknen und mehr oder weniger tief sich zersetzen.

Die vorstehend geschilderten Reproduktionserscheinungen sind vielfach als Folgen eines „Wundreizes" bezeichnet worden, jedoch mit Unrecht.

Alle Erscheinungen der Reproduktion sind Folgen der durch die Verwundung herbeigeführten äusseren Veränderungen und lassen sich aus diesen ableiten. Gesteigerte Sauerstoffzufuhr kann grössere Lebhaftigkeit der Lebensprocesse zur Folge haben und übt dadurch einen chemischen Reiz aus; verminderter Rindendruck hat lebhaftere

Zelltheilung nahe dem Wundrande zur Folge, wobei man recht wohl annehmen darf, dass zu dem Orte verminderten Gegendruckes hin Bildungsstoffe, z. B. Eiweiss, rein mechanisch durch die Siebfelder der Siebröhren hingepresst werden. Die gesteigerte Zelltheilung, sowie die parenchymatische Natur des Wundholzes ist nicht Folge eines Wundreizes, vielmehr Folge eines verminderten Druckreizes, denn Parenchymbildung tritt stets auch ohne Wunde ein, wenn der Rindendruck auf das Cambium sich vermindert, so z. B. bei Frostringbildung, bei Blitzbeschädigungen u. s. w.

Die durch Verwundung blossgelegten Holz- und Rindentheile schützen sich gegen die äusseren ungünstigen Einwirkungen bei den Nadelholzbäumen durch Harzausfluss, bei den Laubhölzern durch Entstehung des sogenannten Schutzholzes. Harzausfluss findet nur aus dem Splinttheile des Holzkörpers statt, wogegen das Kernholz trocken bleibt und deshalb auch gegen Pilzinfektionen weniger geschützt ist als der Splint.

Bei der Bildung des Schutzholzes der Laubhölzer entstehen in den Gefässen Thyllen, durch welche diese völlig verstopft werden, so dass kein Tagewasser eindringen kann und das Verdunsten des in den Gefässen befindlichen Wassers verhindert wird, anderentheils bildet sich in der Nähe der Wundfläche eine reiche Menge von Gummi, welches den Innenraum der Organe, besonders der Gefässe ausfüllt, verstopft und dadurch gegen die nachtheiligen Einflüsse der Aussenwelt einigermassen schützt. Die direkte Einwirkung des Sauerstoffs der Luft dürfte es sein, welche die Bräunung des unter der Wundfläche liegenden Holzes veranlasst, indem insbesondere die Gerbstoffe bei höheren Oxydationsstufen braune Färbung annehmen.

Die vorangeführten Schutzmittel sind aber nicht genügend, um den blossgelegten Holzkörper vor der Zerstörung und Zersetzung zu schützen. Bei den Laubholzbäumen treten deshalb auch viel leichter Wundkrankheiten auf, als bei den harzreichen Nadelhölzern.

Auf die parasitären Wundkrankheiten ist schon im vorangegangenen Abschnitt aufmerksam gemacht, und werde ich noch bei der nachfolgenden Besprechung der Baumästung hierauf zurückkommen. Nun giebt es aber ausser diesen parasitären Wundfäulen Zersetzungen des Holzes, bei denen parasitäre Pilze nicht betheiligt sind, bei denen vielmehr saprophytische Pilze unter Mitwirkung der Atmosphärilien eine Reihe verschiedenartiger Holzzerstörungen veranlassen. Ich habe in Vorschlag gebracht, diese verschiedenartigen, noch nicht unter-

suchten Zersetzungsformen einstweilen mit dem Kollektivnamen „Wundfäule"[1]) zu belegen.

Eine wissenschaftliche Bearbeitung der zahlreichen, hierher gehörenden Zersetzungsformen hat noch nicht stattgefunden. Wird ein
grösserer Stammtheil infolge eintretender Funktionslosigkeit zum Absterben geführt, wie das der Fall ist bei knospenlosen Aststummeln,
bei den Wurzelstöcken gefällter Bäume, an grösseren durch Wild,
Sonnenbrand u. dergl. entrindeten Baumtheilen, die durch Vertrocknen
schnell auf grössere Tiefe hin absterben, so kann die Zersetzung unter
dem Einflusse saprophytischer, den Hymenomyceten oder den Ascomyceten angehörender Pilze schnell von statten gehen, zumal wenn der ungehin-
derte Zutritt des Regenwassers die Pilz-
vegetation fördert. Ist die Aufsaugung
von Wasser und der Zutritt der Luft durch
die Wundfläche ermöglicht und erleichtert, wie dies der Fall ist bei Wurzel-
verwundungen oder an nicht getheerten
Astwunden, dann verbreitet sich die Wundfäule zwar weitaus nicht so schnell wie
die parasitäre Wundfäule im Stamm, doch
dringt die Zersetzung in der Richtung,
welche das aufgenommene Wasser in den
leitenden Organen einschlägt, ziemlich
schnell vor. Der sogenannte falsche Kern
der Rothbuche geht immer von Wundstellen
aus, und unter dem Einfluss der Luft sind
nicht nur alle Gefässe mit Füllzellen verstopft, sondern es hat auch eine Verände-

Fig. 258.

Ein seit 100 Jahren überwallter todter Eichenast, von dem
die Wundfäule nur sehr wenig
vorgeschritten ist.

rung des Gerbstoffes stattgefunden, welche zu der Braunfärbung des
Kernes Veranlassung giebt. Von den Wunden dringen langsam saprophytische Pilze nach, welche dann den falschen Kern in Faulkern
verwandeln. Je schneller eine Wundfläche geschlossen wird, sei es auf
künstlichem Wege, sei es durch natürliche Reproduktionsvorgänge,
je besser für den Baum. Die Wundfäule schreitet dann, wenn Luft
und Wasser abgeschlossen wird, so langsam vor, dass an einem seit
100 Jahren überwallten Eichenaste meiner Sammlung diese Fäulniss
nach Wundschluss nur um 1 cm weit vorgerückt war (Fig. 258).

____

[1]) R. H., Die Wundfäule, Taf. IX in Zersetzungsersch. etc. Seite 63. 1878.

Die Behandlung der Wunden ergiebt sich aus dem vorstehend Mitgetheilten. Sie hat zweierlei ins Auge zu fassen, einmal den Heilungsprocess und zweitens die Verhütung von Wundkrankheiten infektiöser Art.

Was den Heilungsprocess betrifft, so ist der Bekleidungs- oder Vernarbungsprocess nur dann zu erhoffen, wenn die Wunde in einem Abschälen der Rinde zur Zeit der cambialen Thätigkeit bestand und sofort nach deren Entstehung ein Verband angelegt werden konnte, der das Vertrocknen des Cambiums verhindert, ohne mit demselben in Berührung zu treten.

Ein Umwickeln des Stammes mit zuvor angefeuchtetem Wachstuch, Strohseilen u. dergl. ist das einzige uns zur Verfügung stehende Mittel.

Ist eine Vernarbung nicht zu erhoffen, dann ist der Überwallungsprocess möglichst zu fördern dadurch, dass man alle todten und gequetschten Rindentheile, welche einen nachtheiligen Druck auf den Wundrand ausüben könnten, mit scharfem Schnitte entfernt und nur solche Rindentheile sorgfältig schont, die etwa auf dem Wundrande so im Zusammenhange stehen, dass sie ernährt werden.

Von ihnen aus schreitet der Überwallungsprocess ebenso schnell vor, wie von dem eigentlichen Wundrande.

Zur Verhütung der Wundkrankheiten dient ebenfalls die Beseitigung aller von dem Holzkörper getrennten Rindentheile des Wundrandes, da zwischen ihnen und dem Holzkörper sich die Feuchtigkeit lange Zeit erhält und vom Holze eingesogen wird, wodurch die Processe der Wundfäule begünstigt werden, weil ferner hier am leichtesten die Sporen der Infektionspilze keimen und in das Innere des Baumes eindringen.

Bei den Nadelholzbäumen, welche Harzkanäle besitzen, ist ein Schutz der Wunde nur dann nöthig, wenn ein stärkerer Ast mit Kernholz abgeschnitten oder abgebrochen ist, und wenn im Sommer die Rinde vom Holzkörper, z. B. bei Sommerästung, Sommerschälen des Wildes abgelöst ist. Die Fichte ist gegen derartige Verwundung im höchsten Grade empfindlich.

Laubhölzer bedürfen jederzeit eines Schutzes, und bekanntlich bedient man sich des Baumwachses oder des Steinkohlentheers, um eine wasserdichte Schutzschicht auf der Wunde herzustellen. Die wiederholt von Praktikern behauptete nachtheilige Wirkung des Theers auf die Gewebe habe ich nie bemerkt, vielmehr kann ich konstatiren,

dass der Theer nur in die geöffneten Organe eindringt und deren
Zellwände imprägnirt und dass Zellen in unmittelbarster Nachbarschaft
solcher mit Theer erfüllten Gefässe und Holzfasern noch nach einer
Reihe von Jahren völlig gesund und lebend waren.

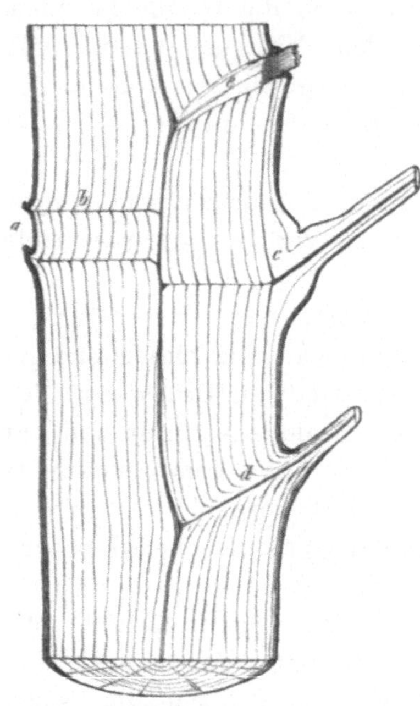

Fig. 259.

Längsschnitt durch einen 12jährigen
Buchenstamm. Bei *a* zwei schlafende
Blattachselknospen, deren Knospen-
stämme *b* rechtwinklig zur Hauptaxe
stehen. Ein drittes Auge *c* ist seit
zwei Jahren zum Ausschlag entwickelt. *d* Ein Kurztrieb, der durch
Entfaltung einer Knospe am einjährigen Trieb entstanden ist. *e* Ein
seit vier Jahren abgestorbener Trieb.
Natürl. Grösse.

Zu den Reproduktionserscheinungen, die nach Verwundungen der
Bäume auftreten und den Ersatz verloren gegangener Theile liefern, gehören noch — die „Präventivknospen“.

Von den Blattachselknospen eines
Jahrestriebes entwickelt sich im Folgejahre immer nur eine beschränkte
Zahl zu neuen Trieben. Die Mehrzahl und zwar besonders die am
Grunde der Triebe über den Knospenschuppen und den unteren wenig entwickelten Blättern stehenden Axillarknospen bleiben auf einer niederen
Entwicklungsstufe stehen und treiben
im nächsten Jahre in der Regel nicht
aus. Sie liefern vielmehr die schlafenden Augen, welche im Gegen-
satz zu den unter Umständen neu
entstehenden Knospen, den Adventivknospen, von Th. Hartig
Präventivknospen genannt sind,
weil sie schon vom ersten Lebensjahre
des betreffenden Stammtheiles an vorhanden sind und nur unter gewissen
Verhältnissen hervorkommen, d. h.
zu neuen Trieben (Wasserreiser, Räu-
ber u. s. w.) sich entwickeln.

Diese ruhenden Blattachselknospen können sich 100 Jahre und
länger am Leben erhalten, zumal bei glattrindigen Bäumen, wie der
Rothbuche u. s. w.

Schlafende Augen sind bei unseren Nadelholzwaldbäumen sehr
sparsam, da fast alle vorhandenen Blattachselknospen sich zu Kurztrieben zu entwickeln pflegen. Bei den Kiefern bleiben im höheren

Alter nur 1 oder 2 Knospen in jedem Quirl schlafend. Wird eine Kiefer durch wiederholten Raupenfrass so beschädigt, dass nicht allein alle Nadelbüschel mit den zwischen ihnen ruhenden Knospen (Scheidenknospen), sondern auch die jüngsten Triebe mit den Quirlknospen

Fig. 260.

Triebbildung aus den Knospen eines im Juni völlig entnadelten kräftigen neuen Fichtenzweiges. Die Endknospe ruht. Drei Seitenknospen haben Johannistriebe gebildet.

vertrocknen, dann besitzt der Baum nur noch jene schlafenden Quirlknospen der mehrjährigen Triebe, die zu sogenannten Rosettentrieben aussprossen, ohne im Stande zu sein, das Leben des Baumes zu erhalten. Diese Rosettentriebe bestehen entweder nur aus den einfachen Blättern, die dann breit schwertförmig zum Vorschein kommen, oder es kommen auch einzelne Nadelbüschel zwischen diesen zur Entwicklung.

Fichte und Tanne sind ebenfalls nur sparsam mit Blattachselknospen ausgestattet, von denen aber ein kleiner

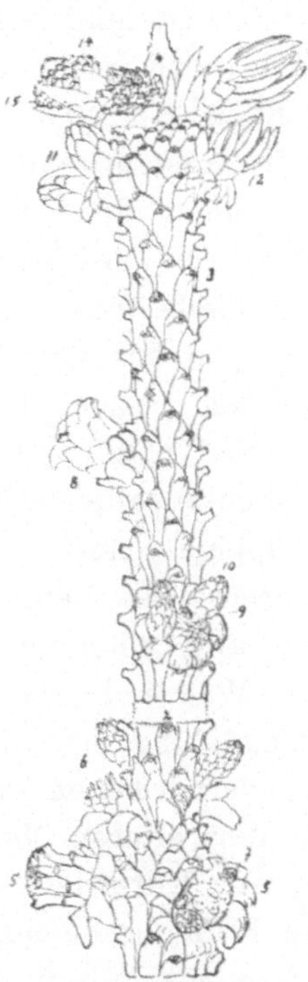

Fig. 261.

Ersatztriebsbildung der Fichte nach völliger Entnadelung und Zerstörung der neuen Maitriebe *(4)*. Die an deren Grunde stehenden Knospenanlagen haben sich zu kräftigen Knospen *(9, 10, 11)* oder zu kurzen Ersatztrieben *(12, 13, 14, 15)* entwickelt.

Theil schlafend bleibt, bis er durch besondere Umstände zum Leben erweckt wird. Diese schlafenden Augen befinden sich kranzförmig am Grunde jedes Jahrestriebes.

Wenn eine Fichte im Frühjahre oder Sommer z. B. durch die Nonne entnadelt wird, so hat die Reproduktion einen zweifach verschiedenen Charakter. Waren die Knospen der neuen Jahrestriebe bereits genügend ausgebildet, so können diese noch in demselben Jahre austreiben und gleichsam Johannistriebe bilden (Fig. 260). Trat dagegen die Entnadelung schon früher ein, so dass die neuen Triebe und Knospen noch nicht ausgebildet waren, dann entwickeln sich die schlafenden Knospen am Grunde der vorjährigen oder älteren Triebe oft in ausserordentlich reicher Fülle (Fig. 261).

Dazu kommen dann noch die schlafenden Augen am Grunde der neuen Maitriebe. Diese sterben durch Benagung und Entnadelung ab, und es bleibt nur derjenige Theil erhalten, der zwischen den Knospenschuppen des vorjährigen Triebes verborgen und durch diese vor den Raupen beschützt war. Hier sitzen nun aber die schlafenden Augen der Fichte, und diese werden so kräftig ernährt, dass sie zu kurzen, dichtbenadelten Trieben — Ersatztrieben — sich entwickeln oder doch üppige Knospen erzeugen.

Die Lärche hat bekanntlich ebenfalls nur wenige Blattachselknospen, die alljährlich im Frühjahr zu dicht benadelten Kurztrieben austreiben. Während die immergrünen Nadelhölzer in der mehrjährigen Benadelung ein Mittel besitzen, ohne grosse Reservevorräthe sich alljährlich mit neuen Trieben und Blättern zu versorgen, entbehrt die Lärche der älteren Nadeln und ist deshalb im Frühjahr darauf beschränkt, nur Kurztriebe zu erzeugen. Erst dann, wenn der Baum durch diese Frühjahrsbenadelung befähigt worden ist, selbst neue Bildungsstoffe zu assimiliren, kann er Ende Mai dazu übergehen, einzelne der Kurztriebe zu Langtrieben auswachsen zu lassen. Die Lärche benadelt sich dadurch gewissermassen Anfang Juni zum zweiten Male.

Adventivknospen sind alle die im allgemeinen seltener auftretenden Knospenbildungen, die in ihrer ersten Anlage nicht in den Achseln der Blätter entstanden sind, sondern an anderen Punkten des Stengels, der Wurzel oder Blätter erst in späterem Alter des betreffenden Pflanzentheils neu entstehen, also zu den Axillarknospen „hinzukommen". Nur selten entstehen solche Adventivknospen oberirdisch an unverletzten Pflanzentheilen, während an den Wurzeln mancher Holzarten ganz regelmässig Knospen endogenen Ursprungs (Wurzelbrut) sich bilden. Dagegen gehört ihre Entstehung im Wundgewebe des Überwallungswulstes oder der Vernarbungsschicht zu den häufigen Erscheinungen. Sie entstehen hier nahe unter der Oberfläche im noch theilungsfähigen, callösen, parenchymatischen Gewebe, bilden ihren Gefässbündelkreis, der nach innen sich fortsetzend mit dem Holzkörper des Überwallungswulstes in Verbindung tritt.

Ganz ähnliche Entstehung zeigen die Adventivwurzeln, die endogen sowohl aus unverletzter Rinde, wie aus dem Wundgewebe hervorgehen können.

§ 27. Verwundungsarten im besonderen.

Bei der unendlichen Mannigfaltigkeit der Verwundungsarten kann es unsere Aufgabe nur sein, eine Reihe der allgemeiner interessanten Beschädigungen zu besprechen.

Entlaubung und Entnadelung.

Wenn durch Spätfrost oder durch Insekten die Belaubung eines Baumes verloren gegangen ist, so kann unter Umständen noch in demselben Jahre eine Neubelaubung erfolgen.

Die Laubhölzer verhalten sich in betreff der Wiederbegrünung weitaus günstiger als die Nadelhölzer und zwar vorzugsweise deshalb, weil sie in Holz, Rinde und Markgewebe einen grossen Vorrath vorgebildeter und aufgespeicherter Bildungsstoffe, die sogen. Reservestoffe, besitzen, welcher dann, wenn die erste Belaubung eines Jahres verloren gegangen ist, noch weitaus nicht so erschöpft ist, dass nicht alsbald nochmals eine wenn auch schwächere Belaubung wieder hergestellt werden könnte. Die Laubhölzer besitzen auch einen weit grösseren Vorrath an schlafenden Knospen, wie im allgemeinen die Nadelhölzer. Deshalb wird auch eine totale Entlaubung spätestens im nächsten Frühjahre durch Wiederbegrünung gut gemacht. Ganz anders verhalten sich betreffs der Wiederbegrünung die Nadelhölzer.

Bei jungen mannshohen Fichten, die ich im April völlig entnadeln liess, entwickelten sich die neuen Triebe des Jahres nur etwa zu einem Drittheil ihrer Grösse, womit bewiesen ist, dass der Reservestoffvorrath nicht weiter reichte und dass unter normalen Verhältnissen die Assimilationsthätigkeit der älteren Nadeln die Bildungsstoffe produciren muss, die zur vollen Ausbildung der neuen Triebe und Nadeln erforderlich sind.

Die Folgen einer vollständigen Entnadelung sind nun ganz verschieden, je nach der Jahreszeit, in welcher die Entnadelung eintritt.

Beim Kiefernspannerfrasse[1]) werden solche Kiefern, die noch bis Ende September gut benadelt waren und erst im Oktober kahl gefressen werden, im nächsten Jahre wieder ergrünen und sich erholen, da die Triebe und Knospen nicht allein völlig ausgebildet waren, sondern auch schon einen grösseren Vorrath an Reservestoffen abgelagert enthielten, vermöge dessen im nächsten Frühjahre wenn auch nur relativ kurze Triebe entstehen.

Tritt die Entnadelung schon im Monat August ein, dann kann auf Wiederbegrünung nicht gerechnet werden, da die entnadelten Triebe meist selbst etwas beknabbert und abgestorben sind. Entnadelung im Monat September kann die Wiederbegrünung im nächsten Jahre wohl noch ermöglichen, wenn bisher die Benadelung intakt d. h. der Frass ein erster Frass war und die Triebe schon Zeit hatten, sich völlig zu entwickeln und Reservestoffe in sich aufzuspeichern. In der Regel tritt aber frühzeitige Entnadelung bei Spannerfrass nur dann ein, wenn derselbe Bestand im Jahre zuvor schon mehr oder weniger stark durchfressen war. In diesem Falle ist September-Entnadelung meist tödtlich. Wird ein vom Spanner entnadelter Bestand im nächsten Jahre nochmals entnadelt, dann ist er mit Sicherheit verloren. Es fehlt der Kiefer an genügenden Reservestoffen und an Reserveknospen, eine völlige Entnadelung zu überwinden. Es ist überdies noch bemerkenswerth, dass im Jahre nach der Entnadelung auch die sich wieder begrünenden Bäume fast völlig zuwachslos bleiben und dadurch der Käfergefahr in hohem Grade anheimfallen.

Bei der Fichte ist die Entnadelung durch die Nonne[2]) am meisten zu befürchten. Sie tritt nämlich immer erst dann ein, wenn die Reservevorräthe in den Zweigen bei der Ausbildung der neuen Maitriebe grossentheils erschöpft sind. Nach der Entnadelung entwickeln sich zahllose schlafende Knospen am Grunde der getödteten Maitriebe oder auch an älteren Zweigen. Einzelne der so entstandenen dicken

---

[1]) R. H., das Absterben der Kiefer nach Spannerfrass, Forstl.-naturw. Z. IV, Oktober 1895.

R. H., Über das Verhalten der vom Spanner entnadelten Kiefern im Sommer 1895. Forstl.-naturw. Z., Februar 1896.

R. H., Folgen des 1895er Spannerfrasses im Nürnberger Reichswalde, Forstl.-naturw. Z. V, August 1896.

[2]) R. H., Das Erkranken und Absterben der Fichte nach der Entnadelung durch die Nonne, Forstl.-naturw. Z. I, Heft 1, 2, 3. 1892.

R. H., Überblick über die Folgen des Nonnenfrasses für die Gesundheit der Fichte, Forstl.-naturw. Z. II, Heft 9. 1883.

Knospen entwickeln sich auch wohl zu kurzen Ersatztrieben mit dicht stehenden Nadeln (cf. Fig. 261). Damit sind dann aber auch die letzten Vorräthe von Reservestoffen in den Zweigen erschöpft, zumal gleichzeitig die Ausbildung des neuen Holzmantels an den noch vorhandenen Bildungsstoffvorräthen gezehrt hat. Der Baum geht an Erschöpfung zu Grunde. Bei völlig entnadelten Fichtenbeständen veranlasst dann die Überhitzung des Cambiummantels im Juli des nächsten Jahres, dass der Schaft schnell abstirbt.

Bei allen Nadelholzbäumen, welche nicht vollständig entnadelt sind, sondern einen Theil der grünen Krone behalten haben, tritt in den Folgejahren die Gefahr ein, von Insekten und parasitären Pilzen befallen zu werden.

Die in den verkleinerten Kronen erzeugten Bildungsstoffe reichen nämlich oft nicht aus, um den ganzen Schaft mit Zuwachs zu versorgen. Der Baum wächst dann nur in den oberen Theilen; Wurzel, Wurzelstock und unterer Stammtheil bleiben funktionslos und erhalten nun eine merkwürdige Disposition für Parasiten, über welche ich schon Seite 9 gesprochen habe.

Schälen des Wildes.[1]

Das Rothwild schält meist nur Nadelholzbäume, seltener auch Laubholz, z. B. Rothbuchen; wogegen das Damwild die meisten, vielleicht alle unsere Waldbäume schält, wenn auch einzelne Holzarten, z. B. die Esche, bevorzugt werden. Auch Rehe, Hasen und Kaninchen schälen gelegentlich. Das „Fegen“ der Rehe besteht dagegen bekanntlich im Abreiben der Rinde jüngerer Pflanzen mit dem soeben ausgebildeten Gehörne.

Im Winter schält das Wild aus Noth und wahrscheinlich auch aus Kalkhunger, indem es die mehlreichen und kalkhaltigen Rinden glattrindiger Bäume abknabbert, im Sommer, zur Zeit, in der die Rinde sich leicht loslöst, erfolgt mehr ein Losreissen grösserer Rindenlappen oft bis zu beträchtlicher Höhe hinauf. Die Ansichten über das Motiv des Sommerschälens sind getheilt. Am wahrscheinlichsten ist, dass der reiche Zuckergehalt der Rinde dem Wilde eine angenehme Leckerei ist. Es ist von anderer Seite auf den Gerbstoffgehalt der Rinde hingewiesen und die Vermuthung ausgesprochen,

---

[1] R. H., Schälwunden durch Rothwild: Zersetzungsersch., S. 67 ff. 1878.

dass in ihm dem Wilde ein wichtiges Arzneimittel für die Verdauung sich darbiete.

Endlich sprechen die günstigen Ergebnisse der Wildfütterung mit phosphorsaurem Kalk für die Annahme, dass in der That Kalkhunger das Wild zum Schälen veranlasst. Versuche mit Futterknochenmehl und Holfeld'schem Pulver im kgl. bayerischen Leibgehege Ramsau haben ergeben, dass nicht allein die Schälbeschädigungen aufhörten, sondern auch die Geweihbildung und Körperentwicklung des Wildes in hohem Grade gefördert wurde.

Fichte und Weisstanne sind der Gefahr des Schälens am längsten ausgesetzt, weil ihre Rinde in Brusthöhe lange Zeit glatt

Fig. 262.

Fichtenstammquerschnitt mit drei Wild-
schälwunden. $^1/_2$ Natürl. Gr.

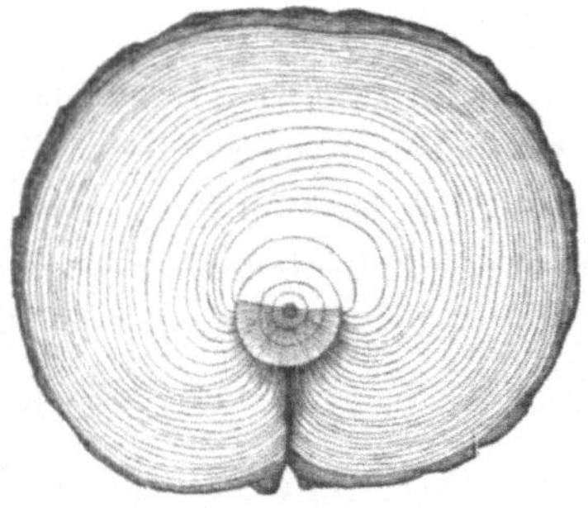

Fig. 263.

Kiefernstammquerschnitt   mit
überwallter Rothwildschälwunde,
die nach 24 Jahren noch nicht
völlig geschlossen ist.
$^1/_3$ Natürl. Gr.

bleibt und erst in späterem Alter Borkebildung zeigt. Bei ihnen wiederholt sich deshalb auch oft nach mehrjährigen Zwischenräumen die Verwundung (Fig. 262), und kann man nicht selten Stämme finden, welche bis fünfmal in verschiedenen Altersstadien geschält wurden.

Kiefer und Lärche sind nur in einem kurzen Zeitraume dem Schälen ausgesetzt, zumal die Kiefer, da frühzeitig Borkebildung bei ihnen eintritt (Fig. 263). Bei der Kiefer werden nur die 3- bis 5jährigen Schafttheile geschält. Die jüngeren Triebe sind durch ihre Benade-lung die älteren Schaftheile durch ihre trockene Borke vor dem Schälen geschützt.

Der Schaden, welcher durch das Schälen veranlasst wird, ist verschieden nach Holzart, Jahreszeit und nach der Ausdehnung der

Wunde. Die harzreiche Kiefer leidet sehr wenig, wenn nicht etwa die Schälung rings um den Stamm herum erfolgt, so dass eine Ringwunde entsteht. Die blossgelegten Holztheile vertrocknen und füllen sich mit Terpentin und Harz so reichlich an, dass dadurch weitere Zersetzung verhindert und das Vertrocknen der inneren Theile verlangsamt wird. Dagegen schliesst sich die Wunde sehr schwer, da die frühzeitig eintretende Borkebildung das Verwachsen der Überwallungswülste verhindert.

Die Fichte ist dagegen weit empfindlicher gegen das Schälen, nicht allein weil dasselbe bei ihr erst in späterem Alter beginnt und weit grössere Wundflächen entstehen, sondern vor allem deshalb, weil die Wunde nicht in dem Maasse verkient wie bei der Kiefer. Das Winterschälen ist weniger nachtheilig als das Sommerschälen, weil einestheils die Verwundung weniger gross zu sein pflegt, weil anderentheils bis zu der Zeit, wo höhere Wärmegrade die Entstehung der Wundfäule oder das Keimen parasitischer Pilze befördern, die Verharzung der Wundfläche zu erfolgen pflegt.

Dringen Parasiten ein, dann verbreitet sich die Zersetzung schnell nach allen Richtungen und hat die Zerstörung des Baumes zur Folge. Andernfalls beschränkt sich die Wundfäule darauf, den inneren Holzkörper zu bräunen, ohne dass die in den Jahren nach der Verwundung entstandenen Holztheile angegriffen würden. Bleibt die Wunde lange offen, dann kann sich die Wundfäule sehr ausdehnen. In der Regel erstreckt sie sich aufwärts im Baume nur wenige Meter, so dass bei dieser Art von „Rothfäule" der Stamm nach Entfernung einiger Scheitlängen gesund ist. Dass bei eintretendem Schneedruck an den Schälwundstellen die geringste Widerstandskraft sich findet, dort also am ehesten Bruch erfolgt, ist leicht erklärlich.

Schälwunden der Mäuse.

Besonders die Waldmaus, Mus silvaticus, und die Feldmaus, Arvicola arvalis, schädigen die jüngeren Bäume durch Benagen der Rinde während des Winters. Insbesondere leiden Buchenschonungen oft in hohem Grade. Lässt man die beschädigten Pflanzen stehen, so entwickeln sich die meisten derselben im Frühjahre scheinbar völlig normal, da ja der Holzkörper die Saftleitung nach oben noch zu verrichten im Stande ist. Im Laufe des Sommers vertrocknet der blossgelegte Holzkörper von aussen nach innen fortschreitend, es tritt auch noch Wundfäule hinzu, und mit dem Verluste der Saftleitungsfähigkeit der beschädigten Stelle über dem Wurzelstocke vertrocknet die Pflanze, wenn die Rinde durch das Benagen im ganzen Umfange des Stämmchens entfernt ist. Wenn man die benagten Pflanzen über dem Boden zu spät

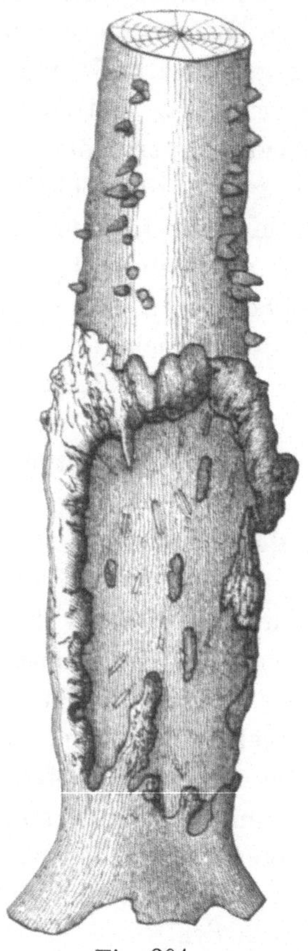

abschneidet, so pflegt kein Ausschlag mehr zu erfolgen. Wenn man dagegen vor Laubausbruch die Schonungen durchsuchen und die beschädigten Pflanzen über dem Boden abschneiden lässt, dann erfolgt unter der Beihilfe der noch in den Wurzeln vorhandenen Reservestoffvorräthe ein kräftiger Ausschlag, der in kurzer Zeit den Schaden nahezu verschwinden lässt. Stärkere Pflanzen erhalten sich wohl mehrere Jahre am Leben und zeigen selbst Adventivwurzelbildung über der Ringwunde, wie an dem Fig. 264 dargestellten Exemplare.

Fig. 264.

Rothbuche, von Mäusen über dem Wurzelstocke grossentheils geschält. Auf der linken Seite ist eine Verbindung geblieben. Oberhalb der Wunde zahlreiche Adventivwurzeln aus unverletzter Rinde hervorkommend. $^1/_1$ Natürl. Gr.

Schälwunden[1]) durch Holzrücken, Viehtritt, Wagenräder etc.

Zu den häufigsten Verwundungen der Stämme am Wurzelanlaufe und an den flachstreichenden Wurzeln gehören die Abschälungen, welche beim Transport des Langholzes besonders an Bergabhängen erzeugt werden. Beim Schleifen der Stämme wird die Rinde am Fusse der stehenden Bäume, zumal wenn das Holzrücken an die Wege nach Eintritt der Saftzeit erfolgt, auf grossen Stellen abgeschält. Auf Viehtriften, Viehlagerstätten und auf Wegen werden die flachstreichenden Wurzeln mannigfach verletzt. Es dringt von solchen Stellen die Wundfäule bei der Fichte um so höher im Stamme aufwärts, je reichlicher die Bodenfeuchtigkeit zu der Wunde Zutritt findet (Taf. Fig. 6). Die mit Moos oder Humus bedeckten Wundstellen sind deshalb viel gefährlicher, als völlig frei liegende Stellen.

---

   [1]) R. H., Schälwunden durch Holzrücken, Baumschlag etc. Zersetzungsersch. 1878. S. 72ff.

Die meisten braunen (rothfaulen) Stellen, die auf den Abhiebs-
flächen der Fichtenstämme zu sehen und nach dem Abschneiden einer
oder zweier Scheitlängen vom unteren Stammende verschwunden sind,
entstammen solchen Wurzel- oder Wurzelstockverwundungen (Fig. 265 c).
Gelangt das Mycel von Agaricus melleus in solche Wurzelwunden,
dann rückt die Fäulniss weit schneller vor, und der Stamm kann im
unteren Theile ganz ausfaulen.

Siedeln sich an einer solchen Wundstelle Waldamei-
sen, Formica herculeana
oder ligniperda, an, dann
fressen diese ihre Gänge oft
hoch in dem gesunden Stamme
aufwärts, höhlen den Stamm aus
und veranlassen die schnelle
Zersetzung des Holzstammes.

Menschenhand ruft ab-
sichtlich oder unabsichtlich die
mannigfachsten Schälwunden
hervor, so z. B. bei Einzeichnung
von Figuren oder Schrift-
zeichen. Werden diese un-
mittelbar in die Rinde eingegraben, so besitzt die Schäl-
wunde die Gestalt der Figur,
welche sich auch nach der Überwallung noch viele Jahrzehnte
durch die Begrenzung der alten
Rinde gegen die Neubildung

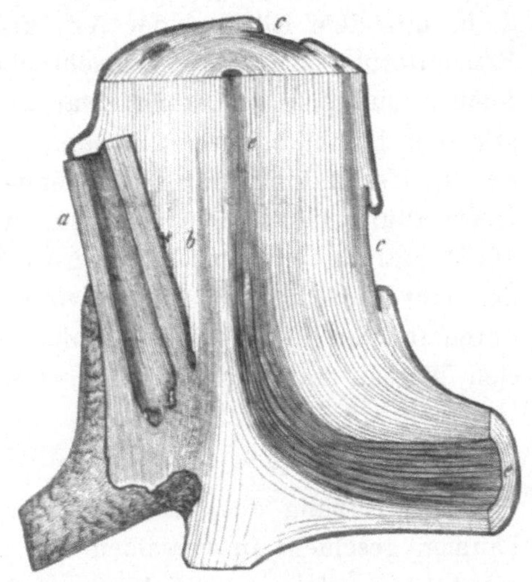

Fig. 265.
Fichtenstock von einem Zwilling.
Der eine Stamm *a* ist in der Durchforstung
abgehauen, inzwischen verfault, und die
Wundfäule steigt bei *b* in dem gesunden
Stamme aufwärts. Bei *cc* sind Schälwunden
durch Holzschleifen, und bei *e* steigt die
Wundfäule einer beschädigten Wurzel im
Stamme aufwärts. $^1/_{10}$ Natürl. Gr.

erhält. Wurde dagegen zunächst eine grössere Holzfläche von Rinde
entblösst und die Figur in den Holzkörper eingegraben, dann verschwindet sie mit dem Schluss der Wunde. Es erhält sich nur die
Grenze der alten Rinde gegen die zuvor abgeschälte Stelle.

Das Besteigen der Bäume mit Steigeisen veranlasst vielfache
Verwundungen. Beim Gewinnen der Kiefernzapfen und der Fichten-
hackstreu entstehen sie am häufigsten.

Quetschwunden.

Bei der Baumfällung im geschlossenen Bestande kommt es oft vor, dass der stürzende Stamm oder ein Ast desselben die Nachbarbäume trifft, deren Rinde streift und quetscht (Baumschlag). Bei Ästungen quetscht die oberste Sprosse der angelegten Leiter die Rinde, bei Insektenvertilgungen wurden früher oftmals die Bäume geprällt, d. h. mit dem Rücken der Axt kräftig getroffen, damit infolge der Erschütterung die Raupen erschrecken und abfallen sollten. Infolge solcher Quetschungen stirbt zwar die Rinde ab und der Zuwachs hört auf der beschädigten Stelle auf, aber die Rinde erhält sich lange Zeit in Verbindung mit der lebenden, nicht verletzten Rinde. Eine Überwallung kann nicht erfolgen, weil ja die Wachsthumssteigerung am Wundrande nur bei aufgehobenem Rindendruck erfolgt. Unter der erst nach vielen Jahren völlig verwesenden todten Rinde, die durch ihr Zusammentrocknen hier und da Risse bekommt, sammelt sich Wasser und fördert die Entstehung der Wundfäule.

Verwundungen bei der Harznutzung.[1]

Die Nutzung des Terpentins resp. Harzes bei den Nadelholzwaldbäumen geschieht in verschiedener Weise. Bei der Weisstanne beschränkt sie sich auf die Nutzung des Öles, welches sich in den bis zu Taubeneigrösse anwachsenden Rindenbeulen ansammelt (Strassburger Terpentin).

Bei der Lärche bohrt man umfangreiche Löcher in den Stamm, spundet diese zu und gewinnt so das aus den senkrecht im Holzstamm verlaufenden Harzgängen nach unten ausfliessende „Venetianische Terpentinöl". Bei der Schwarzkiefer wird der Rindenkörper in ziemlicher Breite vom Stamme abgelöst und das den Markstrahlharzgängen reichlich ausströmende Terpentinöl theils in einer unterhalb der Wundfläche in den Holzstamm eingehauenen Pfanne gesammelt, theils nach der Verharzung von der Wundfläche abgescharrt. Da bald der blossgelegte Holzkörper völlig verkient, die Markstrahlgänge durch Verharzung verstopft werden, so werden successive immer höher liegende Stammtheile geschält.

Bei der Fichte werden Rindenstreifen von 2—4 cm Breite in senkrechter Richtung von etwa 2 m Höhe bis zum Fusse des Stammes

---

[1] R. H., Verwundungen durch Harznutzung in Zersetzungsersch. 1878. S. 73.

vom Holze abgelöst, und zwar an schwächeren Bäumen nur auf einer Seite; mit zunehmender Dicke des Baumes erfolgt die Harznutzung später auf vier Seiten (Fig. 266, 267).

Wenn das Harz genutzt wird, dann schneidet man an beiden Seiten der Lachte den seit der letzten Nutzung entstandenen Überwallungswulst ab und öffnet dadurch neue Harzkanäle, aus denen wiederum Harz auszuströmen vermag.

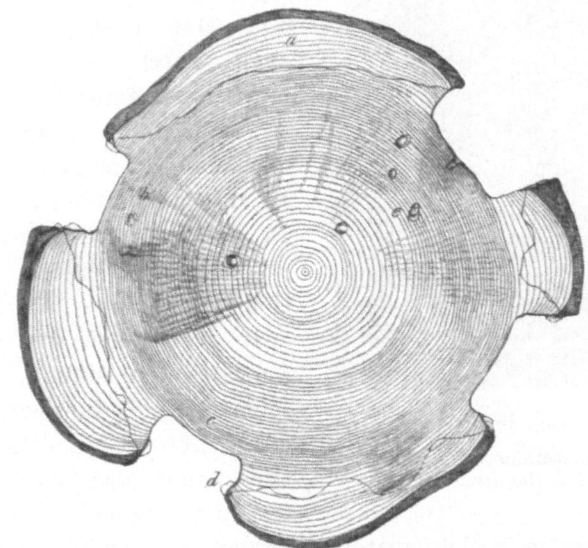

Fig. 266.

Durchschnitt eines Fichtenstammes, der an vier Seiten seit 10—15 Jahren geharzt ist. Die zwischen den vier Lachten ausserhalb der Grenzlinie gelegenen Splinttheile a sind allein wasserleitend. Das Holz innerhalb der beiden oberen Lachten b ist stark wundfaul, während die beiden anderen Lachten c gesundes Holz zeigen. Zahlreiche Sirexgänge e gehen von den oberen Lachten aus.
$^1/_5$ Natürl. Gr.

Der blossgelegte Körper trocknet im Laufe der Jahre aus, und es treten Zersetzungserscheinungen ein, welche dadurch sehr befördert werden, dass Sirex-Larven von den Wundstellen aus tief in den Holzstamm eindringen und das Tagewasser durch sie in das Innere des Baumes gelangt. Die Wundfäule dringt oft hoch in den Baum empor und entwerthet die Stämme so sehr, dass in geharzten Beständen die Nutzholzausbeute von 70 auf 20—30 $^0/_0$ herabsinken kann. Eine Zuwachsverminderung der geharzten Stämme ist bisher nicht nachgewiesen und von vornherein nicht wahrscheinlich, da ja der Terpentin

kein für das Wachsthum des Baumes verwendbarer Stoff ist. Durch
Harzentziehung wird dagegen der Werth des Holzes selbst sehr beeinträchtigt, weil die Güte desselben
in hohem Maasse vom Harzgehalt
bedingt wird.

Fig. 267.
Zwei Fichtenstammstücke mit alten
Harzlachten.

Ringwunden,

welche oftmals durch Wildschälen
und Mäusefrass entstehen, aber
auch durch Menschenhand hier
und da ausgeführt werden, wenn
es sich darum handelt, in gemischten Beständen edlere Holzarten gegen dominirende Nachbaren
zu schützen, zeigen nicht immer
den gleichen Einfluss auf den geringelten Stamm. Es ist bekannt,
dass durch eine den Umfang des
Stammes umfassende, wenn auch
schmale Entrindung die Ernährung
des Cambiums unter der Ringwunde
und damit das Dickenwachsthum
daselbst aufgehoben wird. Da der
Holzstamm seine Saftleitungsfähigkeit nach oben auch in dem geringelten Theile bewahrt, so bleibt derselbe in der Regel noch mehrere
Jahre am Leben.

Bäume, welche keinen Kern besitzen, deren Holzkörper durchweg
mehr oder minder leitungsfähig bleibt, erhalten sich in der Regel am
längsten lebend, weil der blossgelegte Holzstamm von aussen nach
innen erst völlig abgestorben sein muss, bevor die Krone aus Mangel
an Wasserzufuhr abstirbt. So können sich z. B. Linden und Ahorne
bei einiger Dicke ausserordentlich lange am Leben erhalten, wenn
sie auch ringsherum auf ziemliche Breite entrindet sind. Es ist natürlich, dass die Schnelligkeit des Austrocknens eines entrindeten Holzstammes sowohl von der Dicke des Baumes als auch von äusseren
Umständen abhängig ist. Im Luftzuge und bei direkter Besonnung
vertocknen sie schneller als im Bestandesschlusse. Bäume, welche
Kernholz bilden, sterben infolge der Ringelung früher ab, d. h. sobald
als der leitende Splint von aussen nach innen abgestorben ist. Robi-

nien vertrocknen deshalb oft in sehr kurzer Zeit, Bäume mit breitem Splinte erhalten sich eine Reihe von Jahren am Leben.

Das ist besonders dann der Fall, wenn die äusseren Ringe durch Verharzung das Vertrocknen der inneren Splintringe verzögern. Bei einer breit geringelten Kiefer war die Leitungsfähigkeit des Splintes nach 18 Jahren nach der Ringelung noch nicht völlig aufgehoben.[1] Das Austrocknen des leitenden Holzkörpers ist aber nicht allein entscheidend für die Lebensdauer eines geringelten Baumes. Es kommt vielmehr auch die Ernährung der Wurzel dabei in Frage. Nach der Ringelung hört das Wurzelwachsthum auf, und es entstehen keine neuen Saugwurzeln und Wurzelhaare. Die Aufnahme des Wassers wird dadurch im hohen Grade beeinträchtigt, und es kann infolgedessen der Baum vertrocknen, wenn auch der Transport des Wassers nach oben noch nicht unmöglich gemacht ist. Wenn dagegen durch Wurzelverwachsungen mit Nachbarbäumen die Ernährung und das Wachsthum den Wurzeln der geringelten Bäume erhalten bleibt, so kann der geringelte Baum längere Zeit am Leben bleiben.

Ästung.[2]

Der natürliche Ausästungsprocess der Bäume wird durch Beschattung und infolge davon durch eintretende Funktionslosigkeit der Zweige, welche den Tod derselben nach sich zieht, herbeigeführt. Die absterbenden Zweige und Äste werden durch saprophytische Pilze mehr oder weniger schnell zersetzt.

Die Schnelligkeit der Zersetzung und des Abfalles der Äste ist in hohem Grade bedingt durch die Beschaffenheit ihres Holzes. Nur aus Splintholz bestehende Zweige der Laubbäume fallen früher ab als solche mit Kernholz; die Kiefer reinigt sich weit früher als die Fichte und Tanne, weil die unterdrückten Zweige junger Kiefern aus lockerem, breitringigem Holze bestehen, während sich Tannen- und Fichtenzweige durch zähes, festes, widerstandsfähiges Holz auszeichnen. Die stärkeren, harzreichen und feinringigeren Äste aus den höheren Schafttheilen der Kiefer erhalten sich dagegen sehr lange und werden mehr oder weniger vom Stamme umwachsen. Das Einwachsen der todten Äste ist bei der Tanne und Fichte eine allgemeine Regel. Es

---

[1] R. H., Ein Ringelungsversuch. Forst- u. Jagd-Ztg. Nov. u. Dec. 1889.
[2] R. H., Trockenästung, Grünästung etc. in Zersetzungsersch. S. 68 ff., S. 133 ff., Taf. XI. 1878.

fallen an Brettern, wenn deren Holz beim Trocknen schwindet, die Hornäste heraus, da sie ausser organischer Verbindung mit den benachbarten Holzschichten stehen.

Das Einwachsen todter Äste würde viel allgemeiner stattfinden, wenn nicht die Eigenthümlichkeit bestände, dass dieselben nicht bis

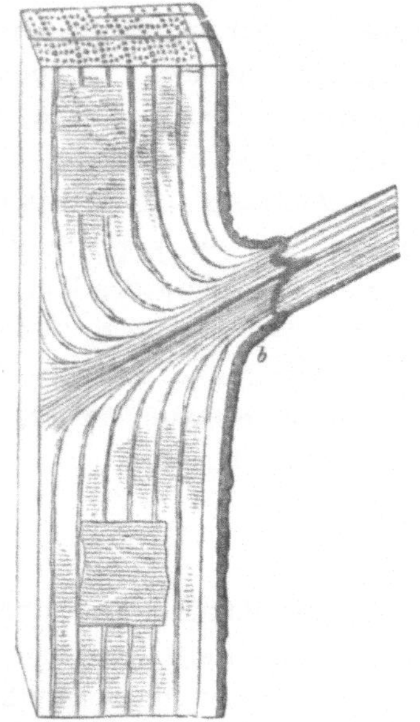

Fig. 268.

Durch den natürlichen Verdämmungsprocess abgestorbener Eichenzweig, dessen Basis *b* seitlich vom Hauptstamme ernährt wird.

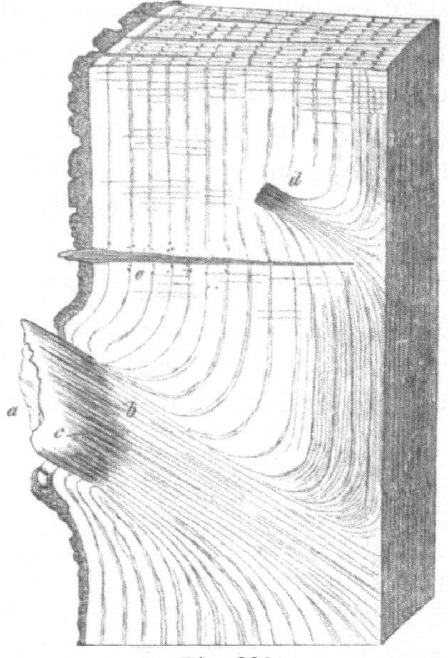

Fig. 269.

Durch natürlichen Verdämmungsprocess getödteter Eichenzweig nach dem Abfall desselben. Die ursprünglich hervorstehende am Leben erhaltene Zweigbasis *b* ist umwachsen, die schwarzbraune Grenze *c* zwischen dem lebenden und völlig zersetzten Holze *a* bleibt nach dem Überwallungsprocesse unverändert im Innern erhalten, wie dies Fig. *d* für einen kleinen Zweig zeigt. *e* zeigt den Knospenstamm eines schlafenden Auges.

zur Basis absterben, sondern diese sich immer auf einen und bei stärkeren Ästen oft bis auf 4 cm Länge am Leben erhalten (Fig. 268). — Die Zweigbasis wird vom Schafte aus ernährt, am Leben erhalten und zu eigenem Dickenwachsthum befähigt, und wenn dann nach einigen Jahren der Schaft des Baumes durch sein jährliches Dickenwachsthum um so viel an Durchmesser zugenommen hat, als die Länge der am Leben erhaltenen Astbasis betrug, dann ist inzwischen der todte Zweig so sehr zerstört, dass er durch Wind, Schneeanhang etc. abgestossen wird (Fig. 269).

Die Wunde schliesst sich und nur ein kleiner, schwarzbrauner Fleck bezeichnet auch für die Folge im Innern des Baumes den eingeschlossenen Zweigstutz.

Der Baum schützt sich durch die vorstehend besprochene Einrichtung gegen das Einwachsen todter Aststutzen. Nur bei stärkeren Ästen tritt das Abfallen oft erst so spät ein, dass auch ein Theil des todten, bei den Nadelhölzern verkienten, bei den Laubhölzern mehr oder weniger zersetzten Asttheiles einwächst. Fällt dann später der völlig zersetzte Ast ab, dann entsteht ein Astloch, welches nur theilweise von den Überwallungsschichten ausgefüllt wird und selbstredend die technische Brauchbarkeit des Baumes sehr beeinträchtigt (Fig. 270).

Es ist deshalb unter allen Umständen empfehlenswerth, die durch den natürlichen Unterdrückungsprocess zum Absterben gelangten grösseren Trockenäste beim Nadelholz und Laubholz möglichst rechtzeitig zu entfernen. Auf das Technische der Operation gehe ich nicht ein, nur bemerke ich, dass die Kosten selbstredend nur für solche Baumindividuen zu verausgaben sind, welche voraussichtlich als Nutzholzstämme Verwendung finden werden. Es unterliegt keinem Zweifel, dass mit fortschreitender Forstwirthschaft die Trockenästung in dieser Beschränkung allgemeinen Eingang finden wird. Der Einwand, die Ästung koste zu viel, hat jedenfalls nur dann Berechtigung, wenn nachgewiesen wird, dass die Werthdifferenz zwischen einem astreinen Sägeblock und einem ästigen Stamme nicht gleich komme den Ästungskosten nebst Zinsen.

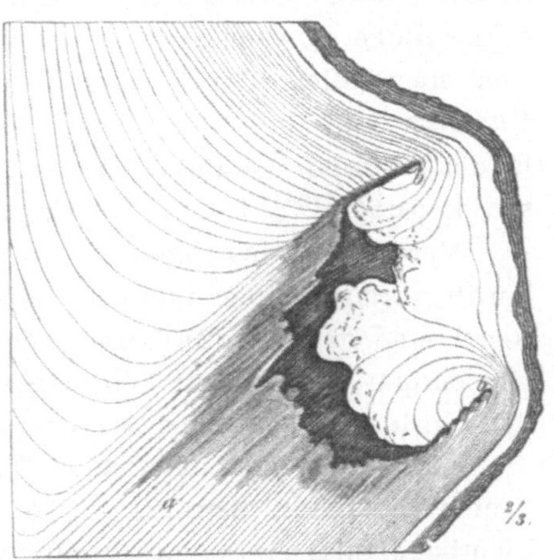

Fig. 270.
Überwallter todter und wundfauler Eichenast. $^2/_3$ Natürl. Gr.

Gehen wir nun zur Betrachtung der Grünästung über, worunter wir die Entnahme lebender, noch belaubter Äste oder Zweige verstehen, gleichviel, ob diese durch Menschenhand oder durch Sturm, Schneeanhang u. s. w. ausgeführt wird, so dürfte mit Ausnahme einiger näher zu bezeichnender Fälle immer ein Zuwachsverlust mit dieser Operation verbunden sein. Vermindert man die Summe der assimilirenden Organe, so wird auch für gewöhnlich die Summe der assimilirten Produkte abnehmen. Nur bei völlig frei erwachsenen Bäumen, die bis unten beastet sind und eine sehr grosse Blattmenge erzeugt haben, kann eine beschränkte Aufästung ohne Zuwachsverlust stattfinden, wie ich dies bestimmt nachgewiesen habe.[1]) An solchen Bäumen finden sich mehr Blätter, als nothwendig sind, um die von den Wurzeln zugeführten Nährstoffe, von deren Menge ja die Grösse des Zuwachses wesentlich bedingt wird, zu verarbeiten. Eine Verminderung der Laubmenge hat dann nur eine gesteigerte Assimilationsthätigkeit der verbleibenden Blätter zur Folge.

In der weitaus überwiegenden Zahl der Fälle, in welchen Ästungen in der Praxis vorkommen, wird mit denselben eine mehr oder weniger erkleckliche Zuwachsverminderung verbunden sein. Dieselbe äussert sich namentlich durch Verminderung des Zuwachses im unteren Baumtheile, und es kann bei weitgehender Ausästung der Zuwachs in den unteren Stammtheilen ganz aufhören, wie ich dies auch bei stark unterdrückten Bäumen nachgewiesen habe.

Man wird sich also bei der Ausführung der Ästungen immer darüber klar bleiben müssen, dass diese Operation an sich in der Regel eine das Wachsthum des Baumes schädigende ist, dass gewichtige Gründe zur Vornahme derselben vorliegen müssen, um den Verlust an Zuwachs verschmerzen zu lassen.

Als solche sind einerseits Formverbesserung des Baumschaftes behufs Erziehung astreiner Schäfte, anderseits Rücksichten auf das Lichtbedürfniss eines unterständigen Baumwuchses zu bezeichnen.

Will man behufs Gewinnung glattschäftiger Stämme sich nicht auf die Wegnahme einzelner Äste beschränken, sondern eine tiefer eingreifende Ausästung vornehmen, dann ist aber nicht bloss der Zuwachsverlust als solcher zu berücksichtigen, sondern es sind auch die indirekten Nachtheile dieser Zuwachsschwächung ins Auge zu fassen.

Zu diesen gehört zuerst die Verzögerung der Wundenheilung. Der Überwallungsprocess der Astwunden hängt selbstredend von der Zufuhr an Bildungsstoffen zum Cambium des Wundrandes, resp. des Überwallungswulstes in hohem Maasse ab. Eine sehr starke Ausästung wird den Überwallungsprocess und damit den Schluss der Wunde sehr beeinträchtigen. Es ist mit Rücksicht darauf in Er-

---

[1]) R. H., Das Holz der Rothbuche. Berlin, Springer, 1888.

wägung zu ziehen, ob nicht die Ästung bis zu der aus technischen Gründen festgestellten Schafthöhe lieber in zwei Malen unter Einschiebung einer mehrjährigen Pause stattfinden soll. Nimmt man zunächst die untere Hälfte der zu entfernenden Äste fort, dann ist die Verminderung der Bildungsstoffproduktion noch nicht sehr nachtheilig für die Überwallung, und in einigen Jahren können die Astwunden geschlossen sein. Wiederholt man dann die Operation, so hat sich durch kräftigere Entwicklung der oberen Krone der Verlust an Blättern einigermassen ausgeglichen, und auch die neuen Astwunden werden sich schneller schliessen, als sie gethan haben würden, wenn die ganze Operation mit einem Male ausgeführt worden wäre.

Durch eine solche Theilung verhindert man auch weit besser die Entstehung allzu zahlreicher Stammausschläge.

Die Ausschläge entstehen theils aus adventiven Knospen des Überwallungswulstes des Wundrandes, theils aus schlafenden Augen, und zwar vornehmlich solchen, die der bereits eingewachsenen Basis des abgeschnittenen Astes selbst angehören.

An aufgeschneidelten Fichten entstehen die zahlreichen, scheinbar aus der Rinde des Hauptstammes hervorkommenden Ausschläge, vorwiegend durch kräftige Entwicklung der schwächlichen, dünnen Kurztriebe, die am Grunde der Äste schon im einjährigen Alter entstanden und mit der Verdickung des Hauptstammes eingewachsen sind. Eine zweifellose Adventivknospenbildung vermochte ich nicht nachzuweisen.

Wird bei der Grünästung ein Aststutz (Stummel) ohne eigene Belaubung am Stamme belassen, dann stirbt derselbe wie bei dem natürlichen Ausästungsprocesse bis auf eine geringe, wenige Centimeter lange Basis ab. Der Überwallungsprocess wird dadurch entweder unmöglich gemacht oder doch so sehr erschwert und so weit hinausgeschoben, dass inzwischen der todte Aststummel völlig verfault.

Wäre der Aststutz bis zur Basis entrindet worden, dann wären die Bedingungen der Überwallung schon günstigere, und der Ast würde vom Grunde aus leichter überwachsen werden, als das möglich ist unter der mit dem Tode des Aststutzes vertrocknenden Rinde. In Fig. 271 habe ich den Überwallungsvorgang eines starken Aststummels dargestellt und zur Klarlegung des Vorganges die Borke vor der Zeichnung grösstentheils entfernt. Die Rinde des todten Aststutzes drückt fest auf den Holzkörper, und die bereits bis über die Hälfte desselben vorgerückte Neubildung a, b ist nur dadurch zu Stande gekommen, dass diese durch ihr Dickenwachsthum die todte Borke gleichsam wie ein Keil von dem todten Holze abspaltet und dass der dünne, anfangs gefässlose Rand der lebenden Gewebsschichten in den dadurch entstehenden Raum hineinwächst. Rückt die Neubildung nicht gleichmässig vor, was besonders dann der Fall ist, wenn eine unregelmässige Bruchfläche überwächst (Fig. 271 oben ××), dann entstehen die bekannten maserwüchsigen Astknollen.

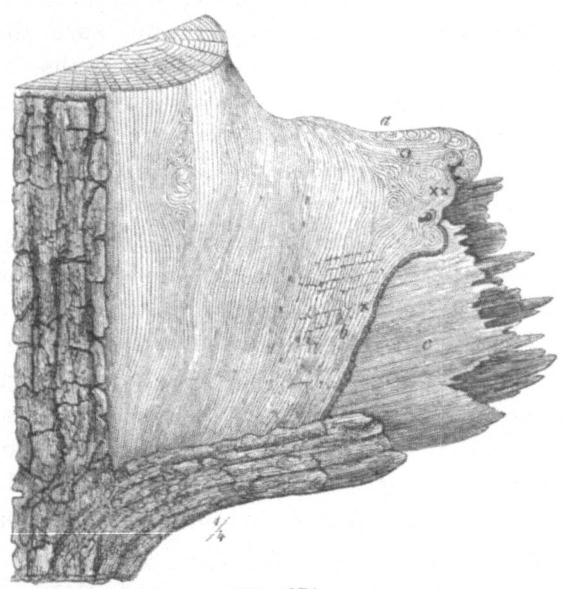

Fig. 271.

Abgebrochener Eichenast, welcher unter der nachträglich entfernten starken Rinde langsam von unten auf überwallt. Die Neubildung zeigt bei *a* maserartige Unregelmässigkeiten, bei *b* rückt sie gleichmässig mit dünnem, gefässlosem Rande vor. *c* ist der todte Holzkörper. $^1/_4$ Natürl. Gr.

Ein funktionsloser Aststutz ist ein Hinderniss der Heilung, und gilt deshalb die allgemein anerkannte Regel, bei der Ästung möglichst nahe am Stamme und parallel mit diesem den Schnitt zu führen.

Die Überwallung erfolgt dann aus den zuvor entwickelten Gründen und zwar am lebhaftesten in der Regel von den Seiten aus. Die Rinde ist hier am leichtesten abzuheben, leichter wie am oberen oder unteren Rande (Fig. 272). Der obere ist aber noch sehr bevorzugt gegenüber dem unteren Wundrande, da ersterem die Bildungsstoffe bei ihrer Wanderung von oben nach unten direkt zugeführt werden, am unteren Wundrande dagegen gleichsam ein todter Winkel entsteht, der nur sehr spärlich mit Bildungsstoffen versorgt wird.

Ein weit wichtigeres Moment zur Erklärung der Thatsache, dass die Wunde unten sehr schlecht zu überwallen pflegt, ist der Umstand, dass hier in der Regel der Rindenkörper vom Holzkörper bei der Operation der Ästung losgedrückt wird. Zur Zeit der cambialen Thätigkeit ist diese Loslösung ganz unvermeidlich und wird schon durch die Reibung des Sägeblattes erklärlich, sie wird aber besonders dadurch bewirkt, dass der sinkende Ast, nachdem er zuvor von

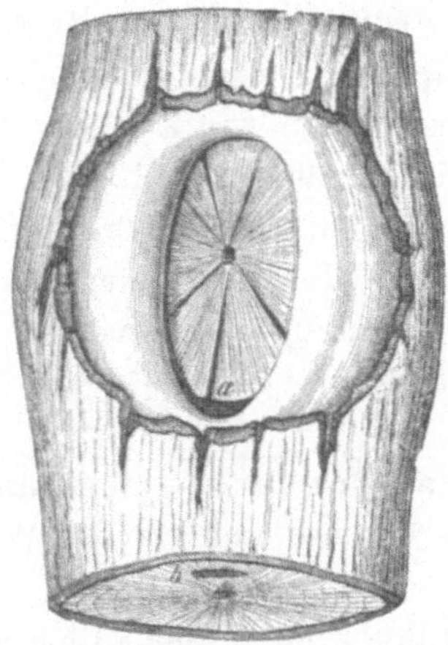

Fig. 272.
Halb überwallte Eichenastwunde.

Fig. 273.

Unterer Astwundrand, ein Jahr nach der Ästung. Der beim Sinken des Astes gequetschte Rindenkörper a stirbt bis b ab, von wo dann erst die Neubildung c beginnt und die Rinde nachträglich vom Holze abdrängt. Natürl. Gr.

unten eingeschnitten war, damit die Rinde des Stammes nicht vom Aste abgerissen werde, auf den unteren Wundrand einen gewaltigen Druck ausübt. Die Rinde des unteren Wundrandes bildet den Drehpunkt des sich senkenden Astes, und das Cambium erleidet an dieser Stelle eine tödtliche Quetschung und Zerreissung, was allerdings in der Regel nicht sogleich erkannt wird. Dasselbe stirbt auf ein oder mehrere Centimeter Entfernung vom unteren Wundrande ab, und die Neubildung, d. h. der Callus bildet sich nicht am Wundrande, sondern unter der Rinde verborgen in grösserer Entfernung davon (Fig. 273). Dadurch aber wird der anfänglich noch fest aufliegende Rindenkörper vom Holze abgedrängt, und es entsteht unterhalb der Wunde ein Raum zwischen Holz und todter Rinde, in welchem das von der Wundfläche abfliessende Wasser wie in einer Senkgrube sich ansammelt.

In diesen Raum gelangen auch alle die Organismen, die durch das Regenwasser von der Schnittfläche abgespült wurden. Hier ist der geeignetste Raum für die Keimung parasitischer Pilze, von hier aus sinkt, durch Vermittlung der Markstrahlen nach innen geleitet, das Wasser mit den darin gelösten Zersetzungsprodukten in das Holz. Dieser Raum ist eine Senkgrube im eigentlichen Sinne des Wortes und zugleich der Angriffspunkt der Pilze. Hat man auch unmittelbar nach der Ästung die Wundfläche mit Theer bestrichen, so bleibt doch diese Stelle unbeschützt, denn sie entsteht ja erst später, wenn der Rindenkörper durch die Neubildung vom Holze abgedrängt wird. Sie bildet somit gleichsam die Achillesferse der Astwunde.

Sie zu vermeiden muss die Hauptaufgabe der Ästung sein, sie kann aber nur vermieden werden, wenn man zur Zeit der Vegetationsruhe, d. h. im Herbst und Winter, ästet, weil dann die Lostrennung der Rinde vom Holz am wenigsten leicht erfolgt. Wenn man dann noch die Vorsicht anwendet, den Ast beim Absägen zu unterstützen und im Momente der Lostrennung etwas von der Wundfläche abzustossen, dann ist die Gefahr auf das geringste Mass beschränkt.

Die Schnelligkeit des Überwallungsprocesses hängt ganz und gar von der Zuwachsgrösse des Baumes und von der Wundengrösse ab.

Junge Bäume mit relativ breiten Jahresringen überwallen schneller als alte Bäume, und diese um so schneller, je höher am Stamm die Wunde sich findet, da die Jahrringbreiten mit seltenen Ausnahmen von unten nach oben zunehmen. Ebenso selbstverständlich ist es, dass auf gutem Standorte die Heilung sich schneller vollzieht, als auf schlechtem. Bei Laubhölzern, insbesondere der Eiche, auf welche ich meine Untersuchungen bisher beschränkt habe, dürften Astwunden über 10—12 cm Durchmesser nicht zulässig sein.

Die Folgen der Ästung in Rücksicht auf die Gesundheit des Baumes hängen bei Laub- und Nadelholz in erster Linie von der Jahreszeit ab, in welcher die Operation ausgeführt worden ist.

Soweit meine Beobachtungen reichen, ist die Sommerästung bei der Fichte immer sehr gefährlich und hat fast immer eine schnell vorschreitende Wundfäule zur Folge; in den von mir untersuchten Fällen waren allerdings mit der Ästung immer Rindenbeschädigungen verbunden gewesen. Bei Winter- resp. Herbstästungen können diese vermieden werden, und da die Schnittflächen sich alsbald mit ausgepresstem Harz bekleiden, so bleibt die Wunde fast ganz [frei von Wundfäule. Nur an älteren Ästen tritt aus dem Kernholze kein Terpentin aus, und hier ist deshalb Infektion durch Parasiten leicht möglich.

Für Nadelhölzer scheint mir somit die Herbst- und Winterästung zulässig zu sein, wenn bei stärkeren Ästen, die ja nur sehr selten an

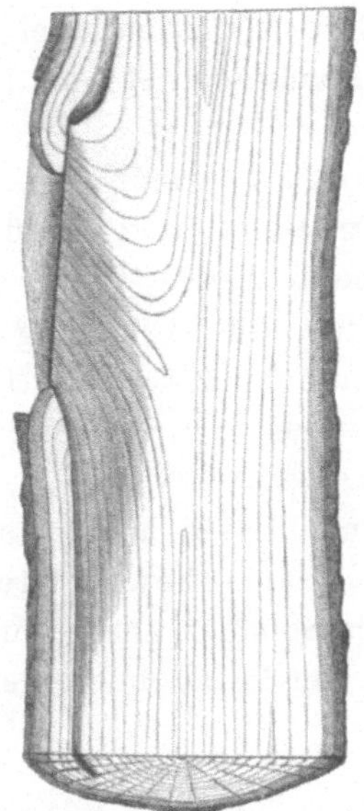

Fig. 274.

Eichenästung im Juli.
Die Wundfäule ist von der getheerten Wundfläche und unterhalb der Wunde weit in den
Stamm vorgedrungen. $^1/_3$ Nat.Gr.

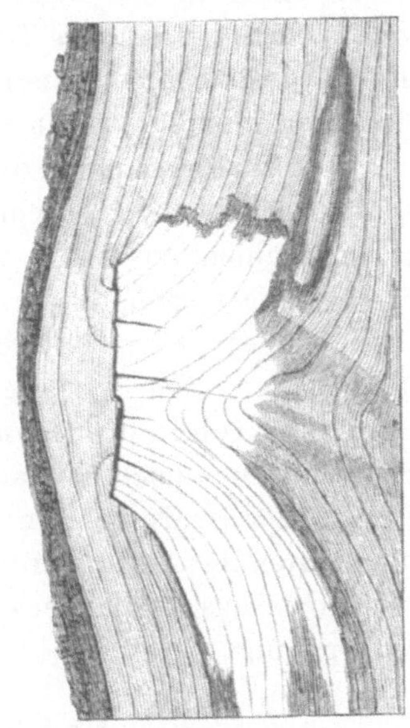

Fig. 275.

Überwallter Eichenast durch
Hydnum diversideus inficirt.
$^1/_2$ Natürl. Gr.

Nadelholzbäumen fortgenommen werden, noch Theerung der Wundfläche erfolgt.

Bei den Laubhölzern tritt dann, wenn die Wundfläche nicht getheert wird, zunächst eine Bräunung auf einige Centimeter Tiefe und in der Regel nach einigen Jahren Wundfäule auf, die mit dem Schlusse der Wunde aber nicht weiter schreitet (Fig. 274). Findet die Ästung zur Sommerzeit statt, dann tritt unterhalb des Wundrandes im letzten Jahresringe eine Bräunung durch Oxydation des Gerbstoffes hervor, die oft 4—5 m tief im Stamm abwärts sich erstreckt.

Das Unterlassen der Theerung steigert selbstredend auch die Ge-

fahr der Infektion durch parasitische Pilze, die aber auch in getheerte
Astwunden eindringen, wenn solche im Frühjahr oder Sommer
entstanden sind, weil sie dann unterhalb des unteren Wundrandes eindringen können (Fig. 275).

Die Theerung hat den gewünschten Erfolg nur dann, wenn die
Ästung im Spätherbste und Winter ausgeführt wurde, denn nur dann
dringt der Theer in die Wundfläche ein. Es scheint, dass einestheils
geringerer Wassergehalt des Holzes im Herbste, anderentheils die damit im Zusammenhang stehende negative Spannung der Luft im Baume
das Einsaugen des Theeres bewirkt.

Bei Frühjahrs- und Sommerästungen dringt einerseits der
Theer gar nicht ein, die Schnittfläche trocknet trotz oberflächlicher
dünner Theerschicht aus und bekommt Risse, in welche Wasser und Pilze
einzudringen vermögen, anderseits vereitelt die Abhebung der gequetschten Rinde von dem unteren Wundrande den Zweck der Theerung.

Es geht aus dem Gesagten hervor, dass man Laubhölzer am
zweckmässigsten in den Monaten Oktober, November, Decem-
ber (vielleicht auch noch Januar und Februar) ästet, und dass sofort
die Wunde mit Steinkohlentheer gut gestrichen werden muss.

Die meisten Ästungen wurden bisher im Sommer ausgeführt und es
erklärt sich daraus der immense Schaden, der insbesondere den Eichen
dadurch zugefügt worden ist.

Das Beschneiden

der jüngeren Pflanzen (Lohden oder Heister) unterscheidet sich
von der Ästung nur in Hinsicht der Zweigstärke und gilt das Meiste,
was dort gesagt wurde, auch für das Beschneiden. Es ist mithin
jedes Beschneiden ein Übel, das nur durch gewichtige Gründe
entschuldigt werden kann. Am ehesten ist das Beschneiden jüngerer
Pflanzen statthaft nach dem Versetzen derselben, wenn hierbei eine
bedeutende Verminderung der Wurzeln stattfinden musste. Im Frühjahre, so lange die ergrünenden Pflanzen noch wenig verdunsten,
reicht die Wurzelmenge wohl aus, im Sommer dagegen kann das geschwächte Wurzelvermögen ungenügend werden zur Ernährung der
ungeschwächten Krone, so dass diese ganz vertrocknet. Stellt man
durch Beschneiden, insbesondere durch Kürzung der längern Zweige,
von vornherein ein Gleichgewicht zwischen Wurzelmenge und Laubmenge her, dann ist diese Gefahr vermieden und die Pflanze ersetzt
den Verlust in kurzer Zeit.

Ein zweiter Grund des Schneidens ist Formverbesserung der Pflanzen im Pflanzgarten oder im Bestande.

Das Belassen knospenloser Zweigstutzen am Hauptschafte wird mit Recht getadelt; denn dieselben sterben ab, vertrocknen und werden bei schnellem Dickenwachsthum theilweise umwachsen oder ganz eingeschlossen.

Dass an Aststutzen und Astwunden zuweilen parasitische Pilze, insbesondere die Nektrien eindringen und krebsartig sich erweiternde Krankheiten erzeugen können, ist früher schon bemerkt.

Beseitigung der Fichtenzwillinge.

Die Fichte besitzt die Eigenthümlichkeit, bei einzelnem Stande im Pflanzkampe etwa mit dem dritten oder vierten Jahre einen doppelten Höhentrieb zu entwickeln. Anstatt eines Stammes erwächst ein Zwilling, und wenn in der ersten Durchforstung einer von den beiden Stämmen weggenommen wird, dann verhält sich dessen Basis genau wie ein Aststummel,

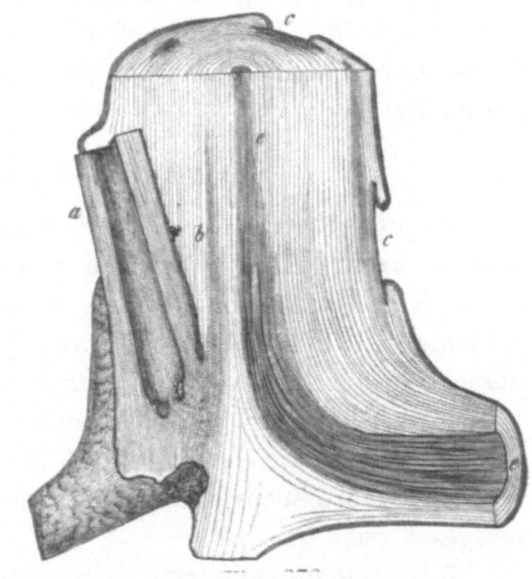

Fig. 276.

Fichtenstock von einem Zwilling.

Der eine Stamm *a* ist in der Durchforstung abgehauen, inzwischen verfault, und die Wundfäule steigt bei *b* in dem gesunden Stamme aufwärts. Bei *cc* sind Schälwunden durch Holzschleifen, und bei *e* steigt die Wundfäule einer beschädigten Wurzel im Stamme aufwärts. $^1/_{10}$ Natürl. Gr.

d. h. er stirbt ab und verfault (Fig. 276), während der andere Stamm ihn mehr oder weniger einschliesst. Die Wundfäule des abgehauenen Stammes überträgt sich leicht auf den anderen Stamm und steigt in diesem auf Stock- und Brusthöhe empor.

Will man diese Beschädigung vermeiden, dann entferne man schon in früher Jugend den zweiten Höhentrieb. In seltenen Fällen wiederholt sich die Zwillingsbildung auch in höherem Lebensalter und schädigt dadurch die technische Brauchbarkeit des Holzes. Diese doppelte Gipfelbildung dürfte aber nur bei sehr lichter Stellung und auch da nicht allzu häufig auftreten.

Geringeren Nachtheil hat die Entfernung derjenigen Fichtenstämme in der ersten Durchforstung, welche mit ihren Nachbarstämmen infolge dichten Standes am Wurzelstock verwachsen sind.

Insbesondere kommen solche Verwachsungen häufig in Beständen vor, welche aus der Büschelpflanzung hervorgegangen sind. Da bis zum 20. oder 30. Jahre, also der Zeit der ersten Durchforstung, die Verwachsung nur eine scheinbare zu sein pflegt, indem die Nachbarn noch durch ihre Rinde innerlich von einander getrennt sind, so wird durch den Abhieb des einen Stammes der Nachbar fast gar nicht geschädigt.

Stammabhieb über der Erde.

Werden Bäume über der Erdoberfläche abgeschnitten oder, wie man zu sagen pflegt, „auf den Stock gesetzt", dann treten mannigfache Reproduktionserscheinungen auf, die nach Holzart und Alter verschieden sind. Bei den Nadelholzbäumen erfolgt ein Stockausschlag durch schlafende Augen nur im jugendlichsten Alter der gemeinen Kiefer, in welchem noch die Blattachselknospen über den Primärblättern am Leben sind. Mit dem Eintritt der Borkebildung, also im ca. 5. Lebensjahre, gehen diese zu Grunde, und die Ausschlagsfähigkeit geht verloren.

Die dreinadeligen amerikanischen Kiefern, z. B. Pinus rigida, bewahren ihre Ausschlagsfähigkeit bis zu höherem Alter, indem sie theils im Quirl, theils zwischen demselben in der Mitte des Haupttriebes kurze Triebe entwickeln, die sich alljährlich entsprechend der Stammverdickung verlängern und nur wenige Nadelbüsche bilden. Von diesen geht ein reichlicher Stockausschlag aus. Die Reproduktionsfähigkeit der Nadelholzstöcke ist, von vorstehenden Fällen abgesehen, eine sehr beschränkte, und zwar deshalb, weil es an schlafenden Knospen fehlt, die zur Ausschlagbildung gelangen könnten. Auch ist die Fähigkeit der Adventivknospenbildung im Callus des Wundrandes eine sehr geringe, und nur in Überwallungswülsten von Weisstannenstöcken sah ich ausnahmsweise neue Knospen und Ausschläge entstehen. Dahingegen besitzen viele Stöcke zumal bei Weisstannen, Fichten, Lärchen, selten bei Kiefern, eine nach mehreren Decennien zählende Lebensdauer, während welcher sie am Wundrande der Abhiebsfläche einen mehr oder weniger lebhaften Überwallungsprocess zeigen, so dass die ganze Hiebfläche zuwachsen kann (Fig. 277). Wenn auch wahrscheinlich diese Stocküberwallung für gewöhnlich aus der Wurzelverwachsung des gefällten Stammes (Zehrstamm) mit

Wurzeln eines Nachbarstammes (Nährstamm) zu erklären ist, so bleibt doch immerhin der von Th. Hartig nachgewiesene Fall, in welchem ein Lärchenstock Überwallung zeigte, während eine Ernährung durch einen Nachbarstamm völlig ausgeschlossen war, weil jene Lärche auf einer grossen Waldblösse gestanden hatte, nur erklärbar durch die Annahme, dass die in den Wurzeln und im Wurzelstock vorhandenen Reservevorräthe erst im Laufe der Jahre aufgelöst und zur Ernährung des Cambiums verwendet werden.

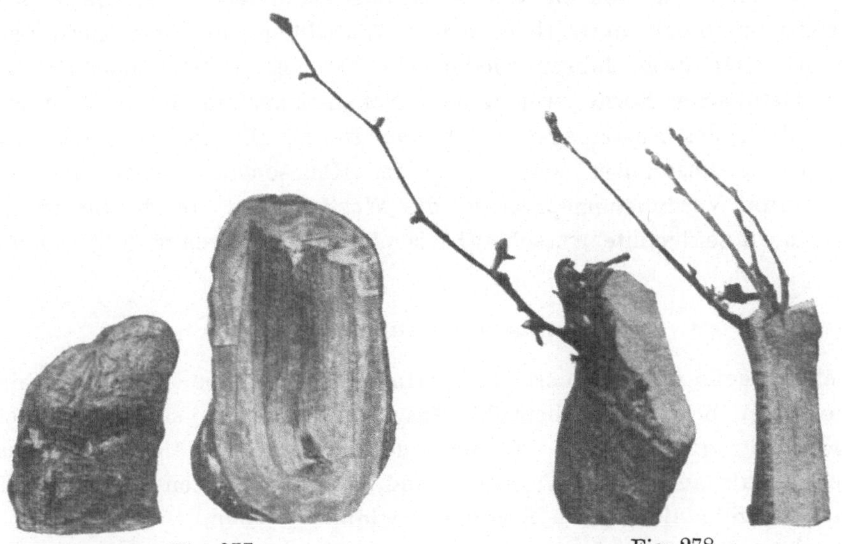

Fig. 277.

Zwei überwallte Tannenstöcke, von denen der eine (rechts) in der Mitte durchschnitten ist, so dass die Abhiebstelle und die Neubildung deutlich zu sehen ist.

Fig. 278.

Adventivknospenausschlag aus einjähr. Callus eines Buchenstockes. An der Figur rechts erkennt man an der Dunkelfärbung, wie weit der Mutterstock von der Hiebfläche aus schon getödtet ist.

Die Laubholzstöcke entwickeln, falls nicht Rinde und Cambium von der Hiebsfläche aus mehr oder weniger tief durch Vertrocknen des Holzes und durch Zersetzungsprocesse getödtet sind, im Jahre nach dem Hiebe einen Callus, aus welchem reiche Adventivknospenbildung hervortritt. Es können diese Adventivknospen oftmals kräftigen Stockausschlag liefern (Fig. 278), der sich aber nicht selbständig bewurzelt und unter der fortschreitenden Zersetzung des Mutterstockes zu leiden hat. Weit erwünschter und auch häufiger ist der Stockausschlag aus Präventivknospen. Je tiefer diese am

Stocke entspringen, um so besser ist es, da eine selbständige Bewurzelung derselben sehr erwünscht ist, um die neue Pflanze von der Gesundheit des Mutterstockes unabhängig zu machen. Deshalb haut man die Stöcke im Niederwaldbetriebe möglichst tief „aus der Pfanne", verkohlt im Eichenschälwaldbetriebe durch das „Überlandbrennen" den oberirdischen Stock, wobei die zu hoch entstandenen Ausschläge verloren gehen und die Entstehung tiefer Ausschläge befördert wird.

Da die Lebensdauer der schlafenden Augen eine beschränkte ist, so ist von alten Stöcken kein Ausschlag zu erwarten. Ältere Birken liefern am Stock anfänglich reichen Ausschlag, der aber meist nach einem oder zwei Jahren wieder abstirbt. Es erklärt sich dies aus der steinharten Borke, welche dem Dickenwachsthum der in ihr liegenden Basis des Ausschlages nicht nachgiebt. Die im Frühjahre entstandenen Ausschläge vertrocknen im Hochsommer, wenn dem gesteigerten Verdunstungsprocesse die Wasserzufuhr durch die in der Borke eingeklemmte Ausschlagbasis nicht schnell genug folgen kann.

Wurzelbeschädigungen,

welche theils durch Thiere, z. B. Mäuse, am meisten aber durch den Menschen beim Kulturbetriebe ausgeführt werden, sind stets nachtheilig für die Pflanzen. Es muss deshalb sowohl während des Aushebens, als auch beim Transport und beim Einpflanzen der Erhaltung der Wurzeln die grösste Sorgfalt gewidmet werden.

Ein Beschneiden der Wurzeln ist stets ein Übelstand, der nur in zwei Fällen nicht zu umgehen ist. Einmal dann, wenn Wurzeln beim Ausheben gequetscht, geknickt oder abgebrochen sind. Ein glatter Schnitt unmittelbar über der beschädigten Stelle fördert die Entstehung eines Überwallungswulstes und in diesem die Neubildung von Adventivwurzeln, er verhindert oder vermindert aber auch das Faulen der Wurzeln. Ausserdem ist ein Kürzen der Wurzeln nur noch zulässig, wenn die Kosten des Aushebens und Verpflanzens bei Konservirung des ganzen Wurzelsystems allzuhoch werden würden. Sehr viele Pflanzen leiden zudem weniger durch ein Kürzen der Wurzeln, als durch ein Umbiegen derselben beim Verpflanzen. Auch zur Erziehung stärkeren Pflanzenmaterials kann ein wiederholtes Kürzen der Wurzeln nothwendig werden, um dadurch zahlreiche Wurzeln in der Nähe des Wurzelstockes hervorzurufen und einen dichten Wurzelballen zu erzielen.

Stecklinge.

Das Anwachsen völlig entwurzelter Pflanzentheile, Stecklinge, Setzstangen u. s. w., sowie das fernere Gedeihen derselben hängt im wesentlichen davon ab, dass vor der Wiederherstellung einer reichen Bewurzelung die Verdunstung der Pflanze auf das geringste Mass beschränkt wird. Deshalb unterdrückt man die Laubentwicklung anfänglich dadurch, dass man die Stecklinge bis zur oberen Schnitt-fläche in den Erdboden steckt, so dass nur die oberste Knospe einen Ausschlag zu liefern vermag, oder man bringt die unbewurzelten Stecklinge in einen mit Feuchtigkeit gesättigten Luftraum, wie das die Gärtner insbesondere zu thun pflegen.

Veredelungsprocesse.

Es ist hier nicht der Ort, um auf das Technische der verschiedenen Operationen einzugehen, vermittelst deren man ein lebendes Reis oder eine Knospe auf ein anderes Pflanzenindividuum überträgt, vielmehr kann hier nur der inneren Vorgänge kurz gedacht werden, die hierbei vorkommen. Nehmen wir den Process der Ablactirung aus, bei welchem zwei nebeneinanderstehende Pflanzen an einer oder mehreren Stellen so miteinander verbunden werden, dass gleichgestaltete Schälwunden beider Pflanzen eng vereint werden und so lange mit einander verbunden bleiben, bis sie völlig untereinander verwachsen sind, so beruhen alle Veredelungsoperationen darauf, dass man einen mit Knospen versehenen wurzellosen Pflanzentheil, das sogenannte Edelreis, oder nur ein Rindenstück mit einer Knospe (Schild mit Auge) mit einer bewurzelten Pflanze, dem Wildlinge oder der Unterlage, so verbindet, dass einerseits Wasser und Nährstoffe durch die Verwachsungsstelle vom Wildling in das Edelreis und umgekehrt die Bildungsstoffe aus letzterem in die Unterlage übertreten können.

Die Operation gelingt in der Regel nur dann, wenn einerseits der Wildling schon oder noch in cambialer Thätigkeit sich befindet, so dass von dem aus dem Cambium hervorgehenden callösen Gewebe sofort die Verwachsung mit der Cambialregion des Edelreises ausgehen kann, wenn anderseits das Edelreis oder Auge bei der Operation sich noch im Ruhezustande befindet. Es erfordert nämlich die Verwachsung eine gewisse Zeit. Entwickelt sich vor Eintritt der Verwachsung das Edelreis, oder sind gar die Knospen desselben bei der Operation schon geschwollen, so vertrocknet dasselbe infolge der Verdunstung

der jungen Blätter, bevor es aus dem Wildlinge den Wasserbedarf
zu beziehen vermag. Deshalb schneidet man die Pfropfreiser schon
im Februar und bewahrt sie so auf, dass ihre Vegetation möglichst
zurückgehalten wird und noch ruht, wenn der Wildling bereits ergrünt ist. Das Okuliren findet bekanntlich meist im Sommer statt,
nachdem bereits die neuen Blattachselknospen sich gebildet haben,
die dann mit dem Wildlinge vereinigt werden, dessen Cambialschicht
noch im Zustande der Zelltheilungsthätigkeit ist.

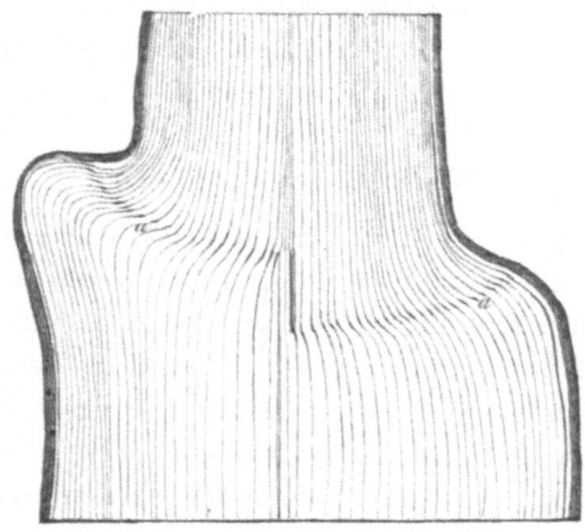

Fig. 279.

Querschnitt durch eine Veredelungsstelle von Sorbus Aria auf
Sorbus Aucuparia. Die Grenze zwischen der langsamwüch-
sigen Aria und der schnellwüchsigen Aucuparia aa wird als
innere Demarkationslinie bezeichnet. $^1/_4$ Natürl. Gr.

Man vereint Edelreis und Wildling so, dass die Cambialschicht
beider in möglichst innige Berührung tritt, dass aber auch zwischen den
Holzschnittflächen kein grösserer Zwischenraum verbleibt. Die Verwachsung ist eine zweifach verschiedene, indem nicht nur die Cambial-
schichten, resp. die aus denselben hervorgehenden callösen Gewebe
sondern auch die Holzschnittflächen unter einander verwachsen.

Das Markstrahlparenchym und wohl auch das Strangparenchym
des Holzes wird zu neuer Zelltheilung befähigt und bildet ein Ver-
bindungsgewebe oder intermediäres Gewebe, welches den Raum
zwischen den beiden Schnittflächen vollständig ausfüllt.

Ist die Operation geglückt und das Edelreis angewachsen, dann
wird dasselbe in der Folge durch den von den Wurzeln des Wildlinges aus dem Boden aufgenommenen rohen Nahrungssaft ernährt.

Die im Edelreis erzeugten Bildungsstoffe anderseits ernähren das
Cambium des Edelreises und des Wildlinges. Selbstredend erzeugen
die Cambialzellen des Edelreises neue Organe derselben Art, ebenso
erzeugt das Cambium des Wildlinges auch die charakteristischen Organe
des Wildlinges. Die im Edelreis erzeugten Bildungsstoffe repräsen-
tiren eine beiden Pflanzenformen
verdauliche Nahrung, und ebenso,
wie die Kuhmilch nicht nur zur
Ernährung des Kalbes, sondern
auch eines Menschenkindes dienen
kann, ohne dass letzteres deshalb
die Eigenschaften der Kuh annimmt, ebenso ernährt sich der
Wildling von den Bildungsstoffen
des Edelreises, ohne dessen Eigenschaften anzunehmen. Ist den
Cambialzellen des Wildlinges eine
grössere Theilungsgeschwindigkeit
als dem Cambium des Edelreises
eigen, dann verdickt sich in der
Folge die Unterlage mehr und umgekehrt. Die äussere Grenzlinie,
in welcher der schnell und der
langsam wachsende Stammtheil zusammenstossen, die oft auch durch
die Verschiedenheit der Rinde und
Borke gekennzeichnet wird, wird
die äussere Demarkationslinie
genannt; dieser entspricht selbstredend eine innere Demarkationslinie, in welcher das oft
auch verschieden gefärbte Holz des
Wildlinges und Edelreises aneinander grenzt (Fig. 279 u. 280). Es

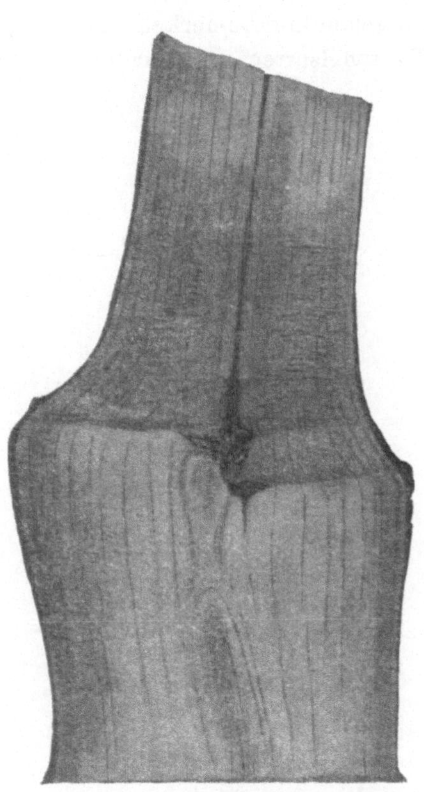

Fig. 280.

Veredelungsstelle von Acer etriatum
auf Acer platanoides. Das röthliche
Holz der ersteren Art grenzt sich deutlich vom weissen Holze der letzteren ab.

sind übrigens viele Fälle bekannt, in denen eine Beeinflussung des
Edelreises auf die Unterlage angenommen werden muss. Man hat
z. B. bei panachirten Edelreisern beobachtet, dass dann, wenn am
grünblättrigen Wildlinge nachträglich Ausschläge entstehen, diese in
einzelnen Fällen ebenfalls Panachirung zeigen. Man muss hieraus

wohl folgern, dass die in den panachirten Blättern des Edelreises erzeugten Bildungsstoffe eine chemische Eigenthümlichkeit besitzen, welche
auch auf die Cambialzellen des Wildlinges einen solchen Einfluss ausübt, dass die Blätter der neuen Triebe bunt werden. Auf die neuerdings in einzelnen Fällen beobachtete noch tiefer eingreifende Beeinflussung des Wildlinges durch das Edelreis will ich hier nicht weiter
eingehen und bemerken, dass es gelang, durch Pfropfung verschiedener
Kartoffelsorten auf einander hybride Formen zu erziehen.

Verzeichniss

der in dem Lehrbuche beschriebenen Krankheiten nach den
Wirthspflanzen geordnet.

Abies.

Die Keimlinge in den Saatbeeten verfaulen oder vertrocknen: Phytophthora
omnivora 42.

Die jungen Pflanzen vertrocknen und zeigen eine Einschnürung über der Erde
am Stengel: Pestalozzia Hartigii 112.

Dieselben zeigen ein Verfaulen der jungen Triebe: Sclerotinia Fuckeliana 101.

Dieselben werden von braunen Pilzwucherungen überwachsen: Thelephora laciniata 27.

Die jungen Triebe sterben ab: Phoma abietina 108.

Die jungen Nadeln zeigen unterseits säulenförmige Äcidien: Calyptospora Goeppertiana 138, Aecidium pseudocolumnare 158, Pucciniastrum Epilobii 141.

Die jungen Nadeln zeigen unterseits längliche Caeomalager: Caeoma Abietis pecti-
natae 157.

Die jungen Nadeln haben rundlichen Durchschnitt, sind gelbgrün und zeigen
zahlreiche Äcidien: Aecidium elatinum 152.

Die älteren Nadeln sind gebräunt und zeigen unterseits einen langen schwarzen
Wulst auf der Mittelrippe: Lophodermium nervisequium 90.

Die älteren Nadeln sind braun und hängen an Mycelfäden am Zweig angeheftet
nach abwärts herab: Trichosphaeria parasitica 58.

Die älteren Nadeln zeigen braune Spitzen: Rauchvergiftungen 251.

Nadeln und Zweige sind von schwarzem Russ überzogen: Apiosporium pinophilum 53.

Die Zweige sind reich verästelt und wachsen negativ geotropisch: Hexenbesen,
Aecidium elatinum 152.

Die Zweige oder Stämme sind lokal verdickt: Aecidium elatinum 152.

Die Zweige oder Stammtheile mit Mistelbüscheln: Viscum album 18.

Das Holz mit zahlreichen Löchern: Viscum album 18.

Die Zweige und Äste mit örtlich abgestorbener Rinde, auf welcher viele kleine
schwarze Knöllchen: Phoma abietina 108.

Äste und Stammtheile mit abgestorbenen Rindestellen, auf denen schüsselförmige
Pilzfrüchte sich entwickelt haben: Corticium amorphum.

Der Stamm zeigt buckelige oder hufförmige grosse Fruchtkörper, das Holz ist
weissfaul: Polyporus Hartigii 173.

Der Stamm zeigt grossporige, meist hufförmige Fruchtkörper. Das Holz ist rothfaul mit vielen kleinen Löchern: Trametes Pini 169.

Der Stamm zeigt unter der Rinde weisse Mycelkörper, das Holz ist weissfaul. Aus der Rinde kommen im Herbste viele hutförmige Fruchtträger hervor: Agaricus melleus 188.

Der Stamm zeigt keine Mycelbildungen, das Holz ist faul, zerfällt in Blätter, zeigt tangential verlaufende Höhlungen. Hutförmige goldgelbe Fruchtträger treten stellenweise hervor: Agaricus adiposus 194.

Die Wurzel stirbt ab und zeigt viel fädiges Mycel und Rhizoctonien, welche die Erde an den Wurzeln festhalten: Rhizina undulata 106.

Die Wurzel stirbt ab, zeigt weisse Mycelbildung in der Rinde und Rhizomorphen: Agaricus melleus 188.

Die Wurzel stirbt ab, zeigt nur sehr schwache Mycelbildung und weisse, amorphe, meist krustenförmige Fruchtkörper: Trametes radiciperda 164.

Die Rinde zeigt kürzere oder längere Risse: Frostrisse 213.

Die Rinde zeigt mannigfache rundliche, schriftförmige oder längliche Verletzungen: Blitzspuren 236.

Acer.

Die Keimlinge zeigen schwarze Flecke auf den Blättern und am Stengel oder verfaulen ganz: Cercospora acerina 119.

Die jungen Pflanzen zeigen über der Erde eine Einschnürung und sterben ab: Pestalozzia Hartigii ?? 112.

Die Blätter bekommen im Hochsommer und Herbste grosse schwarze Flecken: Rhytisma acerinum 98.

Die Blätter bekommen im Herbste gruppenweiss schwarze Flecke: Rhytisma punctatum 99.

Die Blätter besetzen weisse schimmelartige Flecken und Überzüge: Uncinula Aceris 56.

Die einjährigen Zweige des Feldahorns sterben im Frühjahre bis nahe der Basis ab: Septogloeum Hartigianum 114.

Zweige und Rindenstellen sterben ab und entwickeln zuerst zinnoberfarbige, später tiefrothe Häufchen und Kugeln: Nectria cinnabarina 83.

Der Stamm wird krank, zeigt weissfaules Holz und grosse, seitlich gestielte Fruchtkörper: Polyporus squamosus 184.

Der Stamm wird krank, zeigt weissfaules Holz, welches im Dunkeln leuchtet und viele Rhizomorphen in der Rinde: Agaricus melleus 188.

Der Stamm wird krank, zeigt röthliches Holz mit weissen, radial verlaufenden Gängen. Aus der Rinde kommen oft zahlreiche, dachziegelig übereinander stehende, grosse, innerlich weisse konsolenförmige Fruchtkörper hervor: Polyporus connatus 184.

Die Rinde zeigt längliche oder rundliche Verletzungen: Blitzbeschädigungen 236.

Aesculus.

Die Zweige sterben oft plötzlich im Sommer ab. Aus der Rinde treten später rothe Pilzkörperchen hervor: Nectria cinnabarina 83.

Der Stamm erkrankt, zeigt weissfaules Holz. Aus der Rinde kommen grosse, einseitig gestielte Fruchtkörper hervor: Polyporus squamosus 184.

Alnus.

Die Blätter zeigen blasige Auftreibungen: Exoascus Tosquinetii 52.

Die Früchte bilden Sclerotien: Sclerotinia Alni 100.

Die Zäpfchenschuppen zeigen lockige Auswüchse: Exoascus Alni incanae 50.

Die Zweige der Alpenerle sterben ab und entwickeln in der Rinde zahlreiche
  kleine schwarze Perithecien: Valsa oxystoma 77.
Die Zweige wachsen zu wenig verästelten Hexenbesen aus: Exoascus epiphyllus 50.
Der Stamm wird krank, das Holz zeigt Weissfäule. Aus der Rinde kommen
  braune, harte, hufförmige Fruchtkörper: Polyporus igniarius 179.

Asparagus.

Die Blätter und Stengel zeigen gelbliche und dunkle Pilzpolster: Puccinia
  Asparagi 131.

Avena.

Die Blätter und Halme zeigen röthliche und schwarzbraune meist längliche Pilzpolster: Puccinia graminis, P. coronata, P. Rubigo-vera 129.
Alle Blüthentheile werden zerstört und enthalten ein lockeres schwarzes Sporenpulver: Ustilago Avenae 122.

Berberis.

Die Blätter zeigen goldgelbe Polster mit Äcidien: Puccinia graminis 129.
An den Wurzeln wachsen phanerogame Parasiten: Orobanche lucorum 18.
Die Zweige sind in Hexenbesen mit goldgelben fleischigen Blättern umgewandelt:
  Aecidium graveolens 159.

Betula.

Die Zweige der Betula verrucosa werden zu Hexenbesen: Exoascus turgidus 50.
Die Zweige der Betula pubescens werden zu Hexenbesen: Exoascus betulinus 52.
Die Früchte sind in Sclerotien umgewandelt: Sclerotinia Betulae 100.
Die Blätter zeigen gelbe Rostflecken oder dunkle Pilzpolster: Melampsora betu-
  lina 138.
Der Stamm stirbt ab, das Holz zeigt Rothfäule. Aus der Rinde brechen grosse,
  unten weisse hufförmige Konsolen hervor: Polyporus betulinus 184.
Der Stamm stirbt ab, das Holz wird weissfaul. Aus der Rinde kommen braune,
  krustenförmige Früchte: Polyporus laevigatus 184.

Brassica.

Blätter, Blüthen und Triebe zeigen Deformationen und weissen Pilzüberzug:
  Cystopus candidus 47.
Die Wurzeln zeigen Geschwülste und Auswüchse: Plasmodiophora Brassicae 208.

Carpinus.

Die Blätter zeigen gelbe Pilzhäufchen oder braune Pilzpolster: Melampsora Car-
  pini 138.
Die Zweige bilden Hexenbesen: Exoascus Carpini 50.
Die Zweige sterben im Sommer ab: Phoma sordida 110.
Die Zweige und Stämme mit Krebsbildungen: Nectria ditissima 80.

Castanea.

Auf den Zweigen befinden sich sommergrüne Misteln: Loranthus europaeus 23.
Der Stamm wird krank, das Holz zeigt Rothfäule mit kräftiger Mycelbildung. Aus
  der Rinde treten schwefelgelbe Fruchtkörper hervor: Polyporus sulphureus 178.

Chamaecyparis.

Einzelne Zweige zeigen Einschnürung, oberhalb welcher sie absterben: Pestalozzia funerea 114.

Colchicum.

Die Blätter zeigen längliche Lager schwarzen Sporenpulvers: Urocystis Colchici 125.

Corylus.

Die Zweige oder Äste mit Krebsbildungen: Nectria ditissima 80.

Crataegus.

Die Blätter zeigen rothe Anschwellung mit Äcidien: Gymnosporangium clavariaeforme 150.

Cytisus.

Die Rinde der Zweige bekommt braune Flecke, auf denen schwarze Kugeln entstehen: Cucurbitaria Laburni 71.

Euphorbia.

Die ganze Pflanze mit den Blättern ist deformirt. Blätter klein, gelblich mit vielen Äcidien: Uromyces Pisi 129.

Fagus.

Die Bucheckern verschimmeln in Winterlagen: Mucor Mucedo 41.

Die Keimlinge bekommen dunkle Flecke, verfaulen oder vertrocknen: Phytophthora omnivora 42.

Die jungen Pflanzen zeigen Einschnürung des Stengels über der Erde und vertrocknen: Pestalozzia Hartigii 112.

Die jungen Pflanzen werden von braunen Pilzwucherungen überwachsen: Thelephora laciniata 27.

Die Blätter zeigen weisse schimmelartige Flecke und sterben vorzeitig: Phyllactinia guttata 56.

Die Zweige sterben oft mitten im Sommer ab und zeigen schwarze Rindenflecke: Nectria ditissima 80.

Der Stamm zeigt krebsige Stellen: Nectria ditissima 80.

Die Rinde mit weissem, wolligem Überzuge: Coccus Fagi 83.

Die Rinde der Zweige platzt in längliche Gallenbildungen auf: Lachnus exsiccator 82.

Die Rinde zeigt pockenartige Narben: Coccus Fagi 83.

Das Holz zeigt Weissfäule. Die Fruchtträger sind unterseits gestachelt, gelbweiss: Hydnum diversidens 185.

Das Holz zeigt Weissfäule mit reicher Entwickelung von Mycel. Die grossen Fruchtkörper enthalten eine weiche braune Pilzmasse: Polyporus fomentarius 182.

Das Holz zeigt Weissfäule mit etwas gelblicher Farbe. Die Fruchtträger sind braun und hart: Polyporus igniarius 179.

Das Holz zeigt Weissfäule. Die Fruchtkörper gross seitlich gestielt, annuell, oberseits bräunlich, schuppig: Polyporus squamosus 184.

Das Holz wird faul. Die Fruchtkörper sehr gross, konsolenförmig, mit rothem Rande: Polyporus marginatus 185.

Die Wurzeln mit zahlreichen schwarzen Rhizomorphen: Agaricus melleus 188.

Der Stamm zeigt längliche Risse oder rundliche Wunden: Blitz 236.

Die Rinde stirbt auf der Südwestseite ab: Sonnenbrand 239.

Die Rinde stirbt im geschlossenen Bestande unten auf der Südwestseite ab: Sonnenrisse 230.
Faules Holz nimmt spangrüne Farbe an: Peziza aeruginosa 106.

Fraxinus.

Am Stamme kommen grosse, braune, konsolenförmige Fruchtkörper hervor: Poly-
porus hispidus 184.
Am Stamme kommen lang herablaufende Rinnen vor: Blitz 256.
Stamm und Zweige zeigen krebsartige Stellen: Nectria ditissima 80, Frostkrebs 225.

Helianthus.

Die Blätter zeigen gelbliche Sporenhaufen und dunkle Pilzpolster: Puccinia Helianthi 131.

Hordeum.

Die Blüthentheile sind zerstört und enthalten schwarzes Sporenpulver: Ustilago
Hordei 123.
Die Blätter und Halme zeigen längliche dunkle Pilzpolster: Puccinia graminis 129,
Pucc. coronata 130.   Pucc. Rubigo-vera 130.

Humulus.

Die Blätter sind von schwarzem Russthau überzogen: Capnodium salicinum 53.
Die Blätter zeigen Mehlthau und verkrüppeln: Sphaerotheca Castagnei 55.

Juglans.

Der Stamm zeigt schwefelgelbe grosse Fruchtkörper: Polyporus sulphureus 178.
Der Stamm zeigt grosse seitlich gestielte, oben bräunliche, beschuppte Fruchtkörper: Polyporus squamosus 184.

Juniperus.

Die Nadeln sterben ab und zeigen dunkle glänzende Fruchtpolster: Lophodermium
juniperinum 92.
Die Zweige und Nadeln werden von schwarzbraunem Mycel übersponnen: Her-
potrichia nigra 61.
Zweige zeigen an verdickten Stellen goldgelbe Gallertmassen: Gymnosporan-
gium 148.
Wurzeln und Wurzelstock in der Rinde mit Rhizomorphen: Agaricus melleus 188.
Wurzeln und Wurzelstock mit feinem weissen Mycel und weissen lederartigen
Fruchtkörpern: Trametes radiciperda 164.
Die Zweige zeigen Mistelpflanzen: Arceuthobium Oxycedri 23.

Larix.

Die Keimlinge verfaulen oder vertrocknen: Phytophthora omnivora 42, Fusoma
Pini 116.
Die jungen Pflanzen in Saat- und Pflanzbeeten bekommen braune Nadeln, die
abfallen: Allescheria Laricis 118.
Die Nadeln älterer Pflanzen zeigen im Mai gelbe Pilzpolster: Caeoma Laricis 135.
Die Nadeln werden braunfleckig und zeigen kleine schwarze Punkte: Sphaerella
laricina 71.
Die Nadeln werden braun und zeigen einzelne längliche Pilzpolster: Lophodermium
laricinum 92.
Die Nadeln eines Büschels werden sämmtlich braun und zeigen viele glänzend
schwarze Apothecien: Hypodermella Laricis 97.

Die **Rinde** stirbt ab und entwickelt Becherfrüchte auf Krebsstellen: Peziza Willkommii 101.

Die **Wurzel** stirbt ab und zeigt äusserlich reichlich fädiges Mycel. In der Nähe wachsen aus der Erde morchelartige Fruchtkörper: Rhizina undulata 106.

Die **Wurzel** stirbt ab, zeigt Harzausfluss und weisse, kräftige Mycelbildungen: Agaricus melleus 188.

Am **unteren Stengeltheile** wachsen violette Pilzüberzüge empor: Rhizoctonia violacea 67.

Der **Stamm** zeigt rothfaules Holz mit weissen Flecken. Braune Fruchtkörper an Aststellen: Trametes Pini 169.

Der **Stamm** besitzt rothfaules Holz mit üppigen Mycelbildungen. Fruchtkörper gross, schwefelgelb: Polyporus sulphureus 178.

Der **Stamm** besitzt rothfaules Holz mit üppigen Mycelbildungen. Fruchtkörper gross, weiss: Polyporus officinalis 179.

Malva.

Alle **Pflanzentheile** mit Sporenhäufchen und dunkeln Pilzpolstern: Puccinia Malvacearum 130.

Olea.

Die **Blätter** bekommen runde braune Flecken und fallen ab: Cycloconium oleaginum 118.

Die **Zweige** zeigen Gallenbildungen: Bakterienkrankheit 211.

Der **Stamm** zeigt Vertiefungen und Spaltungen. Das Holz wird weissfaul. Polyporus fulvus Oleae 181.

Persica.

Die **Blätter** zeigen Mehlthauschimmel: Sphaerotheca pannosa 55.

Die **Blätter** zeigen krankhafte Kräuselung: Exoascus deformans 52.

Die **Zweige** sterben ab. In der Rinde entwickeln sich später Perithecien: Valsa Prunastri 77.

Picea. Fichten.

Die **Keimlinge** verfaulen oder vertrocknen: Phytophthora omnivora 42, Fusoma Pini 116.

Die **jungen Pflanzen** zeigen Einschnürung am Stengel und sterben ab: Pestalozzia Hartigii 112.

Die **jungen Pflanzen** zeigen Röthung an den Triebspitzen. An den abgestorbenen Sporenaxen entwickeln sich kleine schwarze Pycniden: Septoria parasitica 110.

Die **jungen Pflanzen** werden von braunen Pilzwucherungen umwachsen: Thelephora laciniata 27.

Die **jungen Pflanzen** werden von braunen Pilzhyphen umsponnen: Herpotrichia nigra 61.

Junge Pflanzen sterben ab und zeigen an den Wurzeln Rhizoctonien: Rhizina undulata 106.

Junge Pflanzen zeigen am unteren Theile violette Pilzbildungen: Rhizoctonia violacea 67.

Die **Nadeln** zeigen goldgelbe Spitzen, Ringeln etc. und unterseits zwei orangegelbe Polster: Chrysomyxa Abietis 143.

Die **Nadeln** zeigen goldgelbe Färbung und zahlreiche Blasen mit Sporen gefüllt: Chrysomyxa Rhododendri 145, Ledi 146.

Die **Nadeln** werden rothbraun und zeigen unterseits glänzend schwarze Wülste: Lophodermium macrosporum 90.

Die Nadeln zeigen braune, trockene Spitzen: Rauchvergiftung 251.

Die Nadeln sterben am abgeschnittenen Zweige sehr schnell ab und zeigen rothe Spaltöffnungszellen: Rauchvergiftung 251.

Die Nadeln an den ganz jungen Trieben werden zäpfchenförmig, goldgelb und zeigen zahlreiche Äcidien: Aecidium coruscans 157.

Die Zapfen sperren, und jede Schuppe zeigt auf der Oberseite zahlreiche runde Kugeln: Aecidium strobilinum 156.

Die Zapfenschuppen besitzen auf der Unterseite je zwei grosse Äcidien: Aecidium conorum Piceae 157.

Gipfel oder Zweige sterben ab und zeigen am untersten Theile rothe Perithecien auf der Rinde: Nectria Cucurbitula 77.

Wurzel und Wurzelstock sterben ab und zeigen Harzausfluss sowie üppige Mycelbildungen: Agaricus melleus 188.

Wurzel und Wurzelstock sterben ab und zeigen weisse, korkartige Fruchtkörper: Trametes radiciperda 164.

Wurzel und Wurzelstock sterben ab und zeigen reichliches fädiges Mycel: Rhizina undulata 106.

Der Stamm ist faul. Das Holz zeigt weisse Flecke mit schwarzem Mittelpunkt: Trametes radiciperda 164.

Der Stamm zeigt Rothfäule mit weissen Flecken oder mit Höhlungen. An Aststellen kommen braune holzige Fruchtkörper hervor: Trametes Pini 169.

Der Stamm zeigt Weissfäule. Aus der Rinde kommen rundliche und konsolenförmige braune Fruchtkörper hervor: Polyporus Hartigii 173.

Der Stamm zeigt eine Weissfäule, bei welcher das Holz in kleine Würfel zerfällt. An Wunden kommen weisse Fruchtkörper hervor: Polyporus borealis 175.

Der Stamm zeigt Rothfäule, oft auch üppige, weisse Mycelstränge. Die Fruchtkörper sind weiss: Polyporus vaporarius 177.

Der Stamm zeigt Weissfäule und Leuchten des Holzes. Zwischen Rinde und Holz viele Rhizomorphen: Agaricus melleus 188.

Der Baum leidet durch Blitzschläge verschiedener Art: Blitz 236.

Die Benadelung wird sehr mangelhaft, das Lebensalter der Nadeln ein sehr kurzes: Rauchbeschädigung 251.

Todtes Holz wird rothfaul und zeigt kleine hut- und konsolenförmige Fruchtträger: Lencites 198.

Das Holz wird von Wundstellen aus dunkelbraun gefärbt und verfault: Wundfäule 276.

Gefälltes Holz wird in feuchter Luft bläulich: Ceratostoma piliferum 75.

Pinus.

Die Keimlinge verfaulen oder vertrocknen: Phytophthora omnivora 42, Fusoma Pini 116.

Ein- und mehrjährige Kiefern zeigen fleckige Nadeln und später kleine schwarze Pilzfrüchte: Lophodermium Pinastri 92.

Ein- und mehrjährige Kiefern schütten, ohne Pilzfrüchte: Kiefernschütte 92.

Junge Pflanzen werden von braunen Pilzwucherungen umwachsen: Thelephora laciniata 28.

Junge Pflanzen sterben ab und zeigen an den Wurzeln fädiges Mycel: Rhizina undulata 106.

Die Nadeln zeigen goldgelbe Blasen: Coleosporium Senecionis 141.

Die Nadeln sind braun und zeigen schwarze, glänzende Pilzpolster: Lophodermium Pinastri 92.

Die Nadeln der Weymouthskiefer sind gebräunt und zeigen glänzende Pilzpolster: Hypoderma brachysporum 97.

Die Nadeln der Schwarzkiefer werden braun und zeigen schwarze Pilzpolster: Lophodermium gilvum 91.

Die Nadeln und Triebe werden von schwarzem Mycel übersponnen und sterben ab: Herpotrichia nigra 61.

Junge Pflanzen und einjährige Triebe zeigen an der Rinde goldgelbe Stellen und später Wunden, Krümmungen oder Absterben: Melampsora pinitorqua 131.

Ältere Triebaxen zeigen Harzausfluss und goldgelbe Blasen: Peridermium Pini 159, Cronartium 146.

Die Rinde der Weymouthskiefer zeigt gelbe Blasen oder Harzausfluss: Cronartium ribicolum 146.

Die Nadeln werden im Frühjahr trocken und braun: Frostschütte 212, Trockenschütte 212.

Nadeln und Triebe vertrocknen im Sommer: Trockniss 212.

Die jungen Triebe krümmen sich oder sterben ab: Spätfrost 218.

Die Nadeln bekommen braune Spitzen und zeigen am Grunde Röthung: Rauchvergiftung 251.

Der Stamm zeigt Harzausfluss und Krebsbildung: Peridermium Pini 159.

Der Stamm hat braune Fruchtkörper an den Ästen. Das Holz ist rothfaul und zeigt Höhlungen: Trametes Pini 169.

Der Stamm zeigt rothfaules Holz, weisse Mycelstränge und weisse Fruchtkörper: Polyporus vaporarius 177.

Der Stamm zeigt rothfaules Holz von intensivem Terpentingeruch. Die Fruchtkörper sind rothbraun und von lockerem Gewebe: Polyporus sistotremoides 177.

Der Stamm stirbt ab, zeigt Rhizomorphen unter der Rinde, weissfaules Holz: Agaricus melleus 188.

Der Stamm stirbt ab, zeigt an dem Wurzelstock und den Wurzeln weisse, korkartige Fruchtkörper: Trametes radiciperda 164.

Wurzeln und Stamm sind getödtet, zeigen Harzausflüsse und Rhizomorphen: Agaricus melleus 188.

Wurzeln sind getödtet und zeigen weisse Pilzfruchtkörper: Trametes radiciperda 164.

Äste mit Mistelbüschen: Viscum album 18.

Äste sterben ab: Peridermium Pini 159.

Gefälltes Holz wird bläulich: Ceratostoma piliferum 75.

Pirus.

Die Blätter zeigen gelbe Polster mit Äcidien: Gymnosporangium 148.

Die Früchte des Apfelbaums zeigen braune Flecke: Fusicladium dendriticum 118.

Die Früchte des Birnbaumes zeigen braune Flecke: Fusicladium pirinum 118.

Zweige oder Stamm zeigen Krebsstellen: Nectria ditissima 80, Frostkrebs 225.

Der Stamm zeigt Weissfäule und harte braune Fruchtkörper: Polyporus igniarius 179.

Der Stamm zeigt braune, weiche, flache Hüte: Polyporus hispidus 184.

Der Stamm zeigt Rothfäule und entwickelt grosse, schwefelgelbe Fruchtkörper: Polyporus sulphureus 178.

Pisum.

Auf der Pflanze treten gelbliche Sporenhaufen und dunkle Pilzpolster auf: Uromyces Pisi 129.

Platanus.

Die **Blätter** zeigen besonders an den Rippen Erkrankungen: Gloeosporium nervisequium 112.

Populus.

Die **Blüthenkätzchen** besitzen vergrösserte, gelbe Fruchtkapseln: Taphrina
Johannsonii 52.

Die **Blätter** zeigen goldgelbe, blasige Erhöhungen: Taphrina aurea 52.

Die **Aspenblätter** zeigen goldgelbe Sporenhäufchen oder schwarzbraune Pilzpolster:
Melampsora pinitorqua 131.

Die **Schwarzpappelblätter** zeigen goldgelbe Sporenhäufchen oder schwarzbraune
Pilzpolster: Melampsora populina 135.

Der **Stamm** ist rothfaul und entwickelt schwefelgelbe grosse Fruchtkörper: Polyporus sulphureus 178.

Prunus.

Die **Blätter** der Pflaumen haben rothgelbe, verdickte Stellen: Polystigma rubrum 84.

Die **Blätter** der Traubenkirschen haben rothgelbe, verdickte Stellen: Polystigma
ochraceum 85.

Die **Früchte** der Pflaumen und Traubenkirschen bilden Taschen: Exoascus Pruni 49.

Die **Zweige** der Kirschen werden zu Hexenbesen: Exoascus Cerasi 52.

Die **Zweige** der Pflaumen werden zu Hexenbesen: Exoascus Insititiae 52.

Die **Blätter** der Aprikosen zeigen Mehlthau: Sphaerotheca pannosa 55.

Die **Blätter** der Kirschen sterben ab und bleiben über Winter am Baume hängen:
Gnomonia erythrostoma 75.

Die **Zweige** und **Äste** zeigen Krebsbildung: Nectria ditissima 80.

Der **Stamm** zeigt Rothfäule mit starker Mycelbildung. Die Fruchtkörper sind
schwefelgelb: Polyporus sulphureus 178.

Die **Zwetschenbäume** zeigen Weissfäule und harte, braune Fruchtkörper: Polyporus fulvus 181.

Die **Wurzeln** und der Wurzelstock sterben, zeigen Gummifluss und Rhizomorphen:
Agaricus melleus 188.

Pseudotsuja.

Die **jungen Triebe** sterben im Frühjahr ab: Sclerotinia Fuckeliana 101.

Die **Zweige** zeigen Einschnürungen, oberhalb deren sie absterben: Phoma pithya 109.

Die **Wurzeln** werden getödtet und zeigen weisse lederartige Fruchtkörper: Trametes radiciperda 164.

Der **Stamm** zeigt Rothfäule und braune, holzige Fruchtkörper: Trametes Pini 169.

Die **Zweige** bilden Hexenbesen: Arceuthobium Douglasii 23.

Quercus.

Die **Blätter** mit Mehlthauflecken: Phyllactinia suffulta 56.

Junge und **ältere Pflanzen** sterben ab und zeigen am Wurzelstock fädiges Mycel
und Rhizoctonien: Rosellinia quercina 63.

Die **Rinde** stirbt stellenweise ab und bildet Krebs: Aglaospora Taleola 75.

Der **Stamm** zeigt Krebsbildungen und rothe Perithecien: Nectria ditissima 80.

Der **Stamm** zeigt Krebsbildung: Frostkrebs 225.

Die **Zweige** und **Äste** mit knolligen Verdickungen: Loranthus europaeus 23.

Die **Zweige** zeigen grüne Misteln: Viscum album 18.

Der **Stamm** zeigt Längsrisse: Frostspalten 213.

Der **Stamm** zeigt verschiedene Verletzungen: Blitz 236.

Die Wurzelstöcke im Niederwalde zeigen Rhizomorphen: Agaricus melleus 188.

Der Stamm zeigt Holz, welches rothfaul ist und viele weisse Mycellappen hat: Polyporus sulphureus 178.

Der Stamm zeigt Holz mit Rothfäule oder Mycelbildungen: Fistulina hepatica. Daedalea quercina 195.

Der Stamm zeigt Holz mit grauweisser Fäulniss: Hydnum diversidens 185.

Der Stamm zeigt Holz mit gelbweisser Fäulniss: Polyporus igniarius 179.

Der Stamm zeigt Holz von rothbrauner Farbe mit weissen, rundlichen Stellen und Höhlen: Stereum frustulosum 186.

Der Stamm zeigt Holz von dunkelbrauner Farbe mit weissen Längsstreifen: Stereum hirsutum 187.

Der Stamm zeigt Holz, in welchem braune, gelbliche und weisse Stellen nebeneinander vorkommen: Polyporus dryadeus 183.

Rhamnus.

Die Blätter zeigen goldgelbe Polster und Verkrümmungen mit Äcidien: Puccinia coronata 130.

Rhododendron.

Die Blätter zeigen gelbe oder braune Flecken mit Sporenhäufchen: Chrysomyxa Rhododendri 145.

An Blättern und Blüthenständen zeigen sich Gallenbildungen: Exobasidium Rhododendri 163.

Die Früchte zeigen Sklerotienbildung: Sclerotinia Rhododendri 100.

Rosa.

Die Blätter zeigen Mehlthau: Sphaerotheca pannosa 55.

Salix.

Die Blätter mit Mehlthauflecken: Erysiphe Salicis 56.

Die Blätter zeigen schwarze grössere Flecke: Rhytisma salicinum 99.

Die Blätter zeigen gelbe Sporenhäufchen oder schwarze Pilzpolster: Melampsora 135, 137, 138.

Die Zweige erkranken. Schwarze Apothecienlager auf der Rinde: Cryptomyces maximus 99, Scleroderris fuliginosa 99.

Der Stamm zeigt Weissfäule. Braune, feste, konsolenförmige Fruchtkörper: Polyp. igniarius 179.

Der Stamm zeigt Weissfäule. Grosse, seitlich gestielte, weiche, oben schuppige Fruchtkörper: Polyp. squamosus 184.

Secale.

Die Blüthentheile sind zerstört und enthalten schwarze Sporenpolster: Ustilago Secalis 122.

Die Blätter und Halme zeigen grosse Streifen, die später aufplatzen und Sporenpulver enthalten: Urocystis occulta 124.

Die Blätter und Halme zeigen längliche, rothgelbe Sporenlager und braune Fruchtpolster: Puccinia 129.

An den Ähren erscheinen Sklerotien: Claviceps purpurea 85.

Solanum.

Das **Kraut** zeigt schwarze, meist grau umrandete Flecke: Phytophthora infestans 45.
Die **Knollen** sind nassfaul: Nassfäule 210.
Die **Knollen** verfaulen und zeigen Bakterien: Bakterienkrankheit 210.

Sorbus.

Die **Blätter** zeigen goldgelbe Polster, auf denen Äcidien sich bilden: Gymnosporangium 148.
Die **Früchte** mumificiren: Sclerotinia Aucupariae 100.
Der **Stamm** zeigt Weissfäule. Grosse einseitig gestielte, oben schuppige Fruchtkörper: Polyp. squamosus 184.

Tilia.

Die **Blätter- und Blüthentheile** zeigen schwarze Flecken und fallen vorzeitig
ab: Cercospora microsora 120.
Die **Zweige** sterben ab und zeigen später rothe Pilzpolster: Nectria cinnabarina 83.
Der **Stamm** wird weissfaul. Grosse, einseitig gestielte Fruchtkörper: Polyporus
squamosus 184.

Trifolium.

Wurzeln und Rhizome werden von violettem Mycel überzogen: Rhizoctonia vio-
lacea 67.
Stengel und Blätter werden von einem chlorophylllosen Parasiten umschlungen:
Cuscuta Epithymum 27.
Die **Blätter** erkranken und verfaulen. Kleine Sklerotien entstehen später an den
Pflanzen: Sclerotinia Trifoliorum 100.

Triticum.

Die **Blüthentheile** sind zerstört und enthalten schwarze Sporenpulver: Ustilago
Tritici 123.
Die **Körner** bleiben ganz, enthalten aber ein schwarzes Sporenpulver: Tilletia
Tritici 123.
Die **Blätter und Halme** zeigen längliche gelbliche oder dunkle Sporenpolster:
Puccinia graminis 129, Puccinia Rubigo vera 130.

Tsuja.

Zweige und Nadeln werden unterseits von einem farblosen Mycel übersponnen:
Trichosphaeria parasitica 58.

Ulmus.

Stamm und Zweige sterben oder zeigen kranke Stellen, auf denen rothe Pilz-
häufchen erscheinen: Nectria cinnabarina 83.
Der **Stamm** zeigt Weissfäule. Grosse, seitlich gestielte Fruchtkörper mit schuppiger
Oberseite kommen aus der Rinde hervor: Polyporus squamosus 184.

Vaccinium.

Die **Pflanzen** strecken sich und zeigen verdickte, glänzende Triebaxen: Calyptospora Goeppertiana 138.
Blätter und Triebe besitzen Anschwellungen, die von weissem Sporenpulver bedeckt sind: Exobasidium Vaccinii 163.

Vicia.

Die **Blätter** besitzen kleine gelbliche oder dunkle Pilzpolster: Uromyces Pisi 129.

Viola.

Blattstiele und Stengeltheile sind angeschwollen und enthalten ein schwarzes
    Sporenpulver: Urocystis Violae 125.

Vitis.

Die Blattunterseite zeigt grosse Schimmelflecke. Oberseits zeigen sich gelbe
    oder rothe Flecke: Plasmopara viticola 46.

Blätter und Beeren zeigen ein weisses Schimmelgewebe: Erysiphe Tuckeri 55.

Blätter und Beeren bekommen Flecke mit scharfem, dunklerem Bande: Laestadia
    Bidwellii 74.

Blätter und Beeren werden befallen und entwickeln Sklerotien: Sclerotinia Fucke-
    liana 101.

Blätter, Beeren und Rindentheile zeigen Flecken, welche durch Wucherung
    des umgebenden Gewebes eingesenkt erscheinen: Phoma ampelinum 111.

Wurzeln und Wurzelstock sterben ab und sind von Rhizoctonien umsponnen:
    Dematophora necatrix 67.

Die Wurzeln verfaulen: Wurzelfäule.

Zea.

An Blättern, Blüthen und Stengeln treten Deformirungen auf, in denen
    schwarzes Sporenpulver enthalten ist: Ustilago Maydis 122.

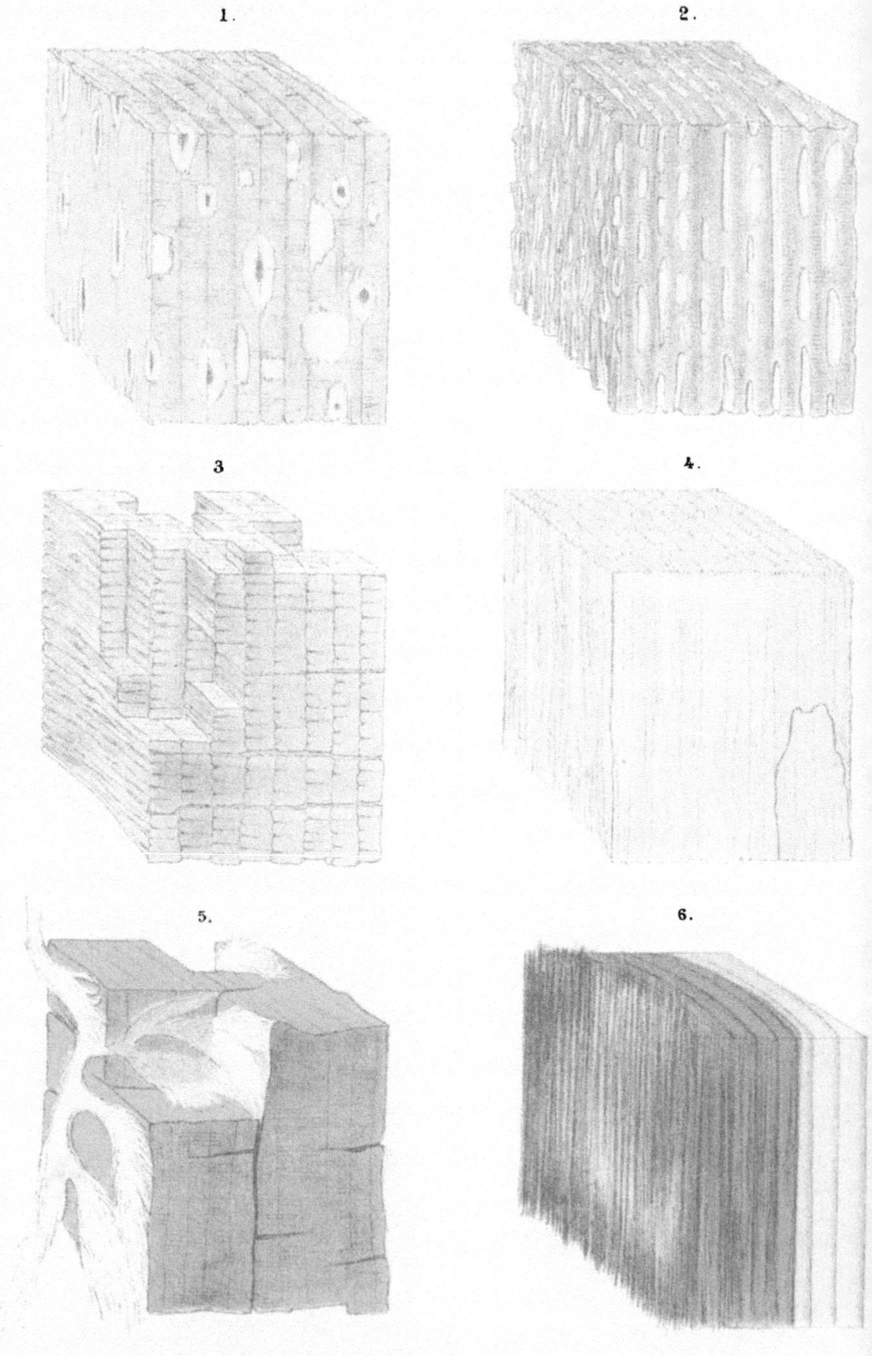

R.Hartig ad.nat.del

Verlag v

Zersetztes Fichtenholz.

1. Trametes radiciperda. 2. Trametes Pini.
3. Polyporus borealis. 4. Polyporus Hartigii.
5. Polyporus vaporarius. 6. Wundfäule.

7.

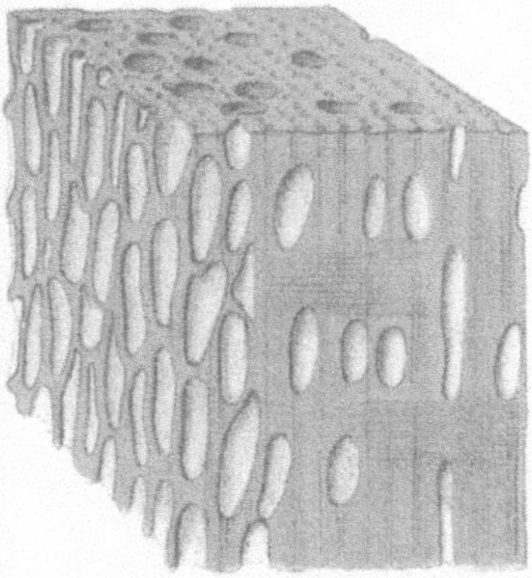

8.

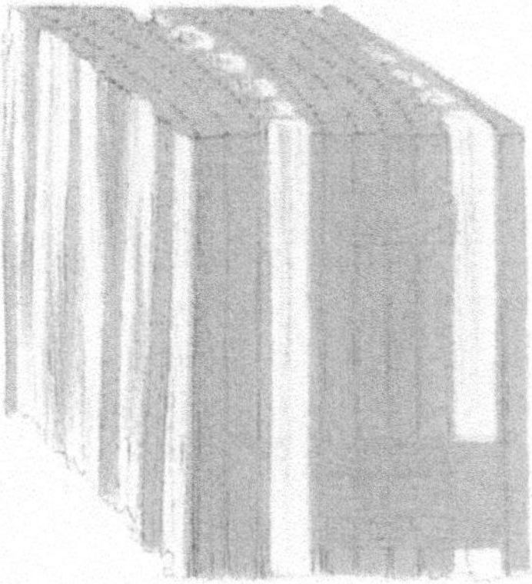

9.

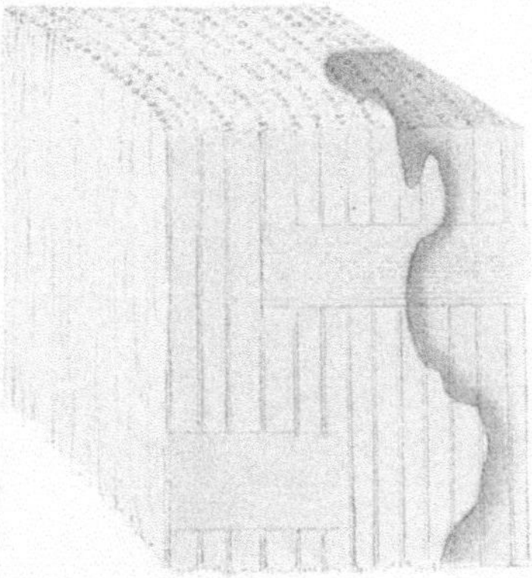

10.

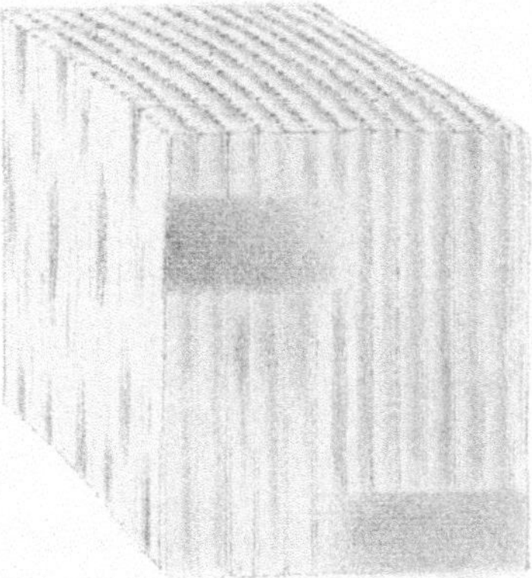

11

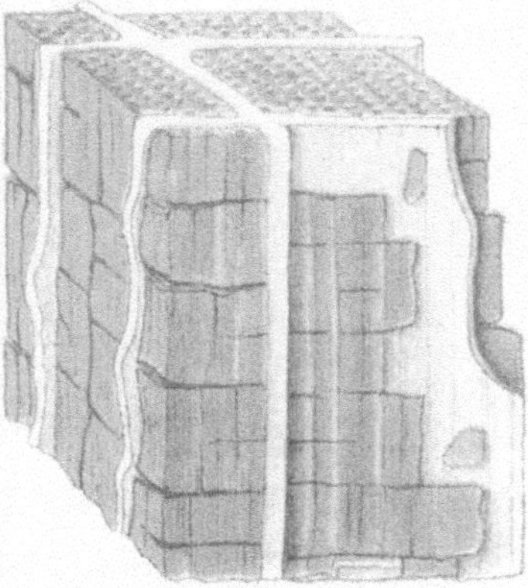

12.

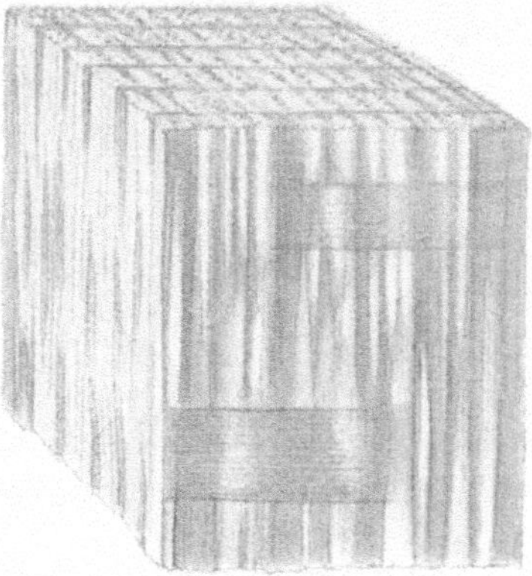

r in Berlin. Lith Anst. Julius Klinkhardt Leipzig.

Zersetztes Eichenholz.

7. Thelephora Perdix.
8. Stereum hirsutum.
9. Polyporus igniarius.
10. Hydnum diversidens.
11. Polyporus sulphureus.
12. Polyporus dryadeus.